同济博士论丛
TONGJI Dissertation Series

总主编 伍 江 副总主编 雷星晖

李庆丽 李 斌 著

养老设施的环境行为与空间结构研究

Study on Environment-Behavior Characteristics
and Spatial Structure of Elderly Facilities

同济大学出版社
TONGJI UNIVERSITY PRESS

内 容 提 要

本书以环境行为学为理论基础,从老年人的设施生活模式、设施空间使用状况和设施评价这几个角度出发,展开案例研究,从既有环境到未来新设施之间进行模型的推导,开拓了养老设施的实证性研究。本书为符合中国老年人生活及其护理特点的养老设施的规划设计提供了扎实可靠的研究基础和可推广的规划设计策略。本书可供高校建筑相关专业师生及研究人员阅读。

图书在版编目(CIP)数据

养老设施的环境行为与空间结构研究/李庆丽,李斌著.—上海:同济大学出版社,2019.12
(同济博士论丛/伍江总主编)
ISBN 978-7-5608-7049-6

Ⅰ.①养… Ⅱ.①李…②李… Ⅲ.①养老-服务设施-空间结构-研究 Ⅳ.①TU399

中国版本图书馆CIP数据核字(2019)第295504号

养老设施的环境行为与空间结构研究

李庆丽 李斌 著

出 品 人 华春荣　　责任编辑 熊磊丽　　特约编辑 于鲁宁
责任校对 谢卫奋　　封面设计 陈益平

出版发行 同济大学出版社　　www.tongjipress.com.cn
　　　　　(地址:上海市四平路1239号　邮编:200092　电话:021-65985622)
经　　销 全国各地新华书店
排版制作 南京展望文化发展有限公司
印　　刷 浙江广育爱多印务有限公司
开　　本 787mm×1092mm　　1/16
印　　张 24.5
字　　数 490 000
版　　次 2019年12月第1版　2019年12月第1次印刷
书　　号 ISBN 978-7-5608-7049-6

定　　价 108.00元

"同济博士论丛"编写领导小组

"同济博士论丛"编辑委员会

袁万城　莫天伟　夏四清　顾　明　顾祥林　钱梦騄
徐　政　徐　鉴　徐立鸿　徐亚伟　凌建明　高乃云
郭忠印　唐子来　阎耀保　黄一如　黄宏伟　黄茂松
戚正武　彭正龙　葛耀君　董德存　蒋昌俊　韩传峰
童小华　曾国苏　楼梦麟　路秉杰　蔡永洁　蔡克峰
薛　雷　霍佳震

秘书组成员：谢永生　赵泽毓　熊磊丽　胡晗欣　卢元姗　蒋卓文

总 序

在同济大学110周年华诞之际,喜闻"同济博士论丛"将正式出版发行,倍感欣慰。记得在100周年校庆时,我曾以《百年同济,大学对社会的承诺》为题作了演讲,如今看到付梓的"同济博士论丛",我想这就是大学对社会承诺的一种体现。这110部学术著作不仅包含了同济大学近10年100多位优秀博士研究生的学术科研成果,也展现了同济大学围绕国家战略开展学科建设、发展自我特色,向建设世界一流大学的目标迈出的坚实步伐。

坐落于东海之滨的同济大学,历经110年历史风云,承古续今、汇聚东西,秉持"与祖国同行、以科教济世"的理念,发扬自强不息、追求卓越的精神,在复兴中华的征程中同舟共济、砥砺前行,谱写了一幅幅辉煌壮美的篇章。创校至今,同济大学培养了数十万工作在祖国各条战线上的人才,包括人们常提到的贝时璋、李国豪、裘法祖、吴孟超等一批著名教授。正是这些专家学者培养了一代又一代的博士研究生,薪火相传,将同济大学的科学研究和学科建设一步步推向高峰。

大学有其社会责任,她的社会责任就是融入国家的创新体系之中,成为国家创新战略的实践者。党的十八大以来,以习近平同志为核心的党中央高度重视科技创新,对实施创新驱动发展战略作出一系列重大决策部署。党的十八届五中全会把创新发展作为五大发展理念之首,强调创新是引领发展的第一动力,要求充分发挥科技创新在全面创新中的引领作用。要把创新驱动发展作为国家的优先战略,以科技创新为核心带动全面创新,以体制机制改革激发创新活力,以高效率的创新体系支撑高水平的创新型国家建设。作为人才培养和科技创新的重要平台,大学是国家创新体系的重要组成部分。同济大学理当围绕国家战略目标的实现,作出更大的贡献。

大学的根本任务是培养人才,同济大学走出了一条特色鲜明的道路。无论是本科教育、研究生教育,还是这些年摸索总结出的导师制、人才培养特区,"卓越人才培养"的做法取得了很好的成绩。聚焦创新驱动转型发展战略,同济大学推进科研管理体系改革和重大科研基地平台建设。以贯穿人才培养全过程的一流创新创业教育助力创新驱动发展战略,实现创新创业教育的全覆盖,培养具有一流创新力、组织力和行动力的卓越人才。"同济博士论丛"的出版不仅是对同济大学人才培养成果的集中展示,更将进一步推动同济大学围绕国家战略开展学科建设、发展自我特色、明确大学定位、培养创新人才。

面对新形势、新任务、新挑战,我们必须增强忧患意识,扎根中国大地,朝着建设世界一流大学的目标,深化改革,勠力前行!

万　钢

2017 年 5 月

论丛前言

　　承古续今，汇聚东西，百年同济秉持"与祖国同行、以科教济世"的理念，注重人才培养、科学研究、社会服务、文化传承创新和国际合作交流，自强不息，追求卓越。特别是近20年来，同济大学坚持把论文写在祖国的大地上，各学科都培养了一大批博士优秀人才，发表了数以千计的学术研究论文。这些论文不但反映了同济大学培养人才能力和学术研究的水平，而且也促进了学科的发展和国家的建设。多年来，我一直希望能有机会将我们同济大学的优秀博士论文集中整理，分类出版，让更多的读者获得分享。值此同济大学110周年校庆之际，在学校的支持下，"同济博士论丛"得以顺利出版。

　　"同济博士论丛"的出版组织工作启动于2016年9月，计划在同济大学110周年校庆之际出版110部同济大学的优秀博士论文。我们在数千篇博士论文中，聚焦于2005—2016年十多年间的优秀博士学位论文430余篇，经各院系征询，导师和博士积极响应并同意，遴选出近170篇，涵盖了同济的大部分学科：土木工程、城乡规划学（含建筑、风景园林）、海洋科学、交通运输工程、车辆工程、环境科学与工程、数学、材料工程、测绘科学与工程、机械工程、计算机科学与技术、医学、工程管理、哲学等。作为"同济博士论丛"出版工程的开端，在校庆之际首批集中出版110余部，其余也将陆续出版。

　　博士学位论文是反映博士研究生培养质量的重要方面。同济大学一直将立德树人作为根本任务，把培养高素质人才摆在首位，认真探索全面提高博士研究生质量的有效途径和机制。因此，"同济博士论丛"的出版集中展示同济大学博士研究生培养与科研成果,体现对同济大学学术文化的传承。

"同济博士论丛"作为重要的科研文献资源,系统、全面、具体地反映了同济大学各学科专业前沿领域的科研成果和发展状况。它的出版是扩大传播同济科研成果和学术影响力的重要途径。博士论文的研究对象中不少是"国家自然科学基金"等科研基金资助的项目,具有明确的创新性和学术性,具有极高的学术价值,对我国的经济、文化、社会发展具有一定的理论和实践指导意义。

"同济博士论丛"的出版,将会调动同济广大科研人员的积极性,促进多学科学术交流、加速人才的发掘和人才的成长,有助于提高同济在国内外的竞争力,为实现同济大学扎根中国大地,建设世界一流大学的目标愿景做好基础性工作。

虽然同济已经发展成为一所特色鲜明、具有国际影响力的综合性、研究型大学,但与世界一流大学之间仍然存在着一定差距。"同济博士论丛"所反映的学术水平需要不断提高,同时在很短的时间内编辑出版110余部著作,必然存在一些不足之处,恳请广大学者,特别是有关专家提出批评,为提高同济人才培养质量和同济的学科建设提供宝贵意见。

最后感谢研究生院、出版社以及各院系的协作与支持。希望"同济博士论丛"能持续出版,并借助新媒体以电子书、知识库等多种方式呈现,以期成为展现同济学术成果、服务社会的一个可持续的出版品牌。为继续扎根中国大地,培育卓越英才,建设世界一流大学服务。

伍 江

2017 年 5 月

前　言

　　养老设施是为居家生活有困难，或是身心机能有障碍的老年人提供长期居住生活及照料服务的社会养老设施。笔者认为，本着以人为本的科学态度，以设施的使用者即入住老年人为对象，探讨养老设施的居住环境以及设施内老年人的生活现状。本书充分结合建筑学、环境行为学、社会学、统计学等多学科交叉的理论与方法，运用以实证研究法为中心的调查—分析—建议路线，充分考察养老设施的空间结构、管理制度、居住环境，探讨设施环境中老年人的生活行为、空间利用、需求评价等方方面面的问题。

　　首先，本书系统阐述了中国养老设施的发展现状与问题，明确研究目的、意义，提出研究框架体系；回顾和分析了国内外相关研究的概况，明确研究的范围及突破点。进一步详细论述了本书环境行为学"相互渗透论"的理论基础，说明了三个子课题调查的研究旨趣和前期准备工作。

　　其次，进行了三个子课题的调查：(1) 观察追踪入住老年人一天的生活状况，分析老年人日常生活行为的主要内容与行为发生的空间分布，将日常生活行为模式及活动领域模式加以类型化，以了解不同身心机能老年人的生活行为模式特征；(2) 观察各设施空间的使用状况，明示设施的空间结构等物质环境以及设施管理政策等社会制度环境与老年人空间利用、领域展开的互动关系；(3) 通过访谈与问卷调查，了解老年人对居住设施的空间使用倾向、需求性和主观评价等。三个子课题以行为观察调查的老年人生活现状及空间利用现状为主，结合以访谈与问卷调查所得到的使用倾向和需求倾向为辅，归纳出设施内老年人的生活实态、空间利用现状,以及养老设施居住环境所面临的课题;全面考察和分析了不同身心机能老年人在养老设施的居住环境方面呈现出的各种显性、隐性需求。

最后,在调查的客观结论的基础上,总结出较为完善的上海市养老设施的生活实态与居住环境的特征,以及不同身心机能老年人的设施生活与环境需求特征,进而提出了"居家情景""适应老化"的养老设施设计理念。提出了适合老年人生活的养老设施的"组团式生活单元"新型养老设施空间结构设计策略,以及"连续性的"设施类型与体系规划原则,在提出指引性的设计策略的同时,进行了落实实践的探讨。

本书以环境行为学为理论基础,从老年人的设施生活模式、设施空间使用状况和设施评价这几个角度出发展开案例研究,从既有环境到未来新建设施之间进行模型的推导,开拓了养老设施的实证性研究方式。本书为符合中国老年人生活及其护理特点的养老设施的规划设计提供了扎实可靠的研究基础和可推广的规划设计策略。

目　录

研究概述

本书以中国老年居住问题为切入点,结合当今现实国情——人口问题,思考社会现实对建筑学所提出的问题,研究建筑空间与社会生活的关系,进而探讨以 "老年人的社会存在" 为目的的空间营造。居住环境与人口问题的并置带来的研究价值在于: 这种策略关注当下建筑师在社会中的工作实务,以实证主义而非分析哲学的方法开拓建筑理论的研究; 同时, 又把解决问题的重点放在特定人群上, 由于将老年人的居住问题放在多学科共同的焦点之下, 这种整合性研究就更明显地具有现实价值。

1.1 研究的背景与缘起

由于人口政策和市场经济的转化,人口结构问题和居住问题成为中国社会当前最为突出的若干问题之一。前者表现为人口红利的急剧减少,随之而来的就是工作岗位的减少和经济增长方式的变化; 后者则极大地影响了所谓的公民幸福指数,成为民生新闻的热点之一。笔者将通过这两个问题的交织——由人口结构问题带来的老年绝对人口增加和照料人口数量的相对下降, 以及老年集体居住问题所共同表现出来的社会背景, 为本书研究描述基本的外部面貌。

1.1.1 研究背景

1.1.1.1 中国的老龄化现状与特征

根据国家统计局公布的统计信息,2002 年中国的老龄化比例上升为 7.3%,正式进入老龄化社会[1,2]。国际研究预测在其后短短的 25 年内,即到 2027 年,中国将极其

---

[1] 中华人民共和国国家统计局.中华人民共和国 2002 年国民经济和社会发展统计公报.北京: 中国统计出版社,2003.

[2] 老龄化是对一个群体中老年人所占比例的描述。联合国和普遍的国际研究对于进入 "老龄化社会" 的标准有两个: 一个国家或地区 65 岁及 65 岁以上的老年人口占总人口的比例超过 7%; 或 60 岁及 60 岁以上的老年人口占总人口的比例超过 10%。

快速地进入老年型社会[1, 2]。一般认为，一个国家由老龄化社会转变为老年型社会，在社会、政治、经济、文化等诸多方面都会产生深刻的变化，这种变化常被称作"老龄化危机"。社会研究学者认为，这个转变的时间越短，就越容易引发深刻的社会问题，因此，可以说中国的老龄化危机已经迫在眉睫了。

中国老龄研究会研究认为，中国人口老龄化具有五个特征：规模大、增长快、高龄化、地区差异大和未富先老等[3]。另外，还面临计划生育政策引起的双独子女"4+2+1 (or 2)"家庭结构[4]、人口流动等带来的"空巢老年人"等问题，这些现象更增加了中国老龄化问题的复杂性与特殊性。

这种复杂性与特殊性既是中国老龄化危机所面临的挑战，也是建设有中国特色的老龄化应对机制的机遇与关键：

首先，中国老龄化有着人口规模大、增长速度过快的特点。根据国家统计局第六次全国人口普查数据，中国60岁及以上老年人口已达1.78亿，占总人口的13.26%；65岁及以上老年人口已达1.19亿，占总人口的8.87%[5]。全国老龄工作委员会的《中国人口老龄化的发展趋势研究报告》预测，中国60岁及以上老年人口在2014年将达到2亿，2026年将达到3亿，2037年将超过4亿，2051年将达到最大值4.37亿，60岁及以上老年人口占总人口比例将达到30%以上，之后将一直维持在3亿~4亿的规模。2100年将为3.18亿，60岁及以上老年人口占总人口比例将达到31.9%（图1-1）。2030到2050年，中国人口总抚养比和老年人口抚养比将分别保持在60%~70%和40%~50%，是人口老龄化形势最严峻的时期。从现在到2030年这未来的20年时间里，要全方位地做好应对人口老龄化高峰的准备，时间紧迫，压力巨大。

老年人口规模大、增长速度快与中国世界人口第一大国的现实密不可分。面对严峻的社会需求，中国的养老政策在必须加大规模、加快速度建设的同时，更要有前瞻性、战略性，避免盲目追求养老设施及床位的数量而忽略了质量的提升。正如联合国和有关国际组织警示的：人口现象是一个长周期事件，解决人口问题必须要有足够的提前量。所以说，如何保证数量庞大的老年人口的实际需求，同时又保证针对老年人政策、服务等的实际质量，兼顾质量与数量将是中国解决老龄化问题的挑战。

---

[1] 资料来源：United Nations, Economic&Social Affairs. The world ageing situation: exploring a society for all ages. New York: United Nations, 2001.

[2] 与"老龄化社会"相关的另一个重要定义是"老年型社会"，即一个国家或地区65岁及65岁以上的老年人口占总人口的比例超过14%；或60岁及60岁以上的老年人口占总人口的比例超过18%。

[3] 全国老龄工作委员会办公室，《中国人口老龄化的发展趋势研究报告》. 2006.

[4] 4位老年人、2位第二代成年劳动力、1（或2）位第三代孩子，中国部分地区允许双方都是独生子女的夫妻生育第二胎。

[5] 中华人民共和国国家统计局，《中国统计年鉴—2011》. 2011.

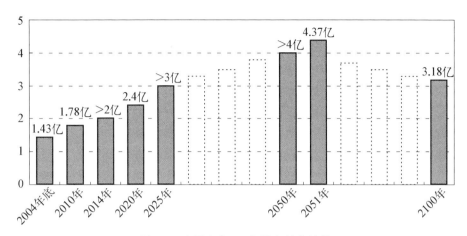

图1-1 中国未来100年的老龄化趋势

其次,中国老龄化最突出之处在于地域间人口结构发展的不平衡,这可能也是中国独有的现象。中国人口老龄化发展具有明显的由东向西区域梯次特征,东部沿海经济发达地区明显快于西部经济欠发达地区。当上海、江苏、重庆、辽宁等这些城市化水平较高的地区已迈入或迈向老年型社会时,另一些城市化水平较低的地区如宁夏、新疆等尚未进入老龄化社会[1](图1-2)。

由于这种不平衡,中国不存在同时出现并解决老龄化问题的可能性。但在老龄化程度较高且经济较发达的地区(如上海、江苏、重庆等地区),有着相对较高的GDP、发达的经济发展水平、城市居住水平以及社会保障水平。它们已经具备了初步解决老龄化问题的社会基础,一些养老政策和实践可以率先在这些地区展开。而随着中国经济水平的提升、地区差距的缩小,在不远的将来,进一步推广到其他老龄化速度慢同时也相对落后的地区,使得在中国绝大多数城市地区得到全面而完善的解决。所以说,地域人口结构不平衡是中国解决老龄化问题的机遇。

再次,中国人口老龄化还有着失能、失智和高龄化日益突出的特点。2010年全国老龄办和中国老龄科学研究中心开展了全国失能老年人状况专题研究[2]。研究指出,伴随着中国人口老龄化、高龄化的不断深入发展,失能老年人规模不断扩大,2010年末全国城乡部分失能和完全失能老年人约3300万,占总体老年人口的19.0%;其中完全失能老年人1080万,占总体老年人口的6.23%。调查表明,城市中有将近1/3的养老设施,特别是民办养老设施,对入住老年人以失能作为限制条件;

[1] 中华人民共和国国家统计局,《中国统计年鉴—2011》,2011.
[2] 《全国城乡失能老年人状况研究》,全国老龄办和中国老龄科学研究中心,2010.

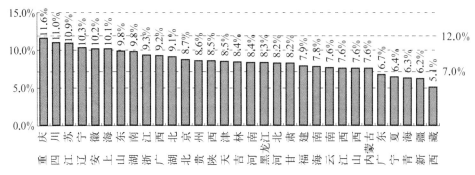

图1-2　中国各地区65岁以上老年人占总人口比例

但在农村养老设施中,这个比例则升为69.6%,有超过四成的农村养老设施明确表示只接收能自理的老年人。

由于失能、失智和高龄老年人在身体上和精神上都比较弱,对居住、护理与社会服务都会提出更严格的需求,无疑要求社会和家庭承担起更多的责任。然而,目前国内针对该部分老年人的养老服务却缺失严重。所以说,失能、失智和高龄老年人是中国老龄化问题的关键。

1.1.1.2　建筑学领域的老龄化问题

人口老龄化对于国家社会的影响是全方位的,人口结构的变化影响了社会、经济、文化各个领域,也包括建筑学领域。老年人因身心机能的变化产生了特殊的居住要求,使得老年人与居住环境产生了不协调;现代家庭价值的转变、经济社会的发展等促使了老年人养老模式的变化,使得老年人与居住环境的不协调扩大成为一种亟待解决的社会现象。建筑学范围内的老龄化问题有两个方面需要关注:一是人老化后对居住环境的需求变化问题;二是养老模式转变带来的老年居住体系建设问题。

1.老年人的居住环境

中国人历来重视居住条件和生活环境,从"上古穴居而野处"到"后世圣人易之以宫室",居住条件和生活环境在民生中占据着特殊地位。传统中国社会里,老年人以家族统治者而非个人的身份实现空间的存在,家族居住是社会居住问题的子系统,这种居住模式就意味着实际上不存在纯粹的老年人居住环境问题。而在当代,尤其是现代城市空间中,由于家庭组织模式的变化[1],老年人的居住模式就

---

[1] 工业革命后,传统的家庭价值正在瓦解,取而代之是核心家庭为主流的新家庭价值,即由多代家庭与主干家庭分化为老年人家庭与年轻家庭。

和其他年龄层次的居民成为平行的空间系统,老年人的居住环境问题就日益凸显出来。

老年人作为特殊的社会群体,有其特有的生理、心理和社会活动特点,容易受外界环境的影响和限制。使得老年人的身体健康、精神愉悦以及生活品质等许多方面都与居住环境密不可分。随着年龄增高,老年人对居住环境的特殊需求和依赖程度也相应增加。然而,老年人居住建筑兴建的最初目的是对老年人的收容与医疗救助,保证低层次的、基本的、居住权的需求;对于老年人的居住环境通常考虑的只是空间的大小、无障碍设计、设备配置的完备程度,而社会学角度的私密性与行为学角度的独立性则很少被关注。总之,作为人类社会的弱势群体——老年人的居住环境较少被学者与社会关注。

但是,老年人的居住环境不仅关系到老年人的生存、享受需求,还关系到老年人与家庭、社会在时间和空间上的联系。因此,必须重视老年人的居住环境问题,老年人的居住环境设计必须要树立以老年人为核心的指导思想,考虑老年人在身心健康水平、生活方式、习惯、爱好和生活品质等方面的需求,创造能使老年人健康、安全、舒适地生活于其中的居住环境。

2. 养老居住模式与老年居住体系

养老居住模式强调养老的空间性,是养老方式在"居住"上的表现形式,与老年人的身心状态和生活特征相关联。它主要考虑老年人的身心健康情况和不同需求,为老年人度过晚年生活的居住空间地点,提供更多的选择。一般按照养老地点的不同分为"居家养老"[1] 和"设施养老"[2]。

作为中国的传统观念,自古以来就是家庭养老,并多为"居家养老"的居住模式。但是,随着社会的发展,传统的家庭养老面临着强大的冲击:家庭价值改变使得家庭结构小型化;市场经济的发展使得承担家庭养老责任的子女与老年人分开居住的现象日益普遍;"4+2+1(or 2)"家庭结构的大量出现使得养老成为沉重的家庭负担。这种转变,使得老年人独居现象越来越多,更带来了老年人经济的拮据、居住的困难,乃至照料的匮乏;即便老年人能够互相照料,但他们进入晚年不能自理的阶段,就必然需要借助于社会的力量。因此,传统的养儿防老对很多老年人来说已经不现实,"社会养老"已是一种客观需要。

---

[1] 大多数人甚至是一些学者也经常将"家庭养老"与"居家养老"的概念混淆,其实将两者等同是不妥当的,它们根本的不同就在于"居家养老"强调的是老年人居住在家中,不考虑家庭成员的供养关系;而"家庭养老"中老年人不但要居住在家中,更重要的是通过家庭成员和亲属网络承担全部或主要的养老责任。

[2] "设施养老"指老年人离开自己的住宅居住,即到老年公寓、养老院、护理院进行集中养老。与"居家养老"相反,"设施养老"一般对应着"社会养老"模式,需要社会承担大部分或全部的经济赡养、生活照料、精神慰藉等养老责任。

作为社会养老的主要方式——"设施养老"的居住模式,其优势主要是解决老年人日常生活照料、减轻老年人子女的负担;设施能提供针对老年人的硬件空间环境以及专业的护理、专门的服务人员等。这是"居家养老"不能比的,特别是家庭养老难以实现的当今,"设施养老"显得尤为重要。然而,"设施养老"却有不可回避的问题:一是养老经济成本上升,一般较好的设施收费都较高;二是设施内的老年人脱离原有的生活环境造成了老年人对新环境的不适应;三是设施简单满足老年人一般生理功能的需要,却忽视在心理、社会需求方面的特殊需求,造成了老年人生活单调、与社会隔离等。因此,在欧美、日本等发达国家,养老居住模式的发展大都经历了这样一个"否定之否定"的螺旋式发展过程:从一开始大规模兴办养老设施以解决传统家庭养老给家庭带来的沉重养老负担,到后期回归社区以解决养老设施所面临的居住环境恶化问题。可见,现代化的养老居住模式已由"设施养老"开始向"居家养老"回归,而养老承担主体则由家庭养老向社会养老过渡。

因此,在中国,"居家养老"与"设施养老"应是两种相辅相成的养老居住模式,应采取老年人以家庭养老与社区养老服务网络相结合的居家养老为主、设施集居养老为辅的"居家—社区—设施"一系列连贯的养老服务体系。而在建筑学领域,就必须体现建筑学对人的精神层面的关怀,关注老年人生活与居住场所的关系,探索适应该养老模式的新型养老设施以及建立新型养老居住体系。

1.1.2　研究缘起

上文分析了中国老龄化问题的三个关键要素:应对老年人口规模大、增速快所带来的如何兼顾质量与数量问题的挑战,利用地区人口结构发展不平衡所带来的发展差异化的机遇,解决失能、失智、高龄老年人特殊需求的问题;这同样也是解决建筑学领域内老龄化问题的三个关键要素。而老龄化问题在建筑学领域内主要表现的老年居住问题:一个是老年居住环境的改善,另一个就是养老设施的重新定位及养老居住体系的建立。基于上述分析,笔者将设施养老模式的重要载体——养老设施作为研究对象。当前,我国的养老设施面临着如下问题:

1.1.2.1　养老设施的数目不足够

《2011年社会服务发展统计公报》[1]显示,中国现有各类养老服务机构40868个,拥有床位353.2万张,年末收养老年人260.3万人;设施养老床位占老年人总数的1.91%,与发达国家4%～7%的水平相距甚远,养老设施的数量还远不能满足强

---

[1] 数据来源:民政部门户网站,http://www.mca.gov.cn/article/zwgk/mzyw/201206/20120600324725.shtml

烈的社会需求。

同时,空巢老年人、需要护理的高龄老年人、独生子女家庭的老年人、老年失智症的老年人等,这些老年人对养老设施有更强烈的需求。如何满足这部分迅猛增长的人群在居住和护理方面的特殊需要,成为国家政策、养老设施的主办者和经营者以及设计行业所共同面临的一个主要挑战。

1.1.2.2 养老设施的环境不宜居

对老年人而言,从家庭或小区中搬迁至养老设施,并不仅是为了解决居住与获得照料的需要,更意味着他们必须重新适应一个新的环境。老年人脱离以前的居住环境及生活习惯,每天以养老设施为主要活动范围,生活作息要配合设施的规定;在此种非日常的设施环境下,往往因居住空间尺度、运营管理方式、迁移产生的不适应等问题,使养老设施与住宅之间的居住环境差异更为突出。

实际上入住老年人回家的可能性很低,可以说设施是其"最终的家",养老设施作为持续居住的场所,其整体环境的"居住=家"的宜居品质应该予以重视。然而,当前我国养老设施的居住环境,大多仅能满足入住老年人低层次的日常需求,远远达不到享受生活品质的程度。因此,如何满足基本入住者生活照料需求,依据老年人生活行为的特质与需求,结合软件照料政策与硬件环境规划,让老年人在设施环境中重享居家生活的经验,是目前养老设施居住环境所面临的重要课题。

1.1.2.3 养老设施的定位不明确、体系不健全

由于历史的原因,也因为各规范编制单位分属于不同的部门,中国养老设施的概念和分类体系,现行各种规范的表述不尽相同。如《老年人居住建筑》[1]指出:"养老设施是老年人居住建筑的重要组成部分,它是为老年人提供住养、生活护理等综合性服务的设施。"在中国最早进入老龄化的城市——上海市,制定了适用于当地的《养老设施建筑设计标准》[2],其中规定:"养老设施包含福利院、敬(安、养)老院、老年护理院、老年公寓等涉及老年人生活并提供综合性服务的设施。"而《老年人建筑设计规范》[3]和《老年人社会福利机构基本规范》[4]中甚至没有提出养老设施的概念。笔者总结近年的建筑、社会福利机构规范,关于养老设施的分类如表1-1所示。

---

[1] 建设部,04J923-1,老年人居住建筑,北京:中国建筑标准设计研究院,2004.

[2] 上海市建设委员会,养老设施建筑设计标准 DGJ08-82-2000,上海:2000.

[3] 中华人民共和国建设部、中华人民共和国民政部,JGJ122-99,老年人建筑设计规范,北京:中国建筑工业出版社,1999.

[4] 民政部社会福利和社会事务司.老年人社会福利机构基本规范.MZ008-2001,2001.

表1-1　养老设施体系对照表

规 范 名 称		设 施 体 系
国家标准图集	老年人居住建筑（04J923-1）	托老所　老年公寓　养（敬）老院　福利院　老年护理院
国家级规范	老年人居住建筑设计标准（GB/T50340-2003）	托老所　老年公寓　养老院　护理院
	城镇老年人设施规划设计规范（GB50473-2007）	托老所　老年公寓　养老院　护理院
地方级规范	养老设施建筑设计标准（DGJ08-82-2000）	老年公寓　敬（安、养）老院　福利院　老年护理院

另外，中国养老设施的分类也很不规范，各标准、范围口径不一。设施类型名称也繁杂，如老年公寓、养老院、福利院、敬老院、护理院等，接待对象与服务内容等职能类同，而分工又不明确，极易引起混乱，就连专业设计和管理人员也很难分清。特别是老年公寓概念模糊，有的老年公寓作为老年住宅对外销售或出租；有的老年公寓只是徒有其名，实则空间与服务管理与养老院等并无差别；而国家制定的各个规范对老年公寓属于住宅类型或机构类型的定位也有差别[1]。由于托老所属于短期居住形式，老年公寓为独立或半独立的居住形式，它们与养老院、护理院等长期的、集体的居住形式差别较大，因此，本书"养老设施"的研究范围不包括托老所与老年公寓。

可见，目前中国养老设施的分类命名具有较大的随意性，缺少统一的规定，相同设施名称不同，同名设施功能各异。设施的定位、名称混乱，不能准确反映其服务对象和服务范围。这种现状严重影响着设施养老居住体系整体系统功能的形成和服务水平的提高。

1.1.2.4　选择上海市为调查地的缘由

首先，上海市是提前进入人口老龄化的城市之一。根据上海市老龄科研中心的统计，截至2011年底，上海市常住户籍总人口1419.36万人，其中60岁及以上老年人口347.76万人，占总人口的24.5%；65岁及以上老年人口235.22万人，占总人

---

[1] 老年公寓的定义有三种：1. 专供老年人集中居住，复合老年体能心态特征的公寓式老年住宅，具备餐饮、清洁卫生、文化娱乐、医疗保健服务体系，是综合管理的住宅类型（摘自《老年人建筑设计规范》）。2. 老年人提供独立或半独立居家形式的居住建筑。一般以栋为单位，具有相对完整的配套设施服务（摘自《老年人居住建筑设计标准》、《城镇老年人设施规划规范》）。3. 以独立或半独立家居形成的生活单元为基本成分单位，具备餐饮、卫生、文化娱乐、医疗保健等服务体系的养老设施（摘自《养老设施建筑设计标准》）。

口的16.6%[1]。上海市的老年人人口数量庞大,增长速度快,老龄化现象严重。另外,高龄老年人、空巢老年人、半自理老年人以及失能失智老年人的增加已经成为上海市老龄化过中的重要特征,这类老年人的护理需求缺口较大。

其次,尽管从2005年起上海市实施了每年增加10000个养老设施床位的计划,但目前上海市养老设施的数量依然不能满足强烈的社会需求。截至2011年底,上海市现有养老设施共计631家,其中政府办296家,社会办335家;养老设施的床位数共计101896张,占60岁及以上老年人口的2.9%,虽然已超过全国平均水平,但上海市的设施养老床位紧张,仍然是"一床难求"的局面。

再次,上海市也是养老社会保障制度较完善的城市之一。上海市制定了比较完善的政策法规与补贴制度,如《上海市养老机构管理办法》《上海市养老机构管理和服务基本标准》《上海市养老机构设置细则》《上海市养老设施建筑设计标准》等。上海市政府与社会有力量、有能力去改善老年人的居住环境,满足老年人的多种居住需求。上海市的老年人对日常生活,尤其对精神生活的要求也比较高,他们有能力也有愿望享受不同层次、不同方式的高质量养老服务、养老设施,能够在一定程度上反映大多数老年人的养老需求。

因此,本书选择养老问题比较突出的上海市作为调查地,进行养老设施现状的研究。以上海市为代表的经济发达地区已经具备了初步解决养老设施问题的社会基础。

在建筑学范围内解决中国老龄化问题的重点应该是:(1)改善老年人的居住环境,特别是关注入住设施的老年人的居住环境,老年居住环境的建设要保证高质量、高适应性。(2)建立"居家养老"与"设施养老"相结合的养老居住模式,构建"家庭—社区—设施"一系列连贯的养老居住体系;创建新的养老设施类型,以适应老年人身心衰退的不同需求;合理支配有限的社会资源,使失能、失智和高龄老年人获得更好的居住环境和护理照料。(3)关注老龄化严重且经济发达城市地区(如上海市)的老年居住问题。这正是本书选择上海市的养老设施作为研究课题的缘起所在。

1.2　研究目的与意义

1.2.1　研究目的

本研究沿着从空间研究到社会老化现实的回应,再从居住理念探讨到空间设计

---

[1]《2011年上海市老年人口和老龄事业监测统计信息》,上海市老龄科学研究中心

策略的脉络,以养老设施研究为核心探究居住环境对于老年人的意义。可以分为如下三个部分:养老设施内的生活实态与居住环境的现状调查、为养老设施的空间规划与环境设计提出建议、为养老设施的类型定位与体系建设提出建议。

1.2.1.1　养老设施内的生活实态与居住环境的现状调查

从上海市养老设施的老年人生活实态与居住环境现状的研究入手,以行为观察、访谈问卷的调查方法,以及多变量解析、归纳演绎的分析方法,总结不同身心机能老人的生活行为、空间利用、需求评价特征,解析老年人与居住环境各影响因子之间的相关关系,通过影响行为的诸变量之间的关系强度,总结不同身心机能老年人的居住环境需求。本研究以环境行为学的相互渗透理论为基础,调查养老设施中的现实生活,探索养老设施居住环境的意义,通过建筑空间等环境的改善提高老年人的生活品质。

1.2.1.2　为养老设施的空间规划与环境设计提出建议

本研究致力于具有指导意义的设计策略的归纳。研究通过对目前养老设施使用状况的调查与分析,对空间的结构模型进行批判,提出建立在实证数据基础上的适合老年人生活行为模式的养老设施空间结构模型,将对老年人的社会关怀落实到建筑空间的规划设计实践中。结合前述对养老设施居住环境探索的结论,进一步利用比较研究的方法,探讨国外先进经验在中国推广的现实性,并尝试给出详细的分析解读。

1.2.1.3　为养老设施的类型定位与体系建设提出建议

养老设施之所以体现为特定的建筑类型,不仅由于大量建筑内在的相似性和子系统的丰富性,还由于它承担了城市中重要的社会伦理功能。老年人的老化程度是一种逐步发展的过程,伴随其身心机能衰退,老年人对设施的需求也是不同的。针对现有设施严重同质化问题,本书在周密的社会调查基础上,从老年人的生活行为及实际需求出发,构建适应老年人老化需求的、递进的、连续的设施类型体系,并对应相应的设施管理服务标准。养老设施的规划设计水平体现着社会的伦理水平,借鉴西方国家在此问题上的经验,结合中国的现实国情做出尝试性的发展建议。

1.2.2　研究意义

1.2.2.1　研究的学科价值

本书从社会化的人与空间存在的关系入手,分析人与人之间、人与空间之间各种要素的关联性。研究突破了建筑学研究的学科界限,进行建筑学、老年学、社会学、人文地理等跨学科的交叉研究,使本书具有综合性,以多学科的视野,比较全面地揭示老年人与居住环境的关系。

本书突破了传统的从建筑形态视角研究类型建筑的定式,通过对设施中老年人生活状态的精确把握,以精确计量的方法把握使用者对象,保证了建筑师在处理建筑本体的其他层面——建筑形式、建造问题时具有更大的自由度。对类型建筑的功能使用研究作为实践性的工作,本书采取实证调查的方法,通过归纳性的工作,得出设计工作过程中可操作的、可推广的规划设计策略。本书作为环境行为学理论落实为研究行动的探索,对建筑研究方法进行了拓展,为建筑理论研究提供可检验、可预测的研究范式。

1.2.2.2 研究的理论价值

养老设施中人与环境的研究是环境行为学研究的一个重要领域。本书开拓养老设施的环境行为学研究,为构筑人与环境关系的理论提供第一手的基础资料;满足老龄化社会日益迫切的现实需求,为养老设施的转型提供科学可靠的理论依据。

本书立足"人与环境相互渗透"关系的理论,对养老设施的使用状况和问题所在进行的基础研究:以老年人对空间的使用和定义为核心,观察的养老设施中的个人的日常生活,将传统的单一行为分析在时间、空间维度上统一起来;归纳出个人或群体的生活行为模式,分析个体与群体属性之间的相互关系,从而找到不同类型人群的活动规律;探讨不同类型人群相适应的空间结构模式,为不同定位的养老设施的空间规划提供依据。因此,本书的行为研究内容更为深入,研究结论更具检验性。

另一方面,中国养老设施的研究起步较晚,相关理念大多沿用国外的理论架构而后移植到实践中,因此缺少本土基础的实证资料;特别是关于养老设施使用状况等的基础研究还很薄弱,无法充分掌握环境对老年人所产生的影响;养老设施还没有成为一个完整独立的建筑类型,其规划设计还停留在对宾馆、医院等建筑的简单模仿上,没有形成符合老年人生活及护理特点的系统规划设计原则和方法。而在发达国家,养老设施早已成为一个独立的建筑类型,形成了系统化的规划设计原则和方法。无论在社会需求的层面,还是在建筑学学科建设的层面,我们的差距都是巨大的。

本书从老年人的设施生活模式、设施空间的使用状况和设施评价几个角度出发,以发展案例研究的方式从既有环境到未来新建设施之间进行模型推导,为符合中国老年人生活及其护理特点的养老设施的规划设计提供了扎实可靠的研究基础和可推广的规划设计策略。

1.2.2.3 研究的社会价值

本书对养老设施的生活实态与居住环境进行了全方位的分析和评价,探讨了中国养老设施在空间规划、管理服务、体系建设中存在的问题,深入分析原因并探讨解决问题的方法。本书为养老设施的空间规划与环境设计、类型定位与体系建设提出了发展建议。这些工作有利于提高中国养老设施的设计水平、管理服务水平;进而有利于提升养老设施内老年人的生活品质。

中国老龄化问题至关重要,关系着中国国计民生等问题。探索和实践并找到最适合中国有特色的养老设施的规划设计与体系建设策略迫在眉睫。本书对养老设施的研究,可以促进养老福利服务事业的发展,从而保障老年人的利益、维持家庭和睦、促进经济社会可持续发展。因此,本书具有一定的社会价值。

1.3　研究路线与框架

1.3.1　研究路线

为使研究结论具有普遍性价值,本书遵循科学研究的逻辑:"假设—检验"的实证的逻辑、观察的逻辑、测量的数理逻辑等基本的研究逻辑,使结论具有一定的可演绎性。研究路线上坚持两个原则:一是坚持实证性的研究路线,通过实地环境调查,利用环境行为学研究方法进行数据采集、数据分析;二是坚持综合性研究路线,充分引用和借鉴相关交叉学科的研究方法和成果,坚持定量和定性研究相结合的原则,将多元方法整合在一个具有适应性的理论体系中。具体可划分为如下三个部分:

(一)资料的收集与研究设计。笔者通过文献整理和归纳分析的方法进行研究。依据研究缘起与目的,在各类书籍、期刊、博硕士论文文库之中收集相关内容的论文与资料,对相关文献的研究内容和研究方法进行了认真翔实的整理与分析,确立研究框架与研究内容。

(二)实地的调查与分析归纳。采用的方法主要是行为观察调查、访谈、问卷调查,以及量化统计分析和分类、比较、归纳、演绎等逻辑研究法。首先,是前期准备调查与调查设计,走访上海市相关的民政单位和多家养老设施,收集第一手资料,对上海市实际养老现状和养老设施做以初步调查分析,对上海市养老设施存在的问题做以归纳分析。其次,进行正式调查,在前期调研的基础上,选取三家养老设施作为调查对象进行深入的调研。再次,对调查得到的数据进行整理、归纳,根据研究问题对数据进行分析,用调查数据和资料对相关问题进行研究分析。

（三）理论的演绎与归纳总结。通过对比分析，对养老设施的现状问题、老年人的环境需求、设施环境的意义等进行归纳与总结，提出养老设施的规划设计理念及策略，以期对今后养老设施的空间规划与环境设计以及养老设施类型定位与体系建设提供可靠的依据和设计参考内容。

1.3.2　本书框架

本书的出发点在于社会关注，其内容除了为具体矛盾的解决提供思路，还在于思考现实。基于"问题提出、现实反思—实地调查、加深理解—归纳措施、回归实践"的基本思路，共计 7 个章节。

第 1 章阐述研究背景，指明研究的必要性，并厘清本书研究方向与目的。详述研究的理论视角，介绍相关文献及其启发性，确定研究内容，建立本书研究的基础。第 2 章确立研究理论基础、调查内容与方法，介绍案例调查的实行过程。为了获取符合研究目的的资料，此阶段的案例调查结合本书三个子课题内容，采取两阶段调查，每阶段分别采取了不同的调查方法。

本书的最终目的是为养老设施的建筑设计提供策略，为此进行了老年人的生活行为与生活类型、设施的使用状况与老年人的空间利用、老年人的空间需求与满意度评价等三个子课题的调查。第 3、4、5 章的研究对三个子课题交织了多种调查内容与方法，充分理解了不同身心机能的老年人的生活行为、空间利用、认知评价以及与设施的物质、管理社会环境之间的相互关系（图 1-3）。

第 6 章是本书的结论。总结了养老设施的生活实态与环境现状特征，分析了不同身心机能老年人的生活特征与环境需求特征，探讨了设施环境的意义等，并结合调查结论、国外先进经验，从满足不同身心机能老年人的差异性环境需求入手，并提出了"居家情景""适应老化"的养老设施规划设计理念。第 7 章基于第 6 章的结论与设计理念，构思预想中设施的物质、管理与社会环境，提出具体的设施环境构建方案，对养老设施的空间设计策略进行探索。

1.4　文　献　综　述

中国进入老龄化的时间稍迟，所处的社会政治文化、经济状态也与其他国家进入老龄化的情况不同。在探索养老设施进一步发展方向时，如不考虑国内外地域文化、风俗习惯与老年人特质的差异性，而将国外现有的发展经验直接植入则明显不妥。因此，在引用国外经验、制订规范前，需要针对国内养老环境设施的现况进行探讨；深入了解老年人的生活行为模式与环境需求，检验比较国内需求与国外规划趋

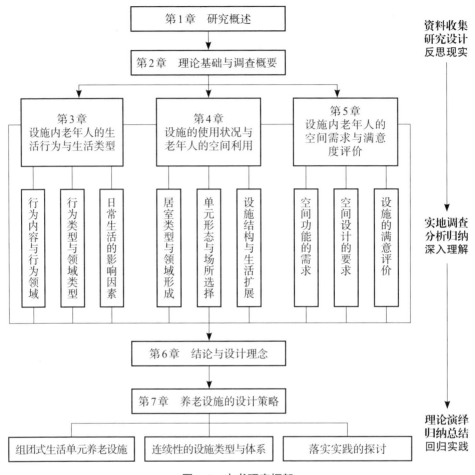

图1-3 本书研究框架

势的共通性与差异性,建构符合本土需求的养老设施。

1.4.1 国外(境外)研究综述

第二次世界大战之后,伴随着人口老龄化发展,在西方发达国家建立起老年学,开始对老龄问题加以研究。在养老设施研究方面,欧洲各国在20世纪80年代以后为提升照料设施的居住质量,开始提倡融合(integration)及正常化(normalization)的理念,摒弃"隔离""特殊化"的差别待遇措施,提出让老年人回归社会主流、融于社区的理念。使得照顾住宅逐渐有朝向小规模化、分散化及社区化发展的趋势,这种观念促成了国际老年福利政策的转变,各国开始制定新型的养老设施体系,并发展新型的养老设施类型。

在养老设施的类型划分、政策探讨和设施建设浪潮之后,欧美及日本研究者的视角转向设施使用过程中的生活状态,侧重以实证方法研究空间使用的方式和照料品质、照料目标的关系,总结养老设施类型化、模式化的设计策略;并对养老设施发展方向的框架,养老设施的实现方式、规模控制、环境属性等作出了探索。

现今欧美、日本的老龄社会的养老设施研究已经转向以老年人为主体,而不是仅仅是把老年人作为护理的对象,侧重于老年人的生理心理行为特点,提出了系统的规划设计运营原则(Lawton,1981;Cohen & Weisman,1991;Cohen & Day,1993;Day & Calkins,2002)。就研究领域内容来看,已经从养老设施的空间布局研究(小原等,1994;日本建筑学会,1997)转向老年人的行为心理和环境(空间、室内布置、管理运营),侧重设施的主体——老年人的感受和特点,如外山(2000)在日本的开拓性研究等。近年来还进行了若干老龄社会问题的社会文化比较研究(舟桥,2000a),还出现了养老设施与社区环境构建相结合的倾向(铃木,2006),研究的深度和广度日益扩展。

本书在阅读、整理国外相关文献所阐述和解决的问题后,总结出当前国外在养老设施研究方面的三个趋势如下:

1.4.1.1　关注老年人生活行为的研究视角

近年来,探究养老设施中老年人的生活,以及老年人与环境特征关系的研究数量颇多,并引起相当的关注。

老年人入住设施后,脱离原有的居家环境而进入陌生的设施照料环境,使得个人特有个性逐渐丧失,造成"设施化"的情形,在缺乏多重刺激的环境中,老年人的身心功能会快速地退化、恶化(Tobin,1989;Denham,1991)。Smyer等(1988)指出,养老设施的生活为某些老年人带来严重的适应力与心理安乐的挑战。设施环境可能造成人身、心、社会的束缚,此种束缚的环境对老年人的心理、认知、需求及解决问题的能力有明显的影响(Wolk & Telleen,1976)。养老设施内老年人的日常活动行为以消极性的行为居多,老年人参与设施活动或单独进行具意义性、积极性的行为活动极少,其中以待在居室里无所事事的时间居多(Gottesman & Bourestom,1974;Gillian,2002;Anne et al.,1996;梁金石等,1994)。

这些研究中多认同环境和休闲、社交是影响入居老年人健康和行为主要因素的看法(Baltes,1982;Moos & Lemke,1980,1996)。包括个人属性、物质环境、管理环境、社会环境等的养老设施的各环境因素强烈影响入住设施老年人的健康和行为(山田等,2001;Gillian,2002;Anne et al.,2000)。

Baltes(1982),Moos & Lemke(1996),Mauro等(1998)等研究者认为个人属性(如身体自理能力、活动喜好与健康等)是影响设施老年人间亲密关系的重要因素;其中又以个人身心健康最为重要,其不只影响个人的身体动作能力,也强烈限制了老年人在设施内的生活展开,同时也影响了老年人对于设施环境的满意度。

在物质空间环境方面,Clark & Bowling(1990),Kayser-Jones(1991),外山等(2000)研究认为,设施空间环境是影响老年人生活品质的重要因素。Norris & Krauss(1982)推论若在养老设施中导入适当的环境设计,如环境识别与家庭化环境的塑造等,必能帮助老年人维持适当的认知能力。Holahan(1976)发现,当设施允许入住者将环境个人化布置时,房间中的社交气氛会有所提高,同时让入住者对设施环境产生正向的空间感受。橘弘志等(1997,1998,2002)观察了单人间型养护老年之家的老年人从最初入住设施到入住15个月时的前后适应情况,以及对老年人一日的生活作息状态的考察,发现老年人入住设施后逐步在设施内建立自己的个人领域,阶段性领域层级的空间构成对老年人个人领域的形成具有促进意义。高桥等(2003)认为通过居室的单人间化改造,建立空间的领域等级等措施,能有效改善入住设施老年人的生活品质。Gillian(2002)研究发现,即使有完善的活动计划,也无法完全提升老年人参与活动的意愿,其建议从居住环境的改善入手。

在管理社会环境方面,发现促进老年人独立和自治性,更能使老年人与设施人员间发展出更为亲近的关系(Who,1990;Rocio et al.,1996)。

以上的研究结果发现,当前国外养老设施的生活行为与设施环境研究有如下结论:设施入住老年人的生活行为以消极性的行为居多,老年人参与设施活动或单独进行积极性的、有意义的活动较少,全天待在居室里无所事事居多。设施内老年人生活行为单调、活动领域受限等现象已经是困扰养老设施多年的问题。因此,多数研究者认为,这类问题难以仅靠完善活动计划来解决的,要改变过度设施化所造成老年人活动意愿低落、生活品质偏低的问题,就必须从改善设施的物质空间、管理社会等环境质量着手,建议设施环境建构向小规模化、居家化的居家生活情境发展。

1.4.1.2　趋向小型化、居家化的设施空间规划理念

养老设施的空间规划与环境设计理念的趋势方面,Untermann & Small(1977)指出养老设施的空间须加以有效的组织,若能将之设置于一个能具有居住性、自主性且接近居家环境的生活空间中,让老年人们可以自然地群聚在一起是最理想的;这样他们才能享受观看过路人、家人、职员活动以及从事简单的室内外活动等的乐趣。基于对养老设施入住老年人生活行为与居住环境的研究成果,国外许多研究者开始了对设施空间规划的探索与实践。

瑞典于1985年为改善养老设施居住质量不佳及失智症老人的照料问题提

出"Group Home"（组团之家）的生活环境照料方式，无论是环境规划或是生活照料都以老年人为设计指针；为了让每位老年人拥有自己的家，强调老年人的自主性、私密性，居住房间由原来的多人间形态改成单人间，朝向单人间、照料单元小规模化的方向改善，营造如家的软、硬件设计，让老年人犹如住在家中一般。这些组团之家大都坐落在一般小区里，以 10 至 12 间房组成一生活单元群。每位老年人拥有私密的个人房间，房间里有生活区、浴室及存放个人物品的储藏空间和小厨房。此外也设置了餐厅、交谊厅等供各生活单元共享的空间，以增进老人社交互动的机会。

在这样一个像家的环境中，老年人可以用喜欢的家具、照片和其他对自己有意义的事物来装点自己的居住空间。而组团之家的职员则设计一系列熟悉的家务活动，如清洁、食物准备、洗衣服、园艺和购物等，希望老年人借由活动的参与以减轻失智老人的症状以达到治疗的效果。从上述瑞典团体家屋的规划概念中，可看出瑞典的设施照料环境除朝向小规模照料单元发展、提升卫生照料质量外，也试图凭借空间单元规划以鼓励老年人参与社交、维持生活自理能力。

日本于 20 世纪 70 年代初期进入老龄化社会之后，养老设施的发展日新月异。20 世纪初，配合"介护保险制度"的实施，厚生福利省于 2002 年将"单元型特别养护老人之家"作为法定的新型养老设施，成为日本当前养老设施的新建与改建的主要方向。在空间规划与管理方面，强调全面为单人间，老年人可以携带个人的家具及用品等入住设施；设施空间被划分为由数间单人间为一小群组（group），10人左右规模的生活单元；除了重视个人空间的规划外，还配置具有多个领域层级的公共空间以确保多样化的生活空间以及居住环境的空间结构（武田，池田弘编，2002）。这种小规模生活单元型的特别养护老人之家，更提出使老年人在"生活单元"的家庭气氛中接受照料即"单元照料"（unit care）的原则；通过提供优良质量的照料服务，实现从过去的"集体式照料"转换到尊重个人自立的照料（外山等，2000）。

日本学者林玉子指出，一般养老设施中最怕老年人孤立化，整天关在居室里与社会活动隔离，因此，提出养老设施照料单元小规模化、个别化的三阶段空间领域层级的空间结构模式建议：首先注重私密空间（private space）的充实；其次是设置小规模群体化的生活起居单元，也就是具有家庭感觉的半公共空间（semi-public space）；最后为了使照料服务效率化，应设置几个生活起居单元共享的公共性空间（public space）。

中国台湾学者黄耀荣和杨汗泉（1996）提出"生活簇群建构"的概念，认为生活簇群即为建构合理的人际关系而产生，目的在于集体生活能根据不同层级的生活群组及群组规模产生积极的交流，避免以往因居住规模太大凡事以管理效率为优先,造成集体生活意味过重,丧失建立人与人之间情感与亲密关系的问题。在空间结构方面,整体规模组织可分为居住房间、居住簇群的公共服务空间、设施之公共服务空间等三种层级;在护理之家的"居住簇群"规模方面,认为20～25人为一基本簇群是台湾现阶段普遍认同的适合规模;在服务动线系统方面,建议应采同一楼层水平规划为原则,依空间的性质设置各类设备,如每一基本簇群内,应有一交谊室可提供为交谈及看电视的空间,以塑造如同个人空间、家庭生活、社会生活的空间氛围,增加居住者使用空间、设备的频率,创造认识与交往的机会,以建立亲切、安全的生活情境。

可以看出,当前国外养老设施的设施空间规划理念有如下趋势:(1)对集中化大规模的社会养老设施缺少个性化、人性化的缺点进行了反省,提倡社会养老设施小规模化、住区化;指出设施应提供一个生活场所而非收容场所、融入小区生活与居民互动、满足居家的亲切感及舒适性等。(2)指出使设施环境构建应从单纯的生理护理转向注重老年人的心理感受,并且让老年人尽量维持居家的生活方式,以维护个人隐私、协助独立自主等。(3)综合考察老年人的生活行为与空间使用特性、空间物质形态,以及护理规模与制度等,从个人、空间、管理社会等多个方面综合构建设施环境。

1.4.1.3　适应老年人环境转换的设施类型体系策略

养老设施的分类是指根据每个养老设施收养老人所需要帮助和照料的程度,对其照料功能进行科学分类。由于老年人经济水平、身心健康状况、生活习惯等有很大的差异,必然导致老年人对服务需求的多样化,从而导致养老设施类型的多样化。例如美国将养老设施分为自住型、陪护型、特护型三类;日本分为有料老年之家、轻费老人之家、养护老人之家、特别养护老人之家等多种类型;中国香港将安老院分为低度照料、中度照料、重度照料三种;中国台湾则分为老人安养设施、老年养护设施、老年养老设施以及护理之家等类型。

美国根据养老设施的不同功能将其分为三类:第一类为一般照顾型养老设施,主要收养需要提供膳舍和个人帮助,但不需要医疗服务及24小时生活护理服务的老人;第二类为中级护理照顾型养老设施,主要收养没有严重疾病,但需要24小时监护和护理,但又不需要技术护理照顾的老人;第三类为技术护理照顾型养老设施,主要收养需要24小时精心医疗照顾,但又不需要医院所提供的经常性医疗服务的老人。

中国香港1994年制定的《安老院规例》根据养老设施的不同功能也将其分成三类:第一类为"高度照顾安老院",主要收养"体弱而且身体机能消失或减退,以至在日常起居方面需要专人照顾料理,但不需要高度专业的医疗或护理"的年满60

岁的老人；第二类为"中度照顾安老院"，主要收养"有能力保持个人卫生，但在处理有关清洁、烹饪、洗衣、购物的家居工作及其他家务方面，有一定程度的困难"的年满60岁的老人；第三类为"低度照顾安老院"，主要收养"有能力保持个人卫生，也有能力处理有关清洁、烹饪、洗衣、购物的家居工作及其事务"的年满60岁的老人。至于那些"需要高度的专业医疗"或"护理"的老人，则属于附设在医院内的"疗养院"收养的对象。香港社会福利署安老院牌照事务处在1995年4月制定的《安老院实务守则》中又对"混合式安老院"类作了具体规定。所谓"混合式安老院"指那些"为住客提供超过一类照顾"的安老院。

国外及香港之所以要评估界定每个养老设施的功能属于哪一类，主要目的是便于政府主管部门依法对养老设施进行有效监管，确保住客的利益获得保障。因为不同功能的养老设施在硬件的配备、工作人员的配置、医疗设备及物资（如步行辅助器、轮椅、便椅）等要求上是不一样的。比如香港的《安老院实务守则》规定，低度照照安老院不需要雇用护理员、保健员、护士；中度照顾安老院不需要雇用护理员，但需雇用保健员或护士；高度照顾安老院则必须雇用护理员、保健员或护士。而且不同类别的安老院，护收养人数配置的保健员或护士人数也不一样。

每一类设施提供某一范围机能与服务的设施体系模式，是目前绝大多数国家采用的架构，并且几乎所有国家在老年人设施居住体系发展的过程中都曾采用，虽然它有利于提供更加专业化的服务、提供多样化的选择，但是当老年人身心机能发生变化，原来的居住场所无法满足需求时，老年人就必须迁移到另一层级的设施之中，使得老年人必须重新去适应新的环境。关于老年人进入养老设施面临的"环境转换"（environmental transition）及"重新安置"（re-location）等问题，Hooyman & Kiyak（1993）指出：转换，不可避免的是新的环境、心情的波动以及适应的过程，对一个健康的老年人，环境的压力可能不会太大，也比较容易调适自己的心理；但对一个居住于某地某房间多年的身心障碍的老年人而言，因其生理或心理的缺陷，使得个人对自我的认同常有价值贬低的现象，容易遭受较多的挫折与心理压力，形成内心冲突与情绪的不安。曾思瑜（2009）将老年人的环境转换分为如下四个层次：（1）从某一居家环境迁移到另一居家环境，如老年人到自己的儿女家居住或轮住；（2）从居家环境迁移到设施；（3）从某一设施迁移到另一个新的设施；（4）在同一个设施内的不同部门间的迁移，如当老年人身心机能老化时，从介助部门转移到介护部门。曾思瑜（2009）批评这种设施详细分类是分化单一式的设施机能模式。老年人是适应力较弱的群体，对原本控制环境就有些困难的老年人，剧烈的环境转换容易使得老年人与原有熟悉的环境与自我的生活习惯相隔离，会造成生理、心理、社会调试等问题。因此养老设施的设计应尽量减少环境转换、重新安置的问题，以促进老年人与过去生活的融合，保证老年生活的连续性。

为了避免分化单一式的设施机能带来的老年人因为身心机能老化需一再迁移转换环境的问题,国外一些研究受到就地老化理念的影响,强调持续性照料,老年人可以持续在同一居住场所中不必迁移,提出了整合多元式的设施机能模式。如美国提出了保障继续居住及满足持续性照料的"连续性照料社区(Continuing Care Retirement Community, CCRC)"。而日本则开始大力推广"小规模多机能福祉据点",强调老年人尽量居家养老,在社区内满足各种照料的需求。

可以看出,当前国外(境外)养老设施的类型与体现建设有如下趋势:(1)经济发展、社会进步使得对老年人群体的特性有了更为精密的细化倾向,依据老年人身心健康情况进行设施的类型规划;(2)原居安老思想使得"去设施化"成为各国(地区)养老设施提高服务品质的一个新的目标,同时这种实现小规模化、个性化、居家化的设计理念也促成形成新的设施类型;(3)为了避免老年人老化后的环境迁移问题,设施类型与体系建设更加强调连续性与多元化。

1.4.2 国内研究综述

国内老龄问题研究机构成立的时间较晚,首先在大城市中建立了相应的研究机构,如上海市老龄科学研究中心成立于1993年,北京市老龄问题研究中心成立于1999年;2004年在中国人民大学开始设立正式的老龄问题研究专业——老年学专业,学科性质属于法学学科中的社会学,专业设在中国人民大学社会与人口学院人口学系。上述研究机构的研究内容集中在城市人口老龄化现状、发展趋势及给社会经济发展带来的影响,为老龄问题研究提供基础数据资料,建立理论框架。

关于中国建筑学领域对老年人问题研究,笔者在CNKI的期刊文库、博硕士论文文库中,检索2000—2011年期间发表的篇名中包含"老年""老人""养老""老龄""高龄"等关键词的有期刊论文452篇[1]、硕士论文100篇。通过对这些文献的整理、阅读、综述过程中发现,中国的老年建筑方面的研究已经开始起步,并取得了值得肯定的成果,其特点主要表现在以下几个方面:

从研究数目上来看,2000年以前的论文有68篇,2000—2005年期间每年发表论文约20余篇,在2006年以后,论文的研究数量与质量逐年增加,特别是到2011年发表量达到了92篇,其中包括核心及EI检索期刊论文14篇(图1-4)。这充分说明了老年居住问题终于开始引起了广大学者的关注,但从每年发表的总论文量来说,老年问题的研究论文还不多,还缺乏更加高质量的论文。

---

[1] 检索2000—2011年期间发表的篇名中包含"老年""老人""养老""老龄""高龄"等关键词的期刊论文合计483篇,删去会议报道、人物介绍等非学术论文31篇,合计学术论文452篇。

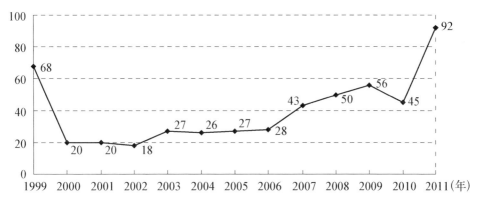

图1-4　近年来建筑学领域老年研究的数目

从研究内容上看(图1-5),以"老年住宅及社区"相关的研究论文最多有174篇,其次为"养老设施"相关的研究89篇,再次为"城市规划及户外活动""智能化及防火等建筑技术""养老模式及居住体系""老年特征及环境需求"等相关的研究。"养老设施"方面的研究方向及研究成果如下:(1)"设计理念及方法":针对室内外无障碍设计细节进行归纳介绍的论文;针对老年人行为、心理特征总结提出基本设计原则的论文。(2)"案例介绍":结合中国优秀的设计案例进行深入分析研究,阐述设计理念、总结经验的论文。(3)"现状调查":对全国或某一地区的养老设施现状进行调查,发现问题并针对性地提出规划设计原则的论文。(4)"国外经验介绍":通过对国外先进国家的老龄设施的设计理念介绍和案例分析研究,提出对中国的借鉴的论文。(5)"类型定位":针对当前中国所出现的养老设施类型及其特征进行的描述性说明论文。

在阅读、整理上述国内相关论文所阐述和解决的问题后,本书用回顾汇整方式,依所探讨的内容与本书研究目的的相关性将其分为三类:第一类为设施内老年人

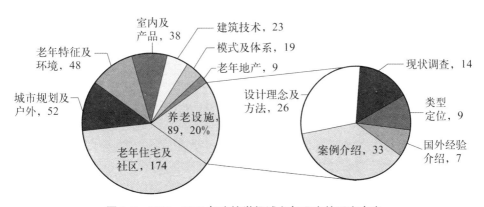

图1-5　2000—2011年建筑学领域老年研究的研究内容

的生活行为及居住环境现状的相关文献;第二类为养老设施的空间规划与环境设计的相关文献;第三类为养老设施的类型定位与体系建设的相关文献。

1.4.2.1　设施内的生活行为及居住环境现状

在养老设施的现状研究中,环境观察、走访调研和问卷调查是当前比较常用的方法。如周燕珉和陈庆华(2003)通过对全国养老设施的实态调研,叙述了中国目前养老设施的规模、性质、入住老年人的健康状况、入住原因及设施存在的主要问题等,提出了改进设施规划设计的建议。

目前,通过对某地区或全国代表性养老设施进行实地调查,发现关于中国养老设施环境现状的研究较多。这些现状调查指出我国的养老设施普遍存在着如下问题:养老设施数量不足、规模大小不一、功能定位模糊等问题(孟杰等,2011);养老设施城市布局不合理、建筑选址不便利、郊区化等问题(袁泉和张炯,2008;曾琳等,2009;戴维等,2011;安军等,2011);无障碍设计不完善的问题等等(周燕珉和陈庆华,2003;孟建民和唐大为,2007;袁泉和张炯,2008)。特别是在设施的空间设计上不能满足老年人使用需求,存在着诸如交通流线过长、空间配置不合理等问题(周燕珉和陈庆华,2003;王墨林和李健红,2011),居室以多人间为主,缺乏私密性(孟杰等,2011),以及空间缺乏舒适度及亲切感、空间个性不鲜明等特征(王墨林和李健红,2011)。可以看出,中国养老设施的环境现状总体水平不高,养老设施的设计理论及实践呕待提高。

对于设施内老年人的生活行为方面的行为观察调查研究近年才开始逐渐出现,如吴茜(2006)对武汉市养老设施内的公共空间的社交行为进行了调研,以"行为场景"概念来发掘设施内老年人社交行为的问题,对营造适合老年人使用的社交空间提出建议。在国内,以环境行为学为基础理论,对于老年人居住环境的研究比较有代表性的研究团队及研究方向介绍如下:

清华大学周燕珉研究室对老年人建筑的理论研究、教学以及设计实践等多方面展开,主要的研究方向包括老年人居住需求与人体工程学,老年居住建筑设计研究,无障碍通用建筑设计研究等。该研究室在国内较早地展开了老年人生活行为与居住建筑的调查研究(周燕珉和陈庆华,2003),并较早地将国外的先进经验介绍到国内(周燕珉,2002)。在研究对象上涵盖设施养老、居家养老等多方面;在研究内容上既比较关注人体工程学以及无障碍设计的应用等具体空间尺度、细节的设计,又对养老建筑的类型与居住模式进行探讨(周燕珉等,2010);并且展开了养老设施的相关实践,研究的广度和深度都较有代表性。

同济大学李斌研究室对养老设施及居家养老的老年人生活行为进行了研究(陈铁夫,2007;张强,2007;贺佳,2008;李斌和李庆丽,2011)。如陈铁夫(2007)以上海市H福利院为调查对象,运用访谈法和行为观察法,对老年人福利设施中的公共空间和个人房间的使用状况以及老年人的日常生活行为进行调查,考察设施内老年人个人领域的分布和扩展情况;从满足安全性、私密性、领域感、归属感和促进交往行为的发生五个方面对老年人福利设施中领域建立的设计策略进行进一步的理论探索。张强(2007)对上海市居家养老模式下老年人的生活状况进行基础研究,依据调查结果从行为场所的边界、行为场所对老年人行为的影响以及行为场所的适宜性与灵活性三个方面进行理论分析,最后对适合居家养老模式的老年人居住环境设计的模式进行了初步的探讨。贺佳(2008)以上海市已建成S社区居家养老的老年人为调查对象,从养老意愿、老年人日常生活、日常交往与社区环境的互动、社区活动、社区设施、社区外部生活环境和居家生活环境等几个方面进行调查;从物质和社会两个层面提出对社区适老建设的建议。这些研究从老年人的生活行为与居住环境的相互渗透的综合视角出发,探讨了不同居住模式下老年人的生活模式特征与空间利用特征,但对于设施入住老年人的生活行为、空间结构的研究还缺少更有深度的调查分析。

大连理工大学周博、陆伟研究小组则立足于北方城市,对大连市、沈阳市的养老院进行了一系列的相关研究(李乐茹,2008;刘慧,2010;李铁丽,2011)。如周博等(2009)对养老设施空间要素与行为类型的关系进行了探讨,指出设施应提供更多的多样类型的小型空间,建立老年人对空间的领域感、所属感。李乐茹(2008)对大连市家庭式养老院中老年人的居住行为与空间构成的关联性进行调查,分析了套型层面上的功能空间的组织方式以及改造模式;探讨了适应大连城市地区家庭式养老院的套型设计原则,并提出对现有的家庭式养老院建筑及其环境的改进措施。刘慧(2010)以建筑的空间构成模式和特征为核心,围绕设施类型、空间要素、老年人基本属性、行为领域这四个层面进行分析建筑空间构成模式与老年人行为领域间的相互内在联系;探讨了适应中国北方的机构养老设施的空间构成模式,并提出对现有的机构养老设施的建筑空间的改进措施。李铁丽(2011)调查了机构式养老院交往行为与交往空间现状,探讨机构养老模式下的交往空间的本体特性与老年人交往需求行为特征间的关系,最后对于机构式养老院交往空间系统综合优化提出完善与更新的标准及指导原则。以上一系列研究偏重于设施的空间要素与空间组织等设施的物质环境方面,但对于设施的管理制度环境等设施的综合环境对于老年人的影响,以及设施内老年人的生活行为特征、空间利用特征,以及老年人生活的影响因素等则关注较少。

此外,北京工业大学的林文洁研究室对居家养老老年人的研究也较为深入。如对老年人夫妇的居住样式的特征进行了详尽的观察调查与分析,总结出居住样式对老年住宅室内设计的启示(林文洁,2009);通过对居住区老年人户外活动的内容与时间、空间的观察调查与分析，归纳出居家养老老年人的户外活动及其空间特征，对居住区的为老活动规划提出了建议（林文洁等，2011）。

以上这些以环境行为学为理论基础的研究填补了中国养老设施内老年人的生活行为研究的空白，但是这些研究都是以全体老年人为研究对象，对不同身心机能老年人的差异性特征没有进行研究。

可见，目前中国关于设施内老年人生活行为与设施环境的研究论文大多是以实地调查为基础，并针对发现的问题提出改善建议，有的研究还结合国外经验提出了相应的设计原则。这些基于实地调查的研究成果，较为客观真实地反映了中国养老设施的现状，以此为据提出的设计原则也有一定的针对性和代表性。

但这类论文与国外还有着一定的差距，主要表现在：从调查数据的样本量、调查时间上，并未体现出很强的科学性。从调查方法上，以自然观察或问卷调查居多而行为观察、访谈调查较少，以单一方法为主而缺少多种调查方法的综合应用。从数据分析上，也缺乏更系统的、科学的、多种分析相结合的综合性方法。从研究结果上，多停留于数据表面，对老年人属性、行为类型、影响因素、空间环境意义等深层内容的分析研究不足，等等。总之，目前的研究成果对于设施内老年人的生活行为模式、空间利用方式等多停留在感官认识上，缺乏更加客观、全面的分析，对设计的指导价值有限。

1.4.2.2　养老设施的空间规划与环境设计

在养老设施的空间规划与环境设计方面，数量最多的研究论文为以老年学的生理特征、心理特征等相关文献的分析为基础，进行老年人行为特征的总结，进而推论老年人的环境需求的描述性论文较多（陈华宁，2000；傅琰煜等，2011；夏飞廷和李健红，2011；等等）。如陈华宁（2000）对上海老年人和养老设施状况的介绍基础上，对养老建筑进行分类，提出了养老建筑基本特征；并依据老年人生理、心理上的特点提出了养老建筑设计上的注意点，以国内外几所养老建筑实例来说明养老建筑应具备的基本特征。

通过国外先进经验、经典案例的介绍，提出对中国养老设施空间规划的借鉴的论文也较多（周燕珉，2002；胡四晓，2008；朴振淑等，2008；吕志鹏，2010；等等）。如吕志鹏（2010）从美国人口老龄化带来的问题出发，就其老年护理建筑的分类、定义及发展状况、相关理论、设计原则、目前研究的热点和对中国的借鉴意义进行了论述，以期对中国老年护理建筑的发展起到一定的启示与推动作用。

可见，国内学者对于养老设施的空间规划研究多关注在无障碍设计，国外研究趋势、先进案例的介绍等方面的研究居多。而所谓从"人性化"理念出发规划养老设施的研究，则多处于概念性介绍的阶段，实质性的建筑设计方法研究不够。对于适应中国国情的设施设计理念的研究、新型养老设施的设计探讨比较少。例如：李斌和李庆丽（2010）对上海市养老设施的居住环境现状和问题做了分析，并针对失智症老年人的特殊需求，提出了特别老年护理院的"家庭式生活单元"的设计原则与实践。周典（2009）针对城市养老设施严重不足，建设中追求床位数量"规模化"、建设场所"郊区化"所产生的问题，提出城市养老居住设施建设应转向生活形式"家庭化"、设施建设"社区化"的新方向，并提出了"社区化"养老设施的设计原则。

而从老年人生活和养老设施空间的角度，进行研究的环境行为论文则更少。陆伟等（2010，2011）通过对大连、沈阳机构养老院的实地调研，以老年建筑的空间构成模式和特征为核心，围绕入口空间、活动空间、就餐空间、办公空间这四类公共空间类型，对机构养老设施的公共空间特性进行分析。针对现状中存在的问题，探讨并提出适当调整各类空间的功能配置，提高空间的利用率，能满足老年人的生活需要。龚泽（2002）通过对老年人的生活行为、设施的空间利用情况的调查，提出了养老设施的空间构成设计的提案。

总之，目前中国对于养老设施空间规划的研究，针对养老设施中的使用状况进行深入细致的实证性研究较少，使规划设计原则的制定显得缺乏足够可靠的现实依据。很多新兴的设计理念多是参照国外的经验，对于中国特殊国情及老年人生活行为特点的研究还较少，还没有形成符合老年人生活及护理特点的系统规划设计原则和方法，缺少可实施可推广的设计准则。很多研究还停留在物质设施的改进以及一般意义上的舒适，还没有关注到老年人综合生活品质的改善上。

1.4.2.3　养老设施的类型及体系建设

我国的养老设施的类型及体系建设方面，除属于卫生部门主管的老年护理医院（也称老年护理院）在收养老年人的需照料程度上有明确要求外，民政部门主管的一般的社会福利院、养（敬）老院、老年公寓均未进行明确的功能定位。有的养老设施内部的设计，并不适合健康自立的老年人居住生活，却招收了大量的健康老年人；有的养老设施安排自理老年人和不能自理老年人共同居住，非常影响前者的精神状态等；另外，老年人更需要细致入微的关怀，高水准并不意味着高档豪华，这也是目前存在的一大误区。养老设施的分类很不规范，还没有形成一个完整的设施体系。基于以上认识，许多研究者对中国的养老设施分类及定位做了相关研究，既有文献的研究内容及建议整理如下：

在养老设施的功能定位方面，中国大多数养老设施都是混合型的，专收一类对象的单一型养老设施较少，相同建筑空间内不同身心机能的老年人混居，容易带来空间使用上的问题。因此，建议未来养老设施应由多功能逐渐向单一功能转换，对养老设施的功能定位进行分类(陆明等,2011;白宁,2011;贺文,2005)。胡仁禄等(2000)、贺文(2005)、刘炎和张文山(2009),孙伟和杨小萍(2011)等参照国外的分类经验,提出了根据收住老年人生活自理情况的高中低,将养老设施分为自理型、服务型、护理型三个类型[1]。开彦(2000)将设施具体分为基本型、推荐型以及理想型等。姚栋(2006)则从居住者年龄、居住模式、服务内容、建筑规模四个框架性因素,将老年居住建筑划分为7个类别共计26种类型;期望通过对养老设施的重新定位,来规范养老设施的收住对象、服务标准等。

对于不同设施类型的建设,刘炎和张文山(2009)指出了护理型将是未来发展的主流方向。桑春晓和程世丹(2009)通过国外的设计案例介绍,对不同类型老年公寓的设计做了简单的整理与提示。陆明等(2011)针对不同的服务群体设置社会养老设施,根据服务功能和老年群体的复合程度,分为专项养老设施和综合养老设施两大类。孙伟和杨小萍(2011)提出针对自理、介助、介护三类老人分类整合设施类型,其中收住自理及介护老人的设施需求最强。李斌和黄力(2011)提出应根据老年人的生活方式,确定设施的功能配置、空间结构、护理方式等,并以设施为据点,提供多种多样的居家养老服务,最终建立涵盖入居对象、照料等级、空间环境、职员配置、承办主体和付费方式等方面的养老设施类型体系。

研究者普遍认为,居家养老是中国养老模式的主流,以养老设施为主要依托的社会养老是中国未来发展的一大趋势(贺文,2005;白宁,2011;曹新红等,2011;周燕珉和林婧怡,2012)。如白宁(2011)提出居家养老与社区养老服务相结合,并以社会养老为辅的综合养老居住模式;从老年居住环境的规划布局、老年住宅、养老服务设施的配置等方面,初步构建西安城市老年居住环境体系的理论框架。曹新红等(2011)在梳理城市养老模式与养老设施类型的基础上,通过对现状的调查研究,探讨了城市养老设施整合与优化的策略。

在养老体系建设上,胡仁禄等(2000)、贺文(2005)、曹新红等(2011)对中国目前的养老居住模式、养老体系、社会养老分类等方面问题提出了宏观的规划原则。

近年来,针对养老设施规模过大、交通不便,设施内老年人与外界接触较少等问题,很多学者提出养老设施"社区化"的概念。如马以兵和刘志杰(2008)提出要继续完善养老设施并利用网络扩展其服务对象,在小区内设立养老点,结合就近的公共养老福利设施。周典(2009)针对当前城市养老居住设施严重不足、建设中追求床位数量"规模化"、建设场所"郊区化"所产生的问题,提出城市养老居住设施建设应转向生活形式"家庭化"、设施建设"社区化"的新方向。徐怡珊等

---

[1] 每个研究的分类名称不尽相同,但都是以入住老年人的身体健康情况进行分类的。如自理型、介助型、介护型,或自立型、服务型、护理型,或公寓类、安养类、养护类等。

（2011）在论述构筑"在宅养老"模式的城市社区老年健康保障设施体系的基础上，从空间结构模式和空间设计细则两方面进行归纳总结，并结合典型实例的分析，进一步提炼规划设计方法，为实现"在宅养老"营造安全、方便、舒适、和谐的社区居住环境提供参考。白宁（2011）提出将设施养老体系分为社区设施养老（日间照料、老年公寓）以及社会设施养老（养老院、护理院、安怀医院）等，这几种养老服务设施依不同区域的不同需求分级配置，并可与社区养老相结合，将部分城市养老服务设施开办在社区内。以上研究对中国新型设施体系的建立与完善提供了基本的理论与构架。

总之，目前中国关于设施类型及体系的研究成果有如下特点：从研究方法上来看，大多数研究都采用的是国外经验借鉴的文献研究，缺乏中国现有设施环境、不同自理能力老年人的生活习惯等的实证性调查研究，使得结论不具备广泛意义的普遍性和推广性。从结论上来看，虽然对于设施类型的定位提出了建议，但对不同类型设施具体的构建原则，如每一类型养老设施的收住老年人的标准量化、空间功能的设计原则、提供管理服务的方式与程度等方面相关的构建原则等问题的研究还很少。在设施体系的建立方面，对居家养老体系与设施体系间的无缝链接、不同设施类型间的迁移与连续性、与设施体系相对应的连续性"照料服务"标准等问题的研究还没有涉及。

1.4.3　小结

国外的养老设施研究包含了老年人对环境的适应性、空间使用行为和空间结构、空间规模等不同方面，对设施进一步的发展方式、空间应该具备的特征进行了探索。从这些探讨中可以归结出"单人间""多元化的空间层级""确保个人居住生活隐私""提供交谊及休闲空间"等方向，是现今国外学者专家针对过去设施收容规模过大、缺乏人性化、社交阻碍等问题提出解决之道，解决设施化、营造居家环境时共同关注的课题，也是现今老年人入居设施环境规划的趋势。这些研究成果有其产生的设施背景和研究传统，例如美国的设施发展与其保险制度、老年人生活方式的选择有相当重要的联系，日本全方位的老年照料系统与其国家、个人的权利、利益关系等文化背景也有密切的关联。

国内的养老设施研究包含了养老设施的生活环境现状、设施的类型定位、设计理念及案例介绍、老年人特征及居住环境设计原则等不同方面，对国外新的设计理念如"家庭化""社区化"等进行了探索。从这些探讨中可以归结出"设施功能定位及分类""人性化设计""小规模化及社区化""家庭化"等方向，这也是国外设施环境规划的大趋势。

由上述国内外的文献的分析可以发现，与国外研究相比，中国的养老设施相关研究还存在如下问题：

（1）研究内容方面，"生活行为与居住环境"方面，国内研究偏重于设施的空间环境，而对设施的护理环境及入住者的生活行为方面的研究则很少。而不同身心机能老年人所可能产生的不同行为模式、空间需求等研究更是没有涉及。"空间规划与环境设计"方面，国内研究借鉴国外先进研究成果，提出了如社区化、家庭化、小规模化、促进交往的空间构成等设计理念，但由于缺少对国内养老设施空间利用情况的实证性调查，还没有形成符合中国现有国情的、符合中国老年人的生活及护理特点的系统规划设计原则和方法。"设施类型定位与体系建设"方面，国内研究虽然提出了对设施进行分类定位，但每一类型设施的入住标准、空间规划及管理照料等方面的构建原则没有进行探讨。对设施单一机能定位后带来的老年人老化后可能面临的设施迁移问题也没有涉及。

（2）研究基础及方法方面，在理论基础上，人与环境相互渗透的理论关注多种因素相互交织的系统整体性以及使用者的主体性，但具体的研究课题很少。在研究对象上，现有的研究偏重于物质环境而忽视老年人生活的综合性。在研究方法上，大多数研究未采用多种方法复合研究，使得结论不具备广泛意义的普遍性和推广性。在研究结论上，通过事实性的描述定性分析进而简单提出对策居多，而通过实证调查的定量定性综合分析得出实证性、可检验的设计模式较少。

总之，针对养老设施的研究有待进一步积累经验，取得更有价值的研究与设计策略。

1.5　研究的内容与创新点

1.5.1　研究的内容

1.5.1.1　养老设施的生活实态与居住环境分析

在老年人的生活行为及设施居住环境方面，现有的文献关注休闲社交行为，有关老年人活动行为与活动场所已有许多的研究成果，对设施内生活行为的实证性调查还比较少。本书在此基础上将作如下尝试：（1）探讨老年人的生活行为与空间利用的研究，将不限于行为内容与时间、空间（场所）的探讨，还将对老年人的生活行为模式、照料模式，以及设施的物质空间环境、管理社会制度环境的现状问题进行分析；进而探讨设施生活、环境与居家生活的落差以及产生落差的原因。（2）重点针对不同身心机能水平、自理程度老年人的生活行为模式、空间利用方式、空间需求特点进行探索。总结不同身心机能老年人的差异性需求特征，提出具体的环境构建方案。（3）在探讨人与环境的行为互动关系方面，本书除讨论老年人受设施环境因素的影响外,还探索老年人的行为赋予环境的意义。

1.5.1.2　养老设施的空间规划与环境设计

在养老设施的空间规划与环境设计方面,现有文献总结了国内外相关养老环境规划理念,指出了设施"社区化"、"家庭化"、"小规模化"、"促进交往空间"等趋势,但在具体的设计策略的可操作性较差。本书在此基础上将有如下尝试:(1)从空间领域层级、行为场景、空间需求与满意评价等多个视角出发,以实证研究为基础,为设计策略提供可靠的依据。(2)关注设施空间结构与生活品质的同时,提出与设施空间环境相适应的管理制度构建方案,通过硬件、软件两方面共同创造优质的设施环境。(3)切实关注设施环境与老人身心健康的关系,满足不同老化阶段的、不同身心机能的老年人的环境需求。(4)建构具有可操作性的养老设施的空间模型,使其在未来进行设施评估或建筑规划设计时作为参考。

1.5.1.3　养老设施的类型定位与体系建设

在养老设施的类型及设施体系方面,文献中提出了建议或设计规划原则,认为应对养老设施进行专业的分类,尽量避免老年人离开原有的居家环境,增加设施与外界的融合等,但推导出的结果是否真能符合使用者的期望与需求则有待商榷。本书在此基础上有如下尝试:(1)在设施类型的功能定位上,本书将设施分类与入住者的身心状况、照料服务内容相对应,具体考察不同身心机能老年人的行为特征、环境需求;力求将养老设施类型的规划落实到具体的建筑形态上,在空间形态上满足不同老年人的生活模式与环境需求。(2)在养老设施的体系建设上,充分考虑每种类型设施的建设规模和优先发展方向,避免设施间的迁移所引起的剧烈环境转换。尽量满足老化衰退时不断变化的需求的同时,维持老年人生活的连续性。

1.5.2　研究的创新点

1.5.2.1　开拓养老设施的实证性研究

长期以来,建筑学研究往往停留在研究者的主观判断上,缺乏足够的科学实证性。本书在定量研究和定质研究的两方面,力求以具体的数据实现建筑学(尤其是建筑设计理论)研究的科学性。本书将环境行为理论与具体的调查研究、设计实践相结合,进行了将人与环境相互渗透论落实到设计理论研究、设计策略实践的探索。有意识地把环境行为学思想融入实地调查的信息收集、分析和解读过程中;用调查成果检验研究假设,并依据调查成果结合国外经验,归纳设计策略与原则。

本书的实证工作基础和价值反思是两个同步交替推进的层次,在养老设施研究这个载体上,体现为这样几种工作的双面性:

其一,行为观察与需求评价的并行。本书着眼于老年人与设施居住环境间相互渗透的影响关系。以行为观察考察老年人的生活行为、空间使用等方面,考察老年人对养老设施的各种显性需求。以需求评价分析老年人对空间的主观认识和要求,更深入地理解老年人的隐性需求与设施中的生活现实。两种调查方法的应用,不仅描述了现实空间使用,又分析了老年人对空间的价值判断,能够更加科学地评价设施环境建构的现状与意义,有益于确立有针对性的未来发展方向。此工作从人对环境的要求和批判入手,结合环境对人生活的限定性,能够全面地探讨养老设施中人与环境的关系。

其二,生活观察与生活意义的同步建立。笔者和辅助调查人员在一年多的时间里,多次实地与设施内老年人进行接触,有目的地和老人交流并记录他们的日常行为。研究的数据包括量化数据、访谈资料、图像资料和研究者本人的参与感受,这些成果不但为分析老年人的行为内容和行为分布提供基础,还帮助研究者很好地理解设施中入住的老年人的心理状态,因此研究有助于对老年人的全面关照。

其三,空间使用现实与老年人的微观社会研究。以往的设施研究虽然在很多方面涉及了老年人的社交空间,但研究发现很多社会规则在相对封闭的养老设施中都有体现,这些潜在关系对设施空间的使用具有明显的影响。对于养老设施中交往特征的关注,不能仅仅停留在设施空间数量与质量的层次上,还应该分析老年人的人际特征,强化设施空间布局的多种社会互动内涵。

本书最后所提出的工作模型,不仅源于这些实证工作的归纳,也是基于对现有老年人生活体现出的空间、社会和生活价值等问题的反思。虽然具体的实证工作是研究的重点,但是研究的开展源于二元思考的并进。当然意味着结论实际上在不同的范畴上体现建筑与老年福利的关系,实证工作为了提出具有明确指导价值的行动计划,价值反思则当是针对老年人的生活世界再造研究。

1.5.2.2　提出可操作的规划设计策略

本书以相互渗透论的观点,以使用者(老年人)需求为基础,系统地考察了养老设施中人与环境的关系,以及环境中人的需求;探讨了老年人的行为与设施空间结构之间的关系,提出建立在实证数据基础上的、适合老年人生活方式的设施空间结构模型。通过对目前养老设施使用情况的调查与分析,对养老设施空间的结构模型进行批判,将对老年人的社会关怀落实到建筑的规划设计实践中。

本书的研究结论,满足老龄化社会日益迫切的现实需求,为养老设施的规划设计提供科学可靠的现实依据。本书的设计策略具有如下三个特征:

　　其一，研究成果有着扎实的实证基础。本书以实证研究为基础，调查了设施内195位老年人详细的生活行为、空间利用的数据，探讨了设施内老年人的生活实态、养老设施的环境现状，以及不同身心机能老年人的生活特征、设施环境需求等。这些研究的发现以实证研究为基础，使得本书的规划设计策略是在定性、定量的调查研究基础上提出的，是以事实为依托的，因而更具现实意义。同时，这些实证研究发现，也为其他研究者进一步的研究提供了充实、可靠的数据信息，提升了我国养老设施内老年人的生活行为的研究高度，更填补了不同身心机能老年人设施行为研究的空白。

　　其二，研究成果有着国际性，同时反映了中国国情。本书提出的规划设计策略没有盲目照搬国外标准，而是在借鉴国外先进经验的同时，充分考虑了中国特有的国情，符合中国的现实国情民生。在设施的空间规划与设计方面，本书没有照搬国外"单元照料"的模式，而是通过对中国不同身心机能老年人的行为模式、空间利用、认知评价的详细调查基础上，提出适合"居家情景""适应老化"的设计理念：提出了以"单人间化的双人间"为主要居室类型，提出了"生活单元"对于不同身心机能老年人的适应规模、空间形态等；提出了"适应型设施"的规划设计策略等等。在设施的类型与体系方面，将养老设施类型的规划落实到具体的建筑形式上，从空间功能分区模式、用房配置、具体构建等方面在空间形态角度回应了不同老年人的需求。在养老设施的体系建设上，提出了"适应老化"的连续性居住设施体系等。这些都是在实证研究的基础上得出的结论，不仅适应中国老年人的需求模式，也可对其他国家的养老设施建设提出反思。

　　其三，研究成果有着可实施性和推广性，不仅提出了设计的基本理念，又为具体的实践指明了一种方向。基于实证性的研究结论与国外经验，本书提出"居家情境""适应老化"与设计理念。并依据设计理念构思预想中的养老设施的物质空间、管理与社会环境，最后提出具体的设施空间结构、设施类型与体系的构建方案。这些设计策略与规划原则，在未来进行设施评估或建筑规划设计中，成为具有可操作性、可实施性和可推广性的参考资料。

第2章

理论基础与调查概要

　　实地调查是实证研究取得研究数据的基本方法。研究者沿着经验主义的范式和路径,借助这一工作得以了解研究问题发生的现实脉络,并通过第一手资料的获得加深对问题的理解,借助理论化的处理过程最后得出具体的研究结论。虽然实地调查是包括社会学、人类学等各种人文、社科类研究的共同基础,不过由于各自关注的重点不同,再加上漫长的学术史中不同学者各自的兴趣旨向差异,都使得这一方法内部具有相当多元的工作程序。所以,在报告详细的调查数据之前,有必要单辟一章来详述对不同方法的选择和重组。

　　本章首先对研究的理论基础——环境行为学的基础理论、分析尺度、研究方法进行介绍,提出本书的理论脉络。其次,从调查设计、调查要素的界定与分类等对调查研究的基本内容及框架进行介绍,提示现场工作和理论回顾之间的关联,并为后面的数据分析提供限定。再次,对调查设施的基本属性、空间环境、老年人属性、照料政策和作息安排等进行说明。由于研究者的精力所限,不可能对发生于养老设施内方方面面的现实生活加以全面描述,这些与本书紧密相关的层面就成为笔者观察老年人生活现实的先入之机。

2.1　研究的理论基础

　　长期以来,建筑学过分地重视空间美学和形式,忽视了对空间中人的行为进行研究,而建筑的最终目的是为人服务的,对空间环境中人的状态以及人与环境的相互关系研究的重要性是不言而喻的(Moore,1985;日本建筑学会,1997;李斌,2007)。环境行为学正是以构筑人与环境关系的理论及其实践为学科的根本目的,关注如何改善人的生活品质[1]。

---

[1]　生活品质(quality of life)是指在一定社会条件下,人在物质生活、精神质量、健康水平和生活环境等方面的客观状态及人的自我感受的综合。

环境行为学(environment-behavior studies)是研究人与人周围的各种尺度的环境(包括物质的、社会的和文化的)之间的相互关系的科学。它着眼于环境系统与人的系统之间的相互依存关系,同时对环境的因素和人的因素两方面进行研究。环境行为学的目的是,探求决定环境性质的因素,并弄清其对生活品质所产生的影响,通过环境政策、规划、设计、教育等手段,将获得的知识应用到生活品质的改善中(Moore,1984)。

按照Moore的分类,环境行为学的研究涉及社会地理学、环境社会学、环境心理学、人体工学、室内设计、建筑学、景观学、城市规划学、资源管理、环境研究、城市和应用人类学的集合(图2-1)。环境行为学是一个内涵宽广、多学科交叉的领域,寻求环境和行为的辩证统一,关注人的生活品质的提高。这个领域的研究特点是以问题为中心,以行为为指向,其在研究上有如下特征(舟桥,1990):(1)以环境的所有尺度(micro,meso,macro)水平为对象;(2)对时间、变化、适应的重视;(3)本质上必然具有跨学科性。

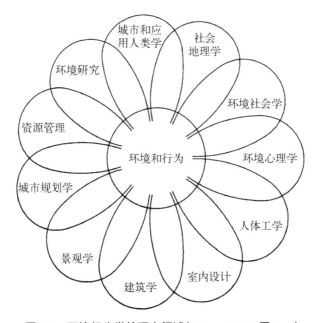

图 2-1 环境行为学的研究领域(Moore,1987,图 39.4)

2.1.1 基础理论

2.1.1.1 相互渗透论

人与环境的理论是环境行为学的基础理论,大致有三种观点:环境决定论

(environmental determinism)、相互作用论(interactionalism)、相互渗透论(transactionalism)。这几种观点在出现时间上有一定的先后关系,本书则主要基于人与环境相互渗透的理论观点。

Canter(1985)认为,人们对环境的影响程度不仅仅限于对环境的修正,还有可能完全改变环境的性质和意义。人们通过修正和调整物质环境,改变与我们交往的人们,从而改变社会环境;通过重新解释场所的目标和意义的方法来不断地影响并改变我们的物质环境。对于环境,人拥有期待、假定、改变环境性质的行为。每个人都有各自的环境意义的模型,在意象结果和可能性的关系中进行操作。

Altman(1987)对环境行为学的相互渗透论的基本观点进行了总结。第一,人与环境不是独立的两极,而是定义和意义相互依存的不可分割的一个整体,相互渗透论不是用二元论的观点考察人与环境;人对环境具有的能动作用既包含物质、功能性的作用,也包含价值赋予和再解释的作用。第二,随着时间的变化,人与环境所形成的整个系统也随之发生变化,这种变化是系统固有的本质特征,而变化的最终目标不是固定的而是弹性可变的。因此,不受先验观念束缚的时间因素、变化过程将是人与环境关系的主题。第三,基于人与环境不可分割的整体性,由于考察对象都具有个别性和固有性,因此在研究中,在关注广泛适用的普遍原则的同时,更重视对特定的个别现象的记述和解释[1]。

相互渗透论把人和环境看成一个不可分离的整体系统。环境与人之间,或强或弱、或间接或直接地相互交织,人与这些环境之间保持着感知、选择、使用、适应和解释等关系,构成人与环境相互渗透的系统。近年来,国外出现了运用相互渗透论的观点进行具体研究的实例(Werner,2002;舟桥,2002b)。但是,在中国的建筑学理论研究与设计实践中,相互渗透论的研究才刚刚开始,没有被广泛地接受与推广。李斌(2008)以相互渗透论的观点,考察中国目前的建筑设计方法以及建筑师的作用,总结如下:建筑决定论还是根深蒂固地影响着建筑师的思维;目前的建筑设计方法还停留在静态的水平上,没有充分注意到建筑设计应该与时间的要素紧密结合;目前的建筑设计还过多地强调空间形体的塑造,忽视了建筑设计本应有的多种因素相互交织的系统整体性以及使用者的主体性。

2.1.1.2 本书的基本理论

相互渗透论认为人们可以不断修正客观的物质环境,更可以通过解释场所、改变环境的性质来影响我们所处的世界。老年人入住设施后,转移到新的生活环境,脱离了自己与原有居住环境的紧密联系,脱离熟悉的居住空间、邻里关系;面对

---

[1] 转引自李斌.空间的文化:中日城市和建筑的比较研究.北京:中国建筑工业出版社,2007:10.

的是陌生的人群、不熟悉的空间状况、不同的时间日程和不同的管理规则，人与环境的系统发生了巨大变化。在这种状况下，老年人容易产生对自身、对环境、对人际关系的不安，无法面对环境变化所带来强烈的环境刺激，不能适应急剧变化的生活环境，导致人与环境的系统失衡。例如：半夜起床搞不清楚方向、走错房间等所谓的"搬迁的冲击（relocation shock）"。

养老设施在设计建造之后仅具有基本的物质属性，尚未成为社会肌体的有效构成要素，而老年人在入住养老设施后，在阶段性的认知熟悉、评价修正、解释阐发过程中，将原本抽象的人工构造物转化为不同居住意识的有机聚合体。与此同时，入住的老年人由于各自身份属性的差异，彼此间形成相互关联的生活集团，在养老设施这一社会子系统中获得了新的个人身份。设施环境随老年人的作用而改变，老年人本身的生理、心理等状况也随着环境的改变而变化。老年人由最初的不适，到与设施环境日渐融为一体，环境成为其生活不可分割的一部分。而这种自成一体的系统的最终状态不是先验固定的，随着时间的推移，不断地被修正。

2.1.2　分析尺度

Moore（1987）从使用者（user groups）、社会行为现象（sociobehavioral phenomena）、场所（place）的三个方面，并导入时间（time）的变化建立了环境行为学的主要研究尺度（图2-2）。环境行为学主要立足于场所或环境的空间性状况、使用者、社会行为现象以及研究、政策制定、设计、结果评价过程在时间上的反复循环和发展（图2-3）。

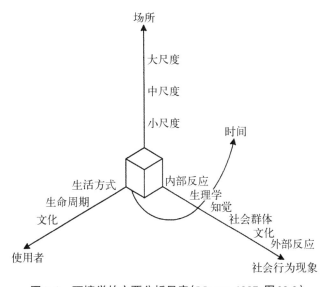

图2-2　环境学的主要分析尺度（Moore，1987，图39.3）

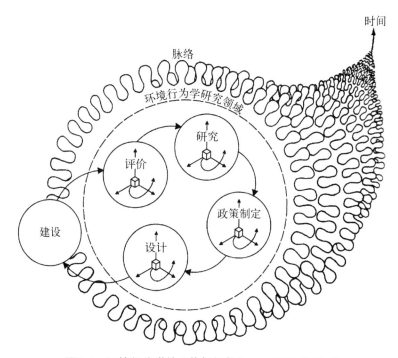

图2-3　环境行为学的总体框架（Moore，1987，图39.6）

高桥（1997）根据Moore的研究框架，总结了环境行为学的实证性课题主要包括："使用者群体研究"包括通常的人的分类、环境支持理论、社会阶层理论等课题；"社会行为现象理论"包括环境认知、个人行为理论、对人行为理论、社会文化行为理论、转换理论、生活方式变化理论、成长过程理论等课题。本书主要是涉及了如下相关课题的视点和方法：老年人使用群体、生活方式、领域性、行为场景等，下面具体介绍。

2.1.2.1　老年人使用群体

使用者研究着重研究不同"人群"的需要。老年人、儿童、残疾人、社会经济地位不同的使用者，不同生活方式的使用者都可看作是不同的人群；在环境中参与不同活动的人（比如公园中的锻炼、休息、餐饮、等候等的人）也可看成是不同的人群；每个使用者所属的人群可能不止一个。该领域的研究中集中于考虑某一特殊人群的特殊需求，已积累了许多关于儿童、老年人、残疾人、少数民族等不同类型使用者的资料，它们使设计人员有可能在设计中更好地把握使用者的行为特点。

作为特殊群体的老年人，在生理、心理上有着特殊性，在文化、感情、行为上有着其他人群所没有的专门而复杂的模式。并且，随着老年人身心机能的持续老化，老年人的具体需求也有所变化。只有针对老年人的多种居住及行为模式进行深入研究，才可能形成对老年人的居住环境等方面的进一步结论。从老年人自身的需求和发展出发，以提高老年人的生活品质为目的，对其居住环境进行相对系统的分析和理论研究是十分必要的。因此，本书以设施内入住的不同身心机能的老年人作为研究对象。

生活方式

生活方式（lifestyle）的概念始于心理学及社会学。Assael（1987）提出："生活方式被广泛地定义为一种生活模式（mode of living），而这种模式可借由以下的方式来辨认：人如何使用他们的时间（活动，activities）；什么是他们生活周围环境中的重要事情（兴趣，interest）；他们对自身以及周围环境的看法（意见，opinion）。"Sobel（1981）认为，生活方式是一种具有表达性且可观察的行为模式。也清楚地说明出"生活方式"即是可被观察的外显行为，且从中反映出个人及社会（文化、群体）的生活行为及生活方式安排。

为了解养老设施老年人的生活行为，首先需了解老年人生活方式的定义。从上述研究者的定义分析可知生活方式是可辨识的、可被观察的行为模式，可反映个人的认知、心理、态度。就行为定义来看，为一个人一日生活中展开的活动，具有时间的分配方式及周期的变化。老年人因其扮演的社会角色（群体）不同，所以其生活方式呈现的面貌将有别于儿童、青少年、中年等其他群体。

对此，本书中的"老年人生活行为模式"是着重在老年人一日生活的活动安排，从可观察及访谈记录的外显行为来看，包括行为内容、生活作息及居住行为的安排方式。居住生活环境不同也影响老年人的生活行为。因此，本书在"老年人生活行为模式"的研究范围，包括生活行为、行为分布、生活作息与活动轨迹等内容。

2.1.2.2　领域性

Pastalan（1970）认为，领域是个人和团体使用和防守并限制外人占有的空间，同时涉及对地方的识别心理。Altman（1975）认为，人类之领域行为主要在于私密性的保留和调整。领域涉及个人或群体对一特定空间或对象的占有与使用，且透过任何形式的界定或标示方法加以防御，达到对该特定空间或对象的所有或控制权机制。

关于领域的层级划分，Altman（1975）以不同领域间所提供的私密性与公共性、控制程度作为分类，将空间性质分为初级领域（primary territory）、次级领域（secondary territory）和公共领域（public territory）三种。而 Newman（1972，1975）认为"私密性空间"即是具备个人化及防守色彩浓厚的空间，"半私密性空间"即处在他人监视系统下的空间，"半私密性空间"意指非使用者所有，但仍然有"拥有"感觉的空间,"公共性空间"可被个人或团体来使用,但他们并不拥有或个人化,或认知是自己所有的空间。

领域层级中的每一个层面受到使用者所处地域、年龄、性别、不同程度的个人化、所有权、控制及活动模式等的影响。因此,在不同的地域文化环境中,使用者对于领域的界定标准也会有所差异。并且,随着关注视点的调整,界定的领域层级也会随之变动。Taylor(1988)提出较为完整的领域性概念模型,他认为人们对某个地方的场所意象和领域认知受环境因素、个人因素、文化因素、社会因素等四个外在因素的影响。领域认知支配着个人或群体在该场所内的领域行为,而在不同领域行为的作用后,对个人、社会心理与生态产生影响,进而改变当初个人或社会所赋予原地方的场所意象和领域认知。

领域的概念对于环境设计有着重要的意义。领域对环境设计具有正向的影响力,重视人们在空间中的领域行为特征与问题,能帮助设计者重新检视既有空间的问题,建构出符合使用者安全性、健康性、便利性及舒适性的居住环境。Newman(1972)认为领域和安全、防卫有着密切的关系,提出了"可防卫空间"(Defensible Space)的设计理论,可防卫空间有助于居民对领域进行控制,这将导致犯罪案件的减少和居民恐惧感的降低。Altman(1975)提出空间领域划分得越细越清楚,有助于个人隐私的调节。Haber(1980)提出领域性有减少冲突、促进个人归属的功能,有助于顺利地调整社会互动。

无论身处何地,人们始终生活在领域的界限系统中。设施中的物质空间环境、社会制度环境,以及自身个人环境等,都对老年人的领域认知、领域行为产生影响,老年人的行为反过来赋予了设施空间以新的领域意向。空间的领域分层程度,影响老年人对空间拥挤感、私密性的认知。一个良好的设施领域层次,有助于老年人活动、社会网络的产生,对老年人自我价值的提升及健康均有正面的效益。

2.1.2.3 行为场景

行为场景(behavior setting)的概念最早由Barker(1978)提出,行为与个人的心理情境及外在环境有很大的关联,尤其是自身所处的环境与场所,导致人们在不同的环境中不断地改变行为。人们生活中各类行为事实上与时间、空间、地点常有连带的固定关系。这些人、时、地、物、行为的结合体被称为"行为场景"。

基于生态性环境的考虑,在Barker(1978)的研究中对行为模式的描述注重于人群与实质地点(physical setting)之间的关系。他对行为场景提出一个研究的框架,并提出一个定义:(1)在一定的时间范围内;(2)在一定的空间范围内;(3)有支持的对象;(4)持续行为模式;(5)由以上这些要素形成的同形态,即可称为行为场景。换句话说，行为场景就是一个时间、空间、社会（人的关系）的组织关系。人们的行为应该被视为是在对他们而言有意义的、能界定时机或情境的一些场所中发生的。就环境中的行为而言，情境包含了社会性时机（social occasion）与空间场景——谁做什么，在哪里，什么时候，怎么做以及包括或不包括什么人。行为场景的单元组成包含了人及非人的组件，这些组件被组织在一个适当的环境中，用以支持必然的发生活动，人们借由环境单元中的对象所提供的场景模式，调适他们的行为，以符合进入场景的条件，而场景的内容，便在行为的共同形态中被指认出来。

A·拉普卜特在《文化特性与建筑设计》中，按照行为环境中实质对象所代表的线索，将行为场景分为三类构成要素：（1）固定特征元素（fixed feature），指固定的，或变化得少而慢的元素，如墙、天花板、地面以及城市中的街道和建筑物均属之。（2）半固定特征元素（Semi fixed feature），包括家具、窗帘及其他陈设的布置和类型，花木、古董架、屏风及服装，这些都能够相当快速且容易地加以改变。（3）非固定特征元素（non-fixed feature），指的是场所的使用者，以及他们变换着的空间关系、体态、面部表情等。拉普卜特认为尽管固定特征即空间结构本身也传递意义，但更为经常的意义传递是依靠半固定特征发生的（Rapport，1982）。

可见，行为场景组织主要在于将多样化的对象（object）所代表的线索（固定、半固定及非固定），借由不同的行为场景（人、事、时、地、物的组合），将环境的意义表现出来。为了更好地论述老年人与设施环境的相互渗透关系，本书采用了行为场景的概念，将老年人在设施内展开的生活实态进行定性的、记述的捕捉，明示老年人是如何通过行为场景赋予设施各个场所以意义的。

2.1.2.4　本书的分析尺度

本书的主要分析尺度如图 2-4 所示，以“使用者”的视角探讨使用群体的需求，既要探讨老年人使用群体总体的需求、生活模式，又要探讨不同身心机能老年人的需求、生活模式。“社会行为现象”则研究人所共有的心理现象，主要关注老年人的认知、领域性、行为场景等。而“场所”的出发点则是特定的环境，从居室、居住单元、设施整体，乃至居住体系不同尺度上的环境加以讨论。三个分析尺度殊途同归，在实际的研究运用时应统一加以考虑。

2.1.3　研究方法

环境行为学作为跨学科的领域，其研究方法借用了很多社会学、心理学、人类学的内容，由于其关注人与环境的互动关系，其研究方法更强调空间信息的收集和分析，通常按照数据采集的方法来分类，其研究与设计：环境行为研究的工具（*Inquiry by Design: Tools for environment-behavior research*，Zeisel，1981）和环境行为研究方法

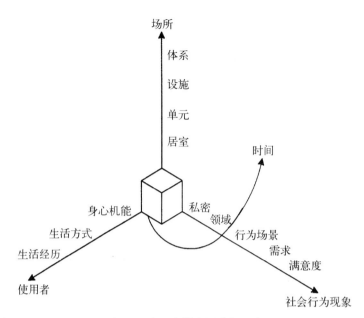

图 2-4　本研究的主要分析尺度

（*Methods in Environmental and Behavioral Research*, Bechtel et al., 1987）叙述了数据采集的方法（表 2-1）。其分类方法易区别实施技术，全面且简单明了，但缺乏结合数据分析技术，也就不能从根本上区分研究方法。

表 2-1　按数据采集方法分类的环境行为学研究方法

蔡赛尔（Zeisel, 1981）	贝特尔等（Bechtel et al., 1987）
1. 观察实质痕迹 2. 观察行为 3. 深入访谈 4. 标准化问卷 5. 文献资料	1. 开放式访谈 2. 结构访谈 3. 认知地图 4. 行为地图 5. 行为日志 6. 直接观察 7. 参与性观察 8. 时间间隔拍照 9. 运动画面摄影术 10. 问卷调查 11. 心理测验 12. 形容词核查表 13. 文档数据 14. 动态图像分析法

而从方法论上看，环境行为学的研究方法包括定性研究方法和定量研究方法。定性研究方法是以批判主义、现象学以及解释学为基础的，主要采用观察、回顾文献、开放性访谈等方式，通过文字和图像对整体现象加以描述，"侧重于从质的规定性方面认识事物的方法"。而定量研究方法是以行为主义、实证主义作为理论基础，主要采用实验、调查、统计等方式，通过数据的形式对其加以说明，即"侧重于从量的方面认识事物的研究方法"。下面介绍和比较本书中运用的环境行为学的几种方法：

2.1.3.1　行为观察

观察法是调查者有目的、有计划地运用自己的感觉器官如眼睛、耳朵等，或借助科学的观察工具，直接考察研究对象，能动地了解处于自然状态下的社会现象的方法（李和平和李浩，2004）。

行为观察中的行为地图（behavior mapping）是结构观察的一种，由 Ittelson（1970）发展而来，是一种利用环境场所的地图或平面图进行系统观察的环境行为研究方法。它可以描述空间被使用的状况，收集行为发生的内容、时间、频率和地点等信息，将数据按预先设计的时间间隔记录在平面图上。Ittelson 认为，行为地图有五个优点：(1) 观察区域的图形化表现；(2) 对观察、技术、描述或者图示的人类行为做清晰的定义；(3) 指定重复观察和记录的间隔时间表；(4) 观察、记录要遵守的系统程序；(5) 一套符号编码和统计系统，以最少的人力和时间获得观察记录的信息。行为地图能在建筑平面图上同时记录使用者的个人属性、空间位置、行为内容与时间信息，能很好地把设计意图与使用者行为在空间、时间上连结起来，进而对设计师提出使用问题，并得出针对性的优化设计决策提供帮助。

行为地图观察是结构观察的典型代表，它获取空间使用状况更加客观可靠、及时和准确；也能避免言说类调查方法因老年人记忆不清、沟通不良等带来的信息可信度问题，更适合老年人使用群体的研究。因此，本书将观察法最为主要的调查方法，以非参与性观察进行预备调查，以行为观察地图进行正式调查，两者相结合能够比较客观的、可靠的、完整的反映设施内老年人的生活情况，以及设施空间的使用情况（附录 A）。

2.1.3.2　半结构式访谈、开放式问卷

言说类调查方法是当今建筑界比较常用的调查方法，包括访谈法、问卷法及认知地图法。它通过言语的叙述能够便捷地了解使用者的认知、需要和行为特点。

半结构式访谈采用一个粗线条的调查提纲进行访问。研究者在访谈进行时，对提问的方式和顺序、对回答的记录、访谈时的外部环境等，都不作统一规定的要求。

半结构式访谈有利于充分发挥研究者与受访者的主动性和创造性,有利于对问题进行较为深入的探讨。它的开放性可以帮助发掘受访者答案中的情感与价值承载的方向,它不仅允许受访者对访谈情境加以定义来得到完全与详细的表达,也可以诱导出受访者的个人理念与感觉等深层的诉求。

开放式问卷,采用了封闭式选择题和开放式问答题相结合的方式。这样既能够收集到定量化的数据资料,便于进行定量分析。又能在问卷调查过程中对有启发的部分,以访谈法补充细节并向深度挖掘。

问卷调查和访谈法能够很好地调查被调查者对环境的评价和具体动机的分析,也可以调查行为,并且可以详尽探究行为的起因,但对空间信息只能做粗略的记录。为了弥补观察法的及时性与主观性,本书采用问卷和访谈法进行辅助调查,印证观察调查时的结论以及弥补观察结果的局限性。具体执行过程中,通过预备调查时对老年人、管理者的半结构式访谈法(附录B),结合前人相关研究的成果进行调查问卷内容的设计,推敲问题的设置,检验观察法得出的假设是否成立,再利用访谈法进行对设施满意度的调查(附录C)。

2.1.3.3　本书的研究方法

本书在各个阶段吸收定量和定性研究的优点,综合利用观察法中的非参与性观察与行为地图,以及言说法中的半结构访谈与开放式问卷,目的是将两种调查结果相互比较、印证(图2-5)。

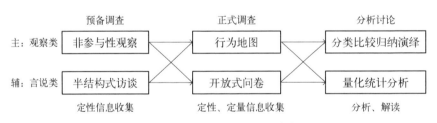

图2-5　环境行为学研究方法的应用

在信息采集上,本书以非参与性观察及半结构式访谈进行初步调查,利用访谈和观察把握的真实情况去发现问题,进行调查内容、调查方法的设计;为了获得相近的空间使用行为数据,本书用行为地图观察法获取客观可靠的空间使用状况和使用者行为模式;最后,本书利用开放式问卷与访谈相结合的方式,深度挖掘使用者的认知和主观评价。

在数据分析上,既有数量化理论Ⅰ类法、交叉积算法、相关分析法、单因素方差分析法等量化统计分析的信息分析方法,又有分类、比较、归纳、演绎等信息解读方法。通过定量和定性数据的分析,力求以具体的数据实现研究的实证性,以文本阐释实现研究的理论价值。

通过以上方法的综合应用,本书对入住老年人的环境行为和设施空间现状有了充分的了解,为提出设施设计目标和设施空间组织模式做准备。

2.1.4　理论脉络

在养老设施的研究中,老年人、环境以及老年人与环境的相互作用具有重要的意义。只有针对老年人的多种居住及行为模式进行深入研究,才可能形成对养老设施居住环境等方面的进一步结论。所以,本书以环境行为学为理论基础,以"使用者"的视点,从老年人自身的需求和发展出发,以提高老年人的生活品质为目的,对其居住环境进行相对系统的分析研究。养老设施的设计关键不仅在于如何的安全、无障碍,而应该是如何使居住在设施中的老年人有"家"的感觉。塑造"家"的环境,提高老年人的生活品质是本书最开始的出发点,也是选择环境行为学研究分析养老设施的原因所在。

图 2-6 所示,本书将从人与环境(老年人与设施环境)的整体视角出发,探讨养老设施中的生活世界建构。具体地说,就是在使用者和设施之间的关系上,以相互渗透论为基本视点,解读不同老年人如何参与环境,实现与环境的场所化共存。本书从使用者、社会行为现象、场所等三个分析尺度入手,对老年人使用群体的特点、生活方式、认知需求,养老设施内的领域层级、行为场景等相关方面进行分析。在科

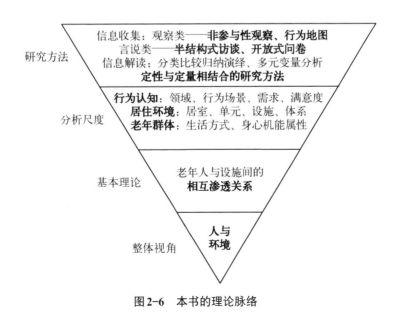

图 2-6　本书的理论脉络

学研究的方法上,采用定性与定量分析相结合的分析方法,将对老年人客观行为规律的研究同主观评价的分析联系起来。

本书以相互渗透的观点对待人与环境之间的关系,将二者间往复的相互作用关系指向一个和谐共存的理想状态,这种共存即包含物质环境的使用、存在关系,也意味着人对外部世界的理解和评价。由于这种相互作用是多次交织的结果,也就暗示我们对于环境(物质的以及社会的)的塑造实际上永远在过程之中,空间中的人也是具体的、具有内在差异的,因而以环境渗透的观点研究建筑,同样应该关注建筑使用者的个体属性。本书的这种出发点要求描述建筑中的人(养老设施中的老年人)的个人属性、生活行为、空间利用方式,以及人的环境评价。建筑学与行为学研究方法中的多种数据收集方法被用来支持这些数据的收集,最后根据现有的分析工具得到环境进一步优化的基本导则。基于所建立的在实践与批判之间交织的基本逻辑,在不同环节采用了相应的科学研究方法,并通过理论框架的构造,将不同类型的研究成果整合为功能性的知识结构。

2.2 调 查 设 计

调查设计是以最佳的办法达到调查研究目的的过程,是调查实施与成败的关键,通过前期准备调查收集到的各项资料和感性认识,通过预备调查的实践,检讨调查方法和研究策略的合理性、可实施性。可见,调查设计是调查研究方案的设计和选择过程。

2.2.1 调查目的与内容

本调查针对研究目的与研究框架(见第1.3节),具体细分为三个子课题(表2-2)。首先是对老年人的生活行为模式进行考察研究;其次,对养老设施建筑空间的物质环境及老年人的使用状况进行观察;再次,对老年人对环境需求度、满意度进行问卷调查,这与设计原则直接相关,可以确定具体的设计导则,避免设计再犯错误。通过对三个子课题调查结果的探讨,期望发现现状生活行为模式以及空间利用方式的问题;判断现状设施环境与预想中的认知

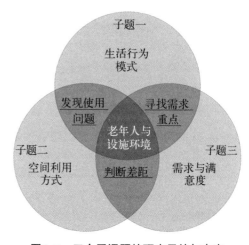

图2-7 三个子课题的研究目的与内容

和行为之间的差距;并寻找不同身心机能老年人的需求重点(图2-7)。

表2-2 调查内容表

	子课题一 老年人日常生活行为与生活类型	子课题二 设施的使用状况与老年人的空间利用	子课题三 老年人的空间需求与满意度评价
调查目的	全面了解设施内老年人的日常生活,把握老年人日常生活行为内容与行为的空间分布特征,明确设施内不同身心机能属性老年人的日常生活特征及设施内生活品质的影响因素	把握建筑空间构成不同的设施的各个空间的使用状况,具体明示包括空间构成在内的设施环境对不同身心机能属性入住老年人的生活展开有怎样的影响	探讨设施内不同身心机能属性的老年人的空间需求意向、满意度评价的主观认知,与行为观察的结果相互验证
调查内容	行为内容与行为分布 行为类型与领域类型 日常生活的影响因素	设施结构与生活拓展 单元形态与场所选择 居室类型与领域形成	空间功能的需求 空间设计的要求 设施的满意评价
调查方式	观察法		访谈问卷法

子课题一:老年人在设施内的生活行为模式。研究主要从设施内老年人的"生活行为模式"的角度切入,探讨老年人日常生活行为与活动领域的特征;研究根据入住老年人生活状态的构造差异将其区分为"生活行为内容"、"生活时间"与"生活空间"等三部分,结合"行为地图"的观察记录,对应此三个部分进行数据化与类型化的汇整与分析,以得出个人或群体活动行为模式,从而归纳出不同类型人群的活动特征及其对空间、设备的需求。

子课题二:设施的空间环境与使用状况。与子课题一的研究对象侧重人的生活不同的是,该部分参考"领域"、"行为场景"的概念,强调人在时间维度上的空间分布,结合"行为地图"与照片影像的观察记录,以了解设施内由居室到单元,到设施整体不同领域层级的各个场所的使用状况,以及老年人的生活拓展、场所选择、领域形成等,进而归纳出空间结构、空间形态、居室类型对于老年人空间利用的影响,以提供日后进行空间规划的参考。

子课题三:老年人的空间需求与评价。从前两个子课题中再抽取30位老年人作为研究对象,通过访谈及问卷调查考察老年人主观对空间的认识和要求,更深入地把握设施中的生活现实,从老年人对环境的要求和批判入手,结合子课题一、二的考察内容,即能够全面地探讨养老设施中人与环境的相互渗透关系。

与子课题一、二"行为现象—个人特征—功能需求—环境营造"的路线相对应,子课题三将探索空间的主观需求,直接分析"个人特征—功能需求—环境营造",从客观、主观两个出发点分析身心机能差异的老人对不同环境的适应和需求,从而构架更有针对性的、人性化的养老设施。

2.2.2 调查主体的选取

2.2.2.1 调查对象的选取

1. 调查设施对象的选取

2009 年 10 月—2010 年 7 月期间,笔者通过网络查询、资料收集等方法对上海市养老设施的概况进行了把握。据上海民政局统计,2009 年,上海市 60 岁及以上老年人口 315.70 万人,占总人口的 22.5%;65 岁及以上老年人口 221.00 万人,占总人口的 15.8%。上海市共有养老设施 615 家,其中政府办 294 家,社会办 321 家;床位数共计 8.99 万床,约占 60 岁及以上老年人口的 2.8%(图 2-8)。在养老设施规模上,每家养老设施的平均床位数为 160 床,其中政府办(市区县)均 259 床、政府办(街道镇)均 151 床、社会办均 159 床,设施规模普遍较大[1]。

在老年人口分布上,中心城区 8 个区的老年人口比例最高(60+,23.9%;65+,17.2%),80 岁以上的高龄老年人占 60 岁及以上老年人口比例高达 21.4%(图 2-9)。然而,中心城区的现有养老设施床位相对紧张,床位数约占 60 岁及以上老年人口的 2.0%,小于全市 2.8% 的水平。在设施规模上,大中型设施所占比例达六成以上;每家设施平均床位数为 120 床,其中政府办(市区县)均 245 床、政府办(街道镇)均 78 床、社会办均 117 床,设施规模略小[2](图 2-10)。

可见,中心城区受老年人口密度较高、高龄老年人口比例高、土地资源紧张等限制,设施床位的人均占有量和设施规模普遍较低。因此,笔者将调查设施选取范围锁

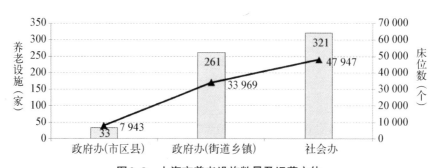

图 2-8 上海市养老设施数量及运营主体

---

[1] 根据上海市老龄科学研究中心《2009 年上海市老年人口和老龄事业监测统计信息》的数据计算得出。

[2] 根据上海市各个区县的民政局网站《养老服务机构信息一览表》等相关资料查询得出。受资料不全影响,中心城区以黄浦区、虹口区、杨浦区、闸北区四个区为代表算出平均值。

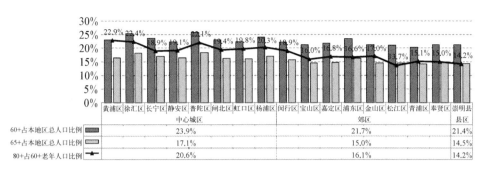

图 2-9　上海市老龄人口、高龄人口的城区分布情况

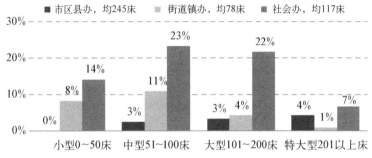

图 2-10　上海市中心城区养老设施的规模分布情况

定在社会养老支援需求较高,而养老设施资源相对紧张的上海市中心城区内。笔者实地走访了中心城区 18 家养老院、福利院,通过半结构式访谈(附录 B)与非参与性观察,获取设施的基本资料以及设施硬件建筑环境、软件照料制度资料等(表 2-3)。

　　18 家养老设施的设立时间大多为 20 世纪 90 年代至 21 世纪 10 年代,设施相对较新;设施规模以大型、中型居多,小规模设施最少且功能配置相对较低;设施平均建筑面积 4507 m²,人均建筑面积约 29.2 m²,仅有一家设施的面积指标达到人均 40 m² 的一级水平,设施人均面积指标相对较低;建筑形态上以多层独栋建筑为主,且多为单走廊行列式布局,建筑平面形式相对单调;政府办的设施普遍为新建或增建的专门的养老设施,而社会办设施则以其他民业建筑、工业建筑改建偏多,建筑的无障碍水平及设备情况相对较差。

表 2-3　20 家养老设施的概况

| 编号 | 基本情况 | | | | | 硬件建筑环境 | | | |
	设立时间	运营主体	规模	床位(床)	接收失智症否	建筑面积(m²)	人均面积(m²)	建筑形态	新增改建
1*	1999	市办	大型	200	可接收	7 400	37.0	6 层独栋建筑	改建
2**	2002	区办	大型	180	可接收	5 716	31.8	5 层独栋建筑	新建

续　表

编号	基 本 情 况					硬件建筑环境			
	设立时间	运营主体	规　模	床位（床）	接收失智症否	建筑面积(m²)	人均面积(m²)	建筑形态	新增改建
3**	1988	区办	特大型	330	可接收	7 500	22.7	多栋建筑	新建+增建
4	2002	区办	特大型	240	可接收	8 232	34.3	多栋建筑	新建
5	2001	街道办	中型	60	不接收	1 518	25.3	3层独栋建筑	新建
6	2008	街道办	大型	120	不接收	3 288	27.4	5层独栋建筑	改建
7**	1994	街道办	中型	100	可接收	3 641	36.4	5层独栋建筑	新建
8	2005	街道办	小型	48	不接收	1 531	31.9	附属2层	改建
9	2004	街道办	中型	80	不接收	1 840	23.0	3层独栋建筑	新建
10*	2003	街道办	中型	100	不接收	3 400	34.0	5层独栋建筑	新建
11	2009	社会办	特大型	280	可接收	12 040	43.0	多栋建筑	新建
12	2003	社会办	大型	120	不接收	2 760	23.0	6层独栋建筑	改建
13	1999	社会办	中型	80	不接收	1 944	24.3	2层独栋建筑	改建
14	2010	社会办	大型	160	可接收	4 960	31.0	5层独栋建筑	新建+增建
15	2009	社会办	小型	50	不接收	965	19.3	附属3层	改建
16	2007	社会办	特大型	240	不接收	8 448	35.2	多栋建筑	新建
17	2006	社会办	中型	100	不接收	2 630	26.3	4层独栋建筑	改建
18	2002	社会办	大型	150	不接收	3 315	22.1	5层独栋建筑	改建

注：* 可接受调查的设施；** 调查选取的设施。

　　以上18家设施，通过研究者的积极争取，其中有5家设施的主管领导表示有接受调查的可能性，但需提出调查计划再进行审查。鉴于目前上海市养老设施的实际情况，笔者对调查设施的选取主要以：（1）是否包括大、中、小三个规模；（2）建筑形态与楼层设置是否具有代表性；（3）是否为民政局考核达标设施这样三个条件为前提，最后考量各设施的调查意愿与配合度，选取W设施、H设施、Y设施三家设施作为深入调查的对象（表2-4）。三家设施均为政府投资建设，W设施为街道办，而H、Y设施为区政府办。在床数规模上，三家设施由中型至超大型，W设施100床最少、H设施180床居中、Y设施330床最多，入住率都达到了90%以上。建筑形态上，W、H为独楼多层建筑，而Y则由多楼多层建筑组成，且还有高层部分扩建中（2010年6月）。

2. 观察调查对象的选取

在三家设施中,分别根据入住老年人的身体情况选取介助、介护两个楼层(单元)进行比较分析。W设施选取3F、4F共46位老年人,H设施3F、5F共61位老年人,Y设施选取r楼2F、d楼2F共88位老年人;行为观察调查的老年人数分别占三家设施入住老年人人数的46.0%、33.9%、26.6%,该数据具有一定的代表性、可靠度较高,能够反映整个设施老年人的基本情况(表2-4)。

表2-4　调查对象的选取与概要

	设施名称-编号	W设施-7		H设施-2		Y设施-3	
调查设施对象	经营主体	政府 街道		政府 区		政府 区	
	设立时间	1994年		2002年		1988年	
	总床位数	100床(中型)		180床(大型)		330床(超大型)	
	建筑概要	六层单楼建筑		六层单楼建筑		平台相连的建筑群	
	建筑面积	3641 m²		5716 m²		7500 m²	
观察调查对象	调查楼层	3F	4F	3F	5F	r楼2F	d楼2F
	调查楼层属性	介护单元	介助单元	介助单元	介护单元	介护单元	介助单元
	行为观察人数	28人	18人	31人	30人	43人	45人
	占设施入住比例	46.0%		33.9%		26.6%	
问卷调查对象	问卷调查人数	8人		10人		12人	
	占行为观察比例	17.4%		16.4%		13.6%	

3. 问卷调查对象的选取

在所选择的6个调查对象楼层的基础上,对居住其中的老年人进行问卷调查对象的抽样。在选取访谈对象前,先从熟识的老年人中挑选,通过护理员或老年人的引介,来选取合乎条件的访谈对象,其主要以老年人的年龄、身心机能水平与居住楼层和楼别的差异性,作为选取样本的代表性,便于深入访谈的对象。考虑到研究对象背景属性的差异度,笔者在6个调查对象楼层各选取3~6名老年人及1名护理员进行问卷调查,最后访谈的样本为W设施8人,H设施10人,Y设施12人,合计30位老年人。访谈问卷调查的老年人数分别占W、H、Y三家设施内进行行为观察调查老年人人数的17.4%、16.4%、13.6%,该数据作为行为观察调查的辅助数据,具有一定的代表性(表2-4)。

2.2.2.2　调查空间的界定

本调查试图了解入住设施老年人的日常生活行为与活动领域,考察设施的空间环境与使用状况,探讨研究议题以老年人生活行为与环境互动的关系为主。基于这些目标,本研究进行行为观察调查的范围确定为入住设施的老年人主要的生活与活动场所,即其所居住的楼层;同时,为确实掌握老年人一天的生活行为与生活时间运用状况,一些不在老年人居住楼层中发生但发生在设施管辖范围内的活动行为、活动时间也都将被记录、分析。

2.2.2.3　调查时间的界定

因本研究着重于老年人日常生活与设施环境的互动关系,因此了解生活常态下的行为是关键。经由预调查发现,设施中老年人的日常活动行为有假日时间亲属探访频率高的情形。考虑假日家属、亲友来访频率高,其生活行为可能较平常日更为多元、特殊,无法真实反映平日的生活样态。经过与设施管理部门和相关学者的交流,笔者将调查时间界定于非节假日(即一般的周一至周五),多数观察对象不需外出门诊、洗浴的日子。

在具体调查时段方面,因护理人员工作时间大多采取三班制,且白班交班时间多在6∶30左右,为配合白班工作人员的上班时间及避免调查时间过长影响老年人作息,拟定调查时间从上午白班交班时间开始,至傍晚入住者用餐完毕准备休息截止,即6∶30—18∶30,共计12个小时。

调查每次使用的调查人员3~4人,每15分钟巡回调查楼层。透过"行为观察地图"及"相机拍摄"完整记录老年人日常生活实态。在数据形式上,行为观察地图内容涵盖时间、地点、活动行为、进行方式、使用辅具及设备、行为人员等6个项目(见附录A)。"行为时间"的记录主要以有一定持续时间的行为为归类标准,因此瞬间发生、持续时间短的行为将不被记录。

2.2.3　调查流程与时间

2.2.3.1　调查流程

从系统的观点来看,调研流程是一个提出问题、分析问题、解决问题的解题过程。本研究的调查流程包括三个阶段的工作:准备—实施—总结(图2-11)。

1. 准备阶段

准备工作是保证这个调查质量的前提。这一阶段包括两方面的内容:一是进行调查设计,明确调查的内容、目标和调查的主体,确定调查过程、方法等;二是进行准备调查及预备调查,以了解相关背景、收集基本资料、检验调查方法等。准备调查及预备调查通过文献回顾、资料收集、开放式访谈以及非参与性观察等方法实现。

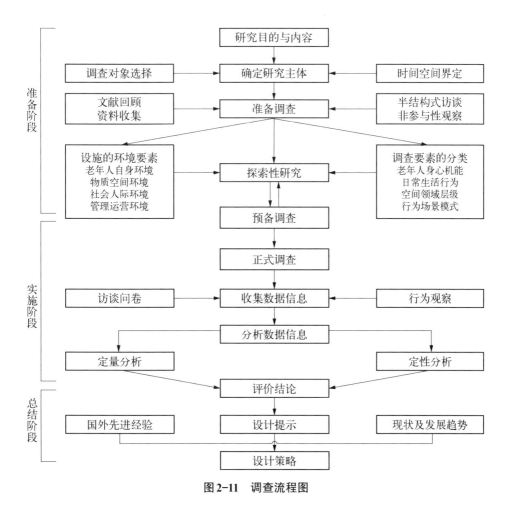

图 2-11 调查流程图

在此阶段所完成的内容有以下几项：（1）搜集设施基本的相关资料，对管理者进行半结构式访谈，以获得有关设施经营理念、收费标准、照料理念、照料人力配置、老年人日常生活活动安排、居住安排及医疗资源利用情形等相关数据，整理设施内老年人的生活情况及设施使用情况。（2）空间现况测绘、拍照记录、空间分析。（3）非参与性观察，以发现设施利用上的问题，形成感性认识，对调查设计中各调查要素的分类方法、调查问卷的选项设置等形成初步认识。（4）运用调查设计的方法进行预备调查，检验调查设计的数据收集、数据分析方法的可实施性。

在调查准备阶段中，调查设计与准备、预备调查是相互交叉、反复修正的过程。本研究从 2007 年开始，结合笔者在国外学习的机会，在正式开始调查前进行了国外设施的调查（附录 D），以及国内一系列的预备调查工作；通过这些具体工作，对正式研究中所需要的问卷、行为观察地图的频次分布以及数据分析方法进行了探讨，结合研究的实际情况选择了可行性和可信度均得以保证的研究技术路线。

2. 实施阶段

实施阶段包括数据收集、分析数据、评价结论三个过程。本研究的数据收集主要由访谈、问卷和行为观察三种方法,分析数据上也采用定性分析和定量分析两种方法。研究通过间接数据和直接数据的获得,比较全面地把握了养老设施内部的老年人的生活,这为后面的数据分析提供了良好的基础。

1)数据收集的过程为在6:30—18:30时段内间隔15分钟时间统计设施内老人的行为状态,预调研中试图记录老人全面的行为信息,但经过实地工作发现不同调查员的记录尺度不一以及因时间限制造成的手工误差较大,在正式调研中所有调查员在轮流休息的过程中将记录信息按照设定的编码规则自行编码,因此研究者最后收到的是经过初步编码的资料文档;为避免信息过多丢失,研究者在分析过程中和调查员多次就调查感受进行交流,以最大程度还原老人的生活场景;同时研究者也承担了大部分的调查工作。

2)数据分析的过程以定量分析为主,运用了EXCEL、SPSS等分析软件,在数据解读的过程中则参照了访谈中得到的信息,不同分析方式的综合运用使数据意义得以被充分挖掘。

3. 总结阶段

最后对实施阶段得出的调查评价结论进行分析,结合国外的研究成果,以及中国现实国情现状及预见的发展趋势,本研究提出了设计策略。调查过程中的数据最后转化为对空间结构模式的选择依据,本研究建立了立足案例研究的判断逻辑,使设计策略同现场调查紧密地结合在一起。

2.2.3.2 调查时间

根据上述调查过程,具体调查时间如表2-5所示。调查时间都选择在春秋两季,这两个季节上海地区的气温舒适,老年人的生活受温度影响较小,能够准确反映人们对设施空间的使用情况。

表2-5 调查时间表

	准备调查、调查设计、预备调查		正式调查(一)	正式调查(二)
调查方法	基础资料收集、访谈、非参与观察		行为观察	访谈、问卷
调查内容	了解老年人的健康程度等个人信息;调查楼层的选取	各活动场所及选取9个居室的家具摆设、物品等的记录	15分钟间隔,观察并记录老年人的行为内容和滞留场所	对老年人对建筑空间的需求及设施满意度进行访谈

	准备调查、调查设计、预备调查		正式调查（一）	正式调查（二）
调查时间	2009.07—2009.11（每次 3 小时左右）		2009.10—2009.11	2010.05—2010.06
W-3F W-4F	2009.07.24 2009.10.25	07.24、10.27 10.25、10.30	10.27 06：30—18：30 10.30 06：30—18：30	2010.05.12 2010.05.13
H-3F H-5F	2009.11.08 2009.11.09	11.08、11.11 11.09、11.10	11.11 06：30—18：30 11.10 06：30—18：30	2010.05.14 2010.05.16
Y-d2F Y-r2F	2009.11.17 2009.11.23	11.17、11.25 11.23、11.24	11.25 06：30—18：30 11.24 06：30—18：30	2010.05.17 2010.05.18

2.2.4　调查局限

在研究进行之前，笔者和辅助调研工作人员向老年人和设施工作人员说明了调查目的，因此老年人是在完全知情和主观同意的状态下参与了研究。本研究是长时段跟踪调查上海市养老设施，笔者和相关人员曾多次调查书中涉及的设施，因此老年人都已经相当熟悉，故研究所获得的调查信息和老年人平常的生活是真实一致的。在选择具体的调查日期时，研究者和管理人员进行了沟通，明确了这些时段内不会有上级检查、志愿单位慰问表演等非日常性活动。以上这些措施确保了研究的典型性，但也难免有如下局限性。

2.2.4.1　相关资料缺乏的限制

经实地访查了解：目前养老设施的入住资格，并没有严格规定老年人健康标准，亦没有统一的审核方式，只需生活基本可自理、无法定传染疾病且满 60 或 65 岁以上即可入住。虽然三家设施都有依据上海市统一要求对每位入住老年人的护理等级进行评估，即分为三级、二级、一级、专护等护理等级。但此护理等级评估并不能够完全反映老年人实际的生活自理能力，特别是老年人的心理健康情况。并且各个设施进行护理等级评估的时候，也会因老年人的特殊要求（如提高护理等级）、入住房间人数的不同等原因进行护理等级的调整。总之，三家设施没有一个较为统一的标准对入住的老年人的身心机能属性进行较为完整、全面的评估报告。因此，本研究无法取得专业的老年人身心健康水平的评估资料，仅能参照国外相关的评估标准，通过医生、护理人员提供的信息以及调查人员的观察情况，针对受访者的生活自理能力进行评估及等级划分，而非专业性的评估报告。在设施的基础资料方面，受到条件所限，如规划理念、设计图纸、管理目标等各方面的书面资料缺乏，只能以访谈及现状测绘的方式来取得资料。

2.2.4.2 隐私保护的限制

在整个调查过程中，考虑到对老年人隐私权的尊重，调查人员的主要观察地点为居室外的公共活动区域，而每位老年人于居室的生活状况等数据资料只能在门外观察，当居室关门时，老年人在居室内的行为活动的数据资料无法获得；而居室内仍有各种各样行为的产生，如受调查者读报、看电视等的休闲行为，这些无法顺利获得数据，在统计时，统一标记为数据缺失。特别是H、Y设施入住的调查对象老年人自我隐私保护的意识相对较强，居室关门的情况较多，数据缺失现象较多。

2.2.4.3 老年人健康水平的限制

本研究受限于研究对象的语言表达能力、记忆力及情绪变化等因素，因此，针对研究对象做了195位基本资料及环境行为观察的调查，而深入访谈的调查对象仅为30位老年人。

2.3 调查要素的界定与分类

调查作为目的性很强的工作，其关注的生活现实是为具体研究服务的。面对丰富的老年生活，本研究对调查内容所涉及的要素进行界定与分类，选择与建筑设计工作相关的诸内容进行数据收集，包括老年人的身心机能属性、设施内的生活行为、设施的空间领域层级、场所内发生的空间行为场景等。

2.3.1 老年人身心机能属性

2.3.1.1 既有研究对老年人身心机能的分类方法

国际上，入住设施的老年人的身心机能评估多由身体健康和心理健康两方面考量。有关评估老年人身体机能及在日常生活方面需要接受照料的状况，最常用的工具或指标包括：日常生活活动能力（Activities of Daily Living，简称ADL）、工具性日常生活活动能力量表（Instrumental Activities of Daily Living，简称IADL）以及巴氏量表（Barthel index）。有关评估老年人心理健康即老年失智程度的状况，比较普遍采用标准Berger以及日本失智老年人日常生活自立度表等。

2.3.1.2 本研究对老年人身心机能的评价方法

在自理能力的评价上，由于中国的老年人居住设施对于老年人自理能力的评价标准尚不健全,本研究的日常生活功能评量分类,为调查人员根据巴氏量表[1](Barthel index)标准(表2-6),通过护理员及老年人的描述评判所得,而非专业评估设施的结果。本研究在具体操作上,考虑到入住设施的老年人一般都接受了设施的服务,因此在调查中巴氏量表评价最佳的老年人也默认为轻度依赖;由于数量样本较少,将严重依赖和完全依赖合并为一类。所以,本研究将老年人的生活自理能力分类由自由到卧床依次为:轻度依赖(巴氏量表91~100)、中度依赖(巴氏量表61~90)、重度依赖(巴氏量表≤60)三类。

表2-6　日常生活功能评量标准巴氏量表(Barthel index)

	日常生活　活动项目	自　理	稍依赖	较大依赖	完全依赖
1	进　食	10	5	0	0
2	洗　澡	5	0	0	0
3	饰容(洗脸、梳头、刷牙、刮脸)	5	0	0	0
4	穿衣(含系鞋带等)	10	5	0	0
5	控制大便	10	5(偶能控制)	0	0
6	控制小便	10	5	0	0
7	用厕所(含擦、穿衣、冲洗)	10	5	0	0
8	床椅转移	15	10	5	0
9	平地走45 m	15	10	5(用轮椅)	0
10	上下楼梯	10	5	0	

在心理健康的评价上,由于中国的养老设施对于老年人失智程度的评价标准尚不健全,本研究通过医生、护理员对老年人实际情况的描述,依据的失智老年人日常生活自立度[2]评价标准(表2-7)自行评判,大致分为无、稍有(相当于表中的Ⅰ、Ⅱ)、明显(相当于表中的Ⅲ、Ⅳ、M)三个等级。

---

[1] 巴氏量表的评估项目有十项,包括进食、轮椅与床之间的转换、个人卫生(修饰)、如厕、洗澡、平地上行走移动、上下楼梯、穿脱衣服及大小便控制。100分为完全独立,91~99分为轻度依赖,61~90分为中度依赖,21~60分为严重依赖,0~20分为完全依赖。
[2] 失智老年人日常生活自立度指标最初来自日本"平成5年10月26日老健第135号厚生省老人保健福祉局长通知「痴呆性老人の日 常生活自立度判定基準」"的界定,2006年又进行了修改"厚生労働省.老発第0403003号「「痴呆性老人の日 常生活自立度判定基準」の活用について」の一部 改正について"(平成18年4月3日)。

表2-7　失智老年人日常生活自立度

失智程度（失智老年人日常生活自立度）	I	有某种失智现象,但日常生活基本能够自立
	II	虽然能观察到对日常生活有所障碍的,诸如症状·行动和意思沟通等困难,但如被关注的话基本能自立 IIa　家庭外也能观察到上述II的状态 IIb　家庭内也能观察到上述II的病症
	III	能观察到时常的对日常生活有所障碍的,诸如症状·行动和意思沟通等困难,有介护的必要 IIIa　主要在白天,能观察到上述III的状态 IIIb　主要在晚上,能观察到上述III的病症
	IV	能观察到频繁的对日常生活有所障碍的,诸如症状·行动和意思沟通等困难,有时常介护的必要
	M	能观察到有显著的精神症状和问题行动,或严重的身体疾患(完全不能进行意思沟通的卧床不起状态),有专业医疗的必要

　　因此,本研究将生活自理能力的巴氏量表与失智评价的失智老年人日常生活自立度标准,即身体健康与心理健康综合考虑。目的为更准确地反映出老年人的身心机能水平、自理生活的能力以及需要照料的程度。最后,将所有老年人的身心机能属性分为三大类(图2-12):即类型Ⅰ,身心机能轻度依赖;类型Ⅱ,身心机能中度依赖;类型Ⅲ,身心机能重度依赖。

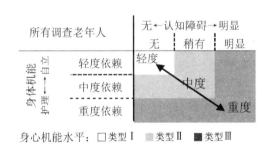

图2-12　老年人身心机能评价等级分类

2.3.2　日常生活行为及物品

2.3.2.1　既有研究对于行为的分类

　　整理既有研究对于老年人生活行为的分类方式发现,日常生活行为一般分为"必需行为""自由行为"及"约束行为"三大类,定义大致相同,但在行为内容的细项涵盖范围,却依地域文化、研究主题及目的而有差异(表2-8)。

表2-8　老年人日常生活行为分类状况

作　者	属　性	行为类别	行　为　项　目
今井等 (1996)	疗养设施 老年人	医疗行为	诊疗、处理、服药、点滴
		发呆行为	睡眠、发呆无为
		必需行为	吃饭、移动、如厕
		积极行为	体操、读书、书写、会话、看电视
		消极行为	看景色、看他人活动
Rocio (1996)	护理之家	必需行为	吃饭、移动、如厕、洗澡、睡眠
		个人活动	看报纸、散步、愿意照料
		社交活动	探视、交谈、打牌
		医疗活动	吃药、擦药、问诊、量血压
Gillian (2002)	护理之家	必需行为	吃饭、洗澡、如厕、穿衣、美容、清洁、睡眠
		休闲行为	看电视、观望、听音乐、阅读、交谈
		诊疗行为	医药服务、康复活动
		移　动	走路、轮椅移动
王伶芳和 曾思瑜 (2006)	护理之家	必需行为	饮食、如厕、清洁、整理、美容与睡眠
		休闲行为	兴趣娱乐、视听、阅读、交谈、散步运动、设施活动、发呆、观看
		诊疗行为	医疗、康复
		移　动	走路、轮椅移动
		其　他	偶发性的家事
陈铁夫 (2007)	养老设施	功能性行为	饮食、睡眠与休息、卫生、照料
		休闲性行为	文化娱乐、交往交谈、体育锻炼、亲友探望、外出行为、宗教行为、养花、帮助

2.3.2.2　本研究对于行为的分类

本研究参照上述学者专家对于必需行为、自由行为及约束行为的基本定义,并依据护理之家老年人身心特性、设施生活特质及实际观察设施内老年人一日生活行动的纪录,参照Gillian(2002)、王伶芳和曾思瑜(2006,2007)的定义,以及预备调查的记录,将养老院入住老年人的日常生活时间量分为“必需行为”“静养行为""休闲行为""社交行为""照料行为""移动及其他"六大类型,内含24个分项(表2-9)。

其中"必需行为"是指维持老年人个人身体与生理需求所必要之生活行为,如饮食、如厕、清洁、家务、美容与睡眠。"静养行为"指老年人发呆无为、观察及小憩等静态休养行为。"休闲行为"是在可自由选择支配运用的、不受束缚的生活时间进行的个人休闲兴趣行为,包含个人兴趣、阅读、视听、散步运动、宗教等。"社交行为"是指老年人与他人、社会的交际往来,是老年人运用一定的方式传递信息、交流思想,以达到某种目的的社会活动,包括交谈、亲属探望、集体娱乐、设施活动等。本书采用日本学者外山(1990)对瑞典各阶段照料服务的定义,"照料行为"是指老年人维持个人身体动作能力及健康所必需依靠外界完成的行为[1]。"移动"指欲到达目的地的行走时间,"其他"指上述分类以外的偶发行为或数据缺失。

表2-9　本调查老年人日常生活行为活动分类

大 分 类	小 分 类	细项行为内容
A. 必需行为	A1. 饮食	吃正餐、吃点心
	A2. 如厕	大小便
	A3. 美容	洗浴、洗脸、洗手、刷牙、仪表修饰等
	A4. 家务	周边环境的整理、物品清洗
	A5. 睡眠	闭目的状态
B. 静养行为	B1. 发呆	茫然、发呆、无为
	B2. 眺望观察	观察周围的人,眺望窗外的景色
	B3. 小憩	闭目的状态
C. 休闲行为	C1. 个人兴趣	个人兴趣有关行为
	C2. 阅读	读报、读书
	C3. 视听	看电视、听收音机
	C4. 锻炼	散步、手脚运动、体能训练等
	C5. 宗教	宗教

[1] 参照日本学者外山义对瑞典各阶段照料服务的定义,将设施所提供的照料服务种类分为如下:如家务协助(residential care)指饮食的准备或打扫、衣物洗涤、处理垃圾、购物等服务。个人照料(personal care)指当老年人处理自己身边的事情有困难时,针对老年人身心机能情况提供三餐饮食、洗澡、如厕方面的照料、步行和移动的援助、衣服的穿脱、剃胡须、修剪指甲、洗涤等援助。护理照料(nursing care)指包含给予常用药剂、涂抹药物等的诊疗看护及居家护理。医疗照料(medical care)指诊疗、检查、治疗、运动疗法、作业疗法及其他复健方法等。

续　表

大　分　类	小　分　类	细项行为内容
D. 社交行为	D1. 交谈	下棋等
	D2. 集体娱乐	自发性的集体娱乐,如下棋等
	D3. 社会作用	帮忙他人或设施做事情
	D4. 家人探访	家人探访、打电话等
	D5. 设施活动	电影放映、兴趣组
E. 照料行为	E1. 家务协助	饮食的准备或打扫、衣物洗涤、处理垃圾、购物等服务
	E2. 个人照料	饮食、洗澡、如厕、移动、剃胡须、修剪指甲等援助
	E3. 护理照料	给予常用药剂、涂抹药物等的诊疗看护及居家护理
	E4. 医疗照料	诊疗、检查、治疗、运动疗法、作业疗法及其他康复法
F. 移动及其他	F1. 移动	移动
	F2. 其他	数据遗失等

2.3.2.3　日常物品的分类

本研究借鉴Csikszentmihalyi & Rocherg Haltln(1981)在《物品的意义》一文中的分类方法,将物品分为两类:功能性物品(function-oriented articles),具有某种使用功能的物品,可以提供给使用者某种特定的使用功能;观赏性物品(contemplation-oriented articles),人对该物品的使用主要是进行观赏。如室内的桌椅、沙发、电冰箱等物品就是功能性物品,人们主要利用这些物品的某些使用功能;而电视、画和花等物品则是观赏性物品,人们对这些物品的使用只是进行观赏。另外,将老年人所自带持有的物品,与设施方提供的桌椅、电视、电话等物品区别开来,具体分类如表2-10所示。

表2-10　居室内物品分类方法

物品分类	所　有　人	示　　例
功能性物品	设施方提供	床、书桌、电话等
	老年人自带	食品、家具、洗漱用品、衣物、整理箱等
观赏性物品	设施方提供	电视、盆花等
	老年人自带	挂画、装饰物、挂件等

2.3.3 设施的空间领域层级

2.3.3.1 既有文献有关空间领域的分类方式

领域具有对人类行为产生约束与规范的作用,其分类概念受研究者的研究主题、研究对象与研究观点的不同而有差异。即便是相同的空间场所,因观察因子的不同亦会衍生出许多不同的分类方式与空间定义。在既往研究的学者专家对养老设施的空间领域层级的定义中,一般都将设施空间分为私密性、半私密性、半公共性与公共性等四个域层级,但在具体对应的空间及使用者权限上,略有不同(表2-11)。

表2-11　空间领域层级

		井上等(1997)	梁金石等(1994)	Geoffrey(1993)
私密领域	空间	居室	床位上	单人间居室、双人间居室的个人床位区
	定义	老年人可自行控制的领域	为入院老年人自身有控制使用权力的空间	为入院老年人自身有控制使用权力的空间
半私密领域	空间	居住生活单元中的交谊厅、餐厅空间	自室内	每一生活群内几间居室共用的卫浴空间、会客空间
	定义	各生活单元老年人共有的部分	离开床位空间后在自室内的活动领域	少数老年人共有部分
半公共领域	空间	同一楼层的走廊、交谊厅等空间,不以居住生活群概念区分	生活区域:由多个居室构成疗养室单元	各生活群内的非正式休闲空间称半公共的起居区
	定义	为同一楼层中各生活单元群老年人共同使用的空间	此单元内老年人们占有并共同使用的领域	供各生活群的老年人共同使用的空间
公共领域	空间	设施公共的花园、大厅空间等	公共区域	设施公共的餐厅、交谊厅等
	定义	为老年人、职员或访客共同使用的空间	供各个生活区域里的全体老年人们共同使用的领域	供全体老年人使用的空间

井上等(1997),武田和池田(2002)等以单人间型特别养护老年人之家为调查对象,由于不需考虑双人间以上房间同居室友共居问题,故在私密空间的界定上较为单纯,同时也符合领域性理论强调以居住者占有性高低判定领域性层级的观点。但梁金石等(1994)、Geoffrey(1993)等人虽同样地将单人间视为私密性空间,但仍针对双

人间以上居室做了进一步的领域界定，主要将个人床位区视为私密性空间；而非个人可随意控制的居室卫浴空间则视为半私密空间；此外，两者对"公共空间"的定义与国内现况较为相近，是各楼层全体老年人、访客与职员共同使用活动的场所。

2.3.3.2　本研究空间领域层级的定义

本研究参照Geoffrey（1993）、梁金石等（1994）的四层级空间领域理论（私密、半私密、半公共、公共），从老年人使用行为的角度，基于设施各空间最基本的属性，将空间层级进行领域划分。由于调查设施对象的居室多为双人间以上，因此将老年人可自行控制的领域——居室内的个人床位空间，界定为"个人空间"；"居室共用空间"是指居室内室友共同的部分，如居室走道、娱乐空间、卫生间等；"单元共用空间"是指为生活居住集群内提供老年人共同使用的空间，如走廊空间、活动区、谈话区等；"设施公共空间"是指设施全体老年人、职员、志愿者或访客等共同使用的空间，如多功能厅、门厅、图书室、庭院等；"服务管理空间"即为设施配套的医疗、管理以及服务辅助及其他等。这五个空间层次，对于设施老年人来说是从私密领域到公共领域的过程（图2-13）。

图2-13　空间领域层级的界定图

2.3.4　空间行为场景

设施空间在设计时有"餐厅""活动室""多功能厅"等各个空间对应着各自的空间功能,但在实际使用时,老年人不仅是利用其对应的功能而是对空间提出各种各样的要求,按照自己的方式加以利用,结果因老年人的利用方式不同,设施的各个空间就被赋予了多样的意义。为了更好地论述老年人与设施环境间的相互渗透关系,本研究采用了行为场景的概念,将老年人在设施内展开的生活实态进行定性的、记述的捕捉,明示老年人是如何通过行为场景赋予设施各个场所以意义的。

本研究对行为场景的分类方法,采用了橘弘志等(1997)的分类方法,将行为场景分为:a. 个人的活动;b. 亲密的关系;c. 目的性活动;d. 自然发生的聚集;e. 设施活动;f. 一时性交流共6个类型(表2-12)。

表2-12　行为场景的模式图[1]

场 的 模 式	场所的特征	场 的 意 义
a. 个人的活动	能实现某种目的功能的场所 能诱发独居的场所、有独居理由的场所 能有一些距离又可以观察其他聚集活动的场所 场所能够支持、预示某种行为	目的的实现 对能够实现目的的自立性的确认 与别人不同的,个人的活动 与别人有间接的关系
b. 亲密的关系	不受外界干扰的属于"我们"的场所 与其他聚集活动有些距离的场所	好朋友间的高密度的交流 小团体的行为 对小团体的归属感
c. 目的性活动	有实现某种目的功能的场所(设施方给予的场所)	对能够实现目的的自立性的确认 体现着设施的作用 对自身价值的自我确认 与别人的交流

---

[1] 参照橘弘志等的论文《个室型特别养护老年人之家的空间构成的相关研究之一》中的表6"场的模型图"翻译并修改而来。

场 的 模 式	场所的特征	场 的 意 义
d. 自然发生的聚集 人 —行为→ 场所 ←参加 社会性环境 ←支持　　关系性	走廊等容易聚集人的场所 去那里不需要什么理由的场所 与别人没有直接视线接触必要的场所	与别人间接的、直接的关系（具有选择性） 参加容易 生活场所的确保
e. 设施活动 社会性环境 —参加→ 人 ←行为— 场所	由设施方提供设施活动（program）的场所 为了提供设施活动（program）而设置的场所	自己是被护理的一方、被服务的一方的自我确认 作为集团意愿的自我的再确认
f. 一时性交流	容易碰到别人的场所 即便是独居也容易打招呼的场所	与别人偶发性的交流

　　a. 个人的活动，是与别人无直接关系的一个人的活动，是没有必要与别人相关的、个人的行为。对于在集团生活中保持自立性与对自我的认可非常重要。该场景并不是以完全的孤立为目的的，它也可以包含着远离但观察别人的行为、感受其中的氛围，或是包含着对与别人一时性交流的期待。

　　b. 亲密的关系，是好朋友间的共同行为，在小团体中相互确认"我和你"间的认同感，进而滋生"我们"的归属感。该场景因有较高密度的交流，每个人能够较好地在小团体中表达、展示自我。但是，也容易对外人产生"我可否加入这个小团体"的心理负担。

　　c. 目的性活动，是为了实现某个目的而形成的行为场景。该场景的个人通过进行某个有目的性活动而在设施这个社会环境中体现自我的价值。这里的交流可能是种附带产生的行为，但是因为参加活动的成员是固定的、定期的，而容易取得交流的机会。该场景因为有明确的目的（比如自发的集体做操），即便是新加入也不会伴随心理的负担。

　　d. 自然发生的聚集，可以说是最常发生的行为场景。该场景虽然较难进行深层次的交流，但是能够轻易地加入或脱离，是最容易创造交流契机的场景。这里的个人可以自主的选择加入该场景或选择与别人发生关系，是能够比较自我的存在的生活场所。

　　e. 设施活动，是设施方提供的，任何人都可以参加，但是比较缺乏交流的契机。虽然能够提供与众人认识的机会，但是个人只是作为大众中共同活动的一员而存在，或是作为"被护理的自己"、"接受设施提供的自己"这种被动的、接受的存在。

　　f. 一时性交流，并不完全是偶发性的，比如在a.个人的活动以及e.设施活动的前后等，容易滋生一时性交流。

　　"行为场景"是老年人在设施中的各类行为与时间、空间、地点常有连带的固定关系，是这些人、时间、场所、物品、行为的结合体。换句话说，上述分类的六种行为场景体现了六种不同的时间、空间、社会（人的关系）的组织关系。

2.4　调查设施的环境概要

　　养老设施的居住环境可以分为三类：一、由建筑物、空间及设备等构成的"物质空间环境"；二、和工作人员、护理员及志愿者等相关的"社会人际关系环境"；三、有关设施运营管理方针及照料理念等的"管理运营环境"（图2-14）。养老设施的居住环境是由物质的、社会的、管理的共同构成的复合系统。环境行为学的相互渗透理论认为，人与环境有着重要的相互影响关系。因此，研究者认为考察并营造设施的居住环境，应整体着眼并综合利用物质环境、社会人际关系、管理运营环境等三个方面的条件，现将调查对象三家设施的三方面环境要素简要整理。

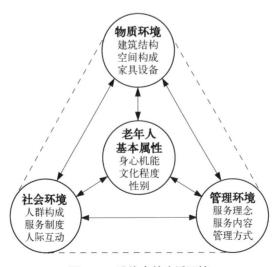

图2-14　设施内的生活环境

表 2-13　调查对象设施概要

设施名称	W 设施		H 设施		Y 设施	
经营主体	民政局　街道		民政局　区		民政局　区	
设立区位	杨浦区		虹口区		杨浦区	
基地条件	城市中环外的一处大型居民区内部，旁边建有幼儿园，周边生活设施方便		城市内环较繁华马路北侧，周边没有公园，但邻近居住区，各生活设施较方便		城市中环内邻近一条铁路线，较偏僻地段，周边生活设施较少	
设立时间	1994 年		2002 年		1988 年	
总床位数	100 床（中型）		180 床（大型）		330 床（超大型）	
建筑概要	六层单楼建筑		六层单楼建筑		由平台相连的建筑群	
	1、2F 为与阳光之家*共用的公共娱乐与公共服务，管理在 4F；3—6F 共 4 个护理单元		1F 为公共服务、公共娱乐与管理分散在 2—6F 的交通核；2—6F 共 5 个护理单元		1 楼管理及公共服务综合楼、1 楼公共娱乐楼；3 楼居住楼内共有 10 个护理单元	
占地面积	900 m²		3258 m²		11320 m²	
建筑面积	3641 m²		5716 m²		7500 m²	
调查楼层	3F	4F	3F	5F	r 楼 2F	d 楼 2F
楼层属性	介护单元	介助单元	介助单元	介护单元	介护单元	介助单元
楼层人数	28 人	18 人	31 人	30 人	43 人	45 人
护理体制老年人：护理员	14∶1	9∶1	15∶1	15∶1+个别外雇	20∶1+居室特护	22∶1+居室特护

*阳光之家为 W 街道为智障者而设的日间活动、照料中心。

　　三家设施的基本属性如表 2-13。三家设施的经营主体都是政府投资建设，隶属于民政部门。W 设施为街道办，而 H、Y 设施为区政府办，运营经费主要由民政局支出，部分自费。在床数规模上，三家设施由小至大，W 设施 100 床最少、H 设施 180 床居中、Y 设施 330 床最多，三家的入住率都达到了 95%。三家设施分别设于社区内、闹市区内、较为安静偏僻的市区。在建筑类型方面，W、H 为独楼多层建筑，而 Y 则由多楼多层建筑组成，并还在扩建中。在护理单元及床位的划分上，三家设施都是一楼栋(Y设施)、楼层、性别及老年人意愿为原则。在"楼层"方面，一般高楼层为严重依赖老年人的介护楼层，低楼层为轻度、中度依赖老年人的介助楼层。"性别"方面，除夫妻可同住双人间外，一般采用男女分间、分层的方式。因男性老年人较女性老年人少，部分护理单元也未依据性别区划居住楼层。"护理等级"方面，为便利照顾观察，原则上同一护理等级老年人同住一屋、一个楼层，以促进老年人身心机能的维持。然而因为还需尊重老年人、家属意愿或可选择床位不足等因素的影响，所以在床位安排上仍无法达到让同一居室老年人拥有相似的身心机能、相近的喜好。

2.4.1　物质空间环境

调查的三家设施的物质环境如图2-15—图2-31所示，其空间上基本相似，都是以楼层为单位组织设施空间。

2.4.1.1　W设施

W设施(图2-15—图2-20)地处上海市中环外交通便利的居民小区内，西侧沿小区道路开口，紧邻社区幼儿园，其他周边建筑均为小区住宅。所在社区距离超市、菜市场、饭店、诊所、公交站点等都较近，生活设施较多、较为便利。

图2-15　W设施的地理区位

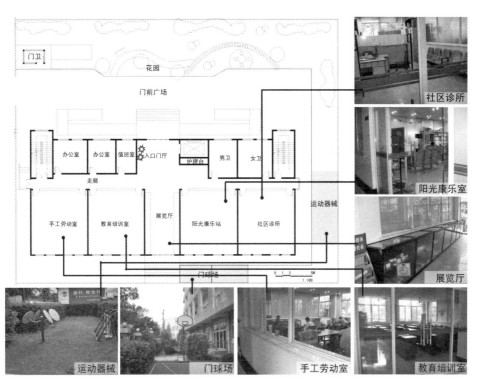

图 2-16　W 设施的 1F 平面图及主要房间

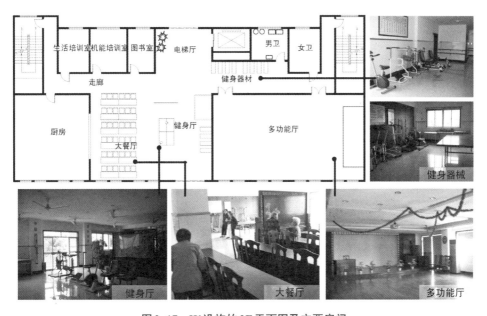

图 2-17　W 设施的 2F 平面图及主要房间

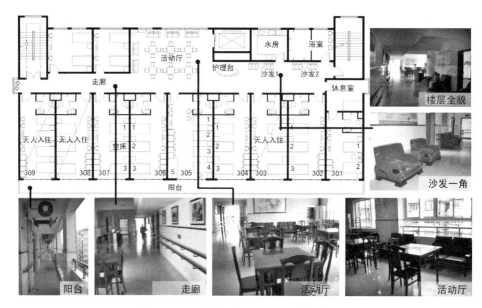

图 2-18 W 设施的 3F 平面图及主要房间

图 2-19 W 设施的 4F 平面图

图 2-20 W 设施的 5F 平面图

W设施是上海市城区的街道级养老设施，于2002年正式对外开放，入住老年人约100人，来自全上海市，主要为健康老年人，有少部分失能老年人。建筑面积较小，约3641 m²。一层、二层为与阳光之家[1]合用的公共空间；四层主要居住自理能力较高的老年人，三层、五层主要居住自理能力较低的老年人。在环境规划方面，一层主要功能有展览厅、社区诊所、社区视听室等社区公共设施；二层主要功能有餐厅、多功能室、图书室、健身厅等。三楼至五楼的配置大致相同，每层设置公共活动厅、浴室、护理台，走廊上也部分拓宽规划了一个可供休息交流的小区域。居室类型以三四人间居室数量最多，有少量双人间、五人间，共有约100张床位；每间居室内设有彩电、电话、卫生间等设施。

W施的室外活动空间有限，一楼的花园种植了部分的植物，绿化条件一般；楼后设置了少量健身器材、门球场等活动场地，是老年人喜爱的场所。

2.4.1.2　H设施

H设施（图2-21—图2-27）地处上海市城区交通便利的居住街区内。南侧沿城市道路开口，东侧紧邻学校和商场，周边的住宅较多，距离菜市场、饭店、诊所、公交站点等都较近，生活设施较多，非常便利。

图2-21　H设施的地理区位

---

[1] W街道为智障者的日间服务设施。

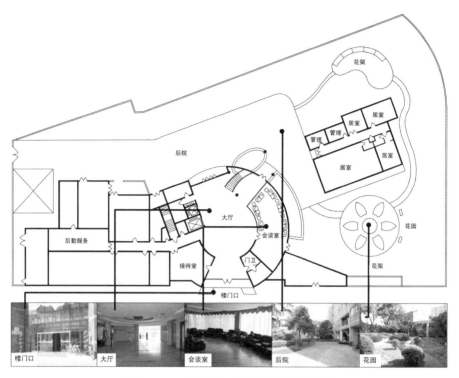

图2-22　H设施的1F平面图及主要房间

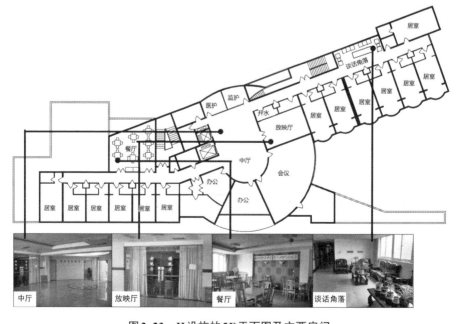

图2-23　H设施的2F平面图及主要房间

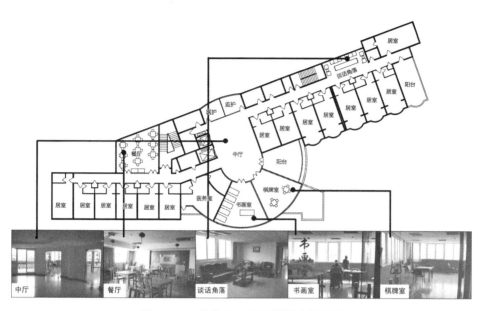

图 2-24 H 设施的 3F 平面图及主要房间

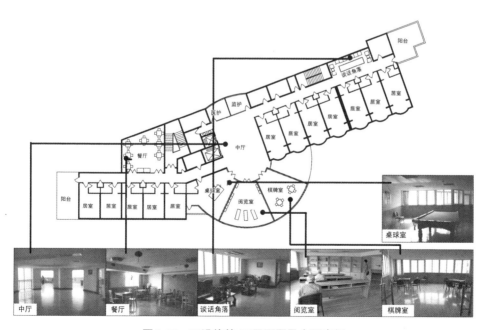

图 2-25 H 设施的 4F 平面图及主要房间

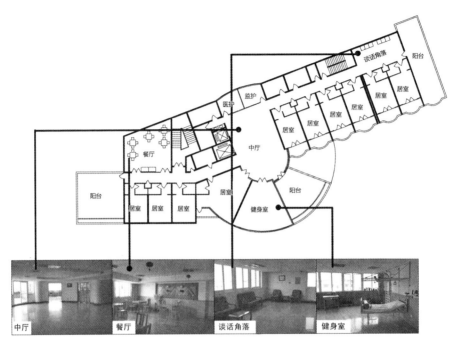

图2-26　H设施的5F平面图及主要房间

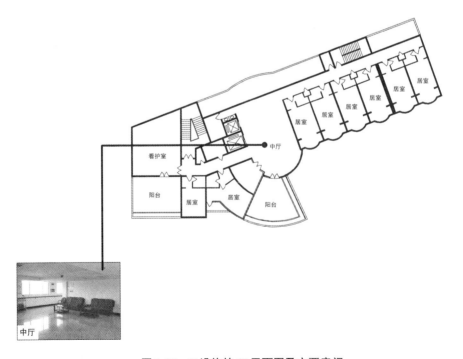

图2-27　H设施的6F平面图及主要房间

　　H设施是上海市城区的区级养老设施,于2002年正式对外开放,入住老年人约160人,来自全上海市,主要为健康老年人,有少部分失能、失智老年人。建筑面积为5742 m²,楼高六层。

　　在H设施的每楼层设有餐厅、公用厕所、公用浴室、谈心休息廊、茶水间等设施,在不同楼层还分别设有棋牌室、阅览室、影视厅、乒乓房、桌球房、健身房等娱乐活动室,为老年人提供了丰富的室内公共活动空间。H设施有双人间、三人间、多人间以及看护室等多种居住房间形式,一共有约180张床位。每间房间内设有彩电、电话、卫生间等设施。

　　H设施的室外活动空间相对较好,一楼的后院和花园种植了许多植物,绿化条件良好,是老年人喜爱的场所。

2.4.1.3　Y设施

　　Y设施(图2-28—图2-31)地处上海市中环内较为偏僻的街区,相较W、H设施,其周边的生活设施相对较少,较不便利。

　　Y设施是上海市城区的区级超大型养老设施,于1988年建设,并于2000年、2010年先后增建(还在增建中)。目前,入住老年人约330人,来自全上海市,主要为健康老年人,有少部分失能、失智老年人。建筑建筑面积较大,现约有7500 m²,占

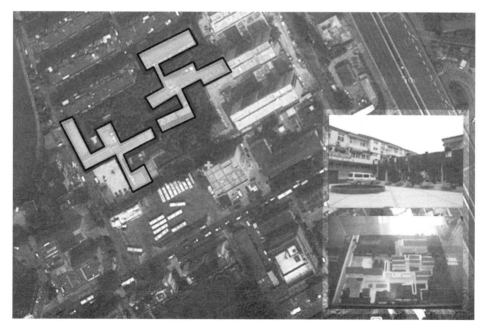

图2-28　Y设施的地理区位图

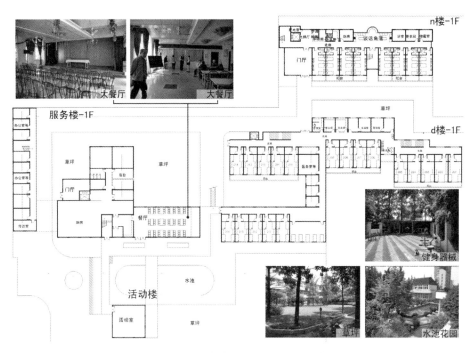

图2-29 Y设施的1F平面图及主要房间

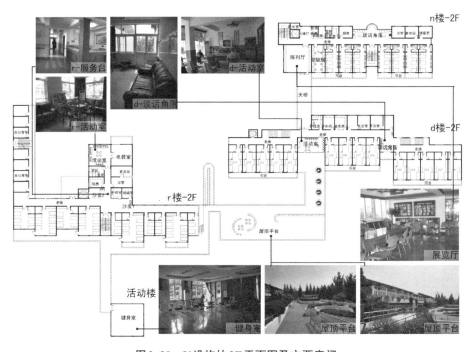

图2-30 Y设施的2F平面图及主要房间

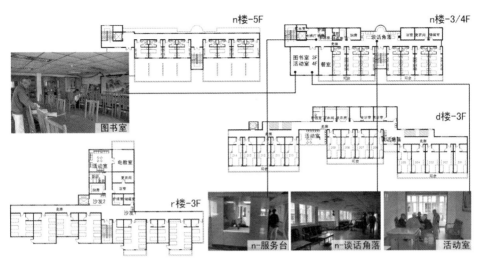

图 2-31　Y 设施的 3F 及以上平面图及主要房间

地面积 11320 m²。共有办公楼、活动楼（正改建为托老所），以及 r 楼、d 楼、n 楼三栋居住楼。所有楼通过底层建筑以及连廊、二层的屋顶平台相连，形成一个完整的整体。d 楼的入住对象主要是工薪阶层，设施齐全，以四人间为主，每间居室均有卫生间，每层楼面设有男女浴室、活动室、盥洗室、呼叫系统、自助厨房等。r 楼的入住对象以重度依赖者居多，多数住在五人或七人间，少量自理能力较强的老年人则住在双人间。n 楼为 2000 年新增建的居住楼，每层楼面设有面积大、配有光线充足的谈心角以及书画室、电脑房等设施的公共活动室，设有单人、双人、三人、四人房间，居室内配备大卫生间、彩电、阳光室。单人间、双人间内则配备电话和淋浴设备。

　　Y 设施的室外活动空间较大，除了大面积的绿化外，还有水池、健身角等，并配有凉亭、座椅等设施。最具特色的是其大面积的屋顶平台通过坡道与底层连接，形成无障碍的立体绿化。

2.4.2　管理、社会环境

2.4.2.1　管理照料制度

　　三家设施的管理照料制度，都是按照《上海市养老机构管理办法》[1] 以及《上海市养老设施管理和服务基本标准》[2] 来制定和执行的（表 2-14）。

---

[1] 1998 年 6 月 8 日上海市人民政府令第 56 号发布，2010 年 12 月 20 日上海市人民政府令第 52 号公布的《上海市人民政府关于修改〈上海市农机事故处理暂行规定〉等 148 件市政府规章的决定》修正并重新发布。

[2] 沪民事法［2001］24 号，上海市民政福利事业管理处，2001 年 4 月 19 日。

表2-14　三家设施的管理照料制度

项目＼设施		W设施		H设施		Y设施		异同	
		W3	W4	H5	H3	Yr2	Yd2	同	异
护理单元属性		介护	介助	介护	介助	介护	介助		●
照料班制		三班制	三班制	三班制	三班制	三班制	三班制	●	
照料体制		成组护理	成组护理	成组护理	成组护理	成组护理+责任护理	成组护理+责任护理		●
照料分配	自理	楼层分区个别关照	楼层分区	楼层分区个别关照	楼层分区	楼层分区居室专人	楼层分区居室专人	●	
	依赖								●
照料人数		28人	18人	30人	31人	43人	45人		●
老年人：护理员		9：1	9：1	15：1+个别外雇	15：1	20：1+居室特护	22：1+居室特护		●
就餐	时间 7：00 11：00 17：00	用餐前30分钟老年人需至用餐地点等候		用餐前30分钟老年人需至用餐地点等候		用餐前30分钟护理员将餐点直接分配到居室			●
	场所 自理	设施餐厅	设施餐厅	单元餐厅	单元餐厅	居室内	居室内		●
	场所 依赖	单元大厅或居室内	—	居室内	单元餐厅或居室内	居室内	居室内		●
洗浴	方式	集中	集中	集中	集中	集中	集中	●	
	时间	每周1～2次	每周1～2次	每周1～2次	每周1～2次	每周1～2次	每周1～2次	●	
	场所	单元浴室	单元浴室	单元浴室	单元浴室	单元浴室	单元浴室	●	
医疗	内容	发药、巡房		发药、巡房		发药、巡房		●	
	场所	医务室另有社区内共用诊所		医务室		医务室，设病房			●
娱乐	个人活动	老年人可自由安排，但下午时间不鼓励做声音嘈杂的棋牌活动，不鼓励个人外出		老年人可自由安排，但午休时间不鼓励居室外的自由活动，凭外出证可自由外出		老年人可自由安排，没有特别要求，凭外出证可自由外出			●
	设施活动 自理	鼓励老年人参与，但活动内容较少		鼓励老年人参与，活动内容丰富，以设施为单位		鼓励老年人参与，活动内容一般，以楼层为单位，志愿者来访活动较多			●
	设施活动 依赖	无针对性的活动		无针对性的活动		无针对性的活动		●	
护理	打开水	上下午各一次送居室		上下午各一次送居室		上下午各一次送居室		●	
	翻身换尿布	按护理服务标准执行		按护理服务标准执行		按护理服务标准执行		●	
	整理居室	护理人员		老年人或自雇钟点工		老年人或居室护理员			●

在照料班制上都是三班倒班制度；照料体制上都为成组护理制度，每个护理组以楼层为单位，负责一个楼层老年人的护理。对于重度依赖的老年人，W、H 设施采取的是个别关照的护理方式，即便采取了个别关照也无法满足部分重症患者特别需要时，H 设施则较为灵活地允许老年人个人聘用外部小时工或 24 小时保姆；而 Y 设施采取居室内专人责任护理方式，1 名护工对 4～7 名重度依赖老年人。

就餐制度上，三家设施就餐时间相同，三餐时间都是固定的，用餐前 30 分钟会请老年人到就餐场所等候。就餐场所上三家各有不同：W 设施要求自理能力较强的老年人在设施共用的餐厅内进行集体用餐，而较弱的老年人则在所在单元内就餐。H 设施则一般鼓励都在单元内餐厅就餐，个别无法移动的老年人或根据老年人个人喜好允许在居室内用餐。Y 设施则全体老年人都在居室内用餐。洗浴制度上，三家设施都是不允许在居室内的浴室洗浴，每周都有固定的统一时间，安排同一单元的老年人集中洗浴，缺乏自由度。医疗制度上，三家设施都仅提供简单的巡察医护，帮助分配药物等基础的医疗照料。

2.4.2.2　设施活动安排

设施活动安排，如表 2-15 所示。H 设施的活动安排最多，内容丰富且执行严格。活动安排以设施全体为单位，每天在设施的公共活动室组织不同类型的设施全体老年人为服务对象的集体活动。设施活动的场所也都是在设施的相应活动功能的公共活动室组织。Y 设施的活动则一般以居住楼层为单位，规定每个居住楼栋、楼层每周最少三次集体活动时间，活动内容则由各个楼层的护理员自行安排。在以楼层（楼栋）为单位的集体活动外，针对设施全体老年人也安排了不同的兴趣小组。W 设施的活动安排是最少的，也较少落实到实际生活之中。

表 2-15　设施活动安排内容表

设　施	时　　　间	内　　　容	场　　　所
	周一	读报	所在楼层活动厅
	周二	读报、兴趣小组（书法，编织）	所在楼层活动厅
	周三	读报	所在楼层活动厅
W 设施	周四	读报、单周录像、双周保健知识	所在楼层活动厅
	周五	读报、大家唱歌咏活动	所在楼层活动厅
	周六	读报、兴趣小组（书法，棋牌）	所在楼层活动厅
	周日	读报	
H 设施	周一　8：30—9：30	练功十八法	一楼大厅

设　施	时　　间		内　　容	场　　所
H设施	周一	9：00—10：30	象棋	四楼阅览室
		14：30—16：00	看电影	影视厅
	周二	8：30—9：30	练功十八法	一楼大厅
		9：30—10：30	书法练习	四楼阅览室
		14：30—16：00	唱歌	二楼餐厅
	周三	8：30—9：30	练功十八法	一楼大厅
		9：00—10：30	象棋	四楼阅览室
		9：30—10：00	读报沙龙	三楼书画室
		14：30—16：00	看电影	影视厅
	周四	8：30—9：30	练功十八法	一楼大厅
		14：30—16：00	乐器	二楼餐厅
	周五	8：30—9：30	练功十八法	一楼大厅
		9：00—10：30	书法练习	四楼阅览室
		14：30—16：00	看电影	影视厅
Y设施	周一	9：00—10：30	n楼集体活动 d楼一层集体活动 d楼二层集体活动 中华拳兴趣小组	n楼各层活动室 d楼一层活动室 d楼二层活动室 花园
		14：00—15：30	网上冲浪	n楼二楼电脑室
	周二	9：00—10：30	n楼集体活动 d楼二层集体活动 r楼集体活动 趣味英语	n楼各层活动室 d楼二层活动室 r楼各层活动室 r楼二层活动室
		14：00—15：30	"故事大王"兴趣小组 中华拳兴趣小组	n楼活动室 花园
	周三	9：00—10：30	n楼集体活动 d楼一层集体活动 歌咏兴趣小组	n楼各层活动室 d楼一层活动室 d楼二层活动室
		14：00—15：30	网上冲浪	n楼二楼电脑室
	周四	9：00—10：30	d楼二层集体活动 r楼集体活动 书画兴趣小组 中华拳兴趣小组	d楼二层活动室 r楼各层活动室 n楼书画室 花园
		14：00—15：30	网上冲浪	n楼二楼电脑室

设　施	时　间		内　容	场　所
Y 设施	周五	9：00—10：30	r 楼集体活动 中华拳兴趣小组	r 楼各层活动室 花园
		14：00—15：30	网上冲浪	n 楼二楼电脑室
	周六日	9：00—15：30	义工活动	各个居室、活动室
集体活动包括：练功十八法、老歌大家唱、团体游戏、手指操等等				

　　上述设施的活动安排有如下特点：一、设施全体活动以兴趣小组居多。如书画活动、歌咏活动、看电影活动，它一般由设施方提供设施公共空间的专门活动室，如书画室、视听室等。它对组织者的专业知识要求较高，一般由设施请专人或老年人自发组织。该类活动面向设施全体老年人，对于身心机能较强、有特殊兴趣爱好的老年人有较强的吸引力，丰富了他们的业余生活。但由于活动场所距居室较远，且具有针对性受众人群较少，因此，真正参加活动的老年人较少。二、护理单元内部组织的活动较少。仅 Y 设施规定以护理楼层（或楼栋）为单位，每周至少三次集体活动。该类活动一般由护理员自主组织老年人进行，集体活动的内容由各护理员自定，活动场所也在单元内的活动室进行。这类活动内容简单、灵活，有较大的自由度，且活动地点距离居室较近，因此对于所有老年人都有一定的吸引力。但目前三家设施之中，只有 Y 设施有组织类似的活动，且因其单元人数较多（约四五十人），因此不是单元内的所有老年人都参与该活动中活动仍可继续。三、针对身心机能较强老年人的设施活动较多，没有针对身心机能较弱者的设施活动。

　　可见，三家设施虽然都有相应的、看似丰富的活动安排，但受其活动内容、活动场所、面向人群等限制，这些活动的受众人群其实很小，还不能实现丰富所有老年人生活内容、提高生活品质的需求。

2.4.2.3　生活作息安排

　　三家设施的生活作息时间、用餐、睡觉的时间是固定的。一般三餐时间为早餐7：00、午餐11：00、晚餐17：00。睡眠时间为午睡12：00左右、晚上18：30左右。三家设施的安排比较接近，除三餐及睡眠时间外，平日老年人可在时间范围内依自己的健康状况与生活习惯较为灵活地调整作息时间。H、Y 设施对于老年人的睡眠时间没有严格要求，但 W 设施则建议老年人午睡时间尽量不要在外面活动，下午时间不要下棋，以免影响别人休息。

2.4.3 老年人的基本属性

三家养老设施的调查人数分别为 W 设施 46 人，H 设施 61 人，Y 设施 88 人，合计 195 人（表 2–16）。

表 2–16 被观察老年人的基本属性

调查对象		W 养老院			H 社会福利院			Y 社会福利院			合计	
		3F	4F	小计	3F	5F	小计	r楼2F	d楼2F	小计	人数	比例
入住老年人数（人）		28	18	46	31	30	61	43	45	88	195	
性别	男	11	0	11	17	15	32	0	18	18	61	31.3%
	女	17	18	35	14	15	29	43	27	70	134	68.7%
平均年龄（岁）		83.6	83.4	83.5	86.0	87.1	86.5	86.5	84.1	85.3	85.3	
年龄分级	<65	0	0	0	0	0	0	1	1	2	2	1.0%
	65～74	3	1	4	1	1	2	0	1	1	7	3.6%
	75～84	13	11	24	8	13	21	9	22	31	76	39.0%
	>85	12	6	18	22	16	38	33	21	54	110	56.4%
生活能力（巴氏量表）	轻度依赖	21	18	39	23	10	33	11	31	42	114	58.5%
	中度依赖	4	0	4	7	7	14	20	9	29	47	24.1%
	重度依赖	3	0	3	1	13	14	12	5	17	34	17.4%
认知障碍程度	无	22	18	40	31	27	58	18	44	62	160	82.1%
	稍有	5	0	5	0	1	1	8	1	9	15	7.7%
	明显	1	0	1	0	2	2	17	0	17	20	10.3%
身心机能水平	类型 I	17	18	35	23	8	31	5	31	36	102	52.3%
	类型 II	7	0	7	7	8	15	17	9	26	48	24.6%
	类型 III	4	0	4	1	14	15	21	5	26	45	23.1%
护理等级	三级	2	2	4	0	0	0	0	3	3	7	3.6%
	二级	3	10	13	17	4	21	3	18	21	55	28.2%
	一级	17	6	23	14	9	23	7	13	20	66	33.8%
	专门	6	0	6	0	17	17	33	11	44	67	34.4%

调查对象的老年人平均年龄约为 85.3 岁，85 岁以上老年人占半数以上。调查对象以女性居多，为 134 人，约占调查总人数的 68.7%。究其原因，一方面，这与女性老年人口比例偏高的社会现实相对应，并且也与上海市老年人口中女性占 60% 以上

的比例接近[1]。另一方面,目前上海的养老设施在安排老年人居住楼层(居住单元)时,通常按照性别不同分开设置。例如,本调查的 W、Y 设施的 W3、Yr2 两层均为女性单独居住楼层,这也造成了调查对象女性比例偏高。

日常生活自理能力(巴氏量表)方面,总体以轻度依赖群居多(58.5%)、中度依赖群次之(24.1%)、重度依赖群最少(17.4%)。总的来说,各个设施均以轻度依赖群居多,特别以 W 设施的轻度依赖群所占比例最高(39 人,87.0%)。认知障碍程度方面,总体无认知障碍的心智健康老年人居多(82.1%),有稍有认知障碍和明显障碍的老年人仅为 17.9%。这与三家养老设施目标定位有关,这三家养老设施都明确指出不接收有认知障碍的老年人,目前院中的认知障碍老年人均为入住过程中,随着年龄增大、身体退化而最终形成的障碍。

在护理等级[2]划分上,虽然上海市有关于护理等级的统一标准,根据"老人的年龄、生活自理程度、身体状况以及特殊要求"制定标准。但是护理等级不能如实地反映出老年人身心机能的健康水平。例如,即便有许多老年人的生活完全能够自理,但因其年龄已到 80 岁以上或子女尽孝有意提高服务标准,而使护理等级由能够自理的三级提高到二级标准。加之,各个养老设施在具体实施上有较大差距,因此,护理等级不能如实反映老年人的实际护理需求程度。

身心机能水平上,三家设施的老年人均以身心机能较强的类型 I 较多(52.3%)、类型 II 次之(24.6%)、类型 III 最少(23.1%),整体上入住设施的老年人身心情况较好,有较强的自理能力。三家设施中,以 W 设施老年人的自理度较高,其次是H、Y 设施的老年人(图 2-32)。

所有调查老年人单位(人)	无←认知障碍→明显		
	无	稍有	明显
轻度依赖	102	8	4
中度依赖	36	4	7
重度依赖	22	3	9

身心机能水平:□类型 I　类型 II　■类型 III

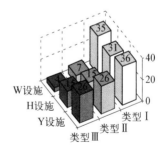

图 2-32　老年人的身心机能等级与 3 家设施老年人的属性

[1] 2011 年《上海市老年人口和老龄事业监测统计信息》,80 岁以上老年人口中,女性占 60.6%,85 岁以上老年人口中,女性占 64.0%。

[2] 护理等级服务标准是根据老人的年龄、生活自理程度、身体状况以及特殊要求而制定的。它分为三级、二级、一级护理和专门护理。三级护理人员标准:生活行为基本能自理者,不依赖他人帮助的老年人。二级护理人员标准:生活行为依赖扶手、拐杖、轮椅和升降等设施和他人帮助的老年人或年龄在 80 岁以上者。一级护理人员标准:生活行为依赖他人护理者或思维功能轻度障碍者或年龄在 90 岁以上者。专护人员标准:生活行为完全依赖他人护理且需要 24 小时专门护理者或思维功能中度以上障碍者或老人及其家属要求提高护理等级,在生活服务方面要求给予特殊照顾者。摘自《上海市养老设施管理和服务基本标准》,2001。

第3章

设施内老年人的生活行为与生活类型

一般认为,养老设施中老年人的生活与居家生活存在较大差异,这种差异性使得老年人入住设施后产生了诸多的不适应和不满意,但这种判断往往流于主观。同时由于相关因素涉及物质空间环境、管理社会环境以及老年人自身属性的差异,这种复杂的交织使我们较难辨析上述何种因素更为直接地影响了设施内老年人的生活。因此,本研究为设施内的老年人生活行为模式(参见本书第2.1.2节)建立描述性的名义尺度,以此全面展示及分析设施内老年人的日常生活全貌,比较老年人在设施内的生活实态与居家生活的落差。同时,解析设施环境对老年人生活的各种影响,进而探讨通过改善影响因素而提高设施内老年人生活品质的可能性。

调研目的:

老年人的生活模式是在与养老设施环境的互动过程中形成的,是老年人与设施环境的适应、融合的长期过程[1]。本研究将入住设施老年人的生活模式构造分为生活行为、生活时间、生活空间等三个轴次,结合"行为地图"观察法的记录,对应生活行为的内容、生活行为的分布空间、生活作息及活动轨迹三个部分进行数据化,得出个人或群体的生活行为模式特征(图3-1),进行生活行为、活动领域类型化的整理与分析,得出与设施环境体系所对应的人的生活类型属性系统。

子课题一的调研基于人与环境相互渗透关系的视角,探索不同身心机能属性的老年人与设施环境互动行为的现象差异,明确设施内老年人群体的生活类型分布结构,并以此为工具推断老年人对设施功能的需求,探讨不同身心机能老年人的生活特征及对建筑空间、照料制度等设施居住环境的需求,为养老设施空间规划等提供参考。

调研内容:

(1)分别统计得出每位老年人的生活行为内容时间比、行为分布空间、生活作息以及活动轨迹。参照生活行为的时间分配及行为的空间分布情况,将老年人的生

---

[1] 大部分老年人的入住时间均为半年以上,详细信息参见本书相关部分。

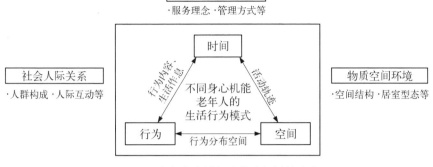

图 3-1　老年人生活行为模式探讨的内容

活行为模式、活动领域模式类型化。

（2）总结老年人在设施内的生活行为模式特征，并借助不同生活类型的归纳，分析设施内老年人的日常生活实态。

（3）将每位老年人对应的年龄、身心机能等个人信息以及所在居室类型、单元属性等环境信息加以统计，最终每位老年人约有二十多条相应信息。最后利用数理化理论Ⅰ类分析共计195位老年人的所有信息，探讨设施内老年人日常生活（特别是反映生活品质的休闲社交行为）的影响因素。

（4）总结类型Ⅰ、Ⅱ、Ⅲ老年人的生活行为模式特征，分析不同身心机能老年人的实际生活状态的差别。

调研方法：

调查将行为观察获取的丰富描述性信息进行编码：设施内老年人的身心机能属性分为类型Ⅰ、Ⅱ、Ⅲ；老年人的生活行为分为"必需行为""静养行为""休闲行为""社交行为""照料行为"和"移动及其他"等六大类型；设施的空间层级分为"Ⅰ.个人空间""Ⅱ.居室共用空间""Ⅲ.单元共用空间""Ⅳ.设施公共空间""Ⅴ.服务管理空间"以及"Ⅵ.设施外空间"（调查要素的界定与分类详见第2.3节）。

本研究在2010年春秋两季所进行的调查中，针对W、H、Y三家养老设施各选取两个楼层的W3、W4、H3、H4、Yr2、Yd2所有老年人，进行每天12小时的生活行为调查记录[1]。数据采集方法为在非节假日的某天选取上述六个楼层中的一个，在6：30—18：30的12个小时中，每隔15分钟将该楼层入住的每位老年人当时的行为内容、发生地点、状态等记录在建筑平面图上，得出所有老年人的日常生活行为数据。数据整理方法为每15分钟观察到的次数为"频度"，各个项目的"频度"除以

---

[1] W设施选取3F、4F共46位老年人，H设施3F、5F共61位老年人，Y设施选取r楼2F、d楼2F共88位老年人；行为观察调查的老年人数分别占三家设施入住老年人人数的46.0%、33.9%、26.6%。

全部观察到的次数所得的值为"频率",即每位老年人被观察的频度为60(分)×12(小时)/15(分)+1=49(次)(调查设计详见第2.2节)。观察记录W设施两天共计46人、2254次(49次/人×46人)的行为记录;H设施两天共计61人2989次的行为记录;Y设施两天共计88人4312次的行为记录。三家设施六天六个楼层合计观察记录了195名老年人,共计观察到9555次(49次/人×195人)的行为数据(包含行为主体、内容状态、时间、地点)。

3.1　老年人的生活行为内容

3.1.1　各设施老年人的生活行为时间构成

表3-1—表3-3为三家设施六个楼层的195位老年人一日中的生活行为时间构成百分比[1]。

3.1.1.1　W设施

W3楼层为介护单元,共有28名老年人。睡眠、饮食、美容等生活"必需行为"(44.7%)的时间较多,并且从类型Ⅰ到类型Ⅲ显著增加。"休闲、社交行为"以交谈(11.2%)最多,其次是静态的视听(10.6%)等行为。

W4楼层为介助楼层,共有18名老年人,身心机能属性均为类型Ⅰ。生活必需行为所占时间比很少(33.6%),日常生活可自由支配时间较多。因此,交谈、视听、锻炼身体等"休闲社交行为"的比例较高(43.5%),日常生活行为比较丰富。尽管如此,发呆无为行为却是发生最多的小项行为(17.0%)(表3-1)。

3.1.1.2　H设施

H5楼层为介护单元,共有30名入住老年人。睡眠、饮食、美容等生活"必需行为"(44.8%)的时间较多,并且从类型Ⅰ到类型Ⅲ显著增加。"休闲、社交行为"(23.7%)以个人的运动、视听、阅读为主,但没有集体自发性的下棋等行为的发生。与H3层相比,H5层内同为类型Ⅰ的老年人其发呆无为行为较多,集体休闲行为为0。究其原因,可能与该层内类型Ⅰ的老年人较少(8人),难以形成兴趣相近的小集团,另一方面也与没有合适的活动场所有关。

---

[1] 某项生活行为的时间比=观察到的该行为发生的次数/总观察到的行为次数,如W3单元内17位类型Ⅰ老年人的饮食行为的时间比=W3单元类型Ⅰ老年人的饮食行为的次数之和/(49次/人×17人)×100%=12.4%。

表3-1 W设施老年人的日常生活行为时间构成表

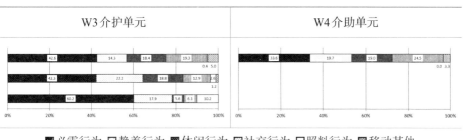

- ■必需行为 □静养行为 ■休闲行为 ▨社交行为 □照料行为 ▨移动其他

H3楼层为介助单元,共有31名入住老年人。"必需行为"约占37.6%,且各类型组群别老年人相差不大。但随着身心机能退化,从类型Ⅰ到类型Ⅲ"休闲、社交行为"显著减少。老年人的闲暇时间以集体娱乐为最多,普遍喜欢自发性的下棋、打牌等活动,牌友相对较固定。并且该楼层的老年人相对活跃,喜欢去各楼层相对应的活动室参加设施组织的各类活动,对设施活动的参与性较强。由于该层老年人自我隐私保护意识较强,回居室后形成了关居室门的默契,因此居室内的行为数据缺失也较多(表3-2)。

表3-2 H设施老年人的日常生活行为时间构成表

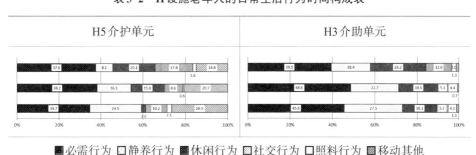

- ■必需行为 □静养行为 ■休闲行为 ▨社交行为 □照料行为 ▨移动其他

3.1.1.3 Y设施

Yr2楼层为介护单元,共有43名入住老年人。老年人的身心机能普遍偏低,因此发呆(23.3%)、睡眠(21.8%)这类"必需行为""静养行为"的比例较高,并且喂饭、帮忙擦洗等个人护理的时间比也比较多,而"休闲社交行为"(18.8%)的时间比比较少,且以个人的、被动的视听行为最多(7.5%)。总体生活方式比较单一,特别是类型Ⅲ的老年人,其发呆无为行为占其一日中所有行为的1/3左右。

Yd2楼层为介助单元,共有45名入住老年人,人数规模最大。该楼层入住的老年人身心机能差别较大,因此生活行为呈现两极化。类型Ⅰ、Ⅱ组群别老年人的生活行为比较丰富,能够开展多样的生活行为,老年人或在活动室里看电视、下棋、随护理员做操,或在居室内读报、画画,或在屋顶平台上散步、晒太阳,生活比较丰富。而类型Ⅲ组群的老年人则以睡眠及发呆行为居多,占3/4强,并且基本生活需要他人护理(表3-3)。

表3-3　Y设施老年人的日常生活行为时间构成表

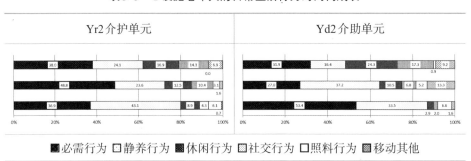

Yr2介护单元　　　　　　　　　Yd2介助单元

■必需行为　□静养行为　■休闲行为　▨社交行为　□照料行为　▧移动其他

3.1.2　老年人的生活行为特征

3.1.2.1　不同设施老年人生活行为的比较

由表3-1—表3-3可得图3-2,在相同的设施整体环境下,介助楼层(W4、H3、Yd2)的老年人普遍比介护楼层(W3、H5、Yr2)的老年人的生活行为内容更加多样,"休闲、社交行为"比例更高,体现了身心健康程度较好的老年人能主动地安排闲暇时间,具有更好的生活自由度。三家设施老年人生活行为的主要差别如下:

必需、静养行为:三家设施间差别不大,都表现为介护楼层老年人的静养行为偏高于介助楼层的老年人。随着身心机能衰退,老年人发呆、无为、小憩的时间逐渐增加,特别在Yr2楼层表现更为明显。

休闲、社交行为:不同设施的活动组织、管理要求对老年人的休闲、社交行为有一定的影响。设施组织的活动越多(H设施)、管理制度越宽松(Y设施),介助楼层的老年人参加集体娱乐、设施活动的热情越高,休闲、社交行为也更为丰富;反之,老年人的闲暇时间就会有较多的发呆无为现象(W设施)。而介护楼层的老年人的休闲、社交行为受设施差别影响不大。如尽管Y设施管理相对宽松且活动安排较多,但Yr2楼层老年人的休闲、社交行为仍以相对消极的视听活动居多。这说明设施活动的安排能够丰富部分老年人的闲暇生活,提高老年人的生活品质,但设施互动还没有切实地适应身心机能较弱老年人的需求,不能很好地调动这部分老年人的

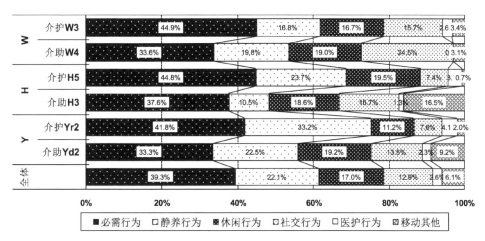

图3-2 各楼层、老年人的日常生活行为的时间构成

活动积极性。

照料、其他行为：以介护楼层老年人的照料行为偏多，这是老年人自身身心机能属性所决定的。而H3、Yd2楼层的行为观察数据受居室关门的影响缺失较多（W设施不鼓励非休息时间关居室门），这体现了身心机能较好的老年人对私密性有着更高的要求，设施应采取更加宽松、人性化的管理措施，更有效地保障这部分老年人的隐私。

3.1.2.2 设施内老年人生活行为的总体特征

为了研究普遍意义上的老年人的生活特征，本节将把三家设施的数据进行汇总，统计三家设施全体195位老年人的生活行为时间比。可以看出，老年人在设施照料体制及管理规范的约束下，还尽力展开较为多样的日常生活行为（图3-3）：

为满足生存基本需要的睡眠、饮食、家务等生活"必需行为"占39.4%，发呆无

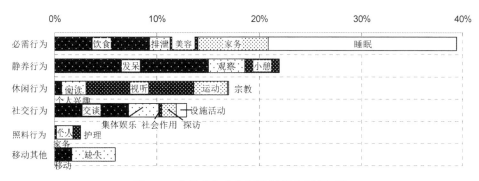

图3-3 全体老年人各项生活行为时间配比

为、小憩的"静养行为"占22.1%,特别是发呆无为行为(7.38次,15.0%)为老年人清醒时发生最多的小项行为。这充分说明了入住设施的老年人日常生活仅为满足基础上的必需,生活相对单调、消极。

看电视、听广播(5.15次,10.5%)为老年人的最主要的"休闲行为",而个人自由发展方向的休闲行为内容占用的时间相应较少,表现在阅读书报杂志(1.17次,2.4%)、运动锻炼(1.60次,3.3%)、从事个人兴趣爱好活动(0.36次,0.7%)、宗教信仰(0.05次,0.1%)的行为较少。交谈(3.59次,7.3%)为老年人最主要的"社交行为",对促进老年人人际交往、保持社会性有重要作用。另外,自发性的集体娱乐(1.41次,2.9%)以及参与设施开展的各项社交休闲活动(0.49次,1.0%)也较多,说明老年人对于带有休闲娱乐性质的社交活动,还是抱有很强的参与意识的。但是,对于帮助其他老年人或服务员、参与设施管理等发挥老年人社会作用的行为(0.17次,0.3%)则很少,社会参与率还是比较低的。

接受"照料行为"为所有大项行为最少的,仅占2.6%。其中,以满足基本生活所必需的饮食、美容、如厕、移动等个人照料(0.76次,1.6%)为最多,而护理照料(0.41次,0.8%)、家务协作(0.09次,0.2%)、医疗照料、心理安慰等满足老年人高层次需求的照料行为则很少。数据遗失(2.13次,4.3%)主要是因部分老年人在居室时关上门,使得调查员无法观察到老年人的情况,这也反映了老年人对自身隐私的注重程度。同时,低于5%的数据缺失率也说明了,调查研究有较强的严密性和参考价值。

总之,在设施内入住的老年人以生活必需行为(39.4%)和安静休养行为(22.1%)较多。老年人的休闲(17.0%)及社交行为(12.9%)以看电视为主,其次为交谈和运动锻炼,而个人兴趣发展的娱乐及社交行为较少,社会参与性一般。并且,虽部分老年人需要接受个人照料和护理照料,但绝大多数老年人只需要设施方提供的家务协作。设施入住老年人的生活方式单一,生活品质不高。

这样的调查结果,与国外研究入住设施老年人的"必需行为"较少(24%~28%),而休闲社交行为时间较多,呈现较大的差异(Gottesman & Bourestom, 1974; Gillian, 2002)。此现象可能与国外设施以单双人间为主,提供居室专属餐厨空间、小型会客空间且鼓励老年人参加设施活动有关,因此老年人进行自主性休闲活动的时间比高。反观中国的设施受限于人力因素,在活动安排方面,集体活动时间多集中于某个固定时段、某一个楼层,活动类型、活动场所缺少选择性以及单元共用空间未能提供相关休闲、社交环境与设备的情况下,一般老年人离开居室参与休闲社交活动的意愿都不高,反而喜欢待在床上睡觉、整理床柜或发呆无为。

3.1.3 不同身心机能老年人的生活行为特征

综合比较三家设施195位不同身心机能属性的老年人各小项行为发生频率(表

3-4)以及各大类行为发生的频率(图3-4),总结各类型组群别老年人的日常生活行为内容特点如下:

表3-4　三家设施老年人日常生活行为发生频率分析　　　单位:次

大分类	小分类	类型 I n=102人		类型 II n=48人		类型 III n=45人		三组群平均 n=195人	
		平均次数	百分比	平均次数	百分比	平均次数	百分比	平均次数	百分比
A. 必需行为	A1. 饮食	4.96	10.1%	4.90	10.0%	3.29	6.7%	4.56	9.3%
	A2. 如厕	1.06	2.2%	1.23	2.5%	0.58	1.2%	0.99	2.0%
	A3. 美容	1.58	3.2%	1.46	3.0%	0.67	1.4%	1.34	2.7%
	A4. 家务	4.40	9.0%	3.19	6.5%	1.20	2.4%	3.36	6.9%
	A5. 睡眠	5.75	11.7%	9.94	20.3%	15.58	31.8%	9.05	18.5%
	小计	17.75	36.2%	20.71	42.3%	21.31	43.5%	19.30	39.4%
B. 静养行为	B1. 发呆	4.55	9.3%	8.15	16.6%	12.93	26.4%	7.37	15.0%
	B2. 观察	1.58	3.2%	2.04	4.2%	1.93	3.9%	1.77	3.6%
	B3. 小憩	1.37	2.8%	1.92	3.9%	2.04	4.2%	1.66	3.4%
	小计	7.50	15.3%	12.10	24.7%	16.91	34.5%	10.81	22.1%
C. 休闲行为	C1. 个人兴趣	0.57	1.2%	0.23	0.5%	0.02	0.0%	0.36	0.7%
	C2. 阅读	1.55	3.2%	0.94	1.9%	0.58	1.2%	1.17	2.4%
	C3. 视听	6.08	12.4%	4.79	9.8%	3.44	7.0%	5.15	10.5%
	C4. 运动	2.13	4.3%	1.15	2.3%	0.87	1.8%	1.59	3.3%
	C5. 宗教	0.06	0.1%	0.06	0.1%	0.02	0.0%	0.05	0.1%
	小计	10.38	21.2%	7.17	14.6%	4.93	10.1%	8.33	17.0%
D. 社交行为	D1. 交谈	5.05	10.3%	2.48	5.1%	1.47	3.0%	3.59	7.3%
	D2. 集体娱乐	2.18	4.4%	1.06	2.2%	0.04	0.1%	1.41	2.9%
	D3. 社会作用	0.30	0.6%	0.00	0.0%	0.04	0.1%	0.17	0.3%
	D4. 探访	0.62	1.3%	0.69	1.4%	0.82	1.7%	0.68	1.4%
	D5. 设施活动	0.90	1.8%	0.06	0.1%	0.00	0.0%	0.49	1.0%
	小计	9.05	18.5%	4.29	8.8%	2.38	4.9%	6.34	12.9%

续　表

大分类	小分类	类型 I n=102人		类型 II n=48人		类型 III n=45人		三组群平均 n=195人	
		平均次数	百分比	平均次数	百分比	平均次数	百分比	平均次数	百分比
E. 照料行为	E1. 家务协助	0.01	0.0%	0.21	0.4%	0.13	0.3%	0.09	0.2%
	E2. 个人照料	0.05	0.1%	0.75	1.6%	2.39	4.9%	0.76	1.6%
	E3. 护理照料	0.37	0.8%	0.63	1.3%	0.24	0.5%	0.41	0.8%
	E4. 医疗照料	0.00	0.0%	0.00	0.0%	0.00	0.0%	0.00	0.0%
	小计	0.43	0.9%	1.58	3.2%	2.78	5.7%	1.26	2.6%
F. 移动其他	F1. 移动	1.30	2.7%	0.50	1.0%	0.16	0.3%	0.84	1.7%
	F2. 缺失	2.59	5.3%	2.65	5.4%	0.53	1.1%	2.13	4.3%
	小计	3.89	7.9%	3.15	6.4%	0.69	1.4%	2.97	6.1%
	合计	49.00	100%	49.00	100%	49.00	100%	49.00	100%

身心机能较强的102位类型 I 老年人日常生活行为发生频度以视听行为（6.08次，12.4%）、睡眠行为（5.75次，11.7%）、交谈行为（5.05次，10.3%）位居各小项行为频度的前三位。该类型老年人自主积极地安排自己的日常生活，休闲娱乐、社交行为更为多样丰富，大多数能够进行自我照料。

身心机能一般的48位类型 II 老年人日常生活行为发生频度以睡眠行为（9.94次，20.3%）、发呆行为（8.15次，16.6%）、饮食行为（4.90次，10.0%）位居各小项行为频度的前三位。该类型老年人相较于类型 I 老年人，用于"休闲行为"与"社交行为"的时间则明显减少，且以居室内看电视等相对消极娱乐为主，个人兴趣、交谈、集体娱乐、运动等积极的行为皆较少。

身心机能较弱的45位类型 III 老年人日常生活行为发生频度以睡眠行为（15.58次，31.8%）、发呆行为（12.93次，26.4%）、视听行为（3.44次，7.0%）位居各小项行为频度的前三位。该类型老年人大部分时间就是用餐、接受简单医疗服务或者静养发呆，很多基本的生活必需行为，如用餐、如厕、盥洗等等都需要依靠护

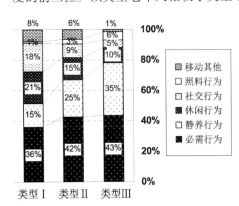

图3-4　不同身心机能属性老年人各大类行为比例

理员的帮助才能完成。

　　类型Ⅰ老年人到类型Ⅲ老年人，随着身心机能衰退，因生理性需求增加，导致如就餐、睡眠、休息等"必需行为"的增加，以往很多能够自主进行的事情，变得需要护理员或别人的帮助才能进行，用于接受各种护理的"照料行为"的时间明显增加。另一方面，闲暇时的个人兴趣、交谈、集体娱乐、运动等比较积极的行为"休闲、社交行为"时间也逐步转变为发呆、观察别人、小憩等消极的、个人的"静养行为"的时间。"移动其他"的发生频率也随老年人身心机能的衰退而减少。

3.2　老年人的行为分布空间

　　图 3-5—图 3-7 为三家设施六个楼层 195 位不同身心机能属性老年人的生活行为空间场所分布情况[1]。它可以反映出设施内老年人一日中生活行为的空间分布广度以及不同行为类型的空间分布特征。调查旨在对设施内老年人的行为空间分布规律（包括不同身心机能老年人之间的差异）进行探究，并将结果与居家老年人的行为空间分布规律进行比较，为设施提供如家一般的空间条件准备基本资料。

3.2.1　各设施老年人的生活行为空间分布

3.2.1.1　W设施

　　如图 3-5 所示，W设施以类型Ⅰ老年人的行为分布最广，拓展到设施外；类型Ⅱ老年人行为限定在单元内部；而类型Ⅲ老年人的各项行为则主要集中在个人空间，较少地拓展到单元共用空间。

　　"必需行为"主要发生在居室内部（特别是个人空间），但作为生活重要构成的饮食行为则受设施管理制度及入住老年人的身心属性不同而发生在不同的空间层次：类型Ⅰ老年人早餐在单元共用空间进行，午餐、晚餐在设施公共空间进行；类型Ⅱ老年人则被允许在单元公用空间就餐；类型Ⅲ老年人受身心机能所限则多在个人空间就餐。而作为生活另一重要构成的洗浴行为也受设施管理制度所限，必须在单元共用的浴室里进行。"静养行为"大多发生在个人空间，随着身心机能衰

---

[1] 某项行为在某一空间的发生次数=观察到的该行为发生在该空间的次数/总观察到的行为次数，如W设施35位类型Ⅰ老年人的饮食行为发生在个人空间的次数的平均值=W设施类型Ⅰ的老年人的饮食行为发生在个人空间的次数之和/（49次/人×35人）=0.40次。

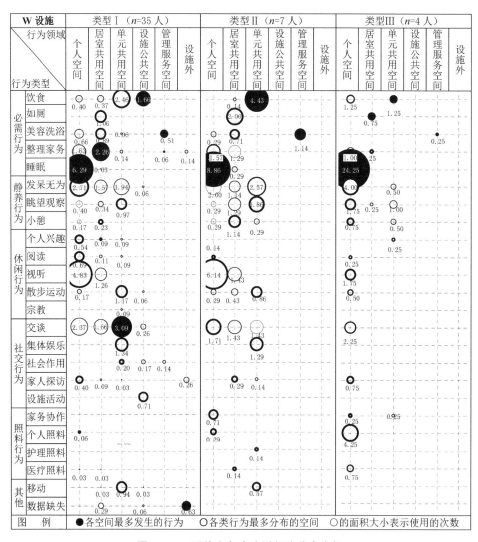

图3-5　W设施老年人生活行为分布空间

退，相对消极的发呆无为、小憩的静养行为增加且缩小到个人空间，而相对积极的观察行为在单元共用空间则发生得较多。"休闲行为"中相对静态的个人兴趣、阅读、视听等行为主要发生在个人空间，而动态的散步、健身则较多发生在单元共用的走廊、阳台，较少拓展到设施公共空间及设施外。特别是类型Ⅲ老年人受移动能力及照料情况所限，一般只能在个人的床位边做简单的健身操来锻炼。"社交行为"的空间分布情况受老年人自身的身心机能影响较大：类型Ⅰ老年人主要在单元共用的活动厅下棋，在设施公共空间参加设施活动，交谈、社会作用、家人探访等行为则分布在各空间层次中。而类型Ⅱ老年人除下棋主要在单元共用活动厅进行外，其他的休闲行为则主要限定在居室内。而类型Ⅲ老年人交谈和家人探访的社交行为，则完全限制在个人空间。随着身心机能的衰退，老年人的"照料行为"逐步增加，并逐渐限定在个人空间；移动行为则逐步减少，其分布空间也由走廊缩小到居室内。

W设施老年人的生活行为分布更多地受到设施空间、管理制度的影响。特别是日常生活重要构成的饮食行为拓展到了设施公共空间，与居家生活差异较大。由于W设施的单元共用空间面积较大，且设施公共空间没有相应的活动支持，使得类型Ⅰ、Ⅱ老年人的休闲、社交行为较多在单元共用空间的活动厅进行，而极少向设施公共空间拓展。

3.2.1.2　H设施

如图3-6所示，H设施以类型Ⅰ老年人的行为分布最广，拓展到设施外；类型Ⅱ老年人行为相较W设施较多地拓展到了设施公共空间；而类型Ⅲ老年人的各项行为则主要集中在个人空间和居室共用空间，居室外的行为分布很少。

"必需行为"主要发生在居室内部（特别是个人空间），饮食行为的空间分布随着老年人身心机能的衰退逐渐由单元共用空间缩小个人空间。类型Ⅰ老年人的洗脸、洗衣服、洗碗等美容及家务行为则拓展到单元共用的水房、厨房空间，这说明现有居室的功能空间有限，不能满足类型Ⅰ老年人其多样化的需求。"静养行为"大多发生在个人空间，随着身心机能衰退，发呆无为、小憩的静养行为增加且缩小到个人空间。"休闲行为"的个人兴趣、阅读、视听等静态行为不限于在个人空间发生，也较多地发生在居室共用空间，这可能和H设施在居室设有写字台，提供相应的娱乐空间有关。另外，类型Ⅰ老年人的阅读行为甚至延伸设施公共空间的阅读室。"社交行为"的空间分布情况受老年人自身的身心机能影响较大，类型Ⅰ老年人主要在单元共用的谈话角落交谈，在设施公共空间的棋牌室打牌或其他活动室参加设施活动。类型Ⅱ、Ⅲ老年人社交活动的主要发生在个人空间。随着身心机能的衰退，老年人的"照料行为"逐步增加，并逐渐限定在个人空间。移动行为则逐步减少，其分布空间也由走廊缩小到居室内。

H设施中生活必需行为多在个人空间，与W设施不同，由于没有强制性的饮食场所规定，随着身心机能的衰退，老年人选择单元共用空间作为就餐场所的比例逐渐下降，这与调查中的感受是一致的。另外，由于H设施提供了设施公共的棋牌室、阅读室、放映厅等休闲娱乐功能的活动空间，而单元共用空间相对贫瘠，使得类型Ⅰ、Ⅱ老年人的休闲、社交行为主要集中在设施公共空间而非单元共用空间。

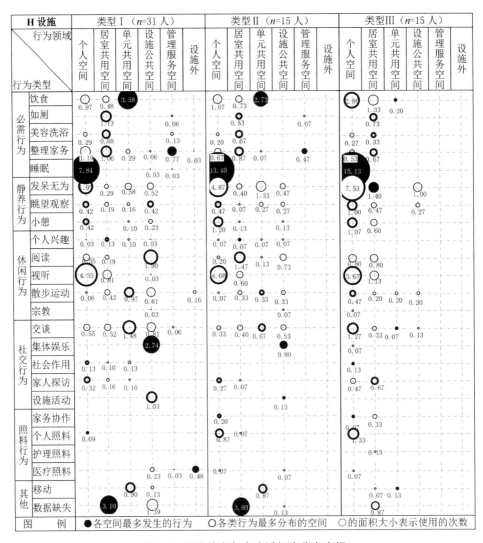

图3-6　H设施老年人生活行为分布空间

3.2.1.3　Y设施

如图3-7所示，Y设施以类型Ⅰ老年人的行为分布最广，并较多地拓展到设施外；类型Ⅱ老年人行为主要发生在单元内部，较少地拓展到设施公共空间；而类型Ⅲ老年人的各项行为则主要集中在个人空间和居室共用空间，居室外的行为分布极少。

"必需行为"主要发生在居室内部（特别是个人空间），由于设施规定在居室内就餐，与W、H设施不同，在饮食行为的空间分布上各类型老年人无显著不同。另

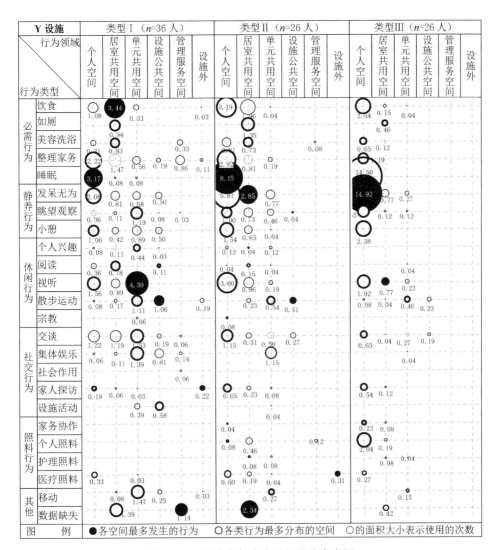

图3-7　Y设施老年人生活行为分布空间

外,同H设施类似,由于Y设施的居室多为4人间以上,因此居室的卫浴空间不能满足老年人基本的功能需求,使得类型Ⅰ、Ⅱ老年人的洗脸、洗衣服、洗碗等美容及家务行为向单元共用的盥洗室、开水房拓展。"静养行为"大多发生在个人空间,随着身心机能衰退,发呆无为、小憩的静养行为增加且缩小到个人空间。"休闲行为"的个人兴趣、阅读、视听等静态行为除发生在个人空间外,也较多地分布在居室共用空间,这与Y设施个人的床位空间面积较小有关。与W、H设施明显不同的是,由于单元活动室内设置了电视机,使得类型Ⅰ老年人的视听行为最多发生在单元共用空间的活动室内。并且,Y设施各类型老年人的散步、健身行为显著拓展到了设施公共空间,推测这是因为Y设施拥有面积大且可达性好的屋顶平台和花园。"社交行为"的空间分布情况受老年人自身的身心机能影响较大,类型Ⅰ、Ⅱ老年人主要在单元共用的谈话角落及活动室交谈、下棋。类型Ⅲ老年人的社交活动主要发生在个人空间。随着身心机能的衰退,老年人的"照料行为"逐步增加,并逐渐限定在个人空间,移动行为则逐步减少。

由于设施规定居室内进餐,因此,Y设施老年人的生活必需行为基本限定在居室内,但由于4人共用居室卫生间,类型Ⅰ、Ⅱ老年人不得不将部分家务行为拓展到单元共用空间。Y设施提供了单元共用的、设有棋牌桌、电视机的活动室和谈话角落,因此,休闲、社交行为(特别是视听行为)主要发生在单元共用空间。由于设施公共的活动室、花园、屋顶平台等较W设施丰富,因此,也有部分休闲社交行为拓展到设施公共空间。

3.2.2 老年人的行为分布特征

3.2.2.1 不同设施老年人行为分布的比较

由图3-5—图3-7可知,在相同的设施整体环境下,身心机能较强的老年人普遍比身心机能较弱的老年人的生活行为发生领域更加向外拓展,"居室外滞留"比例更高。总体趋势而言,三家设施老年人的各类行为主要发生在居室内的个人空间及居室共用空间。不同点是:

必需、静养行为:就餐行为方面,W、H设施有餐厅吃饭的规定,因此老年人餐饮就餐行为之发生的领域明显比Y设施领域更广,部分就餐行为拓展到了设施公共空间。美容、家务行为因居室内空间有限也有延伸到单元共用空间的倾向(H、Y)。

休闲、社交行为:W设施单元共用空间最为宽敞且可达性较好,使得各类型老年人在单元的活动厅、谈话角落等场所的下棋、交谈、锻炼等休闲、社交行为非常多样。而H设施的休闲、社交行为与W、Y相比更多地发生在设施公共空间,此种趋势对于类型Ⅱ、Ⅲ则不明显,表明对于活动能力较好的老年人,齐备的公共娱乐设施、多样的活动组织能促使他们的娱乐行为向外扩展。由于Y设施在单元共用空间设有电视机,因此Y设施的老年人更多地在公共空间视听娱乐,而H、W设施由于仅在居室内有电视,所以在床位视听、娱乐的比例突出。

3.2.2.2 设施内老年人行为分布的总体特征

统计三家设施全体195位老年人的各小项生活行为的空间分布图(图3-8),有如下特征:

在行为的空间分布比方面,老年人日常行为分布以居室空间最多(占73.2%),

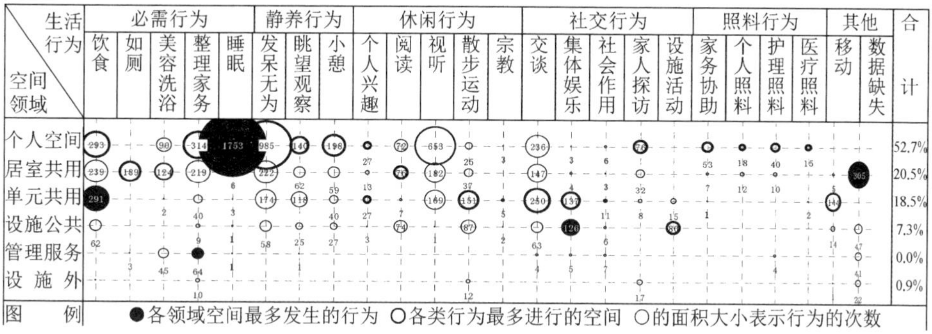

生活行为＼空间领域	必需行为					静养行为			休闲行为					社交行为					照料行为				其他		合计
	饮食	如厕	美容洗浴	整理家务	睡眠	发呆无为	眺望观察	小憩	个人兴趣	阅读	视听	散步运动	宗教	交谈	集体娱乐	社会作用	家人探访	设施活动	家务协助	个人照料	护理照料	医疗照料	移动	数据缺失	
个人空间	293		90	314	1753	985	14	196		72	653			236											52.7%
居室共用	239	189		219		222			27		182	26		147					53	18	40	16	305		20.5%
单元共用	291			174		89					160			240	153	32									18.5%
设施公共										24					120			50							7.3%
管理服务	62			64		58																			0.0%
设施外			45						40				12			17						41		22	0.9%
图例	●各领域空间最多发生的行为　○各类行为最多进行的空间　○的面积大小表示行为的次数																								

图 3-8　老年人生活行为的空间分布图

并以个人床位区(私密空间)最高(占 52.7%)。与国外研究结果居室内约 50% 的滞留率(Gillian, 2002; Anne et al., 1996; 梁金石等, 1994; 橘弘志, 1988)相比,中国老年人在居室内的活动时间较长。考虑这与国外在居住单元内提供的沙发、电视、书籍、茶座等相应的休闲家具与设备较多有关,也与国外护理员鼓励老年人走出居室与他人接触有关。

在行为的空间分布方面,"必需行为""静养行为""照料行为"基本在居室内完成,但饮食、洗浴、家务、盥洗等行为还要以集团共同进行的方式,按照设施要求在单元共用或设施公共空间内进行,生活行为流线较长带来使用上的不便。而反映日常生活丰富程度的"休闲行为""社交行为"则分布在各个空间。其中相对被动的、个人的行为,如阅读、视听、家人探访等以居室内居多;而主动的、积极的个人兴趣、交谈、散步、集体娱乐、社会作用等行为则在单元共用空间发生较多可见,单元共用空间的设计对老年人生活品质有着重要影响;在设施公共空间发生频率最多的则是集体娱乐、设施活动等社交行为。

3.2.3　不同身心机能老年人的行为分布特征

综合比较三家设施 195 位不同身心机能属性的老年人的日常活动领域与行为状态特征,可以看出活动领域和利用行为因个人身心条件的差别而呈现出显著不同,如图 3-9 所示。

类型 I 老年人的身心机能比较好,生活领域最广,由居室向单元、设施层级逐渐扩散,个别老年人甚至拓展至设施外,各个空间领域的滞留率比较平均。居室内除了必需行为外,也有较多的休闲娱乐、社交等行为;居室外部空间被广泛、多样地利用,其中以休闲、社交行为居多。"必需行为"从个人领域向公共空间的衰减过程和领域理论的推论吻合得比较好,"社交、休闲行为"向居室外拓展显著。

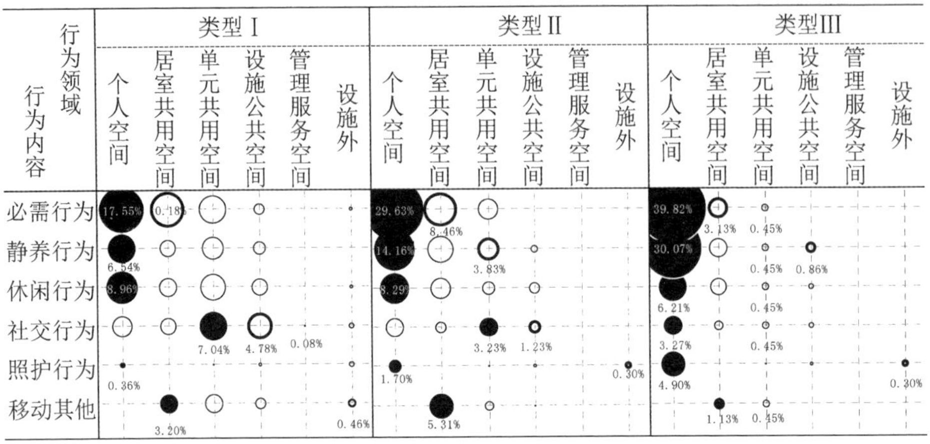

行为领域 行为内容	类型 I					类型 II					类型 III				
	个人空间	居室共用空间	单元共用空间	设施公共空间	管理服务空间	设施外	个人空间	居室共用空间	单元共用空间	设施公共空间	管理服务空间	设施外	个人空间	居室共用空间	单元共用空间	设施公共空间	管理服务空间	设施外
必需行为	17.55%	0.18%					29.63%						39.82%	3.13%	0.45%			
静养行为	6.54%						14.16%	8.46%		3.83%			30.07%		0.45%	0.86%		
休闲行为	8.96%						8.29%						6.21%					
社交行为			7.04%	4.78%	0.08%				3.23%	1.23%			3.27%		0.45%			
照护行为	0.36%						1.70%				0.30%		4.90%					0.30%
移动其他			3.20%		0.46%				5.31%				1.13%	0.45%				

图3-9　不同身心机能老年人的行为分布空间

类型 II 老年人的活动领域较类型 I 略小，空间上则局限在个人居室之内；其"社交行为"仍然以公共空间为主，但与类型 I 老人相比则局限于自己所居住的单元之中，但是"静养行为"发生在公共空间的比例却有所上升，说明类型 II 老人仍然期望和社会交流，但由于语言、思维能力等身体机能的限制无法支持足够的"社交行为"。

类型 III 老年人身心机能最弱、活动领域较小，基本局限在个人床位附近。除设施规定在居室外进行的三餐、洗浴等必需行为外，很少在居室外活动。通过笔者与老年人的个别交谈可以发现他们对个人空间的大小、家具配置的关注较大，同时对管理环境有一定要求，但对生活行为较少拓展到的公共空间基本没有需求。

3.3　老年人的生活作息与活动轨迹

3.3.1　各设施老年人的生活作息与活动轨迹

图3-10—图3-15分别为 W、H、Y 设施六个单元入住老年人从早6：30到晚18：30，共计12小时的一日中的生活作息图[1]和活动轨迹图[2]。调查旨在对老年人在设施中一日的生活作息（包括不同身心机能老年人之间的差异）进行探究，并将结果

---

[1] 图中横轴代表时间，纵轴表示为各项行为在所在时间点的比例关系。它可以反映出设施内老年人一日中的连续12小时的生活行为的时间分布及与建筑空间、管理制度环境的互动关系。

[2] 图中横轴代表时间，纵轴表示为设施的各空间层级。它可以反映出设施内老年人一日中的连续12小时的活动轨迹的时间分布及与建筑空间、管理制度环境的互动关系。

与居家老人的生活作息进行比较,为设施入住老年人提供更加适合老年人生活习惯的作息安排而准备基础资料。

3.3.1.1 W设施

W3楼层为介护单元,在就餐时间段,老年人的必需行为达到一日中的最高比例,活动轨迹也统一聚集到单元活动厅或是2F的公共餐厅。在就餐的等待过程中,老年人的交谈行为也明显增加。下午15:00后,单元为统一的洗澡时间,老年人的活动轨迹都停留在浴室或浴室外的沙发角落,在等待洗澡前和洗澡后,老年人停止了阅读、视听、兴趣等娱乐行为,但等待过程中老年人间的交谈行为明显增加。

W4楼层为介助单元,在就餐时间段,老年人的必需行为几乎达到了100%,活动轨迹也集中移动到2F的大餐厅,单元内没有老年人滞留。在就餐前后的等待过程中老年人的交谈行为也明显增加,而基本不被利用的2F的健身器材也在这个时段被等候的老年人加以利用。上午8:30设施组织有活动能力的老年人在1F做健身操,大多数老年人都能响应号召参加设施活动,将活动轨迹拓展到设施公共空间。同时,该时间段的发呆无为等行为骤减,特别是在做操前后老年人聚集起来,自然而然地促成了交谈、共同健身、逛花园等休闲社交行为的产生。在活动轨迹上,W4较W3频繁,集中体现为老年人在不同领域间穿越的密集程度,另外,W4会统一到其他的楼层吃晚饭(11:00—11:30,17:00—17:30),呈现集体移动的状态。

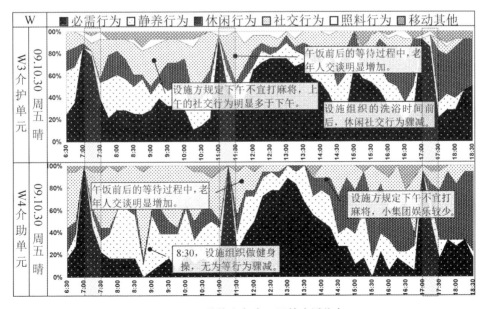

图3-10 W设施老年人一日的生活作息

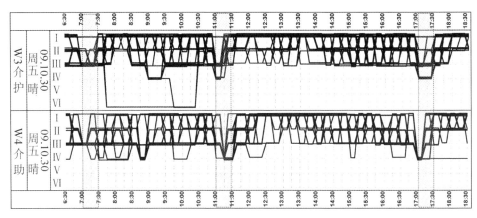

图3-11　W设施老年人一日的活动轨迹

　　总的来说，W设施对一日的作息有明确规定，老年人一般都能够按照设施时间表安排自己的生活作息，生活行为内容、活动轨迹受设施安排的影响较为明显。例如，下午由于设施规定不宜下棋而休闲社交行为减少；就餐规定在2F的餐厅，而在就餐前后时间段产生的集体移动以及健身厅的利用等现象。

3.3.1.2　H设施

　　H5楼层为介护单元，H5的老年人因身心机能较弱，就餐需要别人辅助而护理员人手有限，因此部分老年人需要等候就餐，就餐时间、睡眠时间不能完全遵循设施方的统一规定。老年人也较少地参加设施组织的各类活动，因此全天均以必需行为及静养行为居多。H5的老年人比较集中地停留在个人空间中，有部分老年人比较活跃，行为拓展到设施公共空间中，这部分行为在上午闲暇时段比较频繁，在经历午休这段稍微平静的时刻后活动领域又再次丰富起来。

　　H3楼层为介助单元，老年人身心比较健康，能够几乎一致性地遵循设施三餐、午睡时间的规定。在规定的时间表以外，老年人一般都按照自己的生活习惯、兴趣爱好而自主地安排作息，自由组织下棋等集体娱乐，或参加感兴趣的设施活动。上、下午的闲暇时段比较均衡地进行各项休闲社交活动，在睡前静态的视听行为剧增，使晚间的休闲社交行为的比例达到最高。H3老人的行为的分布空间更加均衡，从个人到设施公共空间均有相当大的比重。

　　总的来说，H设施对一日的作息有明确规定，老年人一般都能够按照设施时间表安排自己的生活作息、活动轨迹，相对W设施受设施制度限制得更少。例如，H设施对下棋、看电影等没有特别的制度规定，因此下午时间段的休闲社交行为丰富，移动频繁。

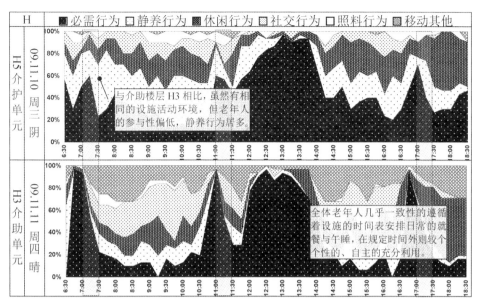

图3-12　H设施老年人一日的生活作息

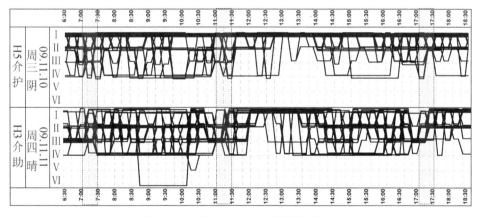

图3-13　H设施老年人一日的活动轨迹

3.3.1.3　Y设施

Yr2楼层为介护单元，老年人身心较弱，设施方又没有针对性的安排其相适应的活动，因此，全天的睡眠、发呆、照料行为都比较多，即便是精力相对充沛的上午也以发呆、发呆行为最多；下午更是以睡眠等必需行为居多。Yr2的活动轨迹基本局限在个人空间，个人空间到其他领域间的移动转换相对很少。

Yd2楼层为介助单元，部分精力旺盛的老年人在午睡时间也会在活动室内下棋、看电视，设施规定的18∶00休息时间之后，没有睡意的老年人也会在活动室内交谈、看电视,能够按照自己的作息习惯安排活动。即便是就餐时间段,Yd2中必需行为的极值均未超过80%,说明老年人并不完全按照设施规定进行生活作息的安排。Yd2中的活动轨迹幅度较大,少数老人甚至跨越6个领域层次,在7:30—11:15之间,老人在单元公共空间的比例甚至高于个人空间,全天的活动轨迹的移动较为频繁,并且集体移动的现象很少。

总的来说,Y设施对一日的作息有明确规定,老年人一般都能够按照设施时间表安排自己的生活作息、活动轨迹,但总体的自由度较其他两个设施更高。另外介

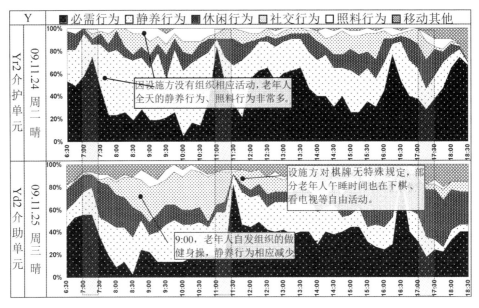

图3-14　Y设施老年人一日的生活作息

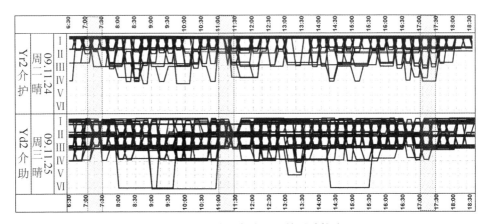

图3-15　Y设施老年人一日的活动轨迹

助楼层与介护楼层入住的老年人的生活作息差别明显。例如,在就餐、午睡时间段,Yd2 的入住老年人仍然自由地进行其他的休闲、娱乐活动;而 Yr2 的入住老年人则受照料者无暇分身所限,无法及时就餐。由于管理制度较宽松,入住者并不是完全按照设施规定的时间、场所,集体安排生活行为、集体移动。

3.3.2　老年人的生活作息特征

3.3.2.1　不同设施老年人生活作息的比较

本研究调查的三家设施都有明确的、相对严格的作息时间表,这也是国内养老设施的普遍情况(各设施的管理政策及活动作息安排详见 2.4.2)。

如图 3-10、图 3-12、图 3-14 所示,介助楼层(W4、H3、Yd2)的老年人大都能够按照作息时间表安排自己的一日作息,参加设施的活动;并在设施作息表之外,自由地安排个人时间在设施的各个场所进行丰富的休闲娱乐活动。而介护楼层(W3、H5、Yr2)的老年人则不能完全遵循设施指定的作息表;在设施作息表之外,个人活动也多以居室内的静养活动居多。就餐前后、设施活动前后的时间,老年人聚集一起容易滋生交谈等社交行为,另外三个设施中均发现上午的社交行为更丰富。W 设施和 H 设施的社交行为均被午休时间的必需行为分开,Y 设施的两个单元则均能持续进行。六个调查单元中,显著社交行为体现在 W4 单元的 7∶00—11∶00 和 Yd2 单元的 8∶00—11∶30。

如图 3-11、图 3-13、图 3-15 所示,调查发现设施中的活动轨迹的幅度范围、转换频率与所在设施的建筑空间结构、管理制度以及老人个人身心机能有关。例如,W 设施的轨迹幅度、转换频率均较小,并且在午晚餐时间段出现明显的集体移动,这与其提供的休闲娱乐活动安排较少,就餐时间地点安排较严格有很大关系,呈现明显的集体化作息现象。另外,介护楼层老年人的活动轨迹幅度较小、转换频率较低,且以居室空间和单元公共空间的联系为主;而介助楼层老年人的活动轨迹幅度较广、转换频率较高,且在各个空间层次上移动。

可见,设施的空间安排越多样(H 设施)、活动组织越丰富(H 设施)、管理制度越宽松(Y 设施),老年人生活作息越丰富、自主,反之老年人的生活作息就会受设施限制,呈现一致的作息安排和集体的活动轨迹。而介护楼层的老年人受设施活动安排的影响却不大,生活作息不能完全按照设施方的安排进行,活动轨迹幅度小,这也这说明设施作息、活动安排没有切实地适应身心机能较弱老年人特殊的身心特征与生活模式。

3.3.2.2　设施内老年人生活作息的总体特征

全体老年人的生活作息如图 3-16 所示。出于设施管理的需要,许多"必需行为""照料行为"都有相对固定的发生时间;如三餐时间(7∶00、11∶00、17∶00)、午睡、晚睡时间以及护理员提供护理照料等服务的时间等。"必需行为"发生的固定时

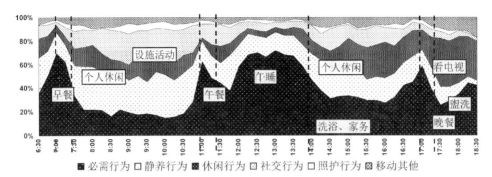

图3-16 设施内入住的老年人一日的生活作息表

间成为老年人作息、娱乐的时间节点；而"照料行为"发生的固定时间成为护理员作息、工作的时间节点。"休闲、社交行为"中的个人兴趣、阅读、下棋、打牌等自主性行为多发生在上午时段，这与老年人上午相对精神状态较好有关，也受设施方规定的影响（如W设施要求下午不可进行棋牌活动）；而设施活动的集体体操、看电影、学书法等则在设施规定的时间内进行，与设施管理制度关系最为密切。

总之，设施入住老年人的饮食、睡眠等生活作息以及个人休闲、社交行为的内容性质及时间安排等，需要配合设施作息制度来调整，无形中受到设施的规范与限制，成机械划一的模式，缺乏自主与自由，这与陈铁夫（2008）年的研究结果一致。

3.3.3 不同身心老年人的生活作息特征

图3-17、图3-18分别为三家设施共195位不同身心机能老年人的，类型Ⅰ、类型Ⅱ、类型Ⅲ老年人的一日生活作息及活动轨迹比较，可以进一步总结出各类型组群别老年人的生活作息特点：

类型Ⅰ的老年人基本以一日三餐时间作为一日生活作息的分割、转换点，基本上能够按照设施管理方的规定进行三餐及午休；该类型老年人上午时间精力较为充沛，能够活跃地参与设施活动和集体娱乐生活，下午特别是晚上则以视听等娱乐为主，交谈等社交行为在全天都比较活跃。类型Ⅱ的老年人基本上也能够按照设施方的规定进行三餐及午休，上下午的活动安排比较均衡，但在设施活动开展的时间段内社交、休闲活动的参与性并不高。类型Ⅲ的老年人受不同的生理、心理病症所限，睡眠、就餐等行为不能完全按照设施方的规定进行作息安排，个体间差别较大，照料的时间也贯穿全天。总体来看，类型Ⅱ、Ⅲ老年人全天的发呆无为行为都比较明显，即便是在精力相对充沛、设施活动较多的上午时间发呆无为行为也很多，说明设施管理方组织的活动没有很好地针对类型Ⅱ、Ⅲ老年人的身心特征；设施方应有效

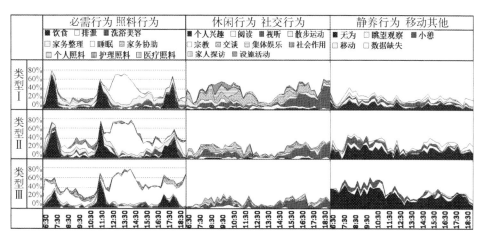

图3-17　不同身心机能老年人一日的生活作息

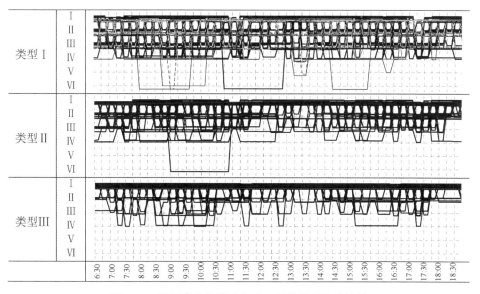

图3-18　不同身心机能老年人一日的活动轨迹比较

地利用上午时间,组织一些康复、娱乐活动,以丰富该类型老年人的闲暇生活。

　　所调查的设施中,老人身体机能越差,活动轨迹变化越少,拓展幅度越小,越集中在个人床位空间;类型 I 老年人的活动轨迹变化频繁,并不限于某一类空间,类型 II 仅有个别老年人行为拓展至设施外,与之对应类型 I 老年人的案例数则较多。类型III老年人则基本以床位为主。三个类型的空间拓展都显示上午比下午多,一般在11:30左右发生明显变化,类型 I 老人在午饭时间后拓展范围迅速恢复,类型 II、III老人则要到14:00后才有小幅恢复。

3.4　老年人的生活类型

　　作为本书调查的直接成果之一，基于上述三节的数据分析和结合老年人的个人属性，研究归纳出老年人的生活行为类型和活动领域类型，作为解释养老设施中生活场景的一种维度来定性地建构相互渗透的"人—环境"系统。在传统的设施空间理解中，人的属性仅仅按照身体的健康状况进行分类，没有考虑到其个性特征、经济社会条件等因素；从研究设计的角度而言，也的确很难将不同层面的因素加以复合。因此，本研究所采取的从现实生活状态进行归类的方法，利用归纳性而非解析、演绎性的技术建立设施内老年人的类型，就回避了跨范畴整合的理论难题，从对整合结果的梳理入手最大程度地考虑老年人的不同个人属性。当然，本研究在讨论过程中也力图解释不同老年人类型背后的个人因素影响程度，为以后进行量化的类型归纳提供实证基础。

3.4.1　老年人的生活行为类型

　　生活行为类型化主要将老年人日常实际进行"必需行为""静养行为""休闲行为""社交行为""照料行为"及"其他行为"的时间比转化成三轴次图。由于"必需行为"及接受"照料行为"是老年人维持基本生活的行为，将二者统一为一个轴次；"休闲行为"及"社交行为"反映了老年人日常生活的丰富程度，统一为一个轴次；而"静养行为"及"其他行为"[1]与上述行为差异较大，统一为一个轴次。最后，依据落点在三轴次图上的位置所显示的时间比重予以分群及命名。老年人生活行为类型的划分，主要的依据是老年人的各大项行为的发生时间，所体现的是个人行为的时间分布状态。

　　图3-19为生活行为类型化的结果，依据时间比值特征，归纳出"生活必需型""休闲社交型""安静休养型""充实型""均衡型"等五种类型。如必需照料行为，或休闲社交行为，或静养其他行为的时间比达50%，则分别以"生活必需型""休闲社交型""安静休养型"称之；如果必需照料行为与休闲社交行为的活动时间比值相当，但静养其他行为的时间达30%以上，则称为"均衡型"，或静养其他行为的时间未达30%，则称为"充实型"。

　　现举例说明五种不同生活行为类型的老年人一天中的行为时间流程，如表3-5所示。

---

[1] 由于调查时个别老年人将居室门关闭，统计时将无法观察到的其在居室内的行为默认为其他行为，这会造成"静养及其他行为"的轴次上数据偏高，"安静休养型"偏多。

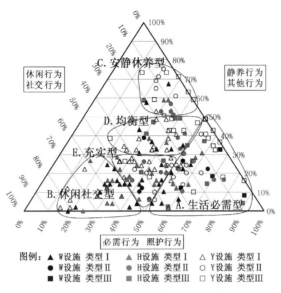

图 3-19　全体老年人的行为类型化

3.4.1.1　生活必需型

日常生活所有行为中睡眠、饮食、家务等生活必需行为以及接受喂饭、护理等照料行为的比例在 50% 以上的，称为"生活必需型"。此类型的老年人最多，W 设施 13 人、H 设施 17 人、Y 设施 29 人，共计 59 人。其中必需行为时间约占 35%～72%，而休闲行为时间仅为 2%～30%。

Yr2-23 为其典型，91 岁，类型Ⅲ的女性老年人，巴氏量表重度依赖，稍有失智症状，能自行吃饭、穿衣、如厕，日常活动多以助行器辅助步行。睡觉、饮食、如厕、盥洗、接受照料等行为时间所占比率高达 69.4%，其余将近三成的时间多为发呆、交谈、看电视等静态行为。

3.4.1.2　休闲社交型

休闲社交行为占所有行为的 50% 以上，称为"休闲社交型"。W 设施 12 人、H 设施 9 人、Y 设施 8 人，共计 29 人。其特征为必需行为占 14%～44%，休闲、社交行为共占 51%～84%，进行自主性休闲行为的时间高于看电视或参加设施活动等由设施所主导的活动。

W4-14 为其典型，88 岁，类型Ⅰ的女性老年人，巴氏量表轻度依赖，无失智症状，生活基本完全自理。必需行为时间仅占 26%，闲暇时间的利用非常自主且多元化，如在床位边看电视、交谈，在单元内散步、下棋、交谈等，共计自主性休闲社交行为比率达 63%。

表3-5 老年人的生活行为类型示例

生活类型	属性	行为	时间轴（6:30—18:30）主要活动	W	H	Y	合计	百分比	定义
生活必需型	Yr2-23 女 类型III 重有痴呆 稍有痴呆 专护	必需行为	家务、发呆、睡觉、发呆、发呆	13人	17人	29人	59人	69.4%	必需、照料行为的时间比达50%以上
		静养行为						18.4%	
		休闲行为	看电视					2.0%	
		社交行为	探访					6.1%	
		照料行为	喂饭、喂饭					4.1%	
		移动其他						0.0%	
休闲社交型	W4-14 女 类型I 轻度依赖 无痴呆 一级护理	必需行为	早餐、午餐、睡觉、整容	12人	9人	8人	29人	26.5%	休闲、社交行为的时间比达50%以上
		静养行为	小憩					0.2%	
		休闲行为	看电视					18.4%	
		社交行为	散步、活动室聊天、活动室打牌、走廊聊天、坐床上与室友聊天					44.9%	
		照料行为						0.0%	
		移动其他						0.0%	
安静休养型	Yr2-16 女 类型III 中度依赖 明显痴呆 一级护理	必需行为	早餐、午餐、睡觉、发呆	3人	7人	14人	24人	24.5%	静养、移动其他行为的时间比达50%以上
		静养行为	无为、无为、散步					57.1%	
		休闲行为	看电视					14.3%	
		社交行为	家人探访					2.0%	
		照料行为						0.0%	
		移动其他						2.0%	
充实型	H3-01 男 类型I 轻度依赖 无痴呆 一级护理	必需行为	早餐、小憩、午餐、家务	10人	20人	17人	47人	40.8%	必需照料与休闲社交行为的比值相当，但静养其他行为时间未达30%
		静养行为	外出诊疗					6.1%	
		休闲行为	读报、看电视、活动室组织的看电影活动					20.4%	
		社交行为	参加设施组织座谈会、活动室聊天、参加设施组织的看电影活动					24.5%	
		照料行为						8.2%	
		移动其他						0.0%	
均衡型	Yd2-22 女 类型I 轻度依赖 无痴呆 一级护理	必需行为	午餐、家务、整容	8人	8人	20人	36人	34.7%	必需照料与休闲社交行为的比值相当，静养其他行为时间达30%以上
		静养行为	无为、散步					34.7%	
		休闲行为	读报、看电视					20.4%	
		社交行为	聊天					8.2%	
		照料行为						2.0%	
		移动其他						0.0%	

3.4.1.3　安静休养型 [1]

日常生活行为中发呆无为、打瞌睡、观景观察等静态行为比例为50%以上的,称为"安静休养型"。W设施3人、H设施7人、Y设施14人,共计24人。其特征为必需行为占20%～37%,休闲、社交行为共仅占0%～24%,日常生活的闲暇时间多一个人的静态度过,对休闲、社交活动都表现得不积极,通常个人无为、发呆的时间很长,约占18%～58%。

Yr2-16为其典型,97岁,类型Ⅲ的女性老年人,巴氏量表中度依赖,有明显的失智症状。必需行为时间仅占25%,由于认知障碍,其发呆无为、打瞌睡、观望别人等静养行为占所有行为的59%,特别是发呆无为行为高达43%。

3.4.1.4　充实型

必需照料与休闲社交行为的比值相当,但静养其他行为的时间未达30%,称为"充实型"。W设施10人、H设施20人、Y设施17人,共计47人。其特征为必需行为占24%～49%,休闲、社交行为共占22%～49%,活动内容比较多元。睡眠时间普遍集中于午休时段,注重穿着仪容及床铺环境整洁是该类型老年人在"必需行为"方面的共同特征。在"休闲行为"及"社交行为"方面,除了看电视外,亦从事晒太阳、阅报、交谈、散步运动等自主性活动。

H3-01为其典型,85岁,类型Ⅰ的男性老年人,巴氏量表轻度依赖,无失智症状。其日常生活中用餐、如厕、睡眠等必需行为时间约占40.8%;44.9%的休闲行为时间中以从事自主性休闲行为,如阅读报纸、打太极、下棋、散步走动及交谈等行为居多,有时还会帮忙推送行动不便的老年人打饭等,个性开朗乐观。

3.4.1.5　均衡型

必需照料与休闲社交行为的比例相当,静养其他行为的时间达30%以上的,称为"均衡型"。W设施8人、H设施8人、Y设施20人,共计36人。其特征为必需行为占24%～49%,休闲、社交行为共占10%～44%,静养行为占31%～49%,各类行为比较均衡。其休闲、社交行为以静态的视听居多,静养行为中发呆无为、观察行为较多。

Yd2-22为其典型,104岁,类型Ⅰ的女性老年人,巴氏量表轻度依赖,无失智症状。必需行为、静养行为、社交及休闲行为各占1/3,由于年龄很大,其发呆无为、打瞌睡等静养行为较多,休闲社交行为也主要是视听、交谈等简单的静态行为为主。

---

[1] 参见P55注释[1],W3-02、H3-23、H3-28、H3-29、H3-30、H3-31、Yd2-03、Yd2-04等8人由于其在居室内的数据部分缺失较多,而将其默认为安静休养型。

3.4.2　老年人的活动领域类型

　　活动领域类型化主要将老年人日常活动领域的"个人空间""居室共用空间""单元共用空间""设施公共空间""服务管理空间"及"设施外空间"的时间比转化成三轴次图。将六个空间领域转化居室空间(个人空间、居室共用空间)、单元共用空间、设施公共空间(设施公共空间、服务管理空间、设施外空间)等三个轴次。最后,依据落点在三轴次图上的位置所显示的时间比重予以分群及命名。老年人活动领域类型的划分,主要的依据是其主要行为的发生地点,所体现的是个人行为的空间分布状态。

　　图3-20为活动领域类型化的结果,依据时间比值特征,归纳出"床位型""居室型""单元活动型""设施活动型""均衡型"等五种类型。如老年人在个人空间(床位)滞留的时间比达70%,则为"床位型";如在居室内滞留的时间比达70%,但在床位滞留的时间比未达70%,则为"居室型";在单元共用空间滞留的时间比达30%以上的,则为"单元活动型";除上述三者之外,在设施公用空间滞留的时间比达30%以上的,为"设施活动型";如未达30%的,则为"均衡型"。

　　现举例说明五种不同活动领域类型的老年人一天中的活动场所移动,如表3-6所示。

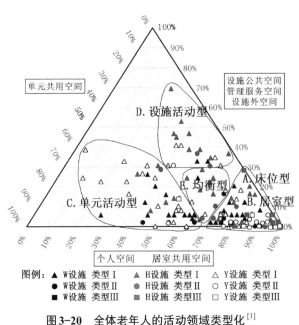

图3-20　全体老年人的活动领域类型化[1]

---

[1] A.床位型与B.居室型无法在图上明确区分出来,主要由笔者根据定义分别归纳出来。

表 3-6　老年人的活动领域类型示例

类型	属性	活动领域（6:30~18:30 时间分布图）	各设施人数（W／H／Y／合计）	定义	滞留时间比
床位型	W3-05　女／类型Ⅰ／轻度依赖／无痴呆／一级护理	个人／居室共用／单元共用／设施公共／管理服务／设施外	W 7人／H 19人／Y 37人／合计 63人	个人空间（床位）滞留的时间比达 70%以上	71.4%／12.2%／16.3%／0.0%／0.0%
居室型	H3-02　男／类型Ⅱ／中度依赖／无痴呆／一级护理	个人／居室共用／单元共用／设施公共／管理服务／设施外	W 16人／H 16人／Y 21人／合计 53人	在居室内滞留的时间比达 70%，但在床位滞留的时间比未达 70%	53.1%／18.4%／28.6%／0.0%／0.0%
单元活动型	Yd2-32　女／类型Ⅰ／轻度依赖／无痴呆／一级护理	个人／居室共用／单元共用／设施公共／管理服务／设施外	W 18人／H 7人／Y 26人／合计 51人	在单元共用空间滞留的时间比达 30%以上	12.2%／26.5%／55.1%／6.1%／0.0%／0.0%
设施活动型	H5-24　女／类型Ⅰ／轻度依赖／无痴呆／二级护理	个人／居室共用／单元共用／设施公共／管理服务／设施外	W 2人／H 12人／Y 1人／合计 15人	在前三者之外，在设施公用空间的时间比达 30%以上	16.3%／18.4%／12.2%／53.1%／0.0%／0.0%
均衡型	W4-13　女／类型Ⅰ／轻度依赖／无痴呆／三级护理	个人／居室共用／单元共用／设施公共／管理服务／设施外	W 3人／H 7人／Y 3人／合计 13人	在前三者之外，在设施公用空间滞留的时间比未达 30%	18.4%／36.7%／20.4%／22.4%／2.0%／0.0%

3.4.2.1 床位型

个人空间(床位)滞留的时间比达70%以上,称为"床位型"。此类型的老年人最多,W设施7人、H设施19人、Y设施37人,共计63人。此类型的老年人约70%～100%的时间待在床位及其周边,除了躺在床上睡觉、看电视、听广播外,也有亲密朋友之间的闲聊。

W3-05为其典型,类型Ⅰ的女性老年人,巴氏量表轻度依赖,无失智症状。除了睡觉之外,在床位边也进行用餐、吃点心等饮食行为及看电视、读报、交谈等休闲社交行为,在自己床位时间的比率高达71%,较少行为在单元共用及设施公共空间进行。

3.4.2.2 居室型

在居室内滞留的时间比达70%,但在床位滞留的时间比未达70%,称为"居室型"。W设施16人、H设施16人、Y设施21人,共计53人。此类型的老年人除了约36%～64%的时间在床位边外,另外约有15%～20%的时间活动扩及自己居室或友人居室。

H3-02为其典型,类型Ⅱ的男性老年人,巴氏量表中度依赖,无失智症状,腿脚不便,利用助步器移动。除了三餐外,几乎不外出居室到外面,待在居室内的时间共计71.5%(个人空间53.1%、居室共用空间18.4%)。除了睡觉之外,在床位边进行吃点心及听收音机、小憩、交谈等行为;除了如厕盥洗外,也会在居室共用空间的书桌旁读报、写字等休闲行为。

3.4.2.3 单元活动型

在单元共用空间滞留的时间比达30%以上,称为"活动单元型"。W设施18人、H设施7人、Y设施26人,共计51人。约有30%～80%的时间在居住楼层的单元共用空间活动,主要行为是在走廊或阳台来回散步、在活动室下棋、交谈、观望等。

Yd2-32为其典型,类型Ⅰ的女性老年人,巴氏量表轻度依赖,无失智症状。除了睡觉、用餐、如厕外,其他时间几乎在单元共用空间度过,时间比率高达55.1%。除在单元共用进行盥洗等少量必需行为外,大多数时间在活动室内进行看电视、交谈、打牌等休闲娱乐行为。

3.4.2.4 设施活动型

前三者之外,在设施公共空间滞留的时间比达30%以上,称为"设施活动型"。W设施2人、H设施12人、Y设施1人,共计15人。其不受限于所属的居住空间,除了外出散步、门诊外,其活动范围延伸到设施各个活动室、入口大厅、花园等公共性空间。此类型的老年人待在居室的时间约40%～50%,而在公共性空间的行为主要有参加设施组织的各类活动、在书画室看报纸、在棋牌室打牌、交谈等。

H5-24 为其典型,类型 I 的女性老年人,巴氏量表轻度依赖,无失智症状。仅有 34.7% 的时间待在居室。其余时间几乎在设施公共空间度过,时间比率高达 53.1%。积极参加设施在公共空间组织的各类活动,如去书画室学书法、去台球室打台球、去电影放映室看电影等,同时会到一楼的花园等室外公共空间散步、交谈。

3.4.2.5　均衡型

前三者之外,在设施公共空间滞留的时间比未达 30%,称为"均衡型"。W 设施 3 人、H 设施 7 人、Y 设施 3 人,共计 13 人。此类型的老年人待在居室的时间在 70% 以下,其余时间一半待在单元共用空间,一半待在设施公共空间。

W4-13 为其典型,类型 I 的女性老年人,巴氏量表轻度依赖,无失智症状。根据生活作息安排灵活的利用设施空间,在单元共用(22.4%)和设施公共空间(22.4%)时间比较均衡。例如,在单元共用空间下棋、交谈、观望;在公共空间用餐、参加设施组织的做操;偶尔还会去设施管理空间帮忙摘菜。

3.4.3　老年人的生活类型特征

本节将考察在三家设施之中各种类型老年人的分布情况(图 3-21)。尽管不同设施入住老年人的情况差别很大,难以在同一起点上进行全面比较,不过这些数据仍能给我们理解老年人的生活世界带来很大助益。

W 设施以"休闲社交型"—"单元活动型"(15%)最多,其次是"安静休养型"—"居室型"(13%),"生活必需型"—"床位型"也有相当的比例(11%)。W 设施的单元共用空间面积较大且全面开敞,因此"单元活动型"老年人比例较高;单元活动老年人的休闲、社交行为也相对活跃。另外,W 设施中的老年人设施利用情况分化严重,这也印证了笔者在调查过程中所模糊感到的设施中的隐形社会圈子的存在;由于 W 设施空间层次较少,仅有少数老年人构成的几个生活圈子会自发地使用公共空间,其余老年人则平时只生活在自己的居室之内。

H 设施以"生活必需型"—"床位型"(16%)最多,其次是"休闲社交型"—"设施活动型"(11%)。H 设施开办的时间比较长,老人的自然老化造成其重度依赖的老人占很大比例。由于不同功能的活动室处于不同楼层,被界定为设施的一部分,健康老年人跨层活动的概率较高,造成了"设施活动型"比例的显著。

Y 设施以"生活必需型"—"床位型"(25%)最多,其次是"充实型"—"单元活动型"(10%)。和 H 设施相似,W 设施开办的时间也比较久,因此老人身体条件的自然老化造成其重度依赖的老人占很大比例。不过由于所调查的单元具有一个和室外平台相联系的活动室,是老人们很喜欢去的场所,这也就是为什么"单元活动型"比例较高的原因。

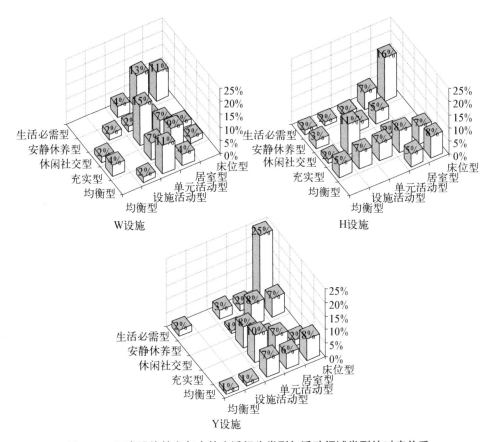

图3-21　三家设施的老年人的生活行为类型与活动领域类型的对应关系

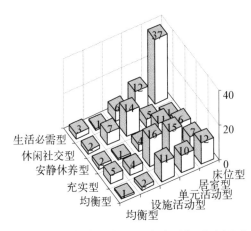

图3-22　老年人的生活行为类型与活动领域
　　　　类型的对应关系

总体来看,老年人的生活行为类型以"生活必需型"最多,活动领域类型以"床位型"最多,体现了老年人生活行为单调、活动领域受限的特点。进一步将老年人生活行为与活动领域类型化的结果进行交叉分析,可以了解设施入住的老年人生活行为类型与活动领域类型的对应关系(图3-22)。研究发现,在行为类型和领域类型中,老年人以"生活必需型"—"床位型"最多(37人),其次是"充实型"—"单元活动型"(16人),再次是"充实型"—"居室型"(15人)。

可以看出,老年人的活动领域与生活行为有一定的联系。床位型的老年人被大量定义为生活必需型,显示床位空间支持的生活功能不够丰富;居室型、单元活动型对应的行为类型分布全面。另外,安静休养型的老年人领域比较分散,显示他们的行为不拘于空间;休闲社交型老年人的领域分布则更喜欢待在居室外的公共空间中;而充实型与均衡型老年人则更多地选择了在居室、单元内活动。可见,拓展老年人的行为领域范围,促使老年人更多的滞留在单元共用空间、设施公共空间,有利于老年人休闲社交行为的发生。

老年人的设施生活类型是动态的、不断变化的,这些类型分布状况的讨论也仅对具体设施时才有意义,因此分类工作的目的不在于为当下养老设施提供研究唯一工具。研究者希望借此推动对老年人的空间生活的理论性关注,使政府、民间投资者和建筑师在关注规范所提供的枯燥数字背后所蕴含的多样生活,这些都能够帮助社会提高老年人生活质量。更进一步,这种质量的提高不仅仅是简单的、语言表述出来的愿望的满足,发掘老年人自己或许尚没有明确感知到的空间生活愿望,才是面对老年福利事业的积极态度。

3.4.4　不同身心机能老年人的生活类型特征

本节将考察不同身心机能老年人的生活行为类型与活动领域类型的对应关系(图 3-23)。

类型 I 老年人在行为类型方面为"休闲社交型""充实型"到"均衡型"依次递减,活动领域类型则大部分为"单元活动型"和"居室型"。该类型老年人的生活类型结构比较多元、各个类型都有分布;老年人的休闲社交行为非常活跃,设施应更多地提供多样、丰富的娱乐活动,以满足老年人丰富闲暇生活的需求;该类老年人对单元共用空间、设施公共空间都比较偏爱,应充实设施公共空间的面积,提供更加多样的机能与配套设施。

类型 II 老年人在行为类型方面为"生活必须型""安静休养型"到"充实型"依次递减,活动领域类型则大部分为"床位型""居室型"和"单元活动型"。该类型老年人的生活类型结构明显减少;"休闲社交型"老年人向"安静休养型"过渡,设施应提供更为缓和的、静态的娱乐活动以及一定的康复活动以满足老年人行为类型转变的需求;"设施活动型""单元活动型"都较类型 I 老年人有所减少,居室、单元内部空间的设计水平直接影响着该类型老年人居住的舒适性。

类型 III 老年人在行为类型方面为"生活必需型""均衡型"到"安静休养型"依次递减,活动领域类型则集中为"床位型""居室型"。该类型老年人的生活类型结构非常少;"生活必需型"老年人占了半数以上,如何在保障该类型老年人基本生活必需的同时,丰富闲暇生活,创造更为积极的生活方式显得非常重要;居室内部空

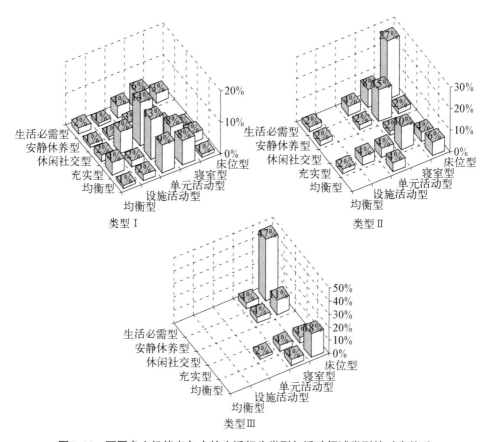

图3-23　不同身心机能老年人的生活行为类型与活动领域类型的对应关系

间,特别是床位区是该类型老年人的主要滞留空间,直接影响着该类型老年人的居住舒适性。

3.5　老年人日常生活的影响因素

笔者认为,在老年人的日常生活中,休闲社交行为不仅反映了老年人日常生活的丰富程度,更对老年人的身心健康具有重要的促进作用。它是衡量一个老年人生活品质高低与否的一个重要指标。了解并改善休闲社交行为的影响因素,有利于提高入住设施老年人的生活品质。因此,研究拟以老年人的"休闲社交行为时间比"作为老年人生活品质的衡量标准。

环境影响因素的划分上,如第2章所述,个人环境因素有性别、年龄、身心机能水平、自理程度、认知程度等。而设施的生活环境则分为物质环境因素的单元内活

动空间数目、居室到活动空间的距离、居室类型、床的位置等,以及管理运营、社会
关系环境因素的所属单元属性、用餐方式、居室护理方式、护理级别、活动厅有无电
视等。

3.5.1　数量化理论 I 类模型

在分析老年人的休闲社交行为时,其影响因素以定性数据居多,而最后获得的
数学模型又必须是能够用数字表达的,所以本研究采用数量化理论 I 类对采集的
195 位老年人的休闲社交行为时间比的数据进行分析建模。数量化理论 I 类解决了
定性因子定量化的问题,定性地分析了设施环境的各影响因素对老年人的休闲社交
行为这一客观现象的影响程度以及改变这些因素可能带来的休闲社交行为时间比
的改变。数量化理论 I 类的模型方程如下:

3.5.1.1　项目与类目

项目:指数量化理论中的说明变量,即本研究中的性别、身心机能水平等影
响因素。在项目的选择上,为了使模型的结果更加准确,要避免多重共线性[1]的
发生。故对项目(说明变量)进行筛选,通过计算分析将自理程度、认知程度、单
元内活动空间数目、居室护理方式、护理级别、活动厅有无电视等项目剔除[2]。最
后,数量化理论 I 类所分析的项目(说明变数)如表 3-7 所示,经检验无多重共线
性的发生。

表 3-7　数量化理论 I 类所分析的项目

个人环境因素	管理、社会环境因素	物质环境因素
性别 *** 年龄 身心机能水平 **	单元属性 * 用餐方式	居室到活动空间的距离 居室类型 床的位置

注:*进行全体老年人的分析时,剔除单元属性项目,避免多重共线性;
　　**进行不同身心机能老年人的分析时,剔除身心机能水平项目;
　　***进行类型Ⅲ老年人的分析时,剔除性别项目,避免多重共线性。

3.5.1.2　反应矩阵

如果某个问题考察了 m 个项目 $x_1, x_2, \cdots, x_m$,第 j 个项目又设 r_j 个类目 $x_{j1}, x_{j2}, \cdots, x_{jr}$,

---

[1] 所谓多重共线性(multicollinearity)是指线性回归模型中的解释变量之间由于存在精确相关关系或
　　高度相关关系而使模型估计失真或难以估计准确。
[2] 将说明变数之间进行相关性分析,若说明变数相互之间相关值高的时候,需要消去一个变数。

那么总共有 $\sum_{j=1}^{m} r_j = p$ 个类目。以此得到 n 个样本,将 n 个样本的观察值排成 $n \times p$ 阶矩阵 $[\delta_i(j,k)] n \times m$。其中 $\delta_i(j,k)$ 是第 i 个样本在第 j 个项目的第 k 个类目上的反应值,该值按如下法则确定:

$$\delta_i(j,k) = \begin{cases} 1 & \text{当第 } i \text{ 样品中 } j \text{ 项目的定性数据为 } k \text{ 类目时,} \\ 0 & \text{否则} \end{cases}$$

这样的矩阵称为反应矩阵 X。

3.5.1.3 数学模型及解法

利用 Matlab 解 b,下面说明每个项目单独对基准变量的贡献:

程序代码:

```
for   i=1: m+1
    for   j=1: m+1
        for   t=1: 195
s(i,j)=s(i,j)+(a(i,t)-mean(a(i,:)))*(a(j,t)-mean(a(j,:)));
end
end
end
```

3.5.1.4 预测精度

由于数量化理论 I 与回归分析基本相同,复相关系数与偏相关系数仍然分别是衡量预测精度与各项目对预测贡献大小的重要统计量。

进行预测时的精度,可用样本复相关系数 r(即 $\hat{y}$ 与 y 之间的样本相关系数 $r_{\hat{y}y}$)来衡量,其值愈大,精度愈高。它可按下式来计算:

$$r = \frac{\sigma_{\hat{y}}}{\sigma_y} = \sqrt{\frac{\sum_{i=1}^{n}(\hat{y}_i - \overline{y})^2}{\sum_{i=1}^{n}(y_i - \overline{y})^2}}$$

衡量预测精度的另一个指标是剩余均方:

$$\sum_{i=1}^{n}(y_i - \hat{y}_i)^2 \bigg/ (n-m-1)$$

在数量化理论 I 中,将每个项目视为一个变量,为了计算偏相关系数,将

$$x_i^{(j)} = \sum_{k=1}^{r_j} \delta_i(j,k)\hat{b}_{jk}, i = 1, 2, \cdots, n; j = 1, 2, \cdots, m$$

看作是第 i 个样本在第 j 个项目上的定量数据,这样可以求得项目与项目、项目与因变量之间的简单相关系数,并得到相关矩阵 **R**。然后可以求得因变量与第 j 个项目的偏相关系数:

$$\rho_{y, u \cdot 1, 2, \cdots, u-1, u+1, \cdots, m} = \frac{-r^{um+1}}{\sqrt{r^{uu}r^{m+1m+1}}}$$

范围(range):几个项目中的最大得分值和最小得分值之差,表示了自变量对因变量贡献的大小,也就是该因子的重要程度。得分范围大对因变量的影响亦大,反之,得分范围小的对因变量影响亦小,为了直观起见,按得分范围的数值可算出各项目的相对范围百分比 rate,即各项目总的得分去除各项目的得分:

$$\text{range}(j) = \max_{1 \le k \le r_j} \hat{b}_{jk} - \min_{1 \le k \le r_j} \hat{b}_{jk}, \ j = 1, 2, \cdots, m$$

$$\text{rate}(j) = \text{range}(j) \Big/ \sum_{j=1}^{m} \text{range}(j), \ j = 1, 2, \cdots, m$$

3.5.2　计算结果分析

数量化理论 I 的计算结果如表 3-8 所示,样本复相关系数为 0.592,结果表明,休闲社交行为时间比与所筛选的 7 个项目之间的线性相关程度比较密切[1]。在说明变量对外基准影响力的大小结果上,偏相关系数与 Range 得到的排序结果一致,说明该分析结果是可靠的。在最终的分析报告上,本书采用比较通用的 Range 的影响力排序结果;项目的 Range 值越大,对外基准的影响力越大。现将各项目按预测得到的影响力大小进行顺位排序比较检讨,具体如图 3-24 所示。

个人环境中的"身心机能水平",这是休闲社交行为时间的第一大影响力因素。类型 I 为正向的影响力,而类型 II、III 为负向的影响力。这说明老年人进行休闲社交行为的时间比例及生活的丰富程度,很大程度受限于身心机能水平。老年人身心

---

[1]　进行全体老年人的分析时,为了避免多重共线现象,剔除单元属性项目。

表3-8 外基准为休闲社交行为时间比的数量化理论Ⅰ类分析计算结果

分 析 名		休闲社交行为时间比		
例 数		195		
项 目		7		
类 目		22		
样本复相关系数 r		0.592		
		范围 Range	排序	偏相关系数 r	排序
分析的项目（Item）	身心机能	0.204 1	1	0.419 4	1
	性 别	0.026 6	6	0.069 9	6
	年 龄	0.080 1	2	0.165 3	2
	居室到活动空间的距离	0.067 4	3	0.138 5	3
	居室类型	0.037 9	4	0.081 8	4
	床的位置	0.014 4	7	0.042 9	7
	用餐方式	0.027 2	5	0.070 5	5

注: 进行全体老年人的分析时,为了避免多重共线现象,剔除单元属性项目。

机能水平越弱,休闲社交行为时间越少,这与行为观察所调查数据的分析结果是一致的。"年龄"为第二位影响因素,并且年龄越小正向影响力越强,年龄越大负向影响力越强,这与"身心机能水平"的结果类似。"性别"为第六的影响因子,其中女性的正向影响力较强,男性的影响力为负值。

物质空间环境也有着非常重要的影响力。其中重要因素是"居室到活动空间的距离",随着居室到活动空间的距离增大,对休闲社交行为的正向影响力逐渐减少,如距离到20米以上,甚至会产生负向的影响;居室离活动空间越远,老年人离开居室到活动空间参加休闲、社交活动的可能性越低,因此休闲社交行为的时间也就越少。这说明受老年人移动能力所限,与活动空间的人均面积、数目[1]相比,活动空间的可达性直接影响着老年人对活动空间的利用情况,进而影响老年人的生活品质。其次重要因素是"居室类型",三四人间为正向影响力,而五人间及其以上为负值;居室的人数如果过多,就会对老年人的休闲社交行为呈负向影响。而"床的位置"这一因素的影响力较小。

管理社会环境中的"用餐方式"是第五位的影响因素。单元内餐厅和设施大餐

---

[1] 在数量化理论Ⅰ类的数据计算中,活动空间的人均面积、数目的计算值非常小可以忽略,予以剔除。

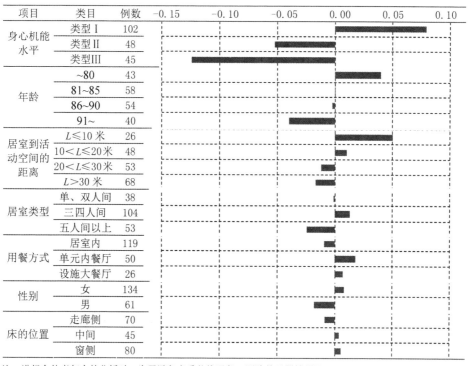

项目	类目	例数	-0.15	-0.10	-0.05	0.00	0.05	0.10
身心机能水平	类型 I	102						
	类型 II	48						
	类型III	45						
年龄	~80	43						
	81~85	58						
	86~90	54						
	91~	40						
居室到活动空间的距离	L≤10 米	26						
	10<L≤20 米	48						
	20<L≤30 米	53						
	L>30 米	68						
居室类型	单、双人间	38						
	三四人间	104						
	五人间以上	53						
用餐方式	居室内	119						
	单元内餐厅	50						
	设施大餐厅	26						
性别	女	134						
	男	61						
床的位置	走廊侧	70						
	中间	45						
	窗侧	80						

注：进行全体老年人的分析时，为了避免多重共线现象，剔除单元属性项目。

图 3-24　各项目的影响力大小排序

厅用餐是正向值，而居室用餐则是负向值。这可能与老年人在居室外用餐前后的等待过程中，会进行聊天、锻炼等社交活动有关，也与选择居室外用餐的老年人身心机能较强，休闲社交行为较为活跃有关。

3.5.3　不同身心机能老年人的影响因素分析

由上一小节的数据分析结果可知，身心机能水平是影响老年人在设施生活行为的最主要影响因素，这也和行为观察得到的结果一致。因此，有必要对不同身心机能老年人的休闲社交行为比进行具体的数量化理论 I 类分析，以探讨不同身心机能老年人生活行为的影响因素。

不同身心机能老年人的休闲社交时间比的数量化理论 I 类的计算结果如表3-9所示，结果的样本复相关系数依次为0.415、0.593、0.653；结果表明，休闲社交行为时间比与所筛选的7(6)个项目[1]之间的线性相关程度比较密切；并且在身心机

---

[1] 在项目的选择上，为避免多重共线性的发生，剔除类型III老年人休闲社交时间比分析中的"性别"项目。

能较弱的类型Ⅱ、Ⅲ老年人的影响上更为明显。在说明变量对外基准影响力的大小结果上，偏相关系数与Range得到的排序结果比较一致，说明该计算结果是可靠的。在最终的分析报告上，本书采用比较通用的Range的影响力排序结果，Range值较大的项目，对外基准的影响力越大，具体如图3-25所示。

表3-9　不同身心机能老年人的休闲社交时间比的数量化理论Ⅰ类分析计算结果

分析名	类型Ⅰ				类型Ⅱ				类型Ⅲ			
例　　数	102				48				45			
项　　目	7				7				6			
类　　目	22				21				19			
复相关系数r	0.415				0.593				0.653			
	范围 Range	排序	偏相关 系数r	排序	范围 Range	排序	偏相关 系数r	排序	范围 Range	排序	偏相关 系数r	排序
性　　别	0.034 9	(5)	0.092 7	(5)	0.069 9	(4)	0.249 9	(3)	—	—	—	—
年　　龄	0.170 2	(1)	0.290 8	(1)	0.133 4	(1)	0.443 5	(1)	0.059 7	(6)	0.191 0	(6)
居室到活动空间距离	0.108 3	(2)	0.249 0	(2)	0.126 3	(2)	0.305 2	(2)	0.118 3	(4)	0.288 2	(4)
居室类型	0.018 7	(7)	0.027 8	(7)	0.078 4	(3)	0.235 9	(5)	0.274 5	(1)	0.544 6	(1)
床的位置	0.031 7	(6)	0.086 5	(6)	0.066 0	(5)	0.220 9	(6)	0.087 1	(5)	0.298 8	(3)
用餐方式	0.044 9	(4)	0.112 5	(4)	0.061 5	(6)	0.249 0	(4)	0.143 0	(3)	0.232 3	(5)
单元属性	0.070 6	(3)	0.191 4	(3)	0.036 7	(7)	0.139 0	(7)	0.202 4	(2)	0.490 4	(2)

注：进行类型Ⅲ老年人的分析时，为了避免多重共线现象，剔除性别项目。

类型Ⅰ老年人，影响最高的前三位项目依次是"年龄""居室到活动空间的距离""单元属性"。类型Ⅱ，影响最高的前三位项目依次是"年龄""居室到活动空间的距离""居室类型"。类型Ⅲ老年人，影响最高的前三位项目依次是"居室类型""单元属性""用餐方式"。各个项目对于不同身心机能老年人的影响力有较大差别；随着老年人身心机能的衰退，各项目对于老年人的影响力逐渐增强，主要影响因素也由"个人环境""物质空间环境"逐渐转换为"管理社会环境"；具体分析如下：

首先，物质空间环境有着非常重要的影响力。最重要因素是"居室到活动空间

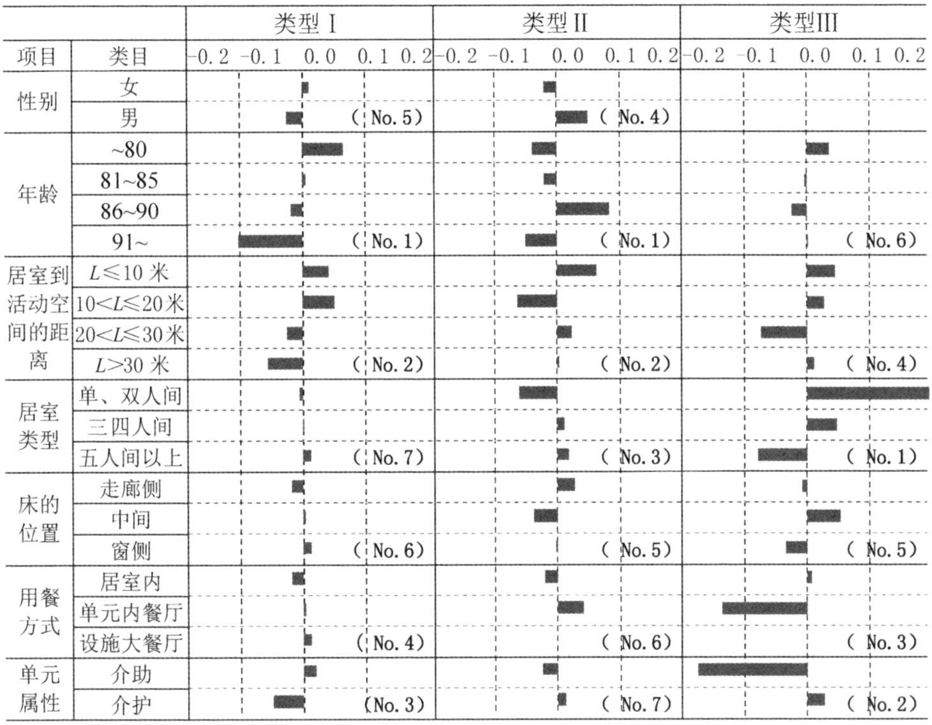

项目	类目	类型 I (-0.2 -0.1 0.0 0.1 0.2)	类型 II (-0.2 -0.1 0.0 0.1 0.2)	类型 III (-0.2 -0.1 0.0 0.1 0.2)
性别	女			
	男	(No.5)	(No.4)	
年龄	~80			
	81~85			
	86~90			
	91~	(No.1)	(No.1)	(No.6)
居室到活动空间的距离	L≤10 米			
	10<L≤20 米			
	20<L≤30 米			
	L>30 米	(No.2)	(No.2)	(No.4)
居室类型	单、双人间			
	三四人间			
	五人间以上	(No.7)	(No.3)	(No.1)
床的位置	走廊侧			
	中间			
	窗侧	(No.6)	(No.5)	(No.5)
用餐方式	居室内			
	单元内餐厅			
	设施大餐厅	(No.4)	(No.6)	(No.3)
单元属性	介助			
	介护	(No.3)	(No.7)	(No.2)

注：进行类型 III 老年人的分析时，为了避免多重共线现象，剔除性别项目。

图 3-25　外基准为休闲社交行为时间比的数量化理论 I 类分析结果

的距离"，它对所有类型的老年人都有较大的影响（分别为第二、第二、第四影响因子）；一般随着居室到活动空间的距离增大，对休闲社交行为的正向影响力逐渐减少。由于类型 III 的老年人以居室活动为主，因此受活动空间可达性的影响较小；而类型 I、II 的老年人有更强烈的居室外休闲社交活动的需求，活动空间的可达性就显得更加重要。"居室类型"方面，类型 II、III 老年人受其影响非常明显（分别为第三、第一影响因素）；考虑这与老年人身心机能较弱，移动较为不便，更愿意在居室内活动，因此居室类型对其生活的影响更大有关。对于类型 II 老年人，相较于单双人间，多人间同住者的交流更为方便与多元，因此对休闲社交行为有正向影响力。而类型 III 老年人对居室环境的功能性需求较高，而交往性需求较低；居室人数越多，人均面积、使用功能、隐私保障越差；因此，居室人数越少，对类型 III 老年人的休闲社交行为越产生正向影响力；同时，"居室类型"也成为类型 III 老年人社交休闲行为的最大影响因素。"床的位置"对各个类型老年人的影响都比较小。

管理社会环境中的"单元属性"有较大的影响力。分别为类型 I、III 老年人的第三、第二影响因素：类型 I 老年人，所属介护单元为负向影响力；类型 III 老年人，所属介助单元为负向影响力。这充分说明，老年人与身心机能水平相近的人群接触时，能产生很好的群体互动效应，促进休闲社交行为的发生。"用餐方式"分别为类型Ⅰ、Ⅲ老年人第四、第三影响因素。随着老年人身心机能的衰退，用餐规模越小，越有利于老年人休闲行为的发生。

可见，老年人的休闲社交行为受到包括老年人个人环境在内的设施环境的综合影响；随着老年人身心机能的衰退，这种影响表现得更为明显。类型Ⅰ老年人自理能力较强，受设施环境的影响较小；而身心机能较弱的类型Ⅱ、Ⅲ老年人更易受设施环境的影响。因此，今后更应关注身心机能较弱老年人的需求，通过改善设施环境能够明显地提高其生活品质。

在设施空间环境设计上，应尽量缩短公共活动空间到居室的距离，提高可达性与开放性；应适当缩小居室规模，关注类型Ⅰ、Ⅱ老年人对居室休闲功能功能及人际交往的需求，特别是关注类型Ⅲ老年人对居室生活辅助功能及个人隐私的需求。在设施管理社会环境设计上，应避免身心机能相差较大的老年人大规模混居，宜适当依据老年人的身心机能水平进行分组分群照料，安排适合的娱乐休闲活动及社交氛围；应适当缩小用餐的人数规模，缩短用餐场所与居室的距离，这点对于身心机能较弱的类型Ⅱ、Ⅲ老年人尤为重要。

3.6　讨　　论

本章以行为观察为主要调查方法，分析探讨了养老设施中不同身心机能老年人日常生活行为与时间、空间的关系，对生活行为的内容、生活行为的分布空间、生活作息及活动领域轨迹三个部分进行数据分析，利用上述数据处理方法得到的基本结果呈列于下：

（1）"必需行为"及"静养行为"为养老设施内老年人主要进行的生活行为，休闲行为中"静态行为"多于"动态行为"。活动内容以个人性质的活动居多，设施活动、交谈等人际交流互动之社交行为相对较少，和设施外的人、事物也极少互动和接触。

（2）"个人空间"及"居室内共用空间"为老年人主要的行为分布领域，这和中国目前养老设施集中关注居住、餐饮的照料理念比较吻合。

（3）老年人的生活作息、活动轨迹等一般以三餐、午休、护理照料等行为的时间为节点，生活作息无形中受设施集体式生活方式的制约与影响。

（4）生活行为模式各类人数排序依次为生活必需型、充实型、均衡型、休闲娱乐型、安静休养型等五种类型，生活必需型入住者最多，休闲行为较为消极和被动。行为领域模式各类人数排序依次为床位型、居室型、单元活动型、设施活动型、均衡型等五个类型,大多数老年人的行为领域局限在居室内。

(5)个人属性、物质空间环境、社会制度环境等对于设施内老年人的生活品质有着不同程度的影响。为优化老年人在养老设施内的生活品质,应在硬件、软件两方面进行综合考虑。

(6)不同身心机能的老年人生活特征不同,随着身心机能衰退,老年人在"必需行为"及"静养行为"的时间增加,而"休闲行为"及"社交行为"时间减少。老年人居室外活动时间减少,活动领域逐步缩小。

本章的调查研究着眼于入住养老设施的老年人生活行为展开的多样性,了解并掌握由于老年人人格特征、生活经历及身心健康水平不同,所产生的日常生活行为模式的特征,并进一步与居家养老模式相比较。从研究结果可以归纳出老年人的生活行为状态是老年人本身人格特质、年龄、疾病状况及身心机能水平,以及物理空间环境(居室形态、空间规划等)和管理社会环境(管理服务理念及照护制度)等相互作用的结果。本研究现阶段的研究发现如下:

3.6.1　老年人在设施内的生活实态

3.6.1.1　生活行为内容与居家落差

设施内入住的老年人每天就餐、睡觉等"必需行为"(39.4%)以外的闲暇时间段,一日中(6∶30—18∶30)的"休闲、社交行为"约占30%(3.6个小时),无为、发呆等"静养行为"则约占22%(2.6小时)。而张强(2007)对上海市居家养老的调查发现,老年人一日中(6∶30—18∶30)休闲社交时间为3~9小时,平均约5.6个小时(不包括平均1.9小时的外出行为)。这说明老年人在设施内的生活行为内容相对单调、消极,其生活品质与丰富性较居家生活有很大的落差(表3-10)。另外,在具体的行为内容上还有如下不同:

表3-10　设施生活与居家生活的落差

		设　施　生　活	居　家　生　活
生活行为内容	时　间	● 必需行为(4.7小时),休闲、社交行为(3.6小时),静养行为(2.6小时)	● 休闲社交为3~9小时,平均5.6小时(不含平均1.9小时的外出)
	必需行为	● 就餐、洗浴的时间与集体方式受限	● 弹性调整饮食、洗浴的时间与方式
	休闲行为	● 个人自发性、参与设施活动	● 个人安排为主、参加社区、社会活动
	社交行为	● 个人与设施入住者、个人与设施方的社交互动,而个人与外界的联系较少	● 偏向对外界的社交互动,如个人与邻居、个人与居家服务员、个人与社区

		设　施　生　活	居　家　生　活
生活行为内容	接受照料	• 支援协助为主,仅有少数接受个人照料、护理照料等支援服务; • 集团、流水线方式,自主性低	• 自我照料为主,在接受社区或家人、保姆的照料上; • 自主性、个性化的决定照料的内容、时间、方式
	行为空间分布	• 饮食、洗浴、家务等行为不得不延伸至居室外共用空间,以集体方式进行,生活行为流线较长、空间使用不便; • 自理能力较弱的老年人则基本将生活行为缩小至个人床位区,使得个人床位区功能膨胀	• 生活空间集中在约100平方米的自家住宅内; • 积极向社区、附近公共拓展活动领域(自家外1.9小时),活动范围相对较大
	生活作息、活动轨迹	• 管理制度、照料方式控制了入住老年人的生活节奏	• 较为自主、灵活,不受外界环境限制

在必需行为方面,最大不同体现在就餐及洗浴行为上。入住设施老年人的三餐是由设施提供,受到设施饮食服务的管理及规范等影响,用餐时间固定,用餐内容不可选择,用餐前后有如端盘、等待、排队等待用餐行为,老年人需配合团体生活方式。而居家老年人因独居方式,三餐一般有自己来备餐,随着个人健康老化,其饮食一般通过家人朋友、居家服务员、送餐服务等来支援老年人的生活照顾。居家老年人可以完全依个人来掌握三餐作息、三餐内容,不受时间的牵制,可弹性调整饮食。另外,入住设施老年人的盥洗及洗浴时间、地点受设施方规定所限,一般为集团式的、流水线的集体洗浴方式,缺少个人隐私。而居家老年人则可以按照自己的喜好选择洗浴时间及洗浴方式,并最大限度地保证个人的隐私。

在休闲行为方面,入住设施老年人的休闲活动包括个人自发性、参与设施活动等。而居家老年人则以个人安排为主,休闲活动是通过社区服务如老年服务中心、居委会或自发地去公园活动等。因入住设施老年人与居家老年人的休闲活动服务支援不同,影响了老年人的休闲活动内容以及场所。

在社交行为方面,入住设施老年人偏向个人与设施入住者、个人与设施方之间的社交互动,而个人与外界的联系较少。而居家老年人则是偏向对外界的社交互动,如个人与邻居、个人与居家服务员、个人与社区等关系。

在接受照料方面,设施老年人一般都接受统一的设施提供的用餐、洗浴、家务等支援协助,仅有少数身心机能较弱的老年人接受个人照料、护理照料等支援服务。

接受照料的方式一般以集团方式、流水线方式居多，一般要依据设施方或护理员的时间安排来决定接受照料的时间与方式，相对自主性较低。而居家老年人一般都自我照料，在接受社区或家人、保姆的照料上，也有较强的自主性，能够按照老年人自身情况个性化决定照料的内容、时间、方式。

3.6.1.2　行为空间分布与居家落差

设施内的老年人生活行为的分布出现两种不同倾向：自理能力较强的老年人受设施空间条件（如多人间）或管理制度（如要求公共餐厅用餐、公共浴室洗浴）等限制，饮食、洗浴、家务等生活必需行为不得不延伸至居室外共用空间，并以集体方式进行，造成生活行为流线较长、空间使用不便。而自理能力较弱的老年人则基本将生活行为缩小至个人床位区，使得个人床位区功能膨胀。设施的部分公共空间长期无人使用，而有些公共空间又严重不足；公共空间的水平服务半径过大且存在竖向分区，限制了老年人活动领域的展开。

而居家老年人的日常生活基本都在自家住宅的各个空间内展开，如在卧室睡觉、厨房做饭、餐厅吃饭、客厅娱乐等，部分居家老年人受身心状况、居住形式以及面积影响，倾向于将多样生活行为浓缩至一个空间之中（卧室或客厅）。但总的来说，老年人的主要生活空间集中在约100平方米的自家住宅内，并积极向社区、附近公共拓展活动领域（自家外1.9小时），活动范围相对较大（张强，2007）。

3.6.1.3　生活作息、行为轨迹与居家落差

养老设施的管理制度、照料方式控制了入住老年人的生活节奏：身心机能较好的老年人能够较好地适应设施的作息规定，较为自主地安排社交生活、个人兴趣活动等内容，但其节奏受制于设施的时间制度；而身心机能较弱的老年人其作息时间很难按照设施的作息规定进行。对此，Y设施采取了相对宽松的管理方式允许老年人自由安排自己的午休时间；而W、H设施则仍需服从设施的管理时间。而居家老年人的作息较为自主、灵活，能够按照自己既有的生活习惯安排作息，基本不受外界环境限制（张强，2007）。

3.6.1.4　生活类型的特征

设施内老年人的生活类型呈现出不同身心机能老年人两极分化的特征，这说明应重视处于中间部分的大量老年人，切实关注他们现存生活能力的保存，避免其生活能力进一步失去。这不仅关乎照料人力资源的节省，同样也能尽可能地提高老年期的人的生活品质。

虽然就整个群体而言,各种生活类型的老年人年在设施内都会存在,但就具体老年人而言,其生活行为类型是动态性的。类型划分除了理论描述的价值,更重要的在于为工作人员提供服务依据,这就要求在长时间跟踪过程中不断调整对老年人生活行为类型的认识,以理论的眼光省思日常照料工作。

3.6.2 不同身心机能老年人的生活特征

第3.5节已经明确指出,老年人的身心机能水平是影响老年人在设施内生活行为的主要因素。由此,为了提升老年人的生活品质,有必要总结不同身心机能老年人在生活行为内容、行为空间分布、生活作息与行为轨迹以及环境的影响因素等方面的调查结果,分析老年人在行为模式与照料程度方面的生活特征,有针对性地为老年人提供更加适宜的、更加舒适的设施环境(表3-11)。

表3-11 不同身心机能老年人的日常生活特征

		类型 I	类型 II	类型 III
调查结果	行为内容比例	● 休闲、社交行为较多,且自主性休闲、视听、集体娱乐等比较多样 ● 照料需求较少 ● 行为内容比较丰富,设施间相差不大	● 闲暇时间发呆无为、小憩等静养行为较多 ● 能够适当地进行休闲、社交活动,但以视听、聊天居多 ● 照料需求有所增加	● 无为、发呆等静养行为非常多 ● 休闲、社交行为减少,且以消极、被动的视听、家属探望居多 ● 个人照料需求很多
	行为空间分布	● 活动领域最广 ● 居室内较多的休闲娱乐、社交等行为 ● 居室外被广泛、多样地利用,休闲社交行为居多 ● 自主地利用设施内的空间环境及活动资源,能够根据个人目的自主地选择公共空间,拓展自己的活动领域、生活行为丰富	● 活动领域较类型 I 略小,居室外领域活动以单元共用空间为主 ● 社交行为以公共空间为主,但多局限于单元之中 ● 居室外静养行为较多,该类型老人仍然期望和社会交流,但由于语言、思维能力等身体机能的限制无法支持足够的社交行为	● 活动领域较小,局限在个人床位附近 ● 除设施规定在居室外进行的三餐、洗浴等必需行为外,生活行为较少拓展到公共空间 ● 在设施内自主地展开生活非常困难
	生活作息与活动轨迹	● 基本以一日三餐时间作为一日生活作息的分割、转换点,基本上能够按照设施方的规定进行三餐及午休		● 睡眠、就餐等行为不能完全按照设施规定进行作息安排,个体间差异较大

		类型Ⅰ	类型Ⅱ	类型Ⅲ
调查结果	生活作息与活动轨迹	• 上午时间精力较为充沛,能够活跃地参与设施活动和集体娱乐生活 • 下午、晚上以视听为主 • 交谈等社交全天较活跃 • 活动场所变化频繁,并不限于某一类空间,就餐时间集体移动明显	• 上下午的活动安排比较均衡 • 设施活动时间没有明显参与性 • 交谈等多在午睡后展开 • 活动场所变化不若类型Ⅰ频繁,仅有个别老人行为拓展至设施外	• 照料贯穿整个全天 • 全天的发呆无为行为比较明显,即便在精力相对充沛、设施活动较多的上午时间,也以发呆无为行为最多 • 基本以床位为主,活动场所变化较少
	环境影响因素	• 受年龄、居室活动空间距离、单元属性影响较大 • 活动空间可达性好,适宜的单元属性促进休闲社交行为的发生	• 受年龄、居室活动空间距离、居室类型影响较大 • 活动空间可达性好,较小的居室规模促进休闲社交行为的发生	• 受居室类型、单元属性、用餐方式影响较大 • 较小的居室规模、适宜的单元照料、小规模用餐促进休闲社交行为的发生
分析结论	生活行为模式	• 能较为自主有选择性地参与设施活动与拓展生活行为,生活作息整体比较有规律,能够较好地适应群体的、设施规律化的作息安排,生活行为丰富	• 生活行为较为丰富,生活行为主要分布在单元共用空间,较能适应设施的作息安排,但在设施活动方面没有表现出特别的积极性,生活行为减少	• 生活内容单调,行为分布局限在床位区,生活作息个人差异明显,生活行为单一
	照料方式或程度	• 基本自我照料 • 需要提供饮食的准备或打扫、衣物洗涤、处理垃圾、购物等家务协助 • 部分的常用药剂、量血压等简单的护理照料	• 全面、完善的家务协助 • 部分的协助穿衣、移动、洗浴、移动等个人护理 • 常用药剂、涂抹药物等的医疗照料	• 更加全面完善、长时间的、有针对性的个人护理 • 常用药剂、涂抹药物等的医疗照料 • 部分的诊疗、检查、治疗、运动疗法等医疗照料
	与环境的关系	• 自主性较强,能够主动地适应与改变环境 • 改善设施环境有利于提高老年人的生活品质	• 自主性相对减弱,对环境产生一定的依赖性 • 改善设施环境能明显地提高老年人的生活品质	• 被动性较强,受设施环境影响较大 • 改善设施环境能显著地提高老年人的生活品质

3.6.2.1　类型Ⅰ老年人

在生活模式方面,类型Ⅰ老年人能较为自主、有选择地参与设施活动与展开生活行为,整体上生活作息比较有规律,能够较好地适应集体的、设施规律化的作息安排。在照料方面,类型Ⅰ老年人能基本自我照料,仅需设施提供饮食的准备或打扫、衣物洗涤、处理垃圾、购物等家务协助以及部分的常用药剂、量血压等简单的医疗照料。该类型老年人的自主性较强,受设施环境的影响较小,能够主动地适应与改变环境。

3.6.2.2　类型Ⅱ老年人

在生活模式方面,类型Ⅱ老年人生活行为较为丰富,生活行为主要分布在单元共用空间,较能适应设施的作息安排,但在设施活动方面没有表现出特别的积极性。在照料程度方面,类型Ⅱ老年人需要全面、完善的家务协助,部分的协助穿衣、洗浴、移动等个人护理以及常用药剂、涂抹药物等的医疗照料。该类型老年人自主性相对减弱,较易受设施环境的影响,对环境有一定的依赖性。

3.6.2.3　类型Ⅲ老年人

在生活模式方面,类型Ⅲ老年人生活内容单调,行为分布局限在床位区,生活作息个人差异明显,无法适应设施的作息规定。在照料程度方面,类型Ⅲ老年人需要更加全面完善的、长时间的、有针对性的个人护理,常用药剂、涂抹药物等的医疗照料以及部分的诊疗、检查、治疗、运动疗法等医疗照料。该类型老年人被动性较强,受设施环境影响较大。

3.6.3　老年人的生活实态与环境的关系

3.6.3.1　设施内老年人生活的影响因素

设施内老年人的生活受到包括个人环境因素在内的、物质环境因素、管理运营及社会关系环境因素等设施环境的综合影响,主要表现在如下几个方面:

(1) 个人环境因素

身心机能水平是老年人生活行为最为显著的影响因素。它不仅体现在不同身心机能水平老年人的生活行为模式、照料方式的显著差异上,还反映在不同身心机能老年人受设施环境的影响因素、影响程度的差异上。对此,设施环境需因应不同身心机能老年人的生活行为模式、照料方式的特征,提供适当的、连续的生活支持,满足不同层次的设施环境需求。

(2) 物质空间环境因素

设施空间结构、单元的空间形态等影响老年人的生活品质。养老设施的生活饮食与休闲服务,一般需要老年人离开居室至规划的活动楼层使用,这使得设施内老年人日常生活行为的分布情况与居家产生了很大差异。如在远离居室的公共餐厅用餐(W设施)、在公共浴室洗浴等,生活行为分布在整个设施中,生活流线过长。

然而老年人一般行动不便,基本生活、休闲活动空间的设置应考量老年人行动的方便性,以水平设置为主减少老年人垂直移动的不便。但这无形中仍会使老年人生活有封闭于楼层感,为此需通过设施的硬件与软件服务,如垂直与水平移动方式提高无障碍环境来协助老年人生活自主以及通过举办楼层活动促进老年人间的接触交流。

居室类型与空间功能等影响老年人的生活品质。养老设施的个人居住空间仅一间居室,其居室为老年人从居家搬迁至设施内居家功能的缩影,如个别饮食、盥洗排泄、休闲与社交等需求。但受居室类型、人的面积、空间功能、家具设备、私密性所限,老年人在居室内的自主性休闲行为较少,而发呆无为行为较多,老年人活动局限在床位区,个人空间有限。另外,部分老年人不得不将盥洗、家务、个人休闲娱乐行为向居室外空间转移,如W3-7老年人因居室内没有书桌而选择在单元共用的活动厅读报,读报过程易受到干扰。可见,居室空间(特别是床位区)是老年人进行各种生活行为的一个重要空间,其规划深刻影响老年人(特别是类型Ⅲ老年人)的生活品质。减少居室同住人数、充实居室面积与空间功能、协调隐私与交往的需求等非常重要。

(3)管理运营及社会关系环境因素

老年人的生活受到大规模集体生活方式、照料方式的制约与影响。主要表现在三餐的用餐方式、地点以及起居、洗浴、午休等的时间设定等,这种管理模式无形中影响老人生活品质。适当规模分组分群的照料方式与活动安排、缩小规模的用餐方式以及灵活的作息安排等有利于减少设施集体生活的印象,提高老年人的生活品质。

设施的服务理念、服务内容、活动安排等,无形中会影响老年人参与设施活动的意愿。若设施管理采取相对开放态度,让老年人拥有较多的自主权,老年人就能够依个人兴趣及喜好自由地安排个人活动(Y设施)。若设施安排多样的兴趣小组或团体活动等,老年人就能够更好地展开多样的生活行为与生活类型(H设施)。

3.6.3.2　设施内老年人生活行为模式的意义及设计提示

本书通过老年人的生活行为内容、行为空间分布、生活作息与活动轨迹等,来了解设施内老年人的生活特征及面貌,展现设施内老年人的真实的、全面的生活现状。对老年人生活模式的调查具有如下意义:

(1)了解设施内老年人的生活模式特征,分析设施内的生活实态可知:设施内老年人的生活模式、护理模式等与居家生活有很大的落差;探讨这些落差产生的原因,可以减少老年人由居家生活到设施生活环境转变带来的冲击,提高设施内老年人的生活质量。

（2）整体而言，老年人的生活模式是在与设施环境的互动过程中形成，其生活模式的形成是对设施环境的适应、融合过程，最终形成的行为模式基本是稳定的，也是动态性的。了解老年人的生活模式特征，让建筑师、设施管理者及护理员更加清晰地了解入住设施老年人的生活实态、潜在需求，为设施管理者与护理员提供管理制度与护理服务的依据，也为设施空间规划设计提供参考。

（3）针对不同身心机能老年人的生活模式的研究，可以了解不同身心机能老年人的生活特征、影响因素具有的差别性，全面理解老年人老化过程中的不同需求。这有利于使养老设施的生活环境设计更具有针对性与支持性，并适应老年人的老化过程，为老年人提供持续的环境支持。

可见，养老设施内老年人生活行为模式的研究具有重要意义。那么养老设施内的生活行为模式应该是怎样的呢？简而言之，即为在设施的环境下也尽量保持居家的生活行为模式。因此，养老设施内老年人的生活行为模式的生活行为、行为空间、生活作息，皆应落实"社区化""居家化"之目标来建构。

在生活行为方面，因养老设施与居家差别在于能提供生活支持服务，如饮食、休闲、照料、安全管理等资源，对于老年人健康衰退、行动退减的同时，仍能协助老年人能自主地进行日常活动，如休闲社交、排泄、饮食等。在行为空间分布方面，养老设施的居住空间，老年人仍与居家生活相似，具有个人私密空间外，也需满足基本生活休闲功能，并且在实质空间中能拥有自主权来安排布置个人居室。在生活作息方面，老年人日常活动能自由地、自主地去安排分配时间、进行活动场所而不受机构管理的牵制及规范。

总之，养老设施不仅要满足不同身心机能老年人的生活环境需求，更应尊重他们的生活方式选择，提供积极且蕴含自为、自尊的生活方式。

第4章

设施的使用状况与老年人的空间利用

　　本章调研子课题为设施的使用状况与老年人的空间利用。与第3章的研究对象侧重人的生活行为不同的是,本章关注的是养老设施的居住环境及空间的使用状况。调查采用"领域"、"行为场景"的概念,强调人在时间维度上的空间分布。利用"行为地图"与照片影像等观察记录的方法,考察设施内由设施整体到单元、到居室不同领域层级的各个空间场所的使用状况以及老年人的生活拓展、场所选择、个人领域形成等,进而归纳出空间结构、空间形态、居室类型等设施的物质空间环境对于老年人空间利用的影响,为日后进行设施空间规划提供参考。

　　调研目的:

　　本书将入住设施老年人的空间利用构造分为行为、时间、空间等三个轴次,结合"行为地图"观察法的记录,将空间利用率、空间利用行为与行为场景等进行数据化的整理与分析。并从设施整体、居住单元、居室三个空间层次,讨论设施空间的使用现状与老年人的利用行为(图4-1)。

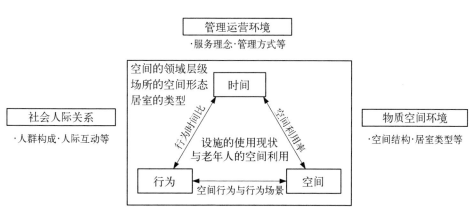

图4-1　设施的使用现状与老年人的空间利用探讨的内容

调研内容：

（1）将设施整体的空间结构、单元内部的空间形态等图式化，明确三家设施空间结构的区别；

（2）通过老年人在设施空间的利用率、利用行为、行为场景、居室内物品及行为分布等分析，把握各个空间的使用状况以及不同身心机能入住老年人在设施的生活拓展、生活场所以及个人领域形成等的特征；

（3）探讨以空间结构为主的物质空间环境与管理、社会环境等，与空间的使用状况及老年人行为展开的互动关系；

（4）总结不同身心机能老年人的空间利用特征，为养老设施空间规划等提供参考。

调研方法：

调查将行为观察获取的丰富描述性信息进行编码：设施内老年人的身心机能属性分为"类型Ⅰ""类型Ⅱ""类型Ⅲ"；老年人的生活行为分为"必需行为""静养行为""休闲行为""社交行为""照料行为"和"移动及其他"等6大类型；设施的空间层级分为"Ⅰ.个人空间""Ⅱ.居室共用空间""Ⅲ.单元共用空间""Ⅳ.设施公共空间""Ⅴ.服务管理空间"以及"Ⅵ.设施外空间"；日常物品分为"功能性物品（老人自带、设施方提供）""观赏性物品（老人自带、设施方提供）"；行为场景分为"个人的活动""亲密的关系""目的性活动""自然发生的聚集""设施活动""一时性交流"共6个类型（调查要素的界定与分类详见2.3）。

此调查与第3章的老年人日常生活的行为观察同时进行，在原有的三家设施6个楼层的居室外空间为调查对象基础上，每个设施再选取代表性的3个居室，计9个居室作为重点的观察对象。数据采集方法为，在6：30—18：30的12个小时间中，每隔15分钟将该楼层的观察居室及居室外各个共用场所的家具摆设、物品陈列、使用状况以及利用者情况等（即行为场景）进行统计，并记录在建筑平面图上。数据整理方法为每15分钟观察到的次数为"频度"，各个项目的"频度"除以全部观察到的次数所得的值为"频率"。即一天中每个空间场所被观察的频度为60（分）×12（小时）/15（分）+1=49（次）（调查设计详见第2.2节）。因此，各个空间场所的合计利用次数是每15分钟观察到的空间利用人数×49次，而每个空间场所的利用率为（一日中的合计利用次数）/（单元内的总入住人数×49次）。本研究在2010年春秋两季所进行的调查中，观察记录W设施共计2254次的空间利用记录；H设施2989次的空间利用记录；Y设施共计4312次的空间利用记录。三家设施共计观察到9555次的空间利用数据（包含行为主体、内容状态、时间、地点）。

4.1　空间结构与老年人生活行为的拓展

4.1.1　各设施老年人生活行为的拓展

4.1.1.1　各设施的空间结构与空间层级

一般设施的空间结构大多是按功能进行分类的(如居住部分、管理部分、服务部门等),但对于老年人来说,这种功能性的分类不能够反映空间的结构性质,同样是走廊,设在房间前面与设在大门入口前的意义就大不一样。因此,以空间领域层级的视点关注设施的空间结构模式,就成为揭示与老年人生活行为拓展有关的空间性质的线索。

图4-2即从老年人的空间利用行为角度出发,根据空间领域层级以及"护理单元"[1]的布局方式等将三家调查设施的空间结构进行图示化解读。可以看出 W、H、Y 三家设施的空间结构有如下特点:

1)居室均以三人间、四人间为主,居室实际上被割裂为个人空间(Ⅰ)、居室共用空间(Ⅱ)两个空间层级。老年人个人能完全支配的空间仅为床位及其附近区域,因与别人床位没有遮挡,实际上没有绝对的个人空间,老年人个人的私密性没有得到很好的保护,而居室其他空间大部分为过道,可利用的半私密空间较匮乏。

2)虽然基本上都是以楼层作为"护理单元"划分的标准,但护理单元的空间界限、开放性略有不同。W设施的各个单元严格以楼层为单位,单元间有明显的领域界限,独立性强;而H设施的公共活动用房如棋牌室、健身房、书画室等,分散在建筑的各个楼层之中,使得单元共用(Ⅲ)与设施公共(Ⅳ)没有明确的空间分界,护理单元显得过于外露;Y设施的r和d楼则与W设施类似,护理单元相对独立。

3)设施公共空间(Ⅳ)的配置方式不同。W设施的公共空间与阳光之家合用且集中的设置在 1F、2F,与各个单元通过垂直交通相连,关系较弱;H设施的公共空间分散在各个楼层的交通核心附近,与单元通过水平的走廊直接相连,关系最为密切;Y设施的公共空间部分集中在独立的活动楼以及r、n楼的1F,设施公共空间通过连廊、室外平台等与各个居住楼内的护理单元相连,在三个研究对象中关系最弱。

4)管理服务空间(Ⅴ)的面积与分布不同。W设施的服务部分与阳光之家合用且集中在 1F、2F,管理、医疗部分则设置在4F居住单元中;H设施的服务部分则相对集中在1F,管理、医疗部分分别位于在2F、3F的交通核附近,通过走廊与居住单元密切相接;Y设施的规模较大,因此管理、服务、医疗的面积较大,且集中在专门的管理楼及r、d楼的1F,与各个居住单元楼间的连廊和平台相连,距离最远。

---

[1] 我国的养老设施中尚无"单元"的概念,在实际的建筑设计过程多是参照医院、护理院等医疗设施的空间结构,护理小组以设施空间的基本单位——楼层作为基本单元。因此,本书在分析老年人空间利用时,以老年人日常生活起居、所属护理小组的空间范围作为空间结构模式分析的基本"单元"。

W设施　1个护理单元（18~30人）

VI 设施外空间

V 管理服务空间
1F（阳光之家共用）出入口、值班、医疗服务点　｜　2F（阳光之家共用）厨房、WC　｜　4F 院长室、医务室　｜　管理部分　医疗部分　服务部分

IV 设施公共空间
阳光康乐室、展示大厅、教育培训、手工活动室、心理咨询室等　｜　餐厅、健身厅、大礼堂、图书阅览室、生活起居训练室、生活照料训练室　｜　公共活动部分

III 单元共用空间
浴室、活动厅、谈话角落1、谈话角落2、水房

II 居室共用空间　WC　｜　生活起居部分

I 个人空间　P P P

图例：
▭ 楼层单位
▓ 生活起居部分
□ 公共活动部分
[PP] 多人间（p=1）

H设施　1个护理单元（30人左右）

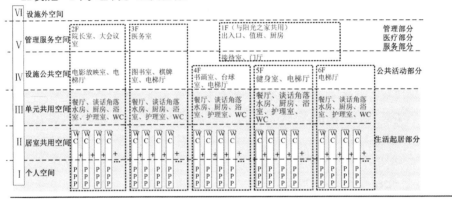

Y设施　1个护理单元（r、d楼：40~45人，n楼：30人左右）

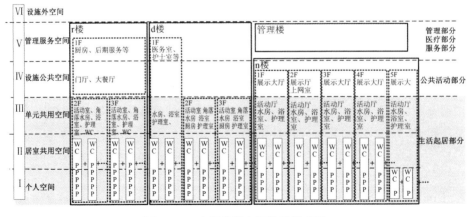

图4-2　三家设施的空间结构模式图

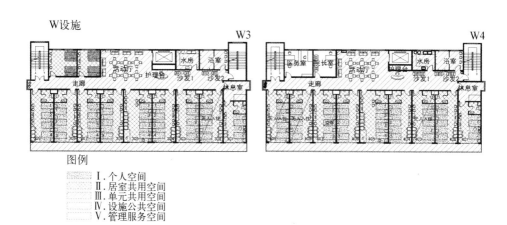

图例

[Ⅰ.个人空间] Ⅰ.个人空间
[Ⅱ.居室共用空间] Ⅱ.居室共用空间
[Ⅲ.单元共用空间] Ⅲ.单元共用空间
[Ⅳ.设施公共空间] Ⅳ.设施公共空间
[Ⅴ.管理服务空间] Ⅴ.管理服务空间

图4-3 W设施W3、W4调查楼层的空间领域层级图

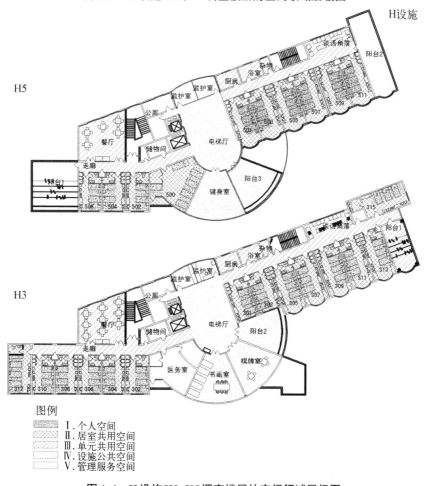

图例

[Ⅰ.个人空间] Ⅰ.个人空间
[Ⅱ.居室共用空间] Ⅱ.居室共用空间
[Ⅲ.单元共用空间] Ⅲ.单元共用空间
[Ⅳ.设施公共空间] Ⅳ.设施公共空间
[Ⅴ.管理服务空间] Ⅴ.管理服务空间

图4-4 H设施H3、H5调查楼层的空间领域层级图

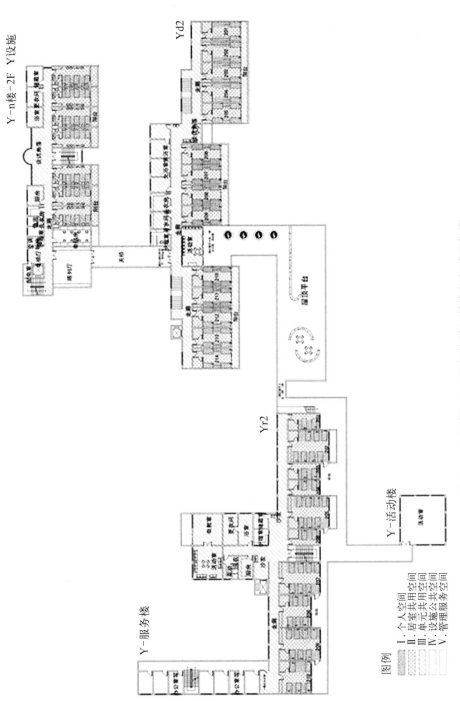

图4-5 Y设施Yr2、Yd2调查楼层的空间领域层级图

图例
I. 个室私用空间
II. 居室共用空间
III. 单元共用空间
IV. 设施公共空间
V. 管理服务空间

比较图 4-3—图 4-5 中三家设施的空间领域层级划分，可以看出三家设施空间结构的共同特点为：(1) 居室内的个人空间(Ⅰ)缺乏应有的私密性，半私密的居室共用空间(Ⅱ)少且单调;(2) 居室外的单元共用空间(Ⅲ)与设施公共空间(Ⅳ)的关系，三家虽有明显的不同，或模糊(H设施)或缺乏连续性(H、Y设施)，但空间领域划分都缺乏层次。

4.1.1.2　各设施的人均面积与面积配比

各设施的总建筑面积与可入住老年人数目如图 4-6 所示。W、H、Y 三家设施的规模依次增大，相应的其总建筑面积与现有床位数依次增加。但是人均建筑面积[1]却相反，其中 H 设施的人均面积最多，为 31.45 m²，其次是 W 设施[2]的 27.88 (36.41) m²，Y 设施则仅有 22.73 m²(表 4-1)。居室面积上，W、H 分别为 12.94 m²、10.81 m²，而 Y 则为最少的 8.45 m²，Y 设施由于建设时间较早，四人间以上的居室居多，人均居室面积最为紧张。单元共用空间面积上，W 设施 6.39 m² 的单元内共用空间面积最为充裕，而 H、Y 设施均为 4 m² 左右相差不大。设施公共空间面积上，H 设施的面积最大(6.17 m²)，各类活动室有电影放映室、棋牌室、健身室、书画室、图书室等，配备的活动室最多也最丰富；而 W、Y 设施均不到 5 m²，公共活动空间相对贫瘠。服务管理空间面积，各自为 3.96 m²(7.91 m²)、10.50 m²、5.50 m²，以 H 设施最多。

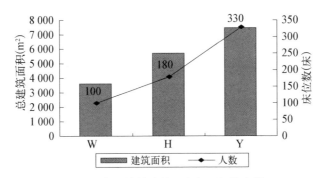

图4-6　各设施的建筑面积与可入住人数

[1] 人均使用面积=建筑面积/床位数，其中建筑面积非实际测算，而是根据建筑图纸测算得出。床位数为可供入住的床位数，而非实际入住的老年人数。

[2] W 设施的 1F、2F 的公共部分与阳光之家共用，在实际使用过程中很多空间是限制老年人利用的。因此本研究在计算人均使用面积时，将其 1F、2F 楼层配套的设施公共空间及管理服务空间的人均面积按实际面积的 50% 计算，分别为 4.59 m²、3.96 m²，总的人均使用面积为 27.88 m²。

表4-1　各设施空间领域层级的人均建筑面积（m²）

空间层级	Ⅰ、Ⅱ 居　室	Ⅲ 单元共用	Ⅳ 设施公共	Ⅴ 管理服务	合　计
W设施	12.94	6.39	4.59（9.17）	3.96（7.91）	27.88（36.41）
H设施	10.81	4.28	6.17	10.50	31.45
Y设施	8.45	3.90	4.88	5.50	22.73
功能要素	生活起居部分		公共活动部分	医疗、管理服务	合　计

　　图4-7显示了各空间领域层级的人均建筑面积及面积配比，从中可以发现：居室面积配比表明W设施最为充裕（46.4%），其次是Y（37.2%）、H（34.0%）设施。单元内外的共用空间（Ⅲ+Ⅳ）的面积配比W、H、Y三家设施分别为39.3%、32.9%、38.7%，三家设施基本相当。但是单元内的共用空间的面积配比上，W（22.9%）设施却明显高于H（13.5%）、Y（17.2%）设施，最为充裕。而管理服务空间则以H设施的33.1%为最高。

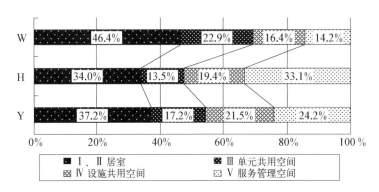

图4-7　各设施各空间领域层级的人均建筑面积配比

　　总体而言，中规模的W设施的人均面积数据上占优，但因其设施公共空间以及部分的管理服务空间与社区的阳光之家功能重叠，在利用上受到很多限制，其有效人均面积并不是最高的，不过老年人所专用的生活起居的居室、单元共用空间面积则有19.33 m²，还是所有设施里最充裕的。大规模的H设施的人均面积也比较充裕，特别是设施公共部分的面积是所有设施里最多的。在三个研究对象中，超大规模的Y设施由于入住老年人较多，其居室内面积和各类公共面积都比较紧张。

4.1.1.3　各设施老年人生活行为的拓展

　　为了探讨设施空间结构与领域层级的意义以及设施的物质空间环境对老年人

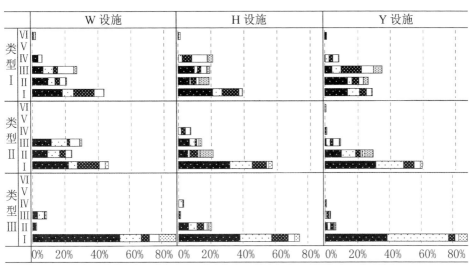

图例 ■必需行为 □静养行为 ■休闲行为 □社交行为 ▨社交行为 □照料行为 ▨移动其他

图4-8　各设施不同身心机能老年人生活行为的拓展

生活的影响，首先需要对老年人的空间利用、生活行为的拓展情况进行分析。如图
4-8所示，三家设施中不同身心机能属性老年人的活动领域和生活行为的拓展方式
呈现如下：

　　W设施的类型Ⅰ、Ⅱ老年人的各项生活行为多在单元内共用空间（Ⅲ）展开，
仅就餐行为拓展到单元外的公共空间。身心机能较弱的类型Ⅲ老年人，由于其日
常生活易受自身健康及护理员照料所限缺乏自主性，日常生活主要在床位附近
（Ⅰ），很少拓展到居室外空间。而类型Ⅱ、Ⅲ老年人，相对于H、Y设施，能够较多
地离开居室将休闲、社交行为拓展到单元内共用空间（Ⅲ），活动领域的幅度相对
较大。

　　H设施的类型Ⅰ、Ⅱ老年人能够积极将休闲、社交行为拓展到居室外空间，特别
是在设施公共空间（Ⅳ）也展开了丰富的休闲娱乐活动，相对于W、Y设施，其生活领
域的幅度相对广泛。而类型Ⅲ老年人日常生活主要在居室内，并较多地在居室共用
空间（Ⅱ）活动。

　　Y设施的类型Ⅰ、Ⅱ老年人多将单元共用空间（Ⅲ）作为日常生活展开的主要场
所，也将部分休闲社交行为拓展到单元外的公共空间。而类型Ⅲ老年人，由于其日
常生活易受自身健康及护理员照料所限缺乏自主性，其日常生活主要是在床位附近
（Ⅰ），很少拓展到居室外空间。

　　在不同身心机能老年人的维度上，类型Ⅰ和类型Ⅱ老年人均将行为扩散至设
施公共空间，类型Ⅲ老年人则局限于个人空间。调查发现类型Ⅰ、Ⅱ均有少数老

年人能将生活行为拓展至设施外,但没有拓展到设施管理服务空间的现象,体现了老年人在养老设施内的生活还没有自我服务的意识,消极地放弃了或许力所能及的家务活动。可以看出,设施环境的不同和老年人的活动领域幅度及生活行为拓展具有一定的相关性,特别体现为对老年人对居室外共用空间居室外共用空间(Ⅲ、Ⅳ)的利用上。另一方面,老年人的身心机能特性也是左右各空间领域选择的重要原因。

4.1.2 设施各空间领域的利用率与行为构成

在建筑空间安排的设计过程中,空间结构本身包含了领域层次的潜在划分,其空间设置的成功与否决定了领域层次的实现程度;另外,不同老年人的选择偏好,也影响了这些空间实际使用中的领域层级。在设施空间结构的基础之上,老年人对各空间领域层级的选择倾向及利用行为,使得各设施的不同层级空间的利用率、主要利用人群、利用行为的构成呈现出不同的差异,为下文了解各空间层次的领域特性判断提供了详细的依据。尽可能准确地把握建筑空间使用现实,能促进领域层次的有效设定,能把对老年人生活行为拓展的思考落实下来。

4.1.2.1 各空间领域的利用人群

图4-9为设施的各领域空间的主要利用人群,随着空间领域层级从私密—公共(private—public),空间的主要利用人群也由类型Ⅲ到类型Ⅰ分布。个人空间的使用频率三类型老年人都很高,但以类型Ⅲ老年人为最高;类型Ⅰ、Ⅱ老年人使用居室共用空间的比例高于类型Ⅲ老年人;类型Ⅰ老年人使用单元共用空间的比例已经超过类型Ⅱ、Ⅲ老年人之和,使用设施公共空间的比例更远远超过另外两类老人。不同空间的主要利用人群,反映了不同领域层级的空间对于不同身心机能老年人具有不同的意义,同时空间结构规划上可以依据主要利用人群的属性进行有针对性的设计。

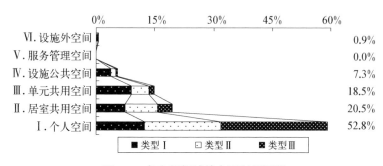

图4-9 各空间领域的主要利用组群

4.1.2.2　各空间领域的利用率及行为构成

空间利用率[1]的高低，明示了空间的使用效率和空间的重要性。设施各空间领域的空间利用率由高到低依次是：Ⅰ.个人空间（52.8%）、Ⅱ.居室共用空间（20.5%）、Ⅲ.单元共用空间（18.5%）、Ⅳ.设施公共空间（7.3%）、Ⅵ.设施外空间（0.9%）以及Ⅴ.管理服务空间（接近0.0%）（图4-9）。通过这一组数字可以发现，个人空间的使用频率超过其他空间使用率之和（52.8%>47.2%），而居室空间的使用（包含个人空间和居室共用空间）占所有空间使用时间的73.3%，说明居室空间是养老设施最重要的空间，而个人床位区的品质更是重中之重。在典型的体现人际交往和生活丰富性的单元活动空间、设施活动空间的使用上，前者约为后者的2.5倍（18.5/7.3=2.53），表明离老年人居室更近的单元活动空间更为老人喜爱。

W、H、Y三家设施各空间领域的利用率都以个人空间（Ⅰ）最高，管理服务空间（Ⅴ）为最低的，这在三家设施是基本相通的（图4-10）。但是在居室外共用空间（Ⅲ、Ⅳ）的利用率上，三家设施显示出明显的差异。W设施在单元共用空间（Ⅲ）的利用率很高（26.0%），为第二多的使用空间（H、Y设施第二高的使用空间为居室共

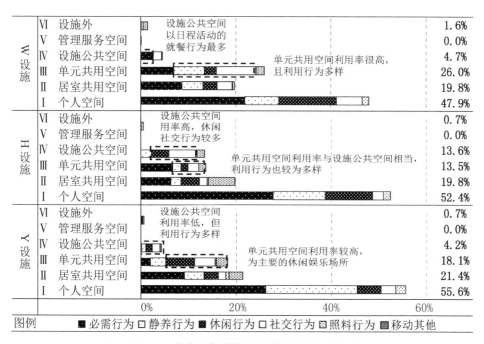

图4-10　各空间领域的利用率及利用行为比例

[1] 各空间领域的利用率为（一日中观察到的合计利用次数）/（观察的总入住人数 × 49次）。各空间领域的合计利用次数是每15分钟观察到的该空间的利用人数 × 49次。

用空间），同时高于H、Y设施同类空间的使用概率；而W设施公共空间（Ⅳ）的利用率则仅为4.8%，但设施外活动的频率（1.6%）明显高于H、Y设施。H设施的老年人在单元共用空间（Ⅲ）和设施公共空间（Ⅳ）的利用率几乎相同，分别为13.5%、13.6%；H设施公共空间（Ⅳ）的利用率亦大于W、Y设施。Y设施的单元共用空间（Ⅲ）利用率较高（18.1%）；设施公共空间（Ⅳ）则较少被利用（4.2%）。

4.1.2.3 各领域空间的使用状况特征

空间的利用率反映了不同身心机能老年人对各个空间的选择倾向，上述对于各空间领域的利用率、利用主体的分析，更表明各空间领域针对不同老年人所具有的使用价值。下文将分析不同空间的行为构成，这些行为的分布可以帮助了解空间使用的意义——客观使用呈现出的领域层次。

借由不同领域层次空间的主要利用组群（图4-9）、利用率（图4-10）、利用行为以及行为主体（表4-2）的分析，可以发现各空间领域在三家设施中容纳的行为具有很多共性和某些区别：

表4-2 各空间领域的行为主体与行为内容

		W设施		H设施		Y设施	
		行　为	行为主体	行　为	行为主体	行　为	行为主体
Ⅰ	个人空间	睡眠 视听 发呆无为 交谈	个人 个人 个人 室友2/3人	睡眠 视听 发呆无为 就餐	个人 个人 个人 个人（特定）	睡眠 发呆无为 就餐 家务	个人 个人 个人（特定） 个人
Ⅱ	居室共用空间	家务 交谈 发呆无为 如厕	个人 室友2/3人 个人 个人	家务 如厕 视听 饮食	个人 个人 同居室 个人（特定）	就餐 发呆无为 如厕 视听	居室全员 个人 个人 室友2/3人
Ⅲ	单元共用空间	就餐 交谈 下棋 观察、发呆	身心较弱者 好友、自然聚集 特定的数人 个人	就餐 交谈 移动 家务	全员 好友、自然聚集 个人 个人	视听 下棋 交谈 散步健身	自然聚集 特定的数人 好友、自然聚集 个人
Ⅳ	设施公共空间	午晚餐 设施做操 交谈	身心较强者 希望参加者 自然聚集	下棋 阅读 发呆无为 设施活动	特定数人 个人 个人 希望参加者	散步健身 下棋 设施活动 交谈	个人 特定的数人 希望参加者 自然聚集或好友
Ⅴ	管理服务空间	厨房帮忙	特定的数人	医疗	—	—	—
Ⅵ	设施外	散步健身	个人	医疗 购物	个人、好友 个人	医疗 家人探访	个人及护理员 个人及家人

Ⅰ.个人空间(52.8%):三家设施在利用行为上最高的是必需行为(均超过20%),主要行为是睡眠、发呆无为、视听、家务、饮食,拓展行为是交谈、小憩、观察、美容、家人探访等。该空间领域所发生的行为多以生活必需的、个人的、私密性的行为为主。三家养老设施都有午睡制度,这使得睡眠、小憩行为的发生频率和持续时间都比较明显高于其他,另外,Y设施中也有相当比例的静养行为。老年人在养老设施内社交圈子不大,大多与同居室的老年人更为熟络,视听、交谈行为比例也较高;当然男性老年人和女性老年人这种规律也有差异,相比而言,同居室女性老年人间的行为互动更丰富。

Ⅱ.居室共用空间(20.5%):主要行为是饮食、发呆无为、家务、如厕、视听,拓展行为是交谈、美容、阅读、观察、小憩等。该空间领域所发生的行为除了基本的生活必需行为外,个人的静养、娱乐休闲以及密友间的交谈等社交行为也比较多。居室共用空间的使用方式与普通家庭的起居室比较接近,是对空间有共同控制权的同居室人日常交流的场所,在别人进入时有固定的主客关系。

Ⅲ.单元共用空间(18.5%):主要行为是饮食、交谈、发呆无为、视听、散步健身,拓展行为是移动、集体娱乐(棋牌)、观察、家务、洗浴等。单元共用空间是老年人居室外最主要的活动场所,老年人和自己朋友的交流大多发生在此类空间中。类型Ⅰ、Ⅱ老年人是单元共用空间的主要使用群体,部分类型Ⅲ老年人也较多地利用。W单元共用空间的利用除了生活必需的就餐行为外,社交休闲行为较多,利用行为多样;H设施使用单元共用空间的比例虽不高,但使用行为多样;Y单元共用空间的利用以视听、下棋、交谈等休闲社交行为为主,利用行为自主、多样。

Ⅳ.设施公共空间(7.3%):主要行为是集体娱乐(棋牌)、散步健身、设施活动、阅读、交谈;拓展行为是就餐、发呆无为、小憩、观察、移动等。设施公共空间因使用上的弹性,被建筑师作为形式、空间造型的重点处理部位,因此因设施而异,不同设施的使用方式也各有特色;但总体上,设施公共空间是管理服务者和老年人进行集体性交流的地方。类型Ⅰ老年人身心机能较强,生活行为能拓展到设施公共空间,参加各项设施组织的娱乐休闲与社交活动;而类型Ⅱ、Ⅲ老年人由于行动不便则较少拓展到设施公共空间。W设施公共空间的利用以就餐等必需行为为主,空间利用比较单一;H、Y设施公共空间的利用率(13.6%、4.2%)虽然相差较大,但利用行为则以下棋、设施活动、散步等休闲、社交行为居多,空间利用非常多样。

Ⅴ.管理服务空间(0.0%):为身心较健康并有社会作用意识的个别老年人进行医疗咨询、厨房帮忙等社会作用行为以及与管理员的业务咨询与交流等行为的空间。管理服务空间是设施的重要构成部分,维持着设施的正常运作。但对于老年人来说,这不是老年人的利用空间,此种观感和城市居民对城市公共设施的认知比较接近,都属于意象淡漠的空间区域。

Ⅵ. 设施外（0.9%）：三家设施因区位条件不同，使得入住者使用的户外空间资源与周边环境不同，但三家设施老年人的外出行为比较少。设施外的主要行为多为外出医疗咨询、个人的散步与健身、买东西以及家人陪伴下的散步等。设施外的空间是真正意义上的城市空间，但仅有很少的老人能够被允许参与，这也反映了养老设施在城市空间中的割裂状态。

4.1.3　不同身心机能老年人生活行为的拓展特征

表4-3为不同身心机能老年人的生活行为的拓展特征，可以看出生活行为及生活领域的拓展因个人身心状况的差别而呈现出显著不同。

类型Ⅰ老年人：该类型老年人活动领域最广，由居室向单元、设施层级逐渐扩散，甚至个别老年人拓展至设施外，各个空间领域的滞留率比较平均；居室内除了必需行为外，也有较多的休闲娱乐、社交等行为的发生；居室外部空间被广泛、多样地利用，其中以休闲、社交行为居多。类型Ⅰ老年人大多能够自主地利用设施内的空间环境及活动资源，能够根据个人目的自主地选择公共空间，拓展自己的活动领域、丰富生活行为。如能自主地选择利用图书室、棋牌室等各类公共活动室等，此外，类型Ⅰ老年人有将活动领域向室外空间、设施外空间展开的需求。可达性较好、活动组织丰富的设施公共空间（如H设施）更有利于该类型老年人日常生活的拓展。

类型Ⅱ老年人：活动领域较类型Ⅰ略小，居室外领域活动以单元共用空间为生活据点，在调查中发现这类老年人对空间的使用分化状态明显，时间分布上或者在个人空间或者在公共空间，持续时间均比较长；另外生活行为以单元内部为主，适当向单元外拓展；居室外行为较为多样，处于此老化程度的老年人更希望和别人交流，因此能够创造出更多的人际互动方式。类型Ⅱ老年人的活动领域易因设施空间环境的不同而受到影响，丰富的单元共用空间（如W设施）更有利于类型Ⅱ老年人日常生活的拓展。

类型Ⅲ老年人：此类型老年人身心机能最弱、活动领域较小，基本局限在个人床位附近，除设施规定在居室外进行的三餐、洗浴等必需行为外，很少在居室外活动。对公共空间等因使用较少而基本没有需求，也就不会因此而产生行为分布上的变化。类型Ⅲ老年人在设施内自主地展开生活非常困难，一日中几乎都是在护理员目光所及的范围内度过，其生活则显示出很强的被护理、被日程活动规定的特点。居室共用空间丰富的H设施，小规模开放活动厅的W设施利于类型Ⅲ老年人日常生活的拓展。

总之，设施环境对不同身心机能老年人生活行为的拓展影响不同，类型Ⅰ、Ⅱ老年人更易受设施空间结构等物质空间环境等因素的影响，但类型Ⅰ、Ⅱ老年人多数能灵活地利用设施提供的空间环境，自主地展开生活行为。而类型Ⅲ老年人的生活则受设施社会的、管理的环境影响较大，显示出很强的被护理、被日程活动规定的特点。

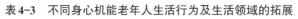

表4-3　不同身心机能老年人生活行为及生活领域的拓展

	类型Ⅰ	类型Ⅱ	类型Ⅲ
Ⅵ Ⅴ Ⅳ Ⅲ Ⅱ Ⅰ	生活领域范围更广，向单元外、设施外进一步扩展。寝室外空间被广泛地利用，休闲、社交行为较另2个群体显著增加。个人空间利用率最低，必需行为最少，能较自主地安排生活	生活领域主要在单元内，并渐向单元外扩展。单元共用空间被较多地利用，利用行为也较为多样	生活领域较小，局限在床位附近。必需、静养行为较多，休闲、社交较少，医护需求明显增加
	0%　20%　40%　60%　80%	0%　20%　40%　60%　80%	0%　20%　40%　60%　80%
图例	■必需行为 □静养行为 ▤休闲行为 ▨社交行为 □照料行为 ▧移动其他		

各空间领域的选择频率 图例： □W设施 ▤H设施 ▥Y设施	个人空间 / 居室共用空间 / 设施外 / 服务管理空间 / 单元共用空间 / 设施公共空间 (60.0% 40.0% 20.0% 0.0%)	个人空间 / 居室共用空间 / 设施外 / 服务管理空间 / 单元共用空间 / 设施公共空间 (60.0% 40.0% 20.0% 0.0%)	个人空间 / 居室共用空间 / 设施外 / 服务管理空间 / 单元共用空间 / 设施公共空间 (100.0% 80.0% 60.0% 40.0% 20.0% 0.0%)
活动领域的广度 — W设施	老年人在个人空间的滞留较多，日常生活在除服务管理外的各个空间领域展开，但个人活动的范围相对集中在单元内部	老年人在个人空间的滞留最少(46.1%)，居室外的利用最多(30.0%)，并几乎集中在单元内部，单元共用空间是重要的生活场所	老年人主要在个人空间滞留，此外在单元共用空间也能较长时间地利用(8.7%)，相对其他两家设施，居室外活动时间最长
活动领域的广度 — H设施	老年人除了在单元共用空间的滞留外，设施公共空间的利用也比较多(21.5%)，日常生活在除服务管理外的各个领域广泛地均衡展开，个人活动的范围较广	老年人居室外的主要活动领域，相对均衡地利用单元内外的公共空间，个人活动的范围相对较广，但居室外的活动时间较W设施略少	老年人除了在个人空间主要滞留外，在居室共用空间也较多地利用(20.5%)，相对其他两家设施，个人活动的范围较广
活动领域的广度 — Y设施	老年人在个人空间的滞留最少(28.9%)，日常生活在除服务管理外的各个领域广泛地展开，个人活动的范围较广	老年人在居室外的利用最少，日常生活几乎集中于居室内，个人活动的范围较窄	老年人在个人空间的滞留最多(88.9%)，其他空间领域都较少地、被动地利用
活动领域的广度	活动领域最广；各空间领域的滞留率比较平均；公共活动室比较分散的H设施利于类型Ⅰ的生活拓展	活动领域较类型Ⅰ略小；居室外领域活动以单元共用空间为生活据点，小规模、开放活动厅的W设施利于类型Ⅱ的生活拓展	活动领域较小；基本局限在个人床位附近；居室共用空间丰富的H设施，小规模开放活动厅的W设施利于类型Ⅲ的生活拓展

4.1.4　老年人生活行为拓展的影响因素

4.1.4.1　各层级空间面积配比的影响

图4-11为三家设施的不同层级空间领域的利用率(柱形)及不同层级空间领域的人均面积(折线)。如图所示,居室空间面积配比为40%左右,而居室空间的利用率则在70%左右;单元共用空间面积配比约为30%,利用率则在20%左右;设施公共空间面积配比在20%左右,在空间利用上除H设施有13.7%的利用率外,而W、Y设施则不到5%的选择利用。可见,"居室空间(Ⅰ、Ⅱ)"、"设施公共空间(Ⅳ)"和"管理服务空间(Ⅴ)"的面积配比与利用率没有明显的联系,而"单元共用空间(Ⅲ)"则有面积配比越高,利用率也越高的倾向。可见,空间领域的面积配比不是决定空间利用率的主要因素,设施各空间领域的面积并不是越大越好,而应根据不同空间的领域性质而配置合适的面积。

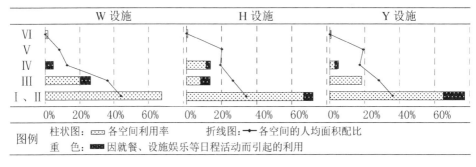

图4-11　不同层级空间领域的利用率及人均面积配比

4.1.4.2　空间结构的影响

三家设施的空间结构如图4-2—图4-5所示,主要区别是"单元共用空间(Ⅲ)"与"设施公共空间(Ⅳ)"的关系不同(H设施同层、W设施不同层、Y设施不同楼)。因此,空间结构对于老年人生活行为拓展的影响,主要体现在老年人在居室外共用空间(Ⅲ、Ⅳ)的行为展开上,如图4-12所示。

W设施,相对独立的护理单元通过垂直交通与其他单元、公共空间相连,空间界限明显,护理单元相对独立。单元内的活动厅、谈话角落、护理台等之间没有隔断,并位于走廊动线旁边,空间开放通透、可达性强且便于护理员的视线监护,单元共用空间(Ⅲ)的利用率较高(26.0%)。与此相对,单元外的餐厅、健身厅等设施公共空间(Ⅳ)则仅在就餐时间被部分自理能力较强的老年人所利用(4.7%),利用时间和行为都受设施管理所限制,日程活动以外的利用几乎为零。

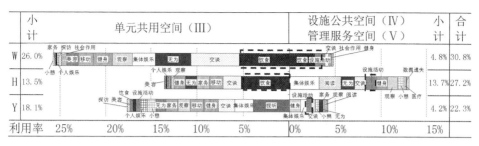

图4-12　居室外各空间领域的利用率与利用行为（粗虚线框内为日程活动）

H设施，作为设施公共空间的各个活动室分散在各楼层的交通核附近，与护理单元没有明显的空间界限，护理单元相对开放。总体上单元内共用空间（Ⅲ）的利用率不高（13.5%）。而单元外的各类活动室等设施公共空间（Ⅳ）因位于交通核附近，具有选择性且可达性较强，则被相对广泛地使用（13.6%）。虽然各个活动室是整个设施公用的，但实际使用过程中，所在楼层老年人使用得较多。

Y设施，护理单元比较独立，与W设施相似，但设施公共空间（Ⅳ）分散在不同的楼内，与各护理单元的关系更弱。单元内的各个居室及活动室、谈话角落等通过一条阴暗而狭长的走廊相连，单元共用空间（Ⅲ）单调乏味、通透性差，较W设施的利用率略低（18.1%）。而单元外公共空间（Ⅳ）的利用上，因各个活动室相对分散，且距护理单元较远可达性差，仅在日程活动时间被少数类型Ⅰ老年人所利用（4.2%）。

由比较可知，单元的开放性、单元共用空间（Ⅲ）与设施公共空间（Ⅳ）的领域层次的关系不同，对于老年人生活行为的拓展有着重要的影响。W设施因护理单元相对独立，单元内的各场所数量多且功能多元开放，单元主要活动空间视线通透、空间可达性好等，有利于不同类型的老年人对居室外空间的多样利用，特别是对身心机能较弱的类型Ⅱ老年人的生活向居室外拓展有益影响。而H设施的护理单元相对开放、设施公共空间的各个场所可达性强，有相应活动日程支撑，有利于老年人（特别是类型Ⅰ老年人）生活领域的拓展。

4.1.4.3　管理运营、社会关系制度的影响

如图4-12所示在调查间内，将三餐、设施组织娱乐等日程活动而引起的空间利用用粗虚线框区分开来，各设施有如下特征：

W设施，日程安排中规定"类型Ⅰ老年人"在设施公共餐厅进行午、晚餐，而其他老年人则在所属单元共用的活动室就餐。设施公共空间（Ⅳ）基本只是在日程活动时间内才被有效利用，而单元共用空间（Ⅲ）作为老年人主体的生活场所，空间领域的意义就有很大的不同。

H设施，日程安排中的就餐行为都发生在单元共用的小餐厅，老年人可根据自身情况选择在居室内就餐；而老年人选择性参加的设施组织的娱乐活动则在设施公共空间（Ⅳ）进行；与W设施不同，设施公共空间除日程活动外自发组织的集体娱乐行为也非常丰富。

Y设施，日程安排的就餐行为在居室内进行，老年人有选择性参加的设施娱乐活动则在设施公共空间（Ⅳ）进行，居室外公共空间的利用受日程活动的影响不大。

可见，设施的就餐制度和设施娱乐活动的利用场所不同，对空间领域的利用产生的一定的影响，特别是设施公共空间（Ⅳ）的利用率、利用时段较大程度上受日程活动的影响。只有在设施公共空间安排有适合的、丰富的日程活动，才可能被更多地、丰富地利用。

4.2 空间形态与老年人生活场所的选择

前一节通过对设施的空间结构与老年人生活行为拓展的调研，分析了设施空间结构和空间领域层级的意义以及老年人生活展开的影响因素。本节将进一步以居室外共用空间，即"单元共用空间（Ⅲ）"与"设施公共空间（Ⅳ）"的各个场所作为调查分析对象，将老年人的生活情景读入建筑平面，借助对各个场所的利用率、利用行为、行为场景等的分析，探讨居室外共用空间的特性，分析各个场所的空间环境、管理方式与老年人空间选择及利用方式的关系，从中发现各种相关性，进而为居室外共用空间的设计提出建议。

4.2.1 各单元老年人生活场所的选择

调查选取W、H、Y设施的各2个楼层为调查对象。其中W3、H5、Yr2的老年人群体身心机能水平相对较弱，为介护楼层；W4、H3、Yd2的老年人群体身心机能水平相对较好，为介助楼层。主要从老年人对各个场所的选择率、行为内容比，来把握老年人在居室外各个共用场所的选择倾向及利用行为的差异。

4.2.1.1 各楼层的空间形态

三家设施均以楼层作为一个护理小组的管理范围，即一个楼层的所有老年人为一个护理单元，以护理小组的规模为设施构成的基本单元。它是居室（Ⅰ、Ⅱ）群及周边的共用空间（Ⅲ）的集合体，是老年人日常生活起居的中心，是老年人最近身的日常生活的空间范围。将各楼层根据居室与单元内共用空间的组合方式不同进行

模式化,整理出单元内部的空间形态模式图表(表4-4),三家设施有如下特征(设施平面图参见第2.4.2节):

表4-4　各单元的场所配置与空间形态模式

类型	代表单元	模 式 图	特 征
单元独立型	W3、W4		少数居室和共用空间形成小规模且独立性高的单元
层级构成型	H3、H5		共用空间分散设置,由少数居室共用到全体共用,成阶段性配置
分离型	Yr2、Yd2		共用空间离居室独立配置,通过走廊与居室相连。居室通常沿走廊一侧或两侧成直线配置

W3与W4为"独立型"单元形态:少数居室与开放的共用活动厅形成半围合、小规模的、独立性较高的单元空间形态。单元有相对明显的空间领域界限,独立性较高、整体性较强。

H3与H5为"层级构成型"单元形态:少数居室专属的空间和全体居室共享的空间构成阶段性的公共空间配置模式。H设施中包含由建筑两侧的单元共用的餐厅与谈话角落,建筑中间的设施公共活动室、电梯厅,居室外的共用空间,这些共同实现了阶段构成的领域层级结构。护理单元通过平层走廊与公共空间直接相连,虽然有管理上有明确的空间使用权的划分,但在空间结构上没有明确的空间领域界限,单元相对开放,整体性比较弱。

Yr2,Yd2虽建筑平面不尽相同,但均为"分离型"的单元形态:单元平面一般为直线型,所有居室、房间沿走廊一侧或两侧直线配置,单元的共用活动室离居室独立配置,通过走廊与居室相连,空间形态呆板、缺乏变化。单元一般以整个楼层为单位,有一定的空间领域界限,独立性较高,但规模较大。

4.2.1.2 老年人的生活场所选择倾向

1. W3、W4单元(图4-13、图4-14)

单元独立型的W设施中,单元内的活动厅、谈话角落、护理台等之间没有隔断,并位于走廊动线旁边,空间开放通透、可达性强且便于护理员的视线监护;活动厅兼做餐厅,并与电梯紧邻,多种功能属性并置;单元较小的面积使得活动空间与老年人居室的关系非常紧密,半数以上的居室能够直接看到这些活动场所。因此,W设施单元共用空间(Ⅲ)的利用率较高,介助单元W4(31%)与介护单元W3(28%)的利用率相差也不大。

单元内部的活动厅是单元内最主要的停留场所,除就餐时间作为类型Ⅱ、Ⅲ老年人就餐场所外,非日程时间被所有(特别是类型Ⅰ)老年人作为下棋、交谈、健身活动的生活场所,被主体、多样、广泛地利用。活动厅的行为半数以上由饮食行为构成,其次为集体娱乐,再次为交谈行为;使用的老年人以类型Ⅰ比例最多,其他类型老年人的使用比例均较为均衡,没有因身心机能不同而有明显的差别。沙发1、2距活动厅较近、无视线上的遮挡,常被部分老年人作为一时小憩、观察别人以及亲密交谈的场所来使用,与活动厅不同,这里自发性的、亲密的行为比较多;此类空间座椅更为舒适,空间照度较低,别人打扰较少,更受类型Ⅱ、Ⅲ老年人青睐。阳台因能与大自然直接接触,被类型Ⅰ、Ⅱ老年人作为健身散步、观看眺望、交谈等的场所,被多数老年人所喜爱。走廊除了基本的移动行为外,老年人健身散步、观察活动厅情况以及偶遇打招呼等随机性的行为也较多。作为共用服务的厨房、浴室等则被老年人偶发性地使用。

单元外的餐厅仅在就餐时间被W4老年人和W3部分类型Ⅰ老年人所利用,利用时间和行为都受设施管理所限制,日程活动以外的利用几乎为零;而健身室因与餐厅相连,仅在就餐前后的等待时间的交谈、小憩等被老年人一时性地利用。

W设施的单元共用空间(Ⅲ)为老年人提供了数个选择性的场所,老年人可以根据自己的个人喜好设定自己日常的起居生活场所。而设施公共空间(Ⅳ)离单元距离较远,其利用时间、利用率都受日程活动的就餐行为所限制。

2. H3、H5单元(图4-15—图4-16)

H3、H5单元为层级构成型,作为设施公共空间的各个活动室分布在各楼层的交通核附近,将每个楼层自然分成两个部分,但与护理单元没有明显的空间界限,护理单元相对开放。单元共用空间(Ⅲ)的利用率不高,介助单元H3(23%)的利用率则明显高于介护单元H5(4%),显示相似的空间形态会因老年人身心机能的不同呈现完全不同的利用状态。

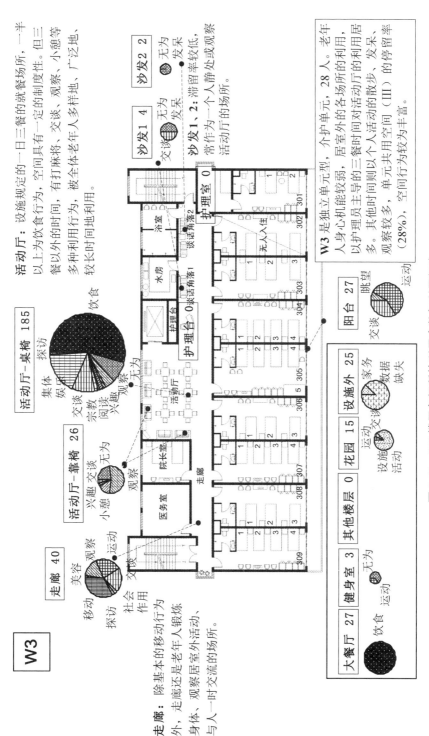

W3

走廊：除基本的移动行为
外，走廊还是老年人锻炼
身体、观察居室外活动、
与人一时交流的场所。

活动厅：设施规定的一日三餐的就餐场所，一半
以上为饮食行为，有打麻将，空间具有一定的制度性。但三
餐以外的时间，有打麻将、交谈、观察、小憩等
多种利用行为，被全体老年人多样地、广泛地、
较长时间地利用。

走廊 40
美容 观察
交谈 运动
移动
探访 社会
作用

活动厅－靠椅 26
兴趣 交谈
小憩 无为
观察

活动厅－桌椅 185
集体
娱乐 探访
宗教
阅读
兴趣 交谈 无为
观察 观察

饮食

沙发 1 4
交谈 无为
发呆

沙发 2 2
无为
发呆

沙发 1、2：滞留率较低，
常作为一个人静处或观察
活动厅的场所。

护理室 0

浴室
谈话角 2

水房
谈话角 1

护理台 0

无人入住

眺望 27
交谈 运动

阳台 27

设施外 25
家务
运动 交谈 数据
缺失

花园 15
设施 交谈
活动

其他楼层 0

健身室 3
无为
饮食 运动

大餐厅 27
饮食

W3 是独立单元型，介护单元，28 人。老年
人身心机能较弱，居室外的各场所的利用居
多。其他时间则以个人活动厅的散步、发呆、
观察较多，单元共用空间 (III) 的停留率
(28%)，空间行为较为丰富。

图 4-13　W3 楼层各场所的利用次数与利用行为

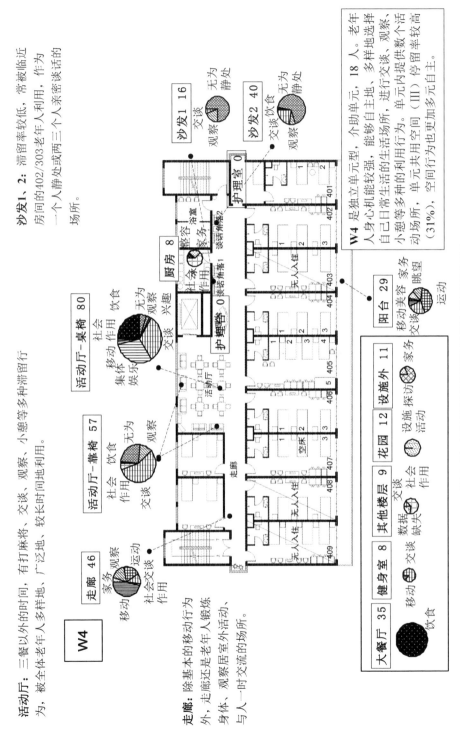

沙发1、2： 滞留率较低，常被临近房间的402/303老年人利用，作为一个人静处或两三人亲密谈话的场所。

活动厅： 三餐以外的时间，有打麻将、交谈、观察、小憩等多种滞留行为，被全体老年人多样地、广泛地、较长时间地利用。

走廊： 除基本的移动行为外，走廊还是老年人锻炼身体、观察居室外活动、与人一时交流的场所。

W4 是独立单元型、介助单元、18人。老年人身心机能较强，能够自主地、多样地选择自己日常生活场所，进行交谈、观察、小憩等多种的利用行为。单元内提供数个活动场所，单元共用空间（III）停留率较高（31%），空间行为也更加多元自主。

图4-14 W4楼层各场所的利用次数与利用行为

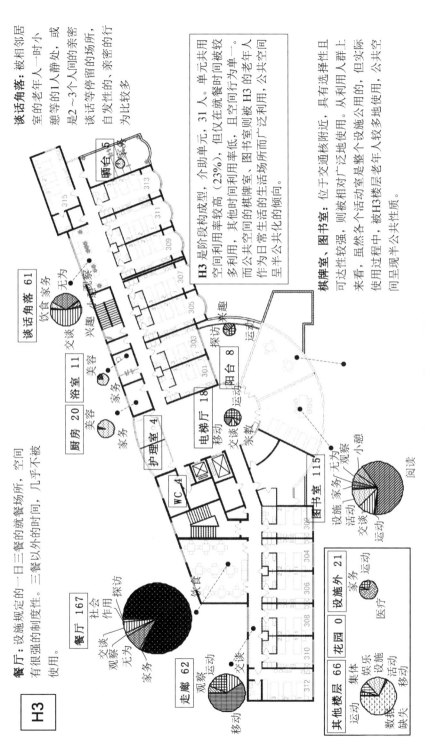

H3

餐厅：设施规定的一日三餐的就餐场所。空间有很强的制度性。三餐以外的时间，几乎不被使用。

谈话角落：被相邻居室的老年人一时小憩等的1人静处，或是2~3个人间的亲密谈话等停留的场所，自发性的、亲密的行为比较多

H3 是阶段构成型，介助单元，31 人。单元共用空间利用率较高（23%），但仅在就餐时间被较多利用，其他时间利用率较低，且空间行为单一。而公共空间的棋牌室、图书室则被 H3 的老年人作为日常生活的生活场所而广泛利用，公共空间呈半公共化的倾向。

棋牌室、图书室：位于交通核附近，具有选择性且可达性较强，则被相对广泛地使用。从利用人群上来看，虽然各个活动室是整个设施公用的，但实际使用过程中，被H3楼层老年人较多地使用，公共空间呈现半公共性质。

图 4-15　H3楼层各场所的利用次数与利用行为

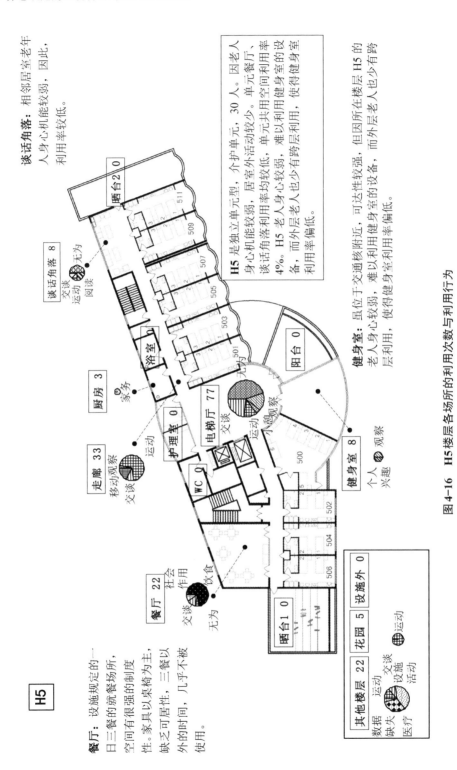

图 4-16 H5楼层各场所的利用次数与利用行为

单元内的餐厅位于单元西侧端部且功能单一,仅在就餐时间被身心机能较好的老年人在就餐时间前后、一时地利用,此外几乎不被利用,在就餐行为之外积极的行为较少。特别是 H5 单元的餐厅,因老年人身心机能较弱更多地在居室内用餐,即便在用餐时间利用率也很低。H3 的餐厅中允许老年人名义上占据自己就餐的位子[1],餐厅封闭且北向的采光较差,这些因素共同作用的结果就是在非就餐时间成为几乎完全无人使用的空间。谈话角落位于单元东侧端头,仅被相邻的 07、09、11、13 等居室的部分老年人作为一时小憩、发呆、观察过路者等 1 人静处,或 2～3 人间亲密谈话等的场所利用,自发性的、亲密的行为比较多,距离较远的老年人几乎不使用。阳台作为晾晒衣服的场所,与居室较远,发生的行为以家务为主。走廊除了基本移动行为外,老年人健身散步、观察居室外情况以及偶遇打招呼等一时性的行为居多。共用服务的厨房、水房等被类型Ⅰ、Ⅱ老年人作为洗涤、加热饭菜等家务行为的场所较多利用。与 W 设施不同,H 设施在单元内部提供的活动空间有限(仅 2 个),餐厅仅在就餐时使用,有较强的制度性,不被老年人所喜爱,而谈话角落受位置所限仅为周边居室老年人使用。

而单元外的各类活动室等设施公共空间,如 3F 的棋牌室、图书室以及 5F 的健身室,因位于交通核附近,具有选择性且可达性较强,则被相对广泛地使用。但从利用人群上来看,虽然各个活动室是整个设施公用的,但实际使用过程中,被所在楼层老年人较多地利用。

H 设施的单元共用空间(Ⅲ)为老年人提供的场所位置较偏彼此缺乏联系,且餐厅的制度性较强,因此单元共用空间的利用率较低。而作为设施公共空间(Ⅳ)的棋牌室等公共活动室,则显示出半公共性特征,体现为不同使用者集团的专属性。

3. Yr2、Yd2 单元(图 4-17—图 4-18)

Yr2、Yd2 为分离型,单元平面为直线型,所有居室、房间沿走廊一侧或两侧直线配置,单元的共用活动室离居室独立配置,通过走廊与居室相连,空间形态呆板、缺乏变化。同样的,介助单元 Yd2(29%)的利用率明显高于介护单元 Yr2(6%),即相似的空间形态因老年人身心机能不同呈现完全不同的利用状态。

Yr2 单元内的活动室设置在走廊尽端,加之老年人身心机能较差,因此很少被使用。沙发 1、2 被老年人作为一时小憩及密友交谈的场所,较为主体性地利用。共用服务的厨房、卫生间、浴室在观察时间内几乎没被使用。相对而言,Yd2 单元内的活动室因内设电视机,类型Ⅰ、Ⅱ的老年人经常自发地聚集来此观看电视,同

---

[1] 其他老年人的就餐位置尽管也相对固定,但和人际集团更接近,即老年人选择和朋友在一起吃饭,并在饭后闲聊。H3 设施的餐厅中的固定位置和社交无关,就餐过程和前后的时间段内人际互动很少,所以居室离餐厅较近的老年人也会选择将食物拿回自己的居室就餐。

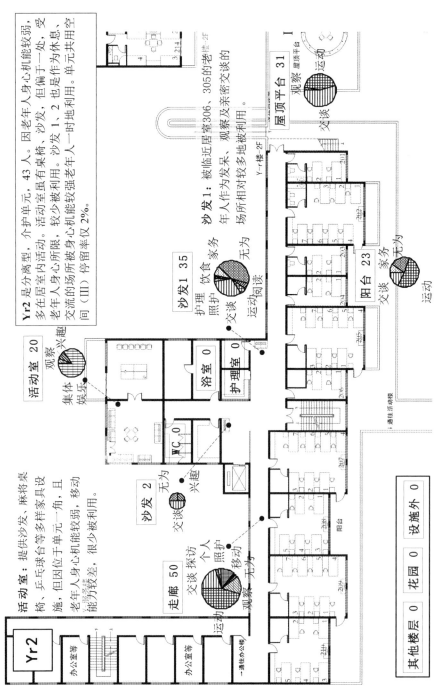

图 4-17 Yr2 楼层各场所的利用次数与利用行为

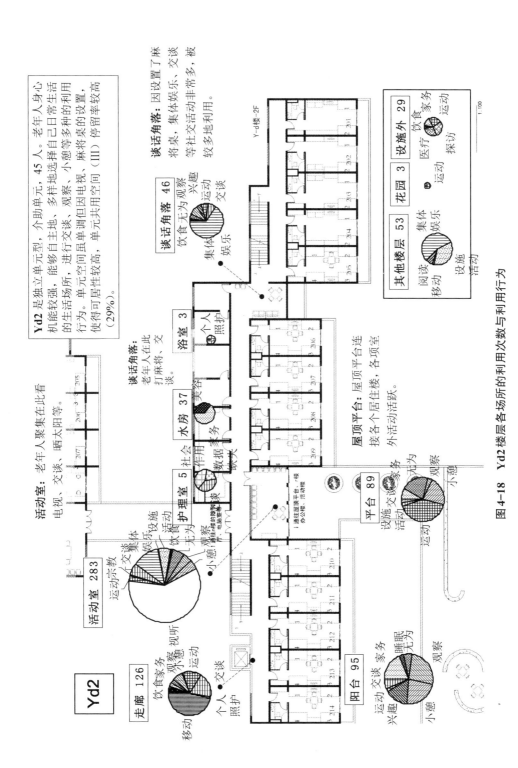

图 4-18　Yd2楼各层各场所的利用次数与利用行为

时产生小范围的交谈等社交活动,利用方式更加多样。谈话角落因设置了棋牌桌、集体娱乐、交谈等社交活动非常多,被较多地利用。因为居室多为四人间,Yd2居室内的卫生间不能满足使用需求,加之单元规模较大,共用服务的厨房、水房等被类型Ⅰ、Ⅱ老年人作为洗涤、洗碗筷、加热饭菜等家务行为的场所,相较其他调查单元利用率最高。

而单元外公共空间的利用上,因各活动室分布在其他楼之内,距护理单元水平距离和垂直距离均较远,可达性差,仅在日程活动时间被少数类型Ⅰ老年人所利用(4.2%)。

H设施的单元共用空间(Ⅲ)为老年人提供的场所少且选择性不足,走廊狭窄缺乏变化,老年人很难在单元内选择自己的活动场所。设施公共空间(Ⅳ)则设于居住楼之外,与单元的联系极弱可达性差,很少被利用。

4.2.1.3　6个单元老年人的场所选择倾向分析

由上面三家设施6个单元居室外各个场所的利用率及利用行为比较可知,独立或分离的单元空间形态差异对老年人的场所选择具有一定的影响,不同护理属性使用人群对相似单元空间的利用上也有显著不同(图4-19)。

单元独立型的W设施,单元内部的共用活动空间,为老年人提供数个选择性的场所,老年人根据自己的个人喜好作为自己日常的生活场所。而单元外公共空间离单元距离较远,其利用时间、利用率都受日程活动的就餐行为所限制。

层级构成型的H设施,单元为老年人提供的场所位置较偏彼此缺乏联系,且餐厅的制度性较强,因此单元内的利用率较低。而作为设施公共空间的棋牌室等公共活动空间,则显示出仅被所在楼层老年人使用的倾向。

分离型的Y设施,单元空间单调、走廊狭窄缺乏变化,活动场所单一人均面积较小,老年人(特别是身心机能较弱、活动意愿不高的老年人)较难在单元内选择自己的生活场所,居室外选择率最低。

在相似的空间环境下,单元属性为介助单元的W4、H2、Yd2的老年人平均身心机能较强,居室外各个场所的停留率比较高,对水房、厨房等服务

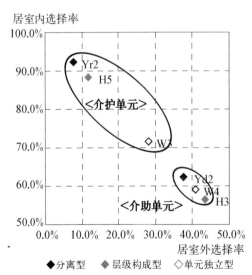

图4-19　6个单元老年人的居室外空间选择率

空间的利用率也较高。而单元属性为介护单元的 W3、H5、Yr2 的老年人平均身心机能较弱,居室外各个场所的选择率非常低;单元内的活动空间、动线空间利用率都较低,水房、厨房等单元服务空间几乎不被利用。W3 老年人的居室外利用率则明显高于同为介护单元的 H5、Yr2。可见单元独立型的空间形态更有利于身心机能较弱者对居室外空间,尤其是单元共用空间(Ⅲ)的利用。

4.2.2 由老年人行为来看居室外共用空间的意义

前面已经表明了独立或开放的单元空间形态对老年人的生活场所选择具有一定的影响,不同身心机能属性的老年人在相似空间环境中空间行为也有所不同。下文进一步考察在不同空间物质环境及老年人利用方式的共同作用下,空间中各个场所具有的不同特性。

4.2.2.1 行为场景的特征

本研究在第 2 章中将行为场景分为不同的 6 个类型(参见表 2–12),用不同类型的行为场景描述人参加该场景时与环境关系的差异。设施中共用空间展开的各个行为场景,对于老年人来说有着不同的特征以及不同的意义(表 4–5):

表 4–5 行为场景的特征(●: 特定、○: 不特定)

	主 体 性	时 间	场 所	人
a. 个人的活动	主体的	○	●	●
b. 亲密的关系	主体的	○	○	●
c. 目的性活动	主体的	●	●	●
d. 自然发生的聚集	主体的	○	●	○
e. 设施活动	被动的	●	●	●[1]
f. 一时性交流	偶发的	○	○	○

a. 个人的活动:是与他人无直接关系的个人的活动,是没有必要与他人相关的、个人性的行为,此种行为对于在集团生活中保持自立性与对自我的认可非常重要。但是,该场景并不是以完全的孤立为目的的,它也可以包含着远离但观察别人的行为,感受其中的氛围,或是包含着对与他人进行一时性交流的期待。

b. 亲密的关系:是好朋友间的共同行为,在小集体中相互确认"我和你"间的

---

[1] 为全体成员或是一部分特定的人群(因设施活动而不同)。

认同感,进而引起"我们"的归属感。该场景因有较高密度的交流,每个人能够较好地在小集体中表达、展示自我,但也容易对他人产生"我可否加入这个小团体"的心理负担。

c. 目的性活动:是为了实现某个目的而形成的行为场景。该场景的个人通过进行某个有目的的活动而在设施这个社会环境中体现自我的价值。这里的交流可能是种附带产生的行为,但是因为参加活动的成员是固定的、定期的,而容易取得交流的机会;该场景因为有明确的目的(比如自发的集体做操、下棋),所以即便是新加入也不会伴随心理的负担。

d. 自然发生的行为聚集:可以说是最常发生的行为场景。该场景虽然较难进行深层次的交流,但是能够轻易地加入或脱离,是最容易创造交流契机的场景。这里的个人可以自主地选择加入该场景或选择与他人发生互动,是能够比较自我地存在的行为场景。

e. 设施活动:是设施方提供的,任何人都可以参加,但是比较缺乏交流的契机。虽然能够提供与众人认识的机会,但是个人只是作为大众中共同活动的一员而存在,或是作为"被护理的自己""接受设施服务的自己"这种被动的、接受的存在。

f. 一时性交流:并不完全是偶发性的,比如在a.个人的活动以及e.设施活动的前后等,容易引起一时性交流。

4.2.2.2　居室外各场所展开的行为场景

设施内各个场所展开的行为场景以及各个场所因老年人行为所被赋予的意义如表4-6—表4-8所示。在空间功能比较相似的几个场所中,因空间物质条件、管理制度及使用人群的不同,呈现出多样的行为场景类型。

1. 单元共用空间(Ⅲ)——主要活动场所

图4-20、表4-6为6个单元共用空间(Ⅲ)中主要活动室(厅)的比较,这6个场所都是单元内最为主要的公共活动空间。

W3、W4单元的活动厅没有直接隔断、位于走廊的动线上、紧邻护理台,空间开放、可达性强又便于管理。长靠椅、兼具就餐和下棋功能的桌椅的设置使其空间功能比较具有可居性。不同身心机能的老年人在就餐、下棋等过程中易产生小范围的会话等自发的聚集,也促进了身心较弱者对集体活动的参与性。很多老年人就餐之后并不马上离开,而会继续和朋友交谈,呈现出行为的连续性。但W3的活动厅作为日程活动(就餐)的场所,空间的管理性较强;而W4的活动厅,除了早餐时间外,目的性活动、个人的活动等行为场景也多有发生,空间行为更加多元与自主。H3、H5单元的餐厅因其位置在单元一侧且空间功能单一,仅设

W3 活动厅	H5 餐厅	Yr2 活动室

设施活动——就餐	设施活动——就餐前等候 一时性交流——待餐、交谈	目的性活动——下棋

W4 活动厅	H3 餐厅	Yd2 活动室

目的性活动——打麻将 自然发生的聚集——观看	设施活动——就餐 一时性交流——待餐、交谈	个人的活动——健身 目的性活动——看电视

图4-20 单元共用空间(Ⅲ)的各个主要活动场所的行为场景示例

置数套就餐桌椅,只在就餐时间段被利用;行为场景以日程活动(就餐)最多,空间的管理性、制度性最强。Yr2单元的活动室尽管设置了沙发、棋牌桌、乒乓球台、电视机以及屋顶平台,但因其位于单元尽端,距离所有房间都较远,可达性较差,加之入住的老年人身心机能普遍偏低等,空间的利用率极低,主要行为场景也比较单一,以目的性活动(下棋)为主。而同为分离型的Yd2单元的活动室位于整个单元最中间具有一定的可达性,整片的玻璃增强了它的通透性,紧邻屋顶平台的设计又使其空间具有一定的流通性,距离护理室较近便于护理员视线上的护理,增强了空间的安全感;加之设置了座椅、棋牌桌,特别是设置了电视机,使其空间功能具有可居性。因此,看电视、下棋等目的性活动的行为场景较多,并引起自发地聚集的交谈等,行为场景非常多样,被类型Ⅰ、Ⅱ老年人广泛地、自主地利用。

  2. 单元共用空间(Ⅲ)——角落空间
  图4-21、表4-7为6个单元共用空间中的谈话角落(沙发),它们都是由走廊拓宽而成的、面积不大的,放置沙发、茶几等家具的角落空间。但因其各自与动线的关系不同、设置家具物品的不同等,呈现不同的利用方式和空间特性。
  W3、W4单元的沙发1、2位于单元一侧,设置了沙发和茶几,行为场景以发呆、

W3沙发1、2

H5谈话角落

Yr2沙发2

亲密的关系——交谈 　　　亲密的关系——交谈 　　　个人的活动——等候

W4沙发1、2

H3谈话角落

Yd2谈话角落

个人的活动——小憩、发呆 　　个人的活动——赏花 　　目的性的活动——下棋
　　　　　　　　　　　　　　　　　　　　　　　自然发生的聚集——观看

图4-21　单元共用空间(Ⅲ)的各个角落空间的行为场景示例

静养等个人的活动或是2、3人交谈等亲密的关系为主。H3、H5单元的谈话角落位于单元一端,设置了沙发和茶几,较多地被相邻居室的老年人所利用。行为场景以发呆、静养等个人的活动或是2、3人交谈等亲密的关系为主。Yr2的沙发1、2因为位于单元中部且邻近电梯,往来移动较为频繁,常被老年人作为一时停留、小憩的场所。而Yd2的谈话角落因设置了棋牌桌,类型Ⅰ、Ⅱ老年人下棋目的性活动等行为场景较多,并引起自发地聚集的交谈等,行为场景较为多样,被所有老年人广泛地、自主地利用。因此,与其他谈话角的半私密的领域特征不同,呈现半公共的空间领域特征。

3.设施公共空间(Ⅳ)的各个活动场所

图4-22、表4-8为三家设施公共空间(Ⅳ)各个活动场所的典型代表,现通过行为场景分析其基本特征。

W设施的大餐厅、健身厅、多功能厅,H设施的电影放映室,Y设施的大餐厅、电脑室等,作为设施日程活动的场所,被管理者控制的空间特性很强,强制地限定老年人在日程活动时间段(如就餐时间)使用,空间的利用缺乏多样性,行为场景也以设施活动为主,空间的制度性较强。而H设施的公共活动场所虽名义上为设施全体老年人所公用,但实际上,以活动室所在楼层老年人的使用最多,因此公共空间呈现半公共化的领域倾向,并且,由于所在楼层的老年人身心机能不同,而呈现不同的空间

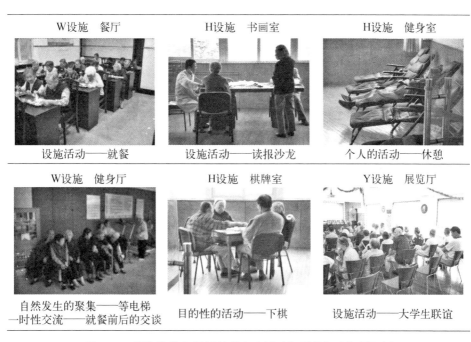

图4-22　设施公共空间(Ⅳ)的各个活动场所的行为场景示例

特性。如介助单元H3的棋牌室、图书室,作为下棋、读报等目的性活动的场所,易引起自发地聚集的交谈等行为场景,空间的利用行为较为多样,行为场景丰富。而H5的健身室,H5老年人身心较弱利用不多,而其他老年人也很少跨楼层利用,利用率偏低。

4. 小结

在老年人的利用行为、场所的物质空间条件与管理制度环境的共同作用下,不同的空间场所呈现出不同类型的、多样的行为场景。这些行为场景包含着老年人不同的空间利用方式以及行为与交流互动的内涵。行为场景是联系老年人与他人、老年人与设施环境的媒介,老年人通过各个空间展开的各种各样的行为场景与环境发生关系,并以此为基点展开与设施环境的互动关系。同时,老年人通过场所内发生的各种各样的行为场景,赋予设施内的各个场所以意义,并在个人的能力与归属感、与他人关系性的互动中获得自我的确认。

本节研究行为场景的目的,不仅在于探讨老年人通过行为场景赋予空间以意义,更在于它提示设计者可以通过对空间的物质条件、管理社会关系等的组织,来促发某种行为场景,进而吸引老年人加入该场景模式之中。老年人调节自己的行为以符合进入场景的条件,而行为场景的内容在老年人行为的共同形态中被指认出来,二者相互作用进而形成更为丰富的、主体性的行为活动。

表4-6 单元共用(Ⅲ)各主要活动空间的使用状况与空间特性

Ⅲ. 单元共用空间——活动厅(室)、餐厅	W		H		Y	
	W3活动厅	W4活动厅	H3餐厅	H5餐厅	Yr2活动室	Yd2活动室
物质环境 1)空间关系性,面积(人均面积) 2)动线设计,居室到彼此的平均距离(最短—最长) 3)家具配置	1)开敞空间,38 m²(1.2 m²/人) 2)单元中部走廊边直接可入,7 m(0 m~15 m) 3)6组四人桌椅,5组沙发、书报架	1)开敞空间,38 m²(1.2 m²) 2)单元中部走廊边直接可入,7 m(0 m~15 m) 3)6组四人桌椅,5组沙发、书报架	1)外部可视的大玻璃窗的房间,55 m²(1.8 m²/人) 2)单元端部,35 m(1 m~52 m) 3)8组四人桌椅,1个分餐桌	1)外部可视的大玻璃窗的房间,55 m²(1.8 m²/人) 2)单元端部,30 m(1 m~45 m) 3)8组四人桌椅,1个分餐桌	1)单元尽头房间,32 m²(2.1 m²/人) 2)单元端部,10 m(4 m~33 m) 3)1组棋牌桌椅,5组沙发、书报架	1)外部可视的大玻璃窗的房间,32 m²(0.7 m²/人) 2)单元中间,18 m(2 m~40 m) 3)1组棋牌桌椅,10把椅子、电视机
利用实例	11:15,护理员分餐,所有老年人在此吃饭,少数老年人边吃边聊。	10:00,4人下棋,1人回居室吃饭,人回活动厅看下棋,活动厅看下棋,2人在沙发交谈,护理员一旁监视。	11:00,全体老年人在餐厅吃饭,边吃边交谈,护理员分餐。	11:15,部分有移动能力的老年人来吃饭,边吃边交谈,护工来领餐给不能移动的人带回居室。	4人在下棋,1个人步来到门口停留,看一会儿后又折回。	4人下棋,1人在旁观看,2人在交谈,其他人在看电视,走廊上1人透过玻璃观察活动厅。

图例: 入住者 护理员 移动路径 视线方向 交流集团

续　表

	W		H		Y	
III. 单元共用空间——活动厅(室)、餐厅	W3活动厅	W4活动厅	H3餐厅	H5餐厅	Y2活动室	Yd2活动室
行为场景 a. 个人的活动 b. 亲密的关系 c. 目的性活动 d. 自然发生的聚集 e. 设施活动 f. 一时性交流	（雷达图：个人的活动、亲密的关系、目的性活动、自然发生的聚集、设施活动、一时性交流；刻度100、50）	（雷达图：同上）	（雷达图：同上）	（雷达图：同上）	（雷达图：同上）	（雷达图：同上）
利用实态 1) 主要利用人群 2) 利用的多样性（设施日程内容、时间） 3) 行为场景的意义	1) 单元全体人员 2) 日程活动以外的利用一般（每日三餐） 3) 目的性的、较主体的	1) 单元全体人员 2) 日程活动较多利用（每日早餐） 3) 目的性的、主体的	1) 单元全体人员 2) 日程活动（每日三餐）利用、被动的、一时的 3) 被动的、一时的	1) 单元内类型Ⅰ、Ⅱ老年人 2) 日程活动以外不被利用（每日三餐） 3) 被动的、一时的	1) 单元内类型Ⅰ、Ⅱ老年人 2) 极少利用（设安排日程活动） 3) 目的性的、较主体的	1) 单元全体老年人 2) 看电视、跳舞、打牌等多样利用 3) 目的性的、个人的、主体的
空间的共同的公共性 1) 管理性 2) 共同性 3) 开放性	1) 较强 2) 共同实践的（强制地聚集） 3) 允许多样性（自由地参加）	1) 较弱 2) 共同实践的、自律的 3) 允许多样性、自由地参加	1) 强 2) 强制的聚集 3) 完结的关系	1) 强 2) 强制的聚集 3) 完结的关系	1) 弱 2) 自然发生的 3) 允许多样性	1) 较弱 2) 自由发生的 3) 允许多样性
领域特征	半公共	半公共	半公共	半公共	半公共	半公共

表4-7 单元共用空间(Ⅲ)各角落场所的使用状况与空间特性

Ⅲ. 单元共用空间——沙发、谈话角落		W		H		Y	
		W3沙发1,2	W4沙发1,2	H3谈话角落	H5谈话角落	Yr2沙发1,2	Yd2谈话角落
物质环境	1) 空间关系性，面积(人均面积) 2) 动线设计，居室到彼此的平均距离(最短-最长) 3) 家具配置	1) 走廊一侧，紧邻护理台、活动厅，5 m²(0.16 m²/人) 2) 单元端部，10 m (0 m~25 m) 3) 三人沙发、茶几	1) 走廊一侧，紧邻护理台、活动厅，5 m²(0.16 m²/人) 2) 单元端部，10 m (0 m~25 m) 3) 2个单人沙发、茶几	1) 走廊端部，23 m² (0.8 m²/人) 2) 单元端部，26 m (0 m~55 m) 3) 2组三人沙发加2个单人沙发加茶几	1) 走廊端部，23 m² (0.8 m²/人) 2) 单元端部，26 m (0 m~55 m) 3) 2组三人沙发、2组2个单人沙发加茶几	1) 走廊一侧，紧邻护理室，32 m² (2.1 m²/人) 2) 走廊中部，10 m (4 m~33 m) 3) 各个双人沙发	1) 走廊转角处拓宽，32 m² (2.1 m²/人) 2) 单元偏中部，10 m (4 m~33 m) 3) 1组棋牌桌椅，2沙发2椅子
利用实例		15:00，2人在沙发处亲密交谈，护理员尔后加入该谈话，1人静坐在沙发2处静听交谈内容及观察来住人员	16:15，1人坐在沙发1处观察在活动厅下棋的老年人，1人在一旁静坐的老年人，1人在沙发2处闲目，休憩	16:30，3人在一起亲密的交谈，另1人在角落处的沙发上整理个人物品，并将其他放在沙发一角	15:00，1人在角落处的沙发静坐闭目，休憩	15:45，沙发1处人在交谈；17:00，沙发2处人在等候电梯	09:45，4人在下棋，1人在沙发处吸烟，并与过路的人打招呼交谈，1人在角落处交谈走廊坐，观察来住人员

图例：入住者　护理员　移动路径　移动方向　交流集团

续表

Ⅲ. 单元共用空间——沙发、谈话角落	W		H		Y	
	W3沙发1,2	W4沙发1,2	H3谈话角落	H5谈话角落	Yr2沙发1,2	Yd2谈话角落
行为场景 a. 个人的活动 b. 亲密的关系 c. 目的性活动 d. 自然发生的聚集 e. 设施活动 f. 一时性交流	(图)	(图)	(图)	(图)	(图)	(图)
利用实态 1) 主要利用人群 2) 利用的多样性(设施日程内容、时间) 3) 行为场景的意义	1) 邻近居室301—304的老年人 2) 交谈、静养等较别人、观察多利用(没安排日程活动) 3) 主体的、个人的、亲密的	1) 邻近居室401—404的老年人 2) 交谈、静养、观察别人等较多利用(没安排日程活动) 3) 主体的、个人的、亲密的	1) 邻近居室307—315的老年人 2) 交谈、静养等较多利用(没安排日程的) 3) 主体的、个人的、亲密的	1) 邻近居室507—511的老年人 2) 交谈、静养、多利用(没安排日程活动) 3) 个人的、一时的	1) 类型Ⅰ、Ⅱ 2) 很少利用(没安排日程活动) 3) 主体的、个人的、亲密的	1) 类型Ⅰ、Ⅱ 2) 看电视、跳舞、打牌等多样利用(没安排日程活动) 3) 主体的、目的性的、自发的
空间的公共性 1) 管理性 2) 共同性 3) 开放性	1) 弱 2) 持续的停留 3) 限定地利用(自由地参加)	1) 弱 2) 持续的停留 3) 限定地利用(自由地参加)	1) 弱 2) 持续的停留(自然发生的) 3) 限定地利用	1) 弱 2) 一时的停留 3) 限定地利用	1) 较弱 2) 自然发生的 3) 自由地参加	1) 较弱 2) 自然发生的 3) 自由地参加(允许多样性)
领域特征	半私密	半私密	半私密	半私密	半密	半公共

表4-8　设施公共空间（Ⅳ）各场所的使用状况与空间特性

	W设施（约100床位）		H设施（约150床位）		Y设施（约330床位）	
	2F大餐厅	2F健身厅	3F书画室	3F棋牌室	5F健身室	Y-2F展览厅
Ⅲ. 单元共用空间——沙发、谈话角落 物质环境 1）空间关系性，面积（人均面积） 2）动线设计，居室到彼此的平均距离（最短—最长） 3）家具配置	1）开敞空间，60 m²（0.6 m²/人） 2）设施的2层，通过电梯或楼梯到达 3）单向的队列式的七排桌椅	1）开敞空间，紧邻餐厅，70 m²（0.7 m²） 2）设施的2层，通过电梯或楼梯到达 3）单向的队列式的七排桌椅	1）外部可视的玻璃门的房间，53 m²（0.35 m²/人） 2）设施的3层，同层老年人可通过走廊直接到达，他层老年人电梯到达 3）1个6人用的大桌子，6个躺椅	1）外部可视的玻璃门的房间，53 m²（0.35 m²/人） 2）设施的3层，同层老年人可通过走廊直接到达，他层老年人电梯到达 3）2组4人的棋牌桌椅	1）外部可视的玻璃门的房间，53 m²（0.35 m²/人） 2）设施的3层，同层老年人可通过走廊直接到达，他层老年人电梯到达 3）各种康复的器械	1）走廊转角处拓宽，32 m²（2.1 m²/人），单元偏中部，10 m（4 m～33 m） 2）1组棋牌桌椅 3）1组单人沙发，2个单人沙发，2把椅子
图例： 入住者 护理员 移动路径 视线方向 交流集团	 W-2F平面图　2009-10-27 11:15	 W-2F平面图　2009-10-30 11:45	 H3平面图　2009-11-11 10:15	 H3平面图　2009-11-11 09:45	 H5平面图　2009-11-10 08:45	 Y-2F平面图　2009-11-25 17:45
利用实例	11:15，护理员分餐，所有老年人在吃饭，少数老年人边吃边聊	11:45，老年人吃完饭，坐在垫子上等待电梯并聊着天，一位老年人在等待边使用健身器材	10:15，设施读报活动，护理员为老年人读报，并交谈。一位老年人在一旁倾听并观察	9:45，2组2位老年人在下棋，一位老年人立于一旁观看	8:45，2位老年人各自使用器材健身，相互间无交流	17:45，吃过晚饭，两位老年人散步到陈列处，边聊天边锻炼身体

续　表

	W 设施（约100床位）		H 设施（约150床位）		Y 设施（约330床位）	
	2F 大餐厅	2F 健身厅	3F 书画室	3F 棋牌室	5F 健身室	Y-2F 展览厅
Ⅲ．单元共用空间——沙发、谈话角落						
行为场景 a. 个人的活动 b. 亲密的关系 c. 目的性活动 d. 自然发生的聚集 e. 设施活动 f. 一时性交流	（雷达图）	（雷达图）	（雷达图）	（雷达图）	（雷达图）	（雷达图）
利用实态 1) 主要利用人群 2) 利用的多样性内容（设施日程时间） 3) 行为场景的意义	1) 自理能力较强的老年人 2) 日程就餐以外，基本不被利用（三餐） 3) 被动的、一时性	1) 设施全体人员 2) 就餐前后等候，交流的场所（三餐） 3) 一时性的、自发的	1) 3层的老年人为主，其他层老年人较多的利用，读报、休憩等（周三，9:30—10:00读报沙龙） 3) 主体的、目的的	1) 3层的老年人为主，其他层健康老年人 2) 下棋、打牌、交谈等较多的被利用（没安排日程活动） 3) 主体的、目的的	1) 设施全体人员 2) 就餐前后等候，交流的场所（没安排日程活动） 3) 个人的、目的的	1) 类型 I、II 2) 看电视、跳舞、打牌等多样利用日程（不定期安排日程活动） 3) 被动的、自发的
空间的公共性 1) 管理性 2) 共用性 3) 开放性	1) 强 2) 强制的聚集 3) 完结的关系	1) 强 2) 强制的聚集 3) 完结的关系	1) 较弱 2) 共同实践的、自律的 3) 多样的允许的（自由地参加）	1) 较弱 2) 共同实践的、自律的 3) 多样的允许的（自由地参加）	1) 较弱 2) 共同实践的、自律的 3) 多样的允许的（自由地参加）	1) 强 2) 强制的、然发生的 3) 完结的关系（自由地参加）
领域特征	公共	公共	半公共	半公共	公共	公共

4.2.2.3 居室外共用空间（Ⅲ、Ⅳ）的领域特征

老年人的行为使得不同的空间场所呈现出类型多样的行为场景，而每位老年人通过行为场景也赋予不同空间场所以不同的特性，这种空间属性的集合产生了不同的领域特征。设施的单元共用空间（Ⅲ）、设施公共空间（Ⅳ）的领域是表述空间的公共性程度的概念，因此在这里参照日本学者齐藤（2000）对公共性的概念，从管理性（official）、共同性（common）、开放性（open）3个方面考察空间的领域特征，以此为基础对三家设施居室外共用空间的"公共性"进行比较，探讨各个空间场所因老年人行为而发生的领域特征偏移，如表4-6—表4-9所示。

表4-9　各设施居室外共用空间（Ⅲ、Ⅳ）的领域特征

空间层级		管理性	共同性	开放性	领域特征
单元共用空间	W-活动室	较弱	自然发生的	容许多样性	半公共
	H-餐厅	强	强制性结集	完结的关系	半公共
	Y-活动室	较弱	自然发生的	容许多样性	半公共
	W-沙发1、2	弱	持续的停留	限定性利用	半私密
	H-谈话角落	弱	持续的停留	限定性利用	半私密
	Y-谈话角落	较弱	自然发生的	自由地参加	半公共
设施公共空间	W设施	强	强制性结集	完结的关系	公共
	H设施	较弱	共同实践的、自律的	容许多样性 自由地参加	半公共
	Y设施	强	强制性结集（自然发生的）	完结的关系（自由地参加）	公共

（　）：表示次要的特性。

尽管养老设施普遍认为应创造"家庭"的感受，但集体居住的公共性是无法回避的，因此设施中的领域层次之间的关系就需要特别注意。在老年人利用行为的重新定义下，三家设施的单元共用空间（Ⅲ）、设施公共空间（Ⅳ）的空间领域并没有表现出单纯的公私的层次性，而混杂着多样的公共性：

单元共用空间（Ⅲ）的活动室（厅）、单元餐厅是单元内部老年人共同利用的最主要的活动空间。对于老年人个体与设施环境的联系起着重要的作用，易形成自然发生的聚集，被广泛地、多样化地利用，目的性活动、个人的活动、亲密的活动等各类主体性的行为场景丰富多样，空间呈现半公共的领域特性。单元共用空间（Ⅲ）的谈话角落、沙发等所形成交流的小型空间，是老年人居室最接近的共用空间，其离居

室较近不宜被设施方所控制。因此老年人的个人活动及亲密活动等持续的停留比较多,其利用受空间的私密性、动线的可达性的影响,使得使用的人群局限于相邻居室的限定老年人,空间呈现半私密的领域特性。但本书调查中的Yd2的谈话角落,由于棋牌桌椅等的设置,使场所的主要利用人群、利用行为场景发生了转变,在空间物质条件和利用方式的共同作用下,空间呈现半公共的特性。

单元共用空间(Ⅲ)是介于私密领域与公共领域的中间领域,是一种既非完全私密,又非完全公共的过渡区。它常常起到承转接连的作用,并使一些私密行为可以在中间领域空间中进行,从而使人既能保持一定的私密性又能有效地控制公共空间。单元共用空间(Ⅲ)会因老年人的使用呈现出半私密或半公共不同的领域性质。

设施公共空间(Ⅳ)是面向设施内全体入住老年人以及工作人员的公共空间。作为日程活动空间被管理者控制的空间特性很强,强制地限定老年人在就餐等日程活动时间被动地使用,空间的利用缺乏多样性。但是空间可达性强、视线具通透性、有多样的活动功能支撑的公共活动场所,则有促使老年人在非日程活动时间前来进行有目的性活动,进而形成人的聚集,引起老年人间的社交互动行为。Y设施3F的棋牌室、书画室因其空间位置的关系,使得其多被同楼层的老年人所利用,空间领域呈现出半公共化的特性。

"餐厅""活动室""多功能厅"等各个场所在设计时对应着各自的空间功能、各自的空间领域性质。由于空间形态、家具设备、管理制度等条件的不同,使得在实际的使用过程中,相似的空间功能呈现出不同的利用方式。老年人不仅利用各个场所所对应的空间功能,更对空间场所提出各种各样的要求,按照自己的方式加以利用。可见,老年人对场所的利用方式与场所的物理环境等共同赋予设施内的各个场所以不同的空间特性,同时各个场所的主要利用者的行为,也影响了其他老年人对该场所的利用状况。就这样,空间利用人群、利用方式、公共性的强弱不同,使得设施的各个空间就被赋予了多样的意义。

4.2.3　不同身心机能老年人的场所利用特征

分别将设施内的各个场所发生的各个类型行为场景的比例、主要利用人群特征(表4-6—表4-8)加以整理,可以总结出不同身心机能老年人对居室外各个场所的利用方式的特征,如表4-10所示。

类型Ⅰ老年人喜欢聚集在单元主要活动室(厅),以活动安排选择设施公共空间,主体性的、目的性的选择并利用空间,设施空间对他们而言提供了活动展开的平台。单元空间的机能及活动安排、电视、棋牌桌等的设置、设施方的管理强度等影响其生活据点的选择。

类型Ⅱ老年人较多地选择离居室近的谈话角落、沙发、走廊等,以观察他人、小憩等个人行为以及一时性交流的行为居多,较为主体地选择与利用空间。其生活据点的选择受个人移动能力所限,单元空间的动线设计、活动场所的可达性与开放性等影响其生活据点的选择。

类型Ⅲ老年人多是被护理员带至人群聚集场所,被动的、基于日程安排或必需性行为占据空间,因此观察、发呆无为等行为居多,与他人交互行为较少。因此,单元的活动安排、护理员照料护理的提供方式等更多地影响其生活据点的选择。

表4-10 居室外空间共用空间(Ⅲ、Ⅳ)各组群老年人的利用方式

空 间 层 级		类型Ⅰ	类型Ⅱ	类型Ⅲ
单元共用空间(Ⅲ)	W-活动厅	主体地利用	就餐等日程活动场所	就餐等日程活动场所
	H-餐厅	就餐等日程活动场所	就餐等日程活动场所	—
	Y-活动室	主体地利用	比较主体地利用	一时性停留
	W-沙发1、2	部分人限定利用	部分人限定利用	一时性停留
	H-谈话角落	部分人限定利用	部分人限定利用	—
	Y-谈话角落	主体的利用	比较主体地利用	
设施公共空间(Ⅳ)	W	就餐等日程活动场所	—(非日常的日程活动)	—
	H	主体地利用(日程活动的场所)	比较主体地利用日程活动的场所	一时性停留(被动的利用)
	Y	非日常的日程活动	非日常的日程活动(—)	—

—:几乎不被使用;( ):表示次要的特性。

4.2.4 老年人生活场所选择的影响因素

老年人对空间场所的选择以及伴随的行为发生具有主观能动的原因,不同身心机能老年人在空间选择上呈现不同的特性。同时,包含空间形态(在护理单元中近似于平面的安排)、空间氛围的营造(家具、装饰等)和空间的管理制度等因素也是影响老年人生活场所选择的重要因素,具体分析如下。

4.2.4.1 各空间主要利用人群的影响

各领域层次的空间在规划时,一般有明确的使用对象,但身心机能较强的老年人更易拓展自己的领域空间,拥有更多的领域权利。

如图4-23为H3单元中谈话角落的
沙发一角，邻近313居室编号为H3-23
的老年人将自己的物品放置于沙发边，
在共用空间拓展了自己的领域。老年人
通过行为或放置物品来利用空间，拓展
个人物品占有空间，他们在心理上会把
这些场所看作是自己的，有权利使用也
有义务维护它们。

同样，H设施3F的书画室和5F的健
身室，它们都在设计及管理上，都是面向
全体老年人的、设施公共空间。但在具

图4-23　身心机能较强的H3-23老年人通过物品拓展领域

体的使用过程中，书画室所在楼层的H3单元老年人身心机能较强，较为强势地利用
占有空间，由于使用者群体的转变而发生空间性质的转变，本是设施的公共空间却
呈现半公共的领域性质。而健身室所在楼层H5单元的老年人身心机能普遍较弱，
健身室还保持着公共的领域性质（表4-8）。

4.2.4.2　各空间场所的空间形态的影响

空间形态牵涉空间的引导、限定程度和空间的多样化等基本建筑概念，这种关
联并非泛泛的价值营造，况且空间的塑造本身并无一定之规，也谈不上何种空间的
设计就优于他者，而是研究发现某些特定场所（包括空间之间的关系）对于老年人
具有特别的价值，这才是空间场所的调查之于设计的价值。

1. 空间场所的可达性不同

可达性是场所能够吸引老年人前来使用的关键，它包括动线的可达性和视觉
的可达性两方面。动线的可达性由场所的位置、流线的长短曲直、空间的联系和过
渡等因素决定，视觉的可达性由空间的引导性、开放性和入口的标识性等因素决定。
如图4-24所示，Yr2单元，沙发1位于走廊的散步动线上，利用次数（35次）就远高于
不在走廊动线之上的沙发2（2次），而活动室虽然提供舒适的沙发、棋牌桌等因为位
于动线尽端也很少被利用。相似的情况还有：Y设施2F的屋顶平台可达性好，室外
的活动较为丰富，而W、H设施的室外活动就明显较少。

空间场所的可达性对于身心机能水平较弱，移动能力较差的老年人影响最为
明显。

2. 空间场所的开放性不同

半开放式的空间形态，可使主体性的行为场景更容易发生。开放式设计淡
化了空间的内与外的区别，提供了一个可方便进入的场景，使老年人不认为必

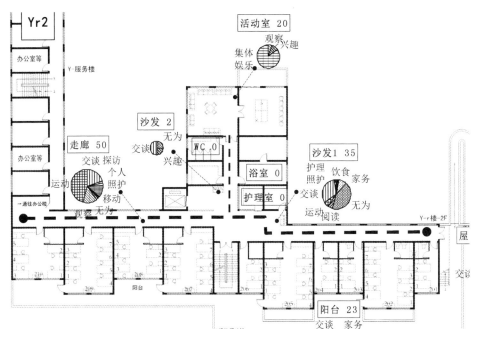

图4-24　可达性影响空间场所的选择率

需有某种行为目的才可以进入该场所,因此该场所的利用率就更高,行为场景就更加多样化。如表4-6、图4-25所示,W3、W4的活动厅为开放的空间形态;Yd2的活动室位于整个单元最中间,整片的玻璃增强了它的通透性,紧邻屋顶平台的设计又使其空间具有一定的流通性。这三个活动厅(室)具有很好的开放性,便于老年人自由地出入、随时地转换。相对而言,Yr2的活动室位于走廊尽端,开放性差,故在没有下棋等目的活动的条件下,其他行为场景是不会在此发生的。

3. 空间场所的多样性不同

多样性包含两个方面:一是建筑及建筑构成的空间多样化,二是空间场所的人及其活动的多样性。如表4-6所示,W3、W4的活动厅,在形式上划分出餐桌椅区和沙发区两个区域,空间功能也相应多样。在三餐时间是一个用餐的空间,而在其他时间是一个提供老年人交谈、聚会与人际交流的场所,空间行为场景多元与自主。而H3、H5单元的餐厅空间功能单一,只在就餐时间段被利用,行为场景以日程的活动(就餐)为主,空间的管理性、制度性很强。场所内不同的机能空间的划分形成了多样的空间利用方式,并通过老年人活动的多样性赋予场所以多种含义。

总之,集约的、居住场所选择性少的单元共用空间,容易导致老年人相同的生活

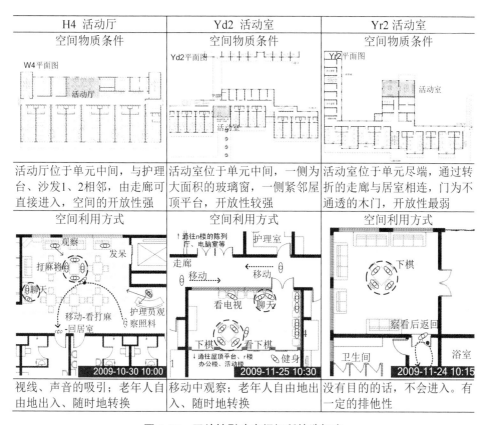

H4 活动厅	Yd2 活动室	Yr2 活动室
空间物质条件	空间物质条件	空间物质条件
W4平面图	Yd2平面图	Yr2平面图
活动厅位于单元中间，与护理台、沙发1、2相邻，由走廊可直接进入，空间的开放性强	活动室位于单元中间，一侧为大面积的玻璃窗，一侧紧邻屋顶平台，开放性较强	活动室位于单元尽端，通过转折的走廊与居室相连，门为不通透的木门，开放性最弱
空间利用方式	空间利用方式	空间利用方式
2009-10-30 10:00	2009-11-25 10:30	2009-11-24 10:15
视线、声音的吸引；老年人自由地出入、随时地转换	移动中观察；老年人自由地出入、随时地转换	没有目的的话，不会进入。有一定的排他性

图4-25　开放性影响空间场所的选择率

模式。与之相反，空间性格不同的复数场所分散配置具有较高的选择性，容易触发自发的聚集形成潜在的人际关系，同时形成的集团的大小、行为场景的变化也更具多样性。

4.装饰、家具、物品等的影响

装饰、家具、物品等塑造了空间的氛围，它将空间的气氛进一步拓展到柔性的空间限定层次，这些发现能够帮助我们在现有的空间环境里通过切实可行的手段改善老年人的生活环境。

首先，装饰、家具、物品等是共用空间影响行为场景发生的重要因素，家具、物品为行为的发生提供支持功能，强化或改变场所的固有特性。这与拉普卜特（1982）提出空间的意义传递主要依靠半固定特征发生的观点相似。例如，Yd2的活动厅提供了电视机，因此看电视这一目的性行为较多，在看电视的过程中滋生了交谈等社交互动行为。电视机等的存在为空间提供了更为多样的空间功能，给老年人提供一个更为丰富的社交环境。甚至，由于不同家具、物品的布置对不同行为的支持，能够

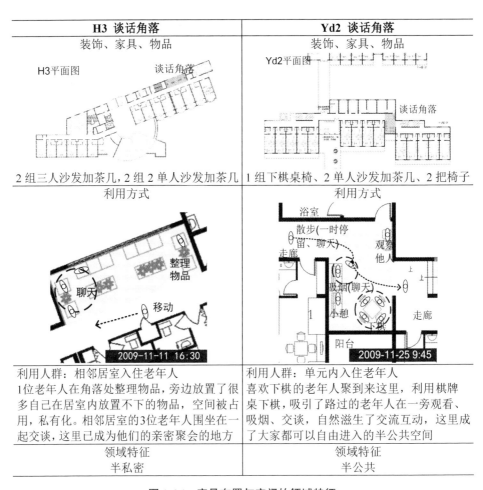

图4-26　家具布置与空间的领域特征

改变场所固有的领域特性。如H3、Yd2的角落空间,其空间条件相似,但是家具布置略有不同(图4-26)。H3、H5单元的谈话角落提供了沙发和茶几,邻近居室的老年人,他们每天都在这里活动,将个人物品放置到这里,并用花盆等装饰这里,老年人们将这里作为发呆、静养等个人的活动或是2、3人亲密交谈等的场所,空间具有半私密的领域特征。而Yd2的谈话角落,因为设置了棋牌桌而使空间就成了聚集人群的、集体娱乐的下棋等的场所,被单元所有老年人所利用,进而空间的领域意义也呈现出半公共的性质。

再次,家具、物品也可以宣示对场所的占有,成为领域的边界。H设施的餐厅的桌椅是老年人就餐行为自我指认的边界,就餐时老年人都有固定的座位,并用塑料袋等个人物品占据(图4-27)。老年人也以餐桌为单位,将"餐桌"视为自身领域确认的边界,向内与同桌老年人交流,如会帮忙同桌的老年人端菜或拿餐具,进行亲密的谈话,并向外扩张社交领域,形成人群围绕在餐桌旁的场景。

可见装饰、家具、物品等不仅为行为场景提供支持功能,强化或改变场所的固有特性,更是个人领域的边界。因此各个空间场所应提供充足的、适当的家具,如报架、电视机、运动器材等,以吸引老年人进入场所利用空间。

图4-27 老年人通过个人物品标识座椅所属

4.2.4.3 管理运营、社会关系的影响

下面整理三家设施与管理制度有关的现象,辅助整体空间利用状态的理解。

1. 管理强度的不同

从表4-6中可以发现,W3的活动厅作为日程活动(一日三餐就餐)的场所,空间的管理性较强。W4的活动厅,除了早餐时间外,目的性活动、个人的活动等行为场景也多有发生,空间的开放性较强。二者横向比较的差异源于两个楼层就餐制度以及管理强度的不同。

2. 照料服务的不同

老年人由于生理与心理上的衰退,总是被动接受着各种照料、设施活动的提供,而护理员对于设施活动的推动与否,对老年人的参与度有着极大的影响力。护理员设施活动的安排地点则直接影响了空间的利用率,这在老年人身心机能较弱的情况下表现得尤为明显。Yr2单元的照料服务每个居室配备一个专门护理员,1名护理员照料5～7位老年人,护理员一般不带老年人去居室外活动,因此居室外各个场所的利用率极低;而同为介护单元的H5单元,采用老年人外聘护工的形式,所以能够陪伴老年人外出活动。

综合上述分析可知,老年人在各个空间展开的行为场景受到设施空间的形态、家具物品的设置等物质条件以及设施的管理社会制度的综合影响。视觉及动线可达性好、空间具有开放性、空间功能多样的场所有利于吸引老年人进入,展开个体间的行为互动。电视机、书架、沙发、麻将桌等能够提供多种起居方式的家具,易于形成多样的领域选择,而电视机、沙发、冰箱等家庭化家具在共用空间的设置,更有利于营造设施内的家庭氛围,满足老年人使用上的需求。管理制度也一定程度上影响老年人的场所选择,或进行时间的控制,或构成某种潜在禁令,抑或通过照料服务类型和场所的选择、服务提供与否等因素,影响着空间场所的使用状况。

4.3 居室类型与老年人个人领域的形成

前两节通过对设施的空间结构与空间形态的分析,探讨了设施空间结构、空间形态的不同,对于老年人在设施内生活拓展、居室外生活场所形成的影响。本节将以老年人最私密、最重要的领域——居室作为调查对象,通过对居室类型、居室内的物品及行为的分布情况、个人领域形成的影响因素等的分析,探讨设施的居室环境以及居室内个人领域的形成特征。

4.3.1 各居室类型老年人生活行为的特征

由第3章的分析中已经得知,居室类型是影响老年人休闲社交行为的重要因素(第3.5节)。五人间及其以上对老年人的社交行为产生负向影响,如果房间的人数过多,会影响老年人休闲社交行为的发生,进而影响老年人的生活品质。本节就将探讨居室类型与老年人的生活行为以及生活类型间的对应关系。

4.3.1.1 居室类型与老年人的身心机能属性

本书将所有居室分别归纳为单双人间、三四人间、五人间及以上等三种居室类型。三家设施共选取调查了6个单元共61个居室,195名入住老年人,其中单双人间21间38人、三四人间31间104人、五人间及以上9间53人,平均每居室入住3.2人。在居室类型与老年人身心机能水平的关系上,如图4-28所示,单双人间及三四人间均以身心机能较强的类型Ⅰ老年人居多,分别为60.5%、67.0%。而五人间及以上的老年人身心机能普遍较弱,类型Ⅲ老年人占46%。可见,设施方在入住居室安排上,倾向于将身心机能较差的老年人推荐入住在多人间。身心机能水平越差,所入住居室人数越多,条件相对较差。

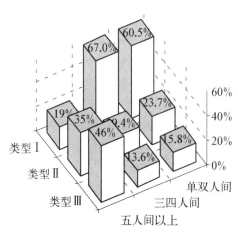

图4-28 居室类型与老年人身心属性

4.3.1.2 居室类型与老年人的生活行为

表4-11为不同居室类型入住老年人的日常生活行为的空间分布特征:

单双人间,老年人在居室内的活动时间较长,三家设施分别为58.4%、

表 4-11　三家设施各居室类型的老年人于各空间领域进行日常生活行为的平均频率

（本表为气泡图形式，各单元格以气泡大小表示老年人于"个人空间居室共用、单元共用、设施公共、服务管理、外部空间"各空间领域进行"必需行为、静养行为、休闲行为、社交行为、医护行为、移动其他"的平均频率。以下为各行为合计值。）

W 设施

居室类型	行为	合计
双人间	必需行为	35.7%
	静养行为	8.9%
	休闲行为	18.3%
	社交行为	23.8%
	医护行为	0.0%
	移动其他	13.3%
	合计	100%
二人间	必需行为	42.4%
	静养行为	19.4%
	休闲行为	16.8%
	社交行为	18.4%
	医护行为	1.4%
	移动其他	1.6%
	合计	100%
五人间以上	必需行为	37.8%
	静养行为	15.7%
	休闲行为	22.4%
	社交行为	18.8%
	医护行为	3.1%
	移动其他	2.2%
	合计	100%

W 设施 居室内 / 设施外 汇总：双人间 居室内 58.4%、设施外 32.7%、外部空间 8.8%；二人间 居室内 67.5%、设施外 31.8%、外部空间 0.7%；五人间以上 居室内 75.7%、设施外 24.3%、外部空间 0.0%

H 设施

居室类型	行为	合计
双人间	必需行为	40.4%
	静养行为	11.8%
	休闲行为	21.6%
	社交行为	12.0%
	医护行为	3.1%
	移动其他	11.2%
	合计	100%
二人间	必需行为	40.0%
	静养行为	19.1%
	休闲行为	19.5%
	社交行为	11.6%
	医护行为	2.0%
	移动其他	7.9%
	合计	100%
五人间以上	必需行为	51.4%
	静养行为	22.4%
	休闲行为	10.5%
	社交行为	11.9%
	医护行为	2.4%
	移动其他	1.4%
	合计	100%

H 设施 居室内 / 设施外 汇总：双人间 居室内 73.1%、设施外 24.7%、外部空间 2.3%；二人间 居室内 68.9%、设施外 30.8%、外部空间 0.2%；五人间以上 居室内 76.9%、设施外 23.1%、外部空间 0.0%

Y 设施

居室类型	行为	合计
双人间	必需行为	36.6%
	静养行为	19.9%
	休闲行为	11.3%
	社交行为	11.8%
	医护行为	3.1%
	移动其他	17.3%
	合计	100%
二人间	必需行为	33.5%
	静养行为	22.7%
	休闲行为	20.9%
	社交行为	14.5%
	医护行为	1.8%
	移动其他	6.6%
	合计	100%
五人间以上	必需行为	41.8%
	静养行为	35.7%
	休闲行为	10.9%
	社交行为	6.2%
	医护行为	4.7%
	移动其他	0.7%
	合计	100%

Y 设施 居室内 / 设施外 汇总：双人间 居室内 79.1%、设施外 20.9%、外部空间 0.0%；二人间 居室内 59.1%、设施外 39.3%、外部空间 1.6%；五人间以上 居室内 94.6%、设施外 5.4%、外部空间 0.0%

73.1%、79.1%。W设施的单元共用空间可达性较好,老年人居室内外的休闲社交行为的比例都比较高(26.0%、15.4%)。H设施居室内休闲社交行为较高(23.8%),但居室外休闲社交相比较少(9.1%)。Y设施的单双人间人均面积最为局促,室内休闲社交行为相对较少(10.5%),老年人更多地选择在居室外进行休闲社交行为(12.6%)。由于单双人间相对居室关门现象较多,数据缺失明显。

三四人间,老年人在居室内的活动时间W、H、Y三家设施分别为67.5%、68.9%、59.1%,普遍单双人间的室内活动时间(H、Y设施)。洗碗、洗衣服等家务行为向居室外拓展明显,如Y设施的三四人间老年人居室外必需行为为4.4%,高于单双人间的1.3%。同时,H、Y设施的三四人间老年人居室外休闲、社交行为分别为(14.8%、22.6%),明显高于同设施单双人间老年人的居室外休闲社交行为(9.7%、12.6%),这说明随着居住人数的增加,休闲、娱乐行为向居室外空间拓展显著。可见,由于居住人数增加人均面积减少,居室内的卫浴空间、休闲空间面积有限,不能满足老年人对空间功能的需求,迫使部分身心机能较强的老年人的洗碗、洗衣等必需行为,以及兴趣、阅读、视听、会客等休闲社交行为向居室外拓展。

五人间及以上老年人在居室内活动时间最长,三家设施分别为75.7%、76.9%、94.6%。居室内的行为以必需行为和静养行为为主,活动领域也以床位附近居多。这与入住该类居室的老年人身心机能弱(类型Ⅲ老年人占46%)、移动能力弱有很大关系。

4.3.1.3　居室类型与老年人的生活类型

图4-29、图4-30分别为居室类型与入住老年人的生活行为类型与活动领域类型的对应关系。

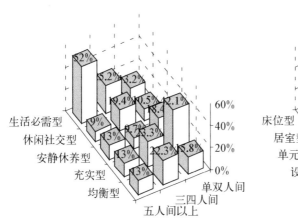

图4-29　居室类型与生活行为类型的关系

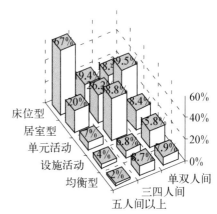

图4-30　居室类型与活动领域类型的关系

由于五人间以上的老年人身心机能较弱，"生活必需型"和"床位型"最多，生活丰富程度较低和活动领域较小。而单双人间与三四人间的老年人多为类型Ⅰ、Ⅱ，身心机能相似具有可比性。在生活行为类型上，单双人间以"充实型"最多，其次为"安静休养型"和"均衡型"。而三四人间则以"生活必需型"最多，其次则为"均衡型"和"休闲社交型"。在活动领域类型上，单双人间的老年人倾向以"居室"为生活重心，"居室型"占了39.5%。三四人间的老年人多以"公共空间"为主要活动领域，"单元活动型"占了38.8%。

4.3.1.4　小结

单双人间的老年人多在居室内进行休闲活动，基本能够按照自己的生活习惯安排自己的行为内容及活动地点，生活相对充实、均衡。而三四人间的老年人则多在居室外进行休闲活动，以公共空间为主要活动领域，进而较多参与设施方组织的各类活动，与他人接触较多，休闲社交行为较多。而五人间及其以上的类型Ⅲ老年人，受自身属性限制，一般局限在床位，休闲也多为消极地看电视行为，类型Ⅰ、Ⅱ老年人则明显表现出不愿与同居室友交往，居室外活动的倾向。

参考第4.2节的调查结论，笔者推论，W设施中间领域的单元共用空间丰富，且活动厅开放、可达性好，所有老年人都能较便利地在居室外活动。因此，居室类型对老年人的居室内行为内容与滞留频率影响不大。而H、Y设施的单元活动空间面积较小，人均居室面积也较小，居室类型对老年人的居室内行为与滞留频度有较大影响。表现在单双人间居室的老年人由于室外空间的可达性差，更愿意留在居室内活动。而当居室居住人数增多时，人均居室面积减小，迫使身心机能较强的类型Ⅰ、Ⅱ老年人将休闲行为向居室外延伸，而身心机能较弱者则所有行为更加局限于居室的床位区。特别是当同居室友身心健康相差较大时，身心机能较强的老年人向居室外拓展行为的倾向更为明显。

4.3.2　各居室类型的物品及行为分布

为了更好地探究居室类型与老年人个人领域空间形成的关系，分别以单双人间、三四人间、五人间及以上等三种居室类型的各3间典型居室为例（表4-12—表4-16），进行详细的行为观察及自由访谈。从老年人的各类物品数目及分布情况、居室内的各类行为比例及分布情况、居室类型的不同三个方面，来考察老年人个人领域形成的特征以及个人领域形成的影响因素。

4.3.2.1　单双人间

三家设施的单双人间都以身心机能较强的类型Ⅰ、Ⅱ老年人为主，人均面积相对较大。房间配置形态依然停留在一般以家具区分不同空间机能的"标准间"设置形态,居室面积较其他2类型居室较为宽敞。W、H设施还设置会客的桌椅设备,但W设施的会客区位于两个床位之间,而H设施的会客区则靠近窗户。

在物品数量及分布上,单双人间的老年人对居室为"家"的认同感相对较强,各类物品数目较多,特别是自行携入的家具和装饰品比较多,老年人对空间的经营较为用心,生活气息浓厚。但Yr204房间受居室面积所限,没有较多的物品分布(表4-12、表4-14)。

表4-12 不同类型内各类物品的数目

物品的数目			欣赏性物品 合计	功能性物品		合计
			□自带 ▨设施	▨设施	□自带	
双人间	W401	W4-1.1	2	1 1 · 7	20	27
		W4-1.2	1		13	20
	H306	H3-6.1	4	3 · 7	32	39
		H3-6.2	2		26	33
	Yr206	Yr2-6.1	1	4	10	14
		Yr2-6.2	2	1 4	8	12
三四人间	W404	W4-4.1	1			16
		W4-4.2	1		4	11
		W4-4.3	2	1	17	24
	H311	H3-11.1	2	1 7	23	30
		H3-11.2		1 7	19	26
		H3-11.3	3	2 7	15	22
	Yd207	Yd2-7.1	3	2 6	16	22
		Yd2-7.2	2	1 6	9	15
		Yd2-7.3	1	6	12	18
		Yd2-7.4	4	1 6	11	17
五人间及以上	W305	W3-5.1	1	7	13	20
		W3-5.2	1		11	18
		W3-5.3	2	1	9	16
		W3-5.4	1		7	14
		W3-5.5	2	1	14	21
	H300	H3-0.1	1		14	20
		H3-0.2	1	6	9	15
		H3-0.3	1	6	6	12
		H3-0.4	1	6	9	15
		H3-0.5	1	6	4	10
		H3-0.6	2	1 6	21	27
	Yr210	Yr2-10.1	1	6	11	17
		Yr2-10.2	1	6	12	18
		Yr2-10.3	1	6	7	13
		Yr2-10.4	1	6	8	14
		Yr2-10.5	1	6	8	14
物品的数目			合计 □自带 ▨设施	▨设施	□自带	合计
			观赏性物品	功能性物品		

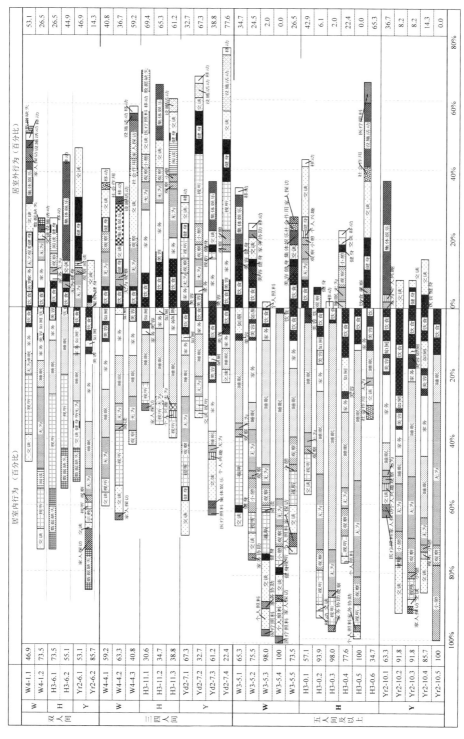

表4-13　双人间老年人的室内外行为比

表4-14　单双人间老年人的行为及物品分布

		W401		H306		Yr204	
居室类型		双人间		双人间		双人间	
居室照料		无护工		无护工		无护工	
老年人	编号	W4-1.1	W4-1.2	H3-6.1	H3-6.2	Yr2-4.1	Yr2-4.2
	性别	女	女	男	男	女	女
	身心机能	类型 I	类型 I	类型 II	类型 I	类型 III	类型 II
	行为类型	休闲社交型	均衡型	充实型	休闲社交型	充实型	充实型
	领域类型	单元活动型	居室型	居室型	设施活动型	单元活动型	居室型
	入住时间	1年内	1年内	1～2年	1年内	1年内	1年内
居室照片							

续　表

	W401	H306	Yr204
物品与行为的分布图示 图例： 台灯 照片 —— 功能性物品 衣柜 椅子 —— 欣赏性物品 —— 设施提供的家具 —— 自带的家具 ○ —— 行为的分布	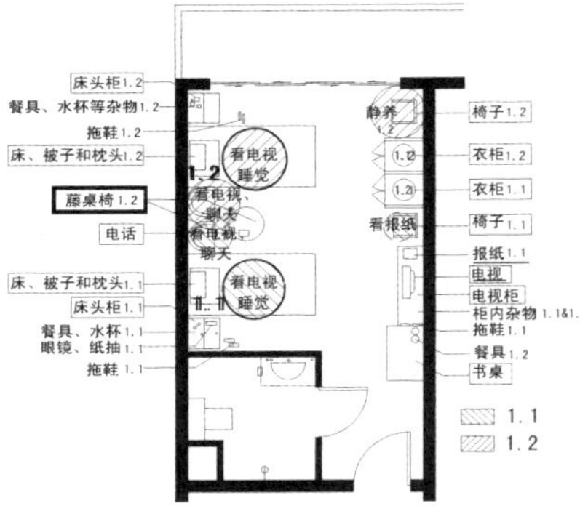	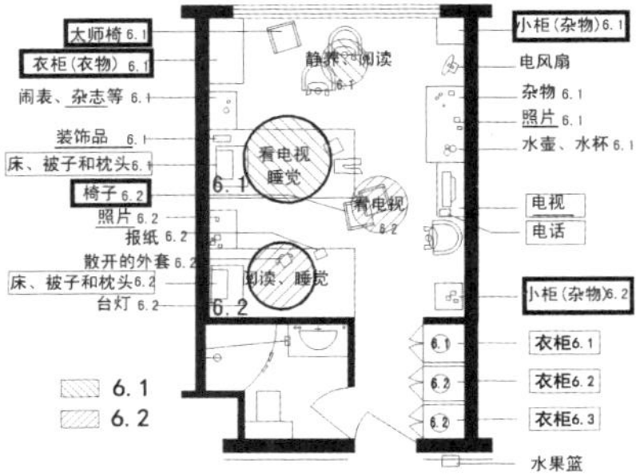	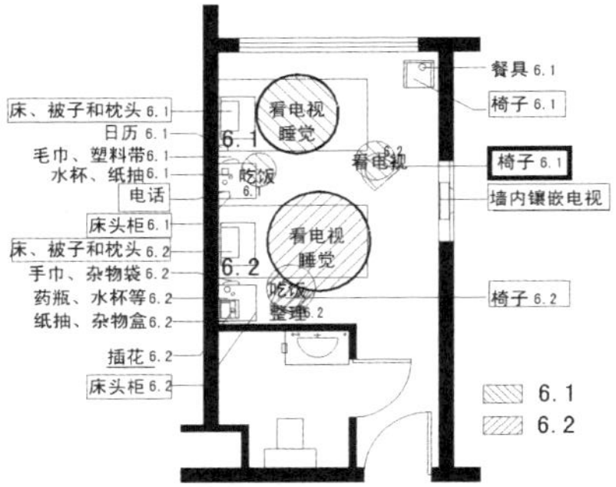
物品的分布情况	1.1 自带一套藤桌椅，个人物品放置床位边。1.2 的常用物品放置在床位边，部分物品放在共用功能性的桌子。居室内功能性物品较多，但欣赏性物品较少，有一定的生活气息	6.1 自带衣柜、太师椅，小柜等，个人物品都比较多，部分物品放置到了共用的书桌上。6.2 自带小柜，个人物品主要在床位边。居室内物品较多显杂乱，但生活气息浓厚	6.1 自带更舒适的椅子一把。2 人的个人物品局限在床位周边。居室缺少储藏空间，居室功能有限。各类物品都很少且，室内布置简单，设施无自带欣赏性物品，室内布置简单，设施气息浓厚
行为的分布情况	看电视，睡觉行为均在个人床位区进行，而读书、聊天等则较多地在居室共用空间进行	6.1 看电视，睡觉，聊天等则在居室共用空间进行，而读报、聊天等则在居室共用空间进行。6.2 视片不好，在居室共用空间看电视	居室较小，共用空间只是过道、就餐、睡觉、看电视、会客等所有行为都在个人空间分布

表4-15　三四人间老年人的行为及物品分布

		W404			H311			Yd207			
居室类型		三人间			三人间			四人间			
居室照料		无护工			无钟点工			无护工			
老年人	编号	W4-4.1	W4-4.2	W4-4.3	H3-11.1	H3-11.2	H3-11.3	Yd2-7.1	Yd2-7.2	Yd2-7.3	Yd2-7.4
	性别	女	女	女	男	男	男	女	女	女	女
	身心机能	类型I	类型I	类型I	类型I	类型I	类型II	类型I	类型I	类型I	类型I
	行为类型	均衡型	休闲社交型	均衡型	生活必需型	生活必需型	充实型	充实型	充实型	生活必需型	休闲社交型
	领域类型	单元活动型	单元活动型	单元活动型	单元活动型	设施活动型	单元活动型	均衡型	单元活动型	设施活动型	单元活动型
	入住时间	1年内	1年内	1~2年	1年内	1~2年	1~2年	2~5年	1年内	1~2年	1年内
居室照片											

续　表

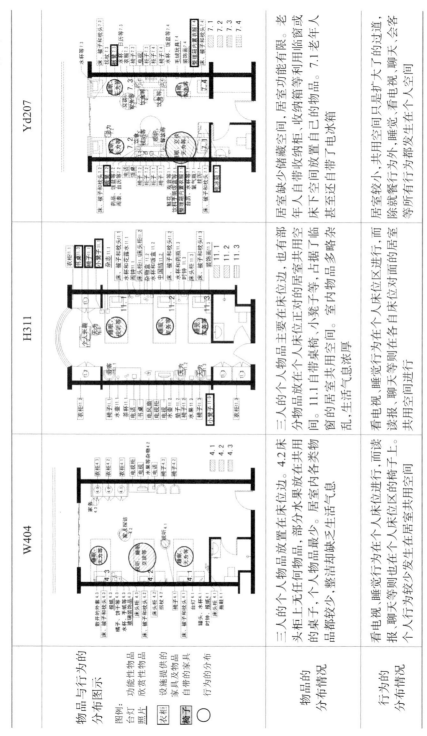

	W404	H311	Yd207
物品与行为的分布图示 图例： 台灯照片　功能性物品　欣赏性物品 衣柜　设施提供的家具及物品 椅子　自带的家具 ○　行为的分布			
物品的分布情况	三人的个人物品放置在床位边。4.2床头柜上无任何物品，部分水果放在共用的桌子、个人物品最少。居室内各类物品都较少，整洁却缺乏生活气息	三人的个人物品主要在床位边。分物品放在个人床位正对的居室共用空间。11.1自带桌子、小凳子等，占据了临窗的居室共用空间。室内物品多略杂乱，生活气息浓厚	居室缺少储藏空间，居室功能有限。老年人自带收纳柜，收纳箱等临窗或床下空间放置自己的物品。7.1老年人甚至还自带了电冰箱
行为的分布情况	看电视、睡觉行为在个人床位进行，而读报、聊天等则也在个人床位区的椅子上。个人行为较少发生在居室共用空间	看电视、睡觉行为在个人床位区进行，而读报、聊天等则在各自床位对面的居室共用空间进行	居室较小，共用空间只是扩大了的过道，除就餐行为外，睡觉、看电视、聊天、会客等所有行为都发生在个人空间

表4-16 五人间及以上老年人的行为及物品分布

		W305					H306						Yr2-10				
居室类型		五人间					六人间						五人间				
居室照料		无护工					无护工						有护工				
老年人	编号	W3-5.1	W3-5.2	W3-5.3	W3-5.4	W3-5.5	H3-0.1	H3-0.2	H3-0.3	H3-0.4	H3-0.5	H3-0.6	Yr2-10.1	Yr2-10.2	Yr2-10.4	Yr2-10.4	Yr2-10.5
	性别	女	女	女	女	女	女	女	女	女	女	女	女	女	女	女	女
	身心机能	类型II	类型II	类型III	类型III	类型I	类型II	类型III	类型II	类型I	类型III	类型I	类型II	类型II	类型III	类型III	类型III
	行为类型	充实型	生活必需型	生活必需型	生活必需型	生活必需型	充实型	生活必需型	生活必需型	生活必需型	生活必需型	休闲社交型	生活必需型	生活必需型	生活必需型	生活必需型	安静休养型
	领域类型	单元活动型	居室型	床位型	床位型	居室型	设施活动型	床位型	床位型	居室型	床位型	设施活动型	单元活动型	床位型	床位型	床位型	床位型
	入住时间	1~2年	1年内	1~2年	1年内	2~5年	1~2年	2~5年	1年内	2~5年	1~2年	2~5年	1年内	1~2年	2~5年	2~5年	1年内
居室照片																	

续　表

物品与行为的分布图示 图例： ■ 台灯　照片（功能性物品） □ 欣赏性物品 ■ 设施提供的家具及物品 ■ 衣柜　椅子（自带的家具） ○ 行为的分布	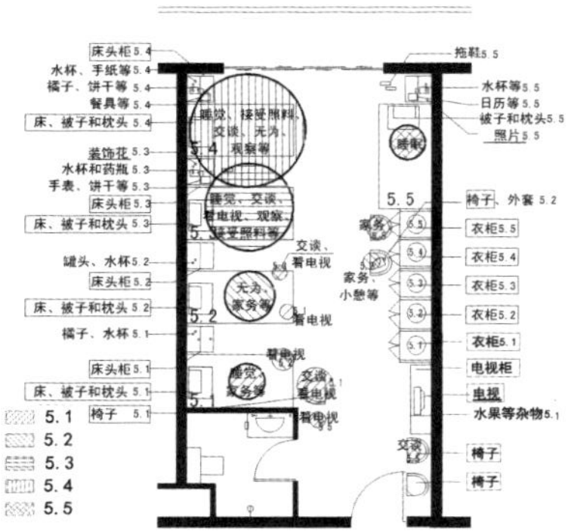 W305	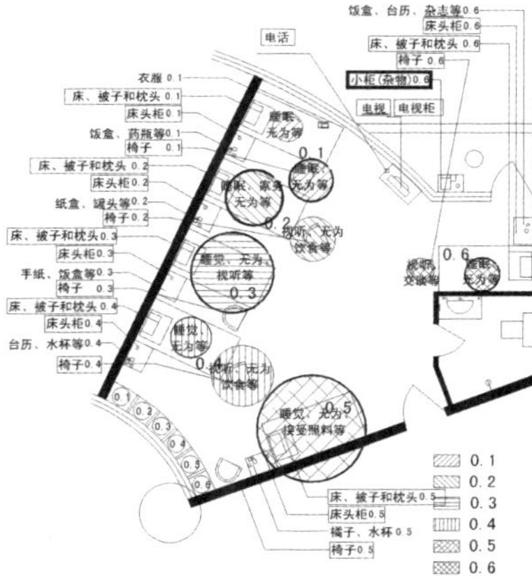 H306	 Yr2-10
物品的分布情况	个人物品一般集中在个人床头柜和设施分配的收纳柜中，共用桌子上基本不存放个人的物品	个人物品一般集中在个人床头柜和设施分配的收纳柜中，共用桌子上基本不存放个人的物品	个人物品一般集中在个人床头柜和设施分配的收纳柜中，共用桌子上基本不存放个人的物品
行为的分布情况	居室内除了睡眠行为外，看电视行为也较多，但由于电视位置较偏，大家都集中在床位附近甚至床上。W3~5.1、5.2老年人的个人空间严重侵占了5.1、5.2老年人的个人空间	居室内行为以睡眠、饮食、发呆等必需行为和消极性行为居多；休闲行为也以被动消极地看电视位居区发生。而身心机能较强的H5~0.6，几乎全天待在床位区，并多在个人床位区。大多数老年人几乎全天待在床位区的，在居室外展开各种休闲娱乐活动，居室仅作为睡觉的地方	居室内行为以睡眠、饮食、发呆等必需行为和消极性行为为主；休闲行为也以被动消极地看电视为主。老年人身心机能相对较差，几乎全天的，长时间不移动地待在床上或床边的椅子上

在居室内滞留时间和行为分布上,单双人间老年人在居室内时间较多(46.9%～86.7%),除了生活必需的睡眠、餐饮外,老年人还在居室内悠然自得地安静休养,看电视、阅读、聊天、个人兴趣等休闲社交行为也较为多样丰富(表4-14)。居室内各类行为的分布来看,一般睡眠、看电视行为多在个人床位区进行,而读报、个人兴趣、会客等则相对较多地在居室共用的半私密空间进行,大致为呈现寝居分离的行为分布状态(表4-13、表4-14)。

4.3.2.2 三四人间

三家设施的三四人间都以身心机能较强的类型Ⅰ、Ⅱ老年人为主。W、H设施居室为"标准间"配置形态,三四个床位并列配置,以动线区隔私密区和居室共用会客区。Y设施的四个床位分别靠墙配置,个人床位区面积最小。居室共用空间位于动线之上,实为扩大了的过道,空间使用上非常不便。

在物品数量及分布上,个人物品一般集中在个人床头柜和设施分配的收纳柜中,共用桌子上较少存放个人的物品。由于人均面积相对单双人间有限,收纳空间明显不足,有很多老年人自带收纳柜、收纳箱等利用临窗或床下空间放置自己的物品。如H3-11.1携带了小凳子、椅子、桌子等,Yd2-7.1老年人甚至还自带了电冰箱。居室内物品的种类和数目较单双人间有所减少,特别是管理相对严格的W设施的W404居室内的物品数目明显较少。与单双人间普遍物品较多不同,三四人间的物品的数目和分布受设施氛围影响较大(表4-12、表4-15)。

在居室内滞留时间和行为分布上,相对于单双人间,老年人在居室内滞留时间较少(22.4%～67.3%)。身心机能较强的老年人在居室内主要进行生活必需的睡眠、餐饮、家务等行为,居室内的休闲行为以看电视为主,而更多的休闲、社交活动则向居室外拓展(表4-13)。从各类行为的分布来看,一般睡眠、看电视行为多在个人床位区进行,居室共用的半私密空间较少有行为发生。H311居室的老年人较多地在各自床位正对的居室共用空间饮食、读报、聊天等,Yd207居室的老年人三餐在居室正中间的半私密空间进行(表4-15)。

4.3.2.3 五人间及以上

三家设施的五人间及以上的老年人以身心机能较弱的类型Ⅱ、Ⅲ老年人为主,这与设施的收住政策有关,有少数类型Ⅰ老年人由于经济问题也入住在多人间。房间配置形态以床位布置数量最大化为基准,人均面积较其他两个居室类型最少。居室共用空间为扩大化了的过道,且缺少共用的桌子、沙发等家具设备,居室空间品质较低。

在物品分布上,个人物品一般集中在个人床头柜和设施分配的收纳柜中,共用桌子上基本不存放个人的物品。由于面积相对单双人间有限,收纳空间明显不足,但因为该设施的老年人身心机能较弱,所需的物品相对也不多,较少有自带收纳箱或其他家具的行为(表4-12、表4-16)。

在居室内滞留时间和行为分布上,五人间及以上的老年人由于受身心机能所限,居室内滞留时间最长。大多数老年人60%以上的时间待在居室内,个别老年人甚至从未离开居室。而居室内行为也以睡眠、饮食、发呆等必需行为和消极性行为居多,休闲行为也以被动消极地看电视为主,并多在个人床位区发生,大多数老年人几乎全天待在床位区。而身心机能较强的老年人(如H5-0.6),由于与同居室其他老年人身心状态相差较大,缺乏共同点难以交流。因此,H5-0.6仅34.7%的时间在居室内,几乎全在居室外展开各种休闲娱乐活动,居室仅作为睡觉的地方(表4-13)。在居室内行为分布上,W设施老年人相对身心机能较强,居室内除了睡眠行为外、看电视行为也较多,但由于电视位置较偏,大家都集中在W3-5.1、5-2老年人的床位附近甚至床上,严重侵占了W3-5-1、5-2老年人的个人空间。而H、Y设施老年人身心机能相对较弱,几乎全天的、长时间不移动地待在床上或床边的椅子上(表4-16)。

4.3.3　居室内物品及行为的分布特征

4.3.3.1　居室内物品的分布特征

将表4-12、表4-14—表4-16整理可得图4-31和表4-17,通过对居室内的物品调查,显示如下居室内物品的分布特征如下:

(1)功能性物品、观赏性物品具有不同的特点。

功能性物品:在居室内,观察到的功能性物品数量最多,种类丰富。每位老年人摆在外面的功能物10～40个不等。功能物品的数目受设施不同、居室类型不

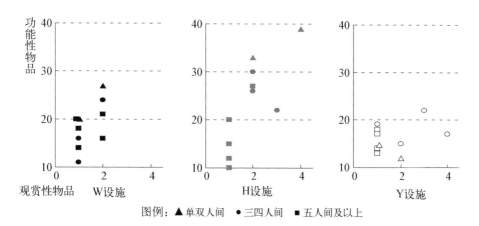

图例:▲ 单双人间　● 三四人间　■ 五人间及以上

图4-31　每位老年人持有的功能性物品与观赏性物品的数目

表4-17　居室内物品的分布特征

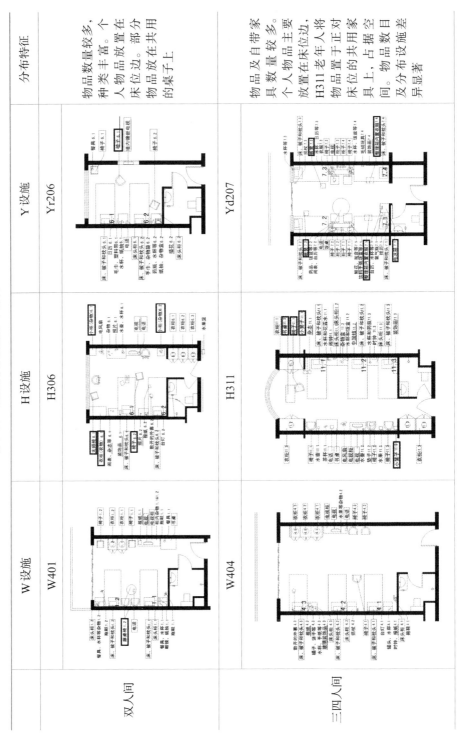

续 表

	W 设施	H 设施	Y 设施	分布特征
	W305	H306	Yr2-10	
五人间及以上				个人物品数量少，且欣赏类物品较少，自带家具也很少。个人物品放置在床位边、共用的柜子上，几乎没有个人物品
分布特征	个人物品数目都很少，欣赏性物品及自带个人家具多。且个人物品多置于个人床位及床头柜上	个人物品数目较多，种类丰富，自带家具现象较多。个人物品除置于个人床位区外，也向居室共用空间拓展	受居室空间所限，个人物品数量少于 H 设施，但欣赏性物品及自带家具较多。个人物品主要置于个人床位区	

同,显示较大差异。如H设施的功能性物品数目显著多于W、Y设施,这种现象在少人间表现得更为明显,考虑这与设施管理制度宽松与否有关。随着居室人数的增加,功能性物品的数目也有所减少,考虑这与人均面积及收纳空间紧张有关(表4-12)。另外,功能性物品一般会放置在自己所属的家具上或者家具附近。尤其是在个人的床头柜上一般都会放置许多个人的生活用品。而水果则会放在自带的柜子或共用柜子靠近自己床位的一侧,或是自己椅子下面或边上。

观赏性物品:在居室内观察到的观赏性物品包括盆花、中国结、寿星等工艺品、照片、画、杂志等。这类物品的数目比较少,因设施不同、居室类型不同,显示较大差异。如W设施观赏性物品数量明显少于其他两家设施,这可能和设施的管理有一定的关系,设施出于房间整洁的管理需要,限制在墙面上挂太多的东西。而五人间及其以上的观赏性物品数量明显少于其他两类型居室。另外,许多观赏性物品放置位置比较随意,比如工艺品和画等,一般会放在公用的家具上或易于看到的墙上,还观察到个别老年人把自己的花放在其他老年人的桌子上。可见,观赏性物品的放置位置与所有人的家具关系不大。

自带家具及物品:老年人们会带入设施一些个人的家具和用品。一般出于使用的需要,许多老年人会带入桌子、柜子和凳子等家具。例如三家设施为每位老年人提供了一个床头柜,但老年人的物品一般较多,缺少摆放个人物品的家具,这样就会带入自己的柜子。这种自带携入家具的现象在设施管理相对宽松的H、Y设施最为明显。

另外,老年人也会带入设施一些熟悉人的照片和纪念性的物品,这是对往日的一种回忆和怀念,寄托了老年人的情感。如H3-6.1老年人房间内孙子送的工艺品;Yd2-7.2老年人房间内的佛像、照片等。另外,Yd2-7.4老年人房间内挂着自己的画,在访谈时老年人说起自己的爱好很自豪,这些画不仅是为了观赏,还给老年人带来了一种成就感和心理满足感。

(2)居室内缺少某些功能性家具。比如有的老年人会自带桌椅,来满足个人舒适、社交、休闲娱乐等功能;有的老年人自带收纳设备,说明居室储藏功能仍显不足;有的自带电饭锅、电热水器、煤气炉、电冰箱等,来满足个别饮食的需求。自带使用惯的家具与物品,能够很好地保持老年人设施生活与居家生活的联系。设施在满足管理的同时,应当允许老年人带入自己的原有家具和个人用品。

(3)观赏性物品数量较少。观赏性物品对使用者起到精神慰藉作用,对老年人的心理健康有许多好处,设施应鼓励老年人对自己的居室进行装饰与经营。

(4)物品数量及类型分布受老年人床位位置、身心健康状况影响。物品一般以床位为中心向外扩展,个人物品一般放在个人床位区或靠近自己一侧的共用家具上。靠窗床位的老年人,一般有较多的物品;中间床位的老年人因为床位区较小,物品也较少。越是身体健康、越是先入住的老年的物品一般数量较多,其欣赏性物品、自带物品的数量也较多,个人物品也分布扩展较远。

（5）物品数量及类型分布受居室类型影响。越是多人间,设施物品愈多、个人物品越少;生活必需物品越明显少于欣赏性物品数量,且自带物品及家具越少。越是多人间,除个人床位区的物品有明显的所属关系外,居室共用区的物品较少,且所属关系容易混淆,拿错用错时有发生。

（6）物品数量、物品摆设形成的空间氛围因设施差别显著不同。三家设施每间居室的配备大致相同,均为每间居室一部电视、一部电话、一张床位、一个床头柜、一把椅子。但因家具设备材质、物品摆放规定的差异,产生完全不一样的空间感受。W设施因每床位间缺乏视觉屏障物及家具设备多为铁制品,使整体空间过于冰冷,设施规定个人物品尽量置于柜子中而柜子数量却有限,因此老年人的个人物品较少,居室空间整洁但缺乏温馨感。Y设施居室人均面积较小、收纳家具较少且陈旧,居室空间让人感觉比较局促。H设施允许老年人可以依个人需求在居室内进行家具摆设或装饰,所以老年人自行携带冰箱及小柜,或在床头柜或矮柜上摆放家人送的卡片、摆饰、塑料盆花、佛像等物品,欣赏性物品较多。老年人较为积极地利用物品建立自我领域空间,因此,居室空间比较温馨且个人领域感较强。

4.3.3.2　居室内的行为分布及特征

将表4-13—表4-16整理可得图4-32和表4-18,通过对居室内的行为调查,总结行为分布有如下特征:

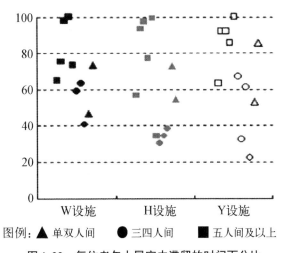

图例:▲ 单双人间　● 三四人间　■ 五人间及以上

图4-32　每位老年人居室内滞留的时间百分比

表4-18 居室内生活行为的分布特征

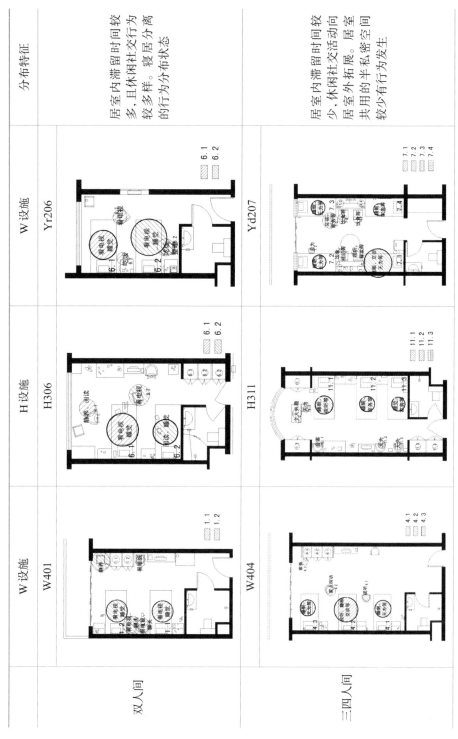

分布特征

W设施 Yr206：居室内滞留时间较多，且休闲社交行为较多样。寝居分离的行为分布状态

Yd207：居室内滞留时间较少，休闲社交活动向居室外拓展。居室共用的半私密空间较少有行为发生

H设施 H306、H311

W设施 W401、W404

双人间

三四人间

续　表

	分布特征	W 设施 Yr2-10	H 设施 H306	W 设施 W305
五人间及以上	居室内滞留时间最长，必需和消极行为居多，几乎全天在床位区。身心机能较强的老人在室外展开休闲娱乐活动			
分布特征		个人空间较小，共用空间为扩大的过道，因此各类行为以个人床位为中心，较少拓展到共用空间	以个人床位为中心，身心健康或邻窗的老年人将个人行为拓展到邻近的共用空间	以个人床位为中心，较少拓展到共用空间。W3-5.1、5.2 的个人空间受侵占严重，共用空间受侵占严重

（1）老年人的居室内滞留时间。W设施的老年人居室内滞留率最低，并且各类居室类型对老年人的居室内滞留频率影响不大，这可能与W设施的护理单元规模较小、单元共用的活动厅、谈话角落开放、可达性好，便于老年人居室外活动有关。而H、Y设施的单元活动空间面积较小，人均居室面积也较小，居室类型对老年人的居室内滞留频度有较大影响。表现在三四人间的老年人有将行为向居室外延伸的倾向，而身心机能较弱的五人间及以上的入住者则所有行为更加局限于居室内（表4-13）。

（2）居室内的主要行为为生理性的睡眠、盥洗、饮食、整理、移动等生活必需行为等。生活必需行为主要发生在个人床位区、收纳柜区及居室卫生间，而较少发生在居室共用的活动空间上。

观察与访谈中发现，睡觉存在着相互影响的情况，如有的老人在睡觉的时候打呼噜，会影响到其他老年人休息。老人们的作息时间不一致也会产生相互干扰，如同一房间内的老人在夜晚时，有的睡觉，有的看电视，看电视的老人会对其他睡觉的老人产生影响。另外，如厕整理行为也会产生相互影响，如早起时对卫生间的使用，由于老人们使用卫生间的时间较长，很容易让其他老人等待很长的时间，一般同居室老人会把早起的时间错开，或者到公用卫生间，避免相互影响。这类老年人最基本的生活必需行为相互影响的现象，多人间要比双人间明显。

（3）老人们在居室内的休闲娱乐性行为主要有看电视、听广播等，相对消极被动的个人行为较多。而读报、个人兴趣、书画、交谈等相对积极的休闲社交行为较少。许多老年人在白天就待在房间中看电视，很少到居室外参加活动。在晚饭后，基本上所有的老人都会回到房间里，到睡觉前看电视成了多数老人选择的休闲方式。单双人间的老年人会将读报、看电视、聊天等休闲社交行为会拓展到居室共用空间，并形成自己固定的位子。而五人间及以上的老年人休闲行为以看电视为主，一般都在床上或床位区的椅子上，生活行为较少向居室共用空间拓展。

在多人间的居室内，休闲社交行为也存在着相互干扰、影响的现象。比如：看电视、收听录音机等行为会影响到别人的休息，甚至有侵占他人床位空间的现象（W404居室）。而招待客人会牵涉到影响同居室友的生活、暴露个人床位区的私密性、缺少会客空间的现象。可见，居室内休闲社交行为必须从整体的生活居住行为来看，当私密空间缺乏适当的区隔、缺乏交流的书桌或沙发等家具、不注重电视机的摆放与会客桌椅之间的关系时，居室内的休闲社交行为缺乏便利性，必然受到环境的限制。

（4）必需行为的发生不受居室类型影响，而休闲行为的发生受居室类型影响较大。房间人数越多，居室内的休闲社交行为越少。多人间居室身心机能较强的老年人在居室内从事个人性的兴趣活动行为较少,日常交流及休闲活动倾向在单元共用的活动室或公共空间中进行。而单双人间的老年人,因身心机能、个人意识强,不喜欢参与大规模的集团活动,所以老年人在居室内从事个人性休闲活动的时间相对较多。

（5）从设施环境及管理政策的差异,分析三家设施老年人在居室空间中进行生活行为的情形。W设施每床位面积较大,居室环境整洁,老年人喜欢在居室内看电视、聊天等休闲社交行为。相对而言,Y设施每床位面积最小,室内缺少会客空间,单元共用的活动室设有电视机,因此老年人在居室内进行休闲社交行为较少。

4.3.4　个人领域的形成及个人领域的特征

4.3.4.1　居室内个人领域的形成

在设施的居室内,形成个人领域的媒介主要是物品和行为。个人物品的摆放证明了个人对家具或者空间的占有和使用。同样,行为的发生也表明了人对空间的使用和领域的范围。通过物品和行为,老年人在居室内建立起个人的领域。

如图4-33所示,以H306居室的两位老年人为例。H3-6.1将个人大衣柜、置物柜、太师椅等家具携入居室,并将其置于窗前的居室共用空间。H3-6.1通过家具和个人物品的放置,占据了窗前的共用空间,暗示了该空间的个人所属。同时,H3-6.1

图4-33　H306居室内两位老年人个人领域的形成

还在太师椅上进行读报、看电视等行为,通过对窗前空间的使用明确了对该空间的所有权。因此,H3-6.1的个人领域由个人床位区拓展到窗前。而H3-6.2身心机能较弱,入住时间晚于H3-6.1,且床位靠墙周围空间有限,其个人领域的拓展相对较小。H3-6.2也是通过自带小收纳柜、太师椅等物品占据个人床位正对的居室共用空间,通过看电视行为使用该空间,明确空间的使用权。因此,形成了如图4-33所示的个人领域范围。由于H3-6.2的个人空间靠近过道,H3-6.1经常穿行,使得H3-6.2的个人领域并不完整,领域范围与H3-6.1相互重叠。

H3-6.1、H3-6.2以个人床位为中心,通过长期地、反复地占据及使用个人床位临近的居室共用空间,形成了个人空间,拓展了个人领域的范围。并且这种领域特权被两人所共同地默认与实践。个人领域的形成带给领域所有者(H3-6.1、H3-6.2)对居室的认同感和"家"的感觉。

4.3.4.2 居室内个人领域的特征

将表4-12—表4-18整理归纳成表4-19,通过对三种居室类型的物品和行为的分布情况以及特征总结,可以归纳居室内个人领域的特征如下:

(1)在居室内,以床和床头柜等固定家具为中心形成个人领域,部分个人领域之间相互重叠。

(2)功能性物品对个人领域边界的限定作用强于观赏性物品。在个人房间内,观赏性物品的放置位置一般比较随意,会放在利于观赏的位置,和所有人的家具位置无关。相对而言,功能性物品都会放在有明确所有权的家具上,对领域边界限定作用也更大。

(3)休闲行为对领域边界的限定作用强于必需行为。对于行为而言,必需行为发生的地点比较固定,如睡觉只会在自己的床上,因此必需行为对领域边界的限定作用不大。而休闲行为、社交行为发生的地点不固定,看电视、聊天、写字等休闲社交行为发生的地点决定了空间的使用状况和边界范围,因此休闲社交行为对领域边界的限定作用更大。

(4)三家设施居室的配置形态缺乏私密与半私密空间明确界定,产生如会客时缺乏隐私、看电视休闲时影响别人休息等问题,个人领域受到视线、声音等的侵占,个人领域不完整。但总的来说,个人领域以床位为界,区分较清楚,领域的自明性尚可。

4.3.4.3 居室内个人领域的影响因素

老年人通过物品和行为在居室内建立的个人领域,个人领域的形成受到如下因素的影响:

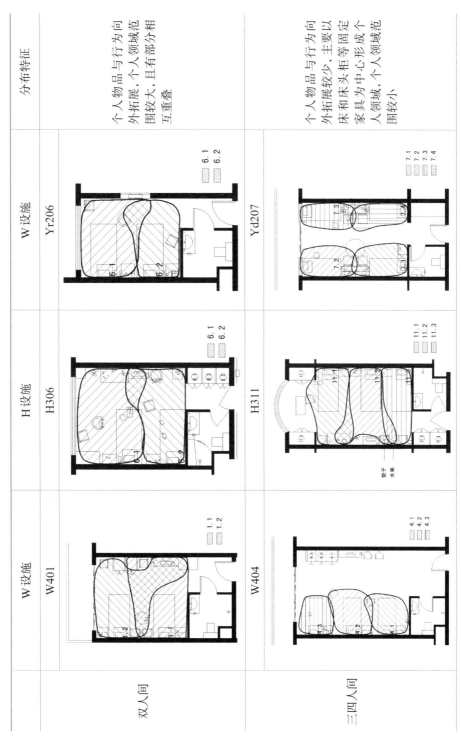

表 4-19　居室内物品的分布特征

续表

| | W设施 | H设施 | W设施 | |
分布特征	Yr2-10	H306	W305	五人间及以上
个人物品与行为基本不向外拓展,以床和床头柜等固定家具为中心形成个人领域,个人领域范围最小				
	共用空间因为扩大的过道,面积有限,实用性差。因此,个人物品及行为向床位外拓展较少。个人领域范围较小,且少有重叠	设施环境相对宽松,入住者向床位以外拓展物品的现象较多,因此,身心机能较强老年人的个人领域范围比较大	由于电视位置较偏,大家都集中在W3-5.1、5.2老年人的床位附近甚至至床上,严重侵占了5.1、5.2老年人的个人空间	分布特征

（1）领域权利和老年人的身心机能水平、入住时间、性格等个人环境因素有关。一般而言，先入住的老年人和健康的老年人拥有更多的领域权利。先入住的老年人对房间内唯一的公共家具占有率很高。身心机能较强的老年人的物品、行为都相对较弱的老年人多，对共用空间的占有与使用更多，从而拥有更多的领域权利，甚至有侵占别人个人空间的情形发生。

（2）个人领域的形成受居室类型的影响。居室类型影响着物品及行为的分布，进而影响着个人领域的形成。单双人间的个人领域以床位为中心且随着物品分布向居室共用空间有所拓展，个人领域有相互重叠的现象。三四人间的居室共用空间有限，且较少被物品占用或发生个人行为，因此个人领域以床位为中心较少向居室共用空间拓展。五人间及其以上的老年人身心机能较弱，个人领域一般局限在个人床位区，部分老年人个人空间被侵占的情况严重。

（3）个人领域形成受床位位置的影响。一般靠窗的床位老年人的个人领域范围最大，而中间床位的老年人的个人领域范围最小。

（4）个人领域的形成受设施的空间形态、设施的管理政策环境影响。居室会客空间、家具设备材质与形式以及个人化布置程度等对居室内的物品分布和老年人的生活行为都有着一定的影响，进而影响着个人领域的形成。W、Y 设施一般以床和床头柜等固定家具为中心形成个人领域，个人物品及行为较少分布到居室共用空间。而 H 设施管理相对宽松，个人物品及行为拓展明显，个人领域范围较大。

4.4 讨 论

本章以行为观察为主要调查方法，考察了养老设施的居住环境及空间的使用状况，分析探讨了不同身心机能入住者的空间利用行为特征。调查采用"领域"、"行为场景"的概念，利用"行为地图"与照片影像的观察记录的方法，得到的基本结果成列于下：

（1）三家设施的空间结构特征为：三家设施的居室都缺乏私密性，居室外的单元共用空间（Ⅲ）与设施公共空间（Ⅳ）的关系，或模糊（H 设施）或缺乏连续性（H、Y 设施），但空间领域划分都缺乏层次。不同身心机能的老年人在设施环境下，展开多样的生活行为，拓展自己的活动领域幅度。老年人通过在设施各个空间展开的生活行为赋予各空间领域以意义。

（2）单元内部的空间形态模式分为单元独立型（W3、W4）、层级构成型（H3、H5）、分离型（Yd2、Yr2）。在相似的空间环境下，介护单元的 W3、H5、Yr2 的老年人对居室外各个场所的选择率，远低于介助单元的 W4、H2、Yd2 的老年人。单元独立型的空间形态更有利于身心机能较弱者对居室外空间,尤其是单元共用空间的利用。

(3)在设施的居室内,形成个人领域的媒介主要是物品和行为。老年人以床和床头柜等固定家具为中心形成个人领域。功能性物品对个人领域边界的限定作用强于观赏性物品。休闲行为对领域边界的限定作用强于必需行为。居室人数较少更有利于个人领域的形成以及个人隐私的保障。三家设施居室的配置形态缺乏私密与半私密空间明确界定。

(4)老年人在设施内的行为拓展、生活场所的选择以及个人领域的形成等,受老年人身心机能属性、空间结构与形态等物质环境以及设施特有的规范制度、照料服务方式等社会制度环境的综合影响。为了改善设施的使用状况与老年人的居住行为,设施的物质环境、管理社会环境的创造成为重要的课题。

(5)老年人随着身心机能衰弱,由自主地选择利用空间向被动地使用设施转变。身心机能较强的老年人能够积极地利用空间,拥有更广的活动领域拓展、更多样的生活场所据点以及更多的领域权利。

本章的调查研究着眼于养老设施的居住空间基本环境以及老年人的空间使用状况。了解并考察了设施内由"设施整体"到"单元",到"居室"不同领域层级的各个空间场所的环境条件现状,并进一步与居家环境进行比较。探讨养老设施内老年人的空间利用状况,即老年人的生活拓展、场所选择、个人领域形成等状况。从研究结果可以归纳出空间结构、空间形态、居室类型等设施的物质空间环境对于老年人空间利用的影响,以期提供养老设施空间规划的参考。本书现阶段的研究发现如下:

4.4.1 设施的空间环境及使用现状分析

4.4.1.1 设施的空间结构与使用现状分析

以空间结构不同的三家设施的整体环境为调查对象,针对不同身心机能老年人的活动领域拓展,各空间领域的利用率、利用行为及利用人群以及老年人生活展开的影响因素等进行了详细比较与考察,得到如下几点结论:

(1)封闭的设施区位条件

三家设施因区位条件不同,使得入住者使用的户外空间资源与周边环境不同。但三家设施的入住者外出活动普遍不多,设施入住者随着身心老化而行动不便,加之设施的交通方便性、安全性以及管理制度等因素,制约了老年人外出活动的意愿与积极性,无形中导致了老年人外出活动较少,使得老年人封闭于设施环境内。

(2)"机能属性"配置的空间组织

三家设施的空间组织安排大致上相同,其空间配置主要以"机能属性"作为功能分区的设计原则,一般居住单元与设施活动空间分开配置,与酒店、医院的配置方式相似。W、Y设施因公共活动楼层与居住楼层的分离,使得W、Y设施老年人个人与公共空间的自由联系较少。而H设施提供老年人社交与休闲活动空间的类型较为多元,且老年人公共活动场所规划在交通核附近,呈现出较为活跃的个人与公共空间的垂直、水平的移动方式。

(3)缺乏层次的空间结构

三家设施的空间结构特征为:(1)居室内的个人空间(Ⅰ)缺乏应有的私密性,半私密的居室共用空间(Ⅱ)少且单调;(2)居室外的单元共用空间(Ⅲ)与设施公共空间(Ⅳ)的关系,三家虽有明显的不同,或模糊(H设施)或缺乏连续性(H、Y设施),但空间领域划分都缺乏层次。入住设施老年人的活动空间层次与居家相比,半公共与公共空间皆为集体使用的空间,但空间的使用群体如楼层入住者、全体入住者、家属等使用的空间,其不同空间层级配置会影响老年人居住的私密性与使用公共空间的多元性。与居家生活相比,老年人对空间的控制性与空间使用的自主性较差。

(4)老年人的生活行为拓展

在行为拓展方面,养老设施与居家生活存在落差,为老年人个人与社区互动、生活机能的满足方式等呈现差异。

养老设施的入住者与社区互动,受区位条件、交通方式、设施设备、管理制度等影响,使得老年人生活无形中受设施环境牵制而孤立于社区。但随着个人健康衰退、行动力减退,至社区互动及生活机能的需求,转而可通过设施条件及协助来满足,如服务人员带领入住者外出购物、逛街,或设施因应入住者需求来增设民生设施或服务(如超市、理发、各种设施活动)等。而居家老年人居住环境的掌控较自主,不受设施管理的牵制,个人的生活需求在社区环境中得以满足,形成老年人生活与邻里、社区之互动有较为密切,因此其生活空间范围包括邻里、社区等。但随着身心老化后,其生活空间范围逐渐缩小,老年人需要透过非正式服务(家人、朋友、老年人中心或居家服务员)来协助个人与社区的互动(张强,2007)。如贺佳(2009)以上海居家老人为个案,提到居家老人的外出活动范围,则受个人移动能力及居住状况等因素影响。

老年人行为的分布空间不同、活动范围不同。设施对老年人的生活饮食与休闲服务的安排方式是老年人离开居室至单元(H设施)或设施(W设施)公共空间使用,这就需要较长的水平移动甚至垂直移动方式。但随着老年人身心机能老化、移动能力减弱,设施的生活饮食与休闲活动空间配置应以水平设置,减少老年人垂直移动的不便,但无形中使入住者生活有封闭于楼层的感觉,为此需透过设施硬件与软件服务,如电梯、坡道的设置,举办活动促进老年人间的接触交流。

设施的大部分入住者身心机能较强,有较强的自主性,愿意更积极地利用设施并向居室外拓展自己的生活领域。但入住者生活行为拓展受设施空间结构、管理制度的影响与限制,使得向设施整体及设施外的行为拓展极少。而部分入住者,以居室内(特别是床位周边)为其主要的活动领域,较少地将自己的行为拓展到居室外。

4.4.1.2　单元的空间形态与使用现状分析

以空间形态不同的三家设施的6个护理单元为调查对象,针对各个场所的利用行为、行为场景以及不同身心机能老年人的空间利用特征进行了比较和考察,得到如下几点结论:

(1) 单元形态与动线设计

单元内部的空间形态模式分为单元独立型(W3、W4)、层级构成型(H3、H5)、分离型(Yd2、Yr2)。在相似的空间环境下,介助单元(W4、H3、Yd2)的入住老年人各个空间场所的选择利用率,利用行为场景更加丰富与多样,而介护单元(W3、H5、Yr2)的入住老年人则较少地利用单元共用空间,个人生活较多地局限在居室内。

三家设施的居住单元,走廊两旁以封闭的间隔实墙为主,走廊宽度较窄且直线式设置,走廊动线上缺乏趣味的节点,个人居室入口也缺少个性化的标识等等。这种长长的缺乏变化的走廊比较容易形成设施化的感觉,也造成老年人行走动线过于单调,仅能提供老年人行走的目的,而缺乏行走的兴趣。调查中发现,作为单元主要移动动线的走廊,经常会出现个人散步、驻足观察、偶遇聊天与或找邻居等情形,容易促进一时性的社交行为场景发生。

调查中发现,W设施"单元独立型"的单元规模较小,设置开放式的小型起居空间,能发挥聚集人群的功能,成为彼此联络感情与社交的聚会场所,有利于身心机能较弱者对单元共用空间的利用。H设施"层级构成型"的单元平面形式,因公共空间分层设置,使得各个楼层单元缺乏自身的私密性,不利于身心机能较弱老年人的居室外空间利用,但可促进身心机能较强的老年人对设施公共资源的利用,有利于设施各单元间人际交流的发展。Y设施"分离型"的平面构成以走廊连结活动空间,走廊较窄且缺乏变化,不利于身心机能较弱者及距活动室较远居室老年人对公共空间的利用。因此,单元的空间形态设计对老年人(特别是身心机能较弱老年人)的居室外利用有着重要的影响,直接影响着老年人在设施内生活据点场所的选择与生活行为的拓展。

(2) 场所的空间条件与家具摆设

三家设施因受目前空间现状因素,一般都以单独的活动室(空间)为主要的单元活动空间,另外在走廊一侧另设一两处沙发作为谈话角落,单元内提供的活动场所仅2—3处。并且个别场所使用上还存在着空间闲置等问题:如H设施的单元餐厅,其空间的使用机能与时段,除了就餐时间外,其余时间均处于限制的状态;Yd2单元的活动室因入住者身心机能较弱,较少地被使用。

调查中发现,老年人的活动据点比较单一,一般集中在活动室(空间)内,活动场所缺乏选择性、缺少更加弹性和多元化的利用。这主要是由于单元内部生活场所较少,并且活动场所的空间机能单一、空间可达性不好、空间开放性不足、空间家具较少、设施管理限制等原因。

(3)厨房、洗衣场所

目前三家设施均设有厨房或洗衣空间,但由于其均以实墙隔间为主的封闭式厨房,且使用的对象均为设施里的工作人员,造成老年人较少有使用厨房、洗衣房的机会。这与目前的养老设施不论照料模式或空间建构上,多半抱着"照顾"而非"生活"的观念,使得老年人及家属认为花钱来设施里是接受照顾服务的,而不是来这里劳动的,或认为老年人接近厨房是危险的行为。调查中发现,与其他单元显著不同,Yd2单元的洗衣房被较多地利用,这与Yd2居室卫生空间狭窄有关,也从另一方面反映了身心健康的老年人对家务空间的需求依然很强。

(4)单元空间的经营方式

三家设施对于单元空间的管理方式不同,W设施对于空间管理较严,单元空间装饰较少,不允许老年人将个人物品放置公共空间,下午时间禁止在活动厅下棋。Y设施采用宽松的管理方式,对于居住空间改造并无积极介入。相对而言,H设施则通过对楼层进行装饰布置,允许老年人利用个人物品占据、布置单元空间、于居室门口装饰或摆设物品等。调查中发现,由于H设施老年人对空间的自主控制较多,其设施空间虽略显凌乱,但老年人与设施方塑造了具人性化、个别化的单元空间居家感,相对于其他两家设施环境的设施化感觉较弱。

(5)老年人的生活场所选择

入住者喜欢聚集在单元主要活动室(厅),以活动安排选择设施公共空间、主体性地、目的性地选择并利用空间。离居室近的谈话角落、沙发、走廊等空间因可达性好,便于观察他人、小憩、亲密交流,较多地被入住者所选择。单元空间的动线设计、活动场所的可达性与开放性以及单元的活动安排、照料护理的提供方式等影响其居室外生活场所的选择。

总之,与居家老年人的日常生活大多在一百平方米以内的居家环境中进行不同,设施入住老年人的基本生活行为基本都在几百甚至上千平方米的单元内进行。因此,居住单元的空间形态、大小规模、空间机能与开放性、居室与主要活动空间的距离及连结方式以及空间的经营方式等,直接影响了老年人的场所选择。小规模的、多元化的、开放性的单元空间形态与居家环境更为接近,而走廊连结封闭房间的类似医院、旅馆的空间形态设施感过强,与居家普通住宅的空间形态有较大落差。

另外,李斌(2008)提到养老设施居住环境有规格化、冷酷、缺少人性化等环境特质。而居家生活中,老年人自主的、个性化的装饰空间、利用空间,形成鲜明个人化的居家环境特质。

4.4.1.3 居室的类型配置与使用现状分析

以9个代表性的居室作为调查对象,针对居室内发生的生活行为、居室内的物品及行为分布,个人领域的形成及特征等进行了详细比较与考察,得到如下几点结论:

(1)居室类型与使用现状

养老设施的老年人一般都住在双人乃至多人间,其个人可利用的空间面积及功能都有限,私密性较差。这与居家生活中个人(或与爱人)独占居室空间形成较大的差异性。整体而言,本书研究结果与既有研究发现相同,不同居室类型入住老年人的居室行为略有不同:单双人间的入住者日常生活多以"居室"为重心,在居室内"独自"进行自主性休闲活动的时间比较高,参加设施组织活动较少,居室外的活动以晒太阳、下棋及聊天等自主性活动较多。多人间的身心机能较弱的类型Ⅲ老年人,受自身属性限制,一般局限在床位,休闲也多为消极地看电视;类型Ⅰ、Ⅱ老年人则多在居室外进行休闲活动,较多地参与设施方组织的各项活动等,居室内鲜有休闲行为发生,室友间互动相对不高。这说明,居室居住人数愈多,身心机能较强的老年人其活动领域有向居室外扩展的情形。

这些调查结果与既有研究类似。如Anne et al.(1996)与外山义(1996)均曾指出,多人房居室入住者受室友随意入侵床位、空间拥挤、疾病传染与生活习惯差异等因素的影响,普遍缺乏居住隐私与安全感,所以同居室友聊天及互动机会低,日常交谊及休闲活动有倾向在生活区或公共空间中进行的现象。而单双人间居室因个人领域空间较为明确,有确保个人隐私及避免同居室友干扰的优点(Brown & Werner,1985;Becker & Coniglio,1975;外山义,2000),居室内社交行为较为丰富。

(2)居室家具与物品

养老设施于居室内会提供可移动或固定的家具,会影响老年人自主安排家具摆设方式。如Y设施的床位垂直于门摆设,床的长边紧邻过道,使其个人空间仅限于床位范围。居室内功能性物品较多但收纳家具较少,欣赏性物品和自带家具相对较少。欣赏性物品及自带物品对居家氛围的形成具有重要意义。靠窗的位置、较佳的健康状况、较长居住时间、少人间、宽松的管理制度等,有利于居室内物品数目及种类的增加与丰富,有利于老年人与居住空间形成更密切的关系。

老年人皆会通过携带家具、物品与装饰等来掌握空间的自主权与连结居家情感,且居室是入居者表现自我、个别化的场所。随着入居时间越长,因个人需求会使居室收纳与储藏等功能需求增加。

（3）居室利用与行为

居室内的行为主要为生理性的睡眠、盥洗、饮食、整理、移动等生活必需行为及视听行为，个人兴趣、阅读、书画、聊天等积极的社交行为较少。Y设施老年人使用的居室功能较复杂，包含睡眠、休息、饮食、社交、休闲活动等功能。相对而言，W、H设施老年人的居室功能较简单，如饮食、社交与休闲娱乐等活动多在居室外的公共空间进行。房间人数越多，居室内的休闲社交行为越少。

从调查结果可知，老年人由一般社区住家迁到设施环境中，居家的居住空间单元与功能缩小至一间居室内（乃至一张床上）。除了需面对个人生活空间面积不同外，生活空间的功能也不在单以居室为主，而是将生活功能如餐厅、休闲、社交等空间安排居室外之单元半公共空间或设施公共空间，为集体共同使用的方式。而独居老人的居室则更多是睡眠、休息等功能，当处于一间居室时，老年人会利用家具，如桌椅、电器设备、橱柜等，将居家功能分区为用餐、休闲、睡眠、储藏等（张强，2008）。这与养老设施的老年人居室在安排个人活动空间有相似的现象，但居家老年人的个人活动空间更大。

设施内居室空间的减小造成两种使用状况：一为居室功能过度膨胀，各类行为均在居室内进行，加之多人共用居室，居室空间过于局促。二为居室功能简单化，居室仅作为睡眠之利用，其他行为均在居室外进行，老年人没有个人空间场所，缺乏对居室"家"的认同感。这两种使用状况的影响因素为养老设施提供硬体资源，如共用餐厅、公共活动室等，软体服务如设施活动多样性否、管理态度等。

总之，养老设施的居室空间对入住者来说，是最小限度的个人私密空间。养老设施入住者的个人居住空间仅作为睡眠、休息的居室设计，其他生活空间功能则由设施的公共空间提供。而居家老年人为满足个人生活及休闲需求，自家居住空间功能皆为个人自主。

4.4.2　不同身心机能老年人的空间利用

不同身心机能老年人的空间利用特征与方式如表4-20所示。

4.4.2.1　类型 I 老年人

调查结果：该类型老人活动领域最广，由居室向单元、设施层级逐渐扩散，甚至个别老人拓展至设施外，各个空间领域的滞留率比较平均；居室内除了必需行为外，也由较多的休闲娱乐、社交等行为的发生；居室外部空间被广泛、多样地利用，其中以休闲、社交行为居多。设施所在区位、设施活动空间可达性（垂直或水平移动）、设施的活动安排与组织等影响其生活行为的拓展。

表4-20　不同身心机能老年人的日常生活特征

<table>
<tr><th colspan="2"></th><th>类型Ⅰ</th><th>类型Ⅱ</th><th>类型Ⅲ</th></tr>
<tr>
<td rowspan="2">设施空间使用状况</td>
<td>生活行为拓展</td>
<td>● 个人活动范围较大,入居者的日常生活在各个领域广泛地展开
● 居室外空间广泛、多样地利用,向设施外展开
● 自主性较高</td>
<td>● 受移动能力限制,活动领域从个人床位向公共空间的衰减,相较类型Ⅰ小
● 居室外领域活动以单元共用空间为生活据点
● 较自主,受限设施环境</td>
<td>● 入居者移动、认知能力较低,活动领域限制居室内,活动领域最小
● 生活基本个人床位区为据点,居室外较少滞留
● 较被动,受限护理方式</td>
</tr>
<tr>
<td>影响因素</td>
<td>● 设施所在区位
● 设施活动空间可达性(垂直或水平移动)
● 设施的活动安排与组织</td>
<td>● 单元空间开放、多样性
● 设施活动空间可达性(垂直或水平移动)
● 设施的活动安排与组织</td>
<td>● 单元空间开放、多样性
● 护理员的移动协助影响</td>
</tr>
<tr>
<td rowspan="2">单元空间使用状况</td>
<td>生活场所选择</td>
<td>● 喜欢聚集在单元主要活动室(厅),以活动安排选择设施公共空间
● 主体性地、目的性地选择并利用空间
● 集体娱乐,设施活动等休闲、社交行为居多</td>
<td>● 较多地选择离居室近的谈话角落、沙发、走廊等,较少利用设施公共空间
● 较主体地、但受移动能力所限地选择场所
● 观察他人、小憩、一时的交流等行为居多</td>
<td>● 被护理员带至人群聚集场所
● 被动地、基于日程安排或必需性行为占据空间
● 观察、发呆无为行为居多,与他人交互行为较少</td>
</tr>
<tr>
<td>影响因素</td>
<td>● 空间功能及活动安排
● 电视、棋牌桌等的设置
● 行为场景的吸引加入
● 设施方的管理强度</td>
<td>● 空间的可达性与开放性
● 空间功能及活动安排
● 电视、棋牌桌等的设置
● 行为场景的吸引加入</td>
<td>● 空间的可达性与开放性
● 照料服务的方式(个人或集团)</td>
</tr>
<tr>
<td>居室空间使用状况</td>
<td>个人领域形成</td>
<td>● 单双人间,居室内自主休闲较多;多人间,向居室外拓展休闲社交行为
● 一般自行携带收纳、休息、会客等需要的家具,会摆设个人的装饰物品以展示自我,并将个人物品、装饰物扩展至半公共的单元走廊中
● 个人空间领域意识较强,拥有更多的领域权</td>
<td>● 较少到居室外活动;多人间,居家功能缩小化,居室功能过于复杂
● 随着个人老化,就餐位置与休闲位置都愈加接近于床位区
● 个人领域意识相对较弱,有个别侵占他人空间的情形</td>
<td>● 因身体老化与行动不便,其各项行为长时间地局限在个人床位区
● 居室内会增加便盆椅、助行器、就餐桌等辅具,以床位为中心摆设
● 居室内发呆、无为等的情形较多,看电视、聊天为仅有的休闲社交行为
● 个人领域局限在床位区</td>
</tr>
</table>

<table>
<tr><td></td></tr>
</table>

调查结果

			类型 I	类型 II	类型 III
调查结果	居室空间使用状况	影响因素	● 居室类型 ● 设施方的管理强度 ● 个人性格、生活习惯 ● 同居室老年人的情况	● 居室类型 ● 设施方的管理强度 ● 个人性格、生活习惯 ● 同居室老年人的情况	● 护理员的护理方式
分析结论	空间利用特征	居室	● 居室内有饮食、个人兴趣、会客等行为空间需求 ● 携入个人生活物品、家具、电器等 ● 更好的私密性,自主装饰居室,展示个性的权利		● 狭小的床位区集中餐饮、洗漱、视听等行为空间 ● 便盆椅、护理床等
		单元	● 单元为主要的生活空间 ● 目的性地、自发聚集地利用单元的主要活动空间 ● 兴趣活动、下棋、聊天、就餐等 ● 家务、厨房等空间需求	● 单元为主要生活空间 ● 选择方便到达的、开放性的谈话角落、沙发 ● 观察、小憩、聊天、视听、就餐等	● 单元为拓展的生活空间 ● 方便到达的、有人气的场所,或个人静养的场所 ● 观察、小憩、接受照料等
				● 复健、治疗、个性化洗浴等空间需求	
		设施	● 设施为拓展的生活空间 ● 方便到达的、活动安排适宜的公共活动室	● 较少到设施活动,拓展行为领域的需求 ● 与其他单元老年人接触、互动的需求	
		社区	● 散步、接触大自然、外出购物等行为需求 ● 与社区互动、交流的需求		
	空间利用方式		● 自主地利用和比较自主地利用,设施空间为他们提供了活动展开的平台	● 由自主地选择空间向被动地使用设施转变	● 被动地利用空间,基于日程安排或必需性行为占据空间
	与环境的关系		自主性较强,能够主动地适应与改变环境	自主性相对减弱,对环境产生一定的依赖性	被动性较强,受设施环境影响较大

单元内的场所选择方面,类型 I 老年人喜欢聚集在单元主要活动室(厅),以活动安排选择设施公共空间、主体性地、目的性地选择并利用空间。单元空间的机能及活动安排、电视、棋牌桌等的设置、设施方的管理强度等影响其生活据点的选择。

居室的使用方面,易受居室类型的影响,单双人间的居室内自主休闲较多,多人间的老年人则向居室外拓展休闲社交行为。类型Ⅰ老年人一般自行携带收纳、休息、会客等需要的家具,会摆设个人的装饰物品以展示自我,并将个人物品、装饰物扩展至半公共的单元走廊中。该类型老年人的个人空间领域意识较强,拥有更多的领域权。居室的使用上,除了受居室类型、设施管理强度的影响,入住者自身的个人性格、生活习惯、与同居室老年人的互动情况等不同,使得该类型老年人的居室利用呈现的个性化差异明显。

分析结论:在空间使用特征方面,类型Ⅰ老年人在居室内有饮食、个人兴趣、会客等行为空间需求以及携入个人生活物品、家具、电器等强烈的要求。单元空间除了提供兴趣活动、下棋、聊天、就餐等场所外,类型Ⅰ老年人还有强烈的自我照料意识,对家务、厨房等空间利用较多。该类型老年人有较强的行为领域拓展意识,有将活动领域向设施外展开、与社区老年人互动的需求。

在空间利用方式方面,类型Ⅰ老年人多能够自主地利用设施内的空间环境及活动资源,能够根据个人目的自主地选择公共空间,拓展自己的活动领域、丰富生活行为。

4.4.2.2　类型Ⅱ老年人

调查结果:活动领域较类型Ⅰ略小,居室外领域活动以单元共用空间为生活据点,在调查中发现这类老人对空间的使用分化状态明显,时间分布上或者在个人空间或者在公共空间,持续时间均比较长。类型Ⅱ老年人的活动领域易因设施空间环境的不同而受到影响,丰富的单元共用空间(如W设施)更有利于类型Ⅱ老年人日常生活的拓展。

单元内的场所选择方面,类型Ⅱ老年人较多地选择离居室近的谈话角落、沙发、走廊等,以观察他人、小憩、一时性交流等行为居多,其生活据点的选择受个人移动能力所限。

居室的使用方面,类型Ⅱ老年人相对较少到居室外活动,居家功能缩小化,居室功能过于复杂;随着个人老化,就餐位置与休闲位置都愈加接近于床位区;该类型的老年人个人领域意识相对较弱,因此有个别侵占他人空间的情形。

分析结论:在空间使用特征方面,类型Ⅱ老年人对居室空间的需求与类型Ⅰ类似。但随着个人老化,对床位区的面积、家具设备及私密性等需求增加。单元空间是类型Ⅱ老年人最为主要的居室外活动空间,空间可达性与开放性较好、便于观察他人的、半私密的角落空间最受该类型老年人的喜爱。该类型老年人生活行为适当向单元外拓展,较少到设施活动,处于此老化程度的人更希望和别人交流。

在空间利用方式方面,类型Ⅱ老年人由自主地利用设施内的空间环境及活动资源,向被动使用设施转变。自主性相对减弱,对设施环境产生一定的依赖性。

4.4.2.3　类型Ⅲ老年人

调查结果:此类型老人身心机能最弱、活动领域较小,基本局限在个人床位附近,除设施规定在居室外进行的三餐、洗浴等必需行为外,很少在居室外活动。对公共空间等因使用较少而基本没有需求,也就不会因此而产生行为分布上的变化。

单元内的场所选择方面,类型Ⅲ老年人多是被护理员带至人群聚集场所,被动地、基于日程安排或必需性行为占据空间,因此观察、发呆无为行为居多,与他人交互行为较少。单元空间的动线设计、活动场所的可达性与开放性以及单元的活动安排、照料护理的提供方式等影响其居室外生活场所的选择。

居室的使用方面,类型Ⅲ老年人因身心老化与行动不便,其各项行为长时间地局限在个人床位区。居室内会增加便盆椅、助行器、就餐桌等辅具,以床位为中心摆设。在居室内的行为也以发呆、无为等的情形较多,看电视、聊天为仅有的休闲社交行为。护理员的护理程度直接影响其在居室内的行为与空间利用。

分析结论:在空间使用特征方面,类型Ⅲ老年人受身心机能所限,居室特别是床位区是其一天中停留时间最长(甚至24小时)的场所,在狭小的床位区集中了餐饮、洗漱、视听等行为,因此居室空间的规划深刻影响该类型老年人的生活质量。护理单元作为拓展的生活空间,老年人在这里小憩、接受照料、观察他人、聊天等。该类型老年人较少到设施活动。

在空间利用方式方面,类型Ⅲ老年人在设施内自主地展开生活非常困难,一日中几乎都是在护理员目光所及的范围内度过。受护理服务所限被动地利用空间,基于日程安排或必需性行为占据空间,受设施环境特别是管理制度、护理方式影响较大。

总之,老年人随着身心机能衰弱,由自主选择空间向被动使用设施转变。身心机能强的老年人积极地利用空间,拥有更多的领域权利和更广的领域拓展,行为类型多样。身心机能弱的老年人不仅局限于个人空间,对于公共空间的偶尔利用也并非出于自愿,往往是就餐、接受简单医疗服务或者静养发呆。

设施环境对不同身心机能老年人的影响有所不同,类型Ⅰ、Ⅱ老年人更易受设施空间结构等物质环境等因素影响生活行为的拓展,但类型Ⅰ、Ⅱ老年人多数能灵活利用设施提供的空间环境,自主地展开生活行为,行为空间体现为自主地利用和比较自主地利用,设施空间对他们而言提供了活动展开的平台。而类型Ⅲ老年人的生活则受设施社会的、管理的环境影响较大,显示出很强的被护理、被日程活动规定的特点。基于日程安排或必需性行为占据空间,随着衰老程度的加深这种空间使用益发强制化。

4.4.3 老年人的空间利用与环境的关系

4.4.3.1 空间利用的影响因素

（1）老年人的生活拓展的影响因素

1）空间领域的面积配比不是决定空间利用率的主要因素，设施各空间领域的面积并不是越大越好，而应根据不同空间的领域性质而配置合适的面积。首先，应满足利用率最高的居室的基本面积，特别是充实床位区的面积，以满足老年人最基本的生活起居需求；其次，应尽可能地充实单元内部共用空间的面积，以促进单元内老年人的休闲行为和日常交流，鼓励老年人走出居室，融入集体生活；再次，应根据不同类型的老年人配置相应的公共空间面积（"类型Ⅰ"对公共空间的需求较高，"类型Ⅲ"则最少），避免盲目追求活动室的数目与面积而造成的浪费，而在管理服务空间的面积上则以实用、经济为主。

2）单元的开放性、单元共用空间（Ⅲ）与设施公共空间（Ⅳ）的连接关系不同，对于老年人生活行为的拓展有着重要的影响。为了保护个人的私密性和保持稳定的社会关系，设施的空间应形成具有一定层次的领域。各空间领域之间应该是多元的、连续的、有层次的"生活空间"，缺乏联系与过渡的空间层级设计不利于老年人在各个空间领域间的转换与利用，容易限定老年人活动领域的拓展，而模糊的空间层级设计则使"个人的"或"集体的（单元的）"空间易被别人所侵犯、缺乏安全感。单元共用空间是老年人最近身的共用空间，是设施内重要的空间领域，适宜规模及开放度的单元空间设置，有助于老年人把单元共用空间视为自己居住环境的组成部分，在居室外形成亲密和熟悉的空间，使老年人间能更好地相互了解，加强对共用空间的集体责任感，进而提高老年人对单元这个共同的"家"的认同感和归属感。

3）设施的就餐制度和设施娱乐活动的利用场所不同，对空间领域的利用产生一定的影响；特别是设施公共空间（Ⅳ）的利用率较大程度上受日程活动的影响。管理者对日程活动的进行时间、地点需要斟酌，活动内容应适应空间特征，符合老年人的生活行为习惯。

总之，老年人在设施内的活动领域与日常生活的拓展，受着设施的空间结构等物质环境以及设施特有的时间的、生活的规范制度环境和社会环境等设施环境的综合影响。由此研究认为，多元领域层级的、单元构成的建筑空间结构以及开放的管理护理制度有利于老年人活动领域的拓展及交流互动的产生。

（2）老年人生活场所选择的影响因素

丰富多样的建筑空间、开放的管理护理制度有利于老年人活动领域的拓展及交流互动的产生。居住场所不是设施提供的，而是由老年人自身建立的，老年人根据自己的个性以及当时的情况来选择进入某个场所，形成某种行为场景。虽然百人百性,但大致还是具有相同之处的,也正基于此设施空间才能够在长时间内满足不同老化程度的居住者。

1)空间性格不同的复数场所分散配置具有较高的选择性,容易触发自发的聚集形成潜在的人际关系,同时形成的集团的大小、行为内容的变化也更具多样性。可达性好、适度开放的、多样机能的空间形态,有利于老年人社交行为的发生。因此,各个场所的空间设计应在空间机能上有更灵活的弹性,在视觉上、动线联系上具开放的关系性,便于老年人在不同空间特性场所间自由地出入、随时地转换。

2)装饰、家具、物品等不仅为行为场景提供支持功能,强化或改变场所的固有特性,更是个人领域的边界。老年人在利用家具、物品时,如看报、看电视、使用器材等行为场景的发生时,会伴随着老年人的社交互动。因此,各个空间场所应提供充足的、多样化的、家庭化的装饰、家具与设备,以吸引老年人进入场所利用空间。椅子、沙发、长椅等能够提供多种起居方式的家具设计形成多样的选择。电视机、书架、冰箱在共用空间的设置更有利于营造设施内的家庭氛围,满足老年人使用上的需求。

3)设施的就餐制度和设施娱乐活动的利用场所不同,对空间领域的利用产生的一定的影响,特别是设施公共空间(Ⅳ)的利用率较大程度上受日程活动的影响。因此,管理者对日程活动的进行时间、地点需要斟酌,活动内容应适应空间特征,符合老年人的生活行为习惯。相对灵活的时间控制、宽松的空间使用制度、适宜的空间活动安排,有利于老年人的空间利用与形成设施的归属感。

总之,设施内各个空间所展现的行为场景、老年人在设施内的生活场所的选择,受空间形态等物质环境、老年人属性、家具设备,设施特有的时间的、生活的规范制度环境以及社会环境等设施环境的综合影响。因此为了形成多样的、丰富的、作为媒介的行为场景,设施的物质环境、管理社会环境的创造成为重要的课题,场所营造应在视觉上、动线上的灵活的联系性,空间功能、家具设置的多样化、家庭化等方面考虑。

（3）个人领域的形成的影响因素

老年人在居室内通过物品和行为在房间内建立的个人领域,个人领域的形成受到如下因素的影响:

居室的居室类型、居室的空间功能与设备、床位位置影响入住者的领域形成,一般在单双人间面积较大,入住者拥有更多的活动空间及私密性,这有利于入住者对居室空间的自主利用以及个人领域的形成。而多人间的部分老年人受面积、空间功能以及私密性所限,不得不将一些家务、娱乐行为向居室外拓展,个人空间面积有限领域较小。因此,应尽量保证双人间的居室类型,避免多人间,确保入住者的个人空间及隐私。居室功能设计仅提供基本的睡眠功能是不足的,应该扩充并提供如处理个人事务活动的空间及设备。

设施、老年人个人的空间经营观念决定了居室内家具设备材质与形式以及个人化布置程度，进而影响了居室内的物品分布及个人领域形成。宽松的管理制度、鼓励携带家具及电器、鼓励个性化装饰等措施，有利于老年人透过摆设与装饰来强调并宣示对居住空间的自主权与拥有权。有利于塑造居室内"家"的气氛，促进老年人感受到在设施内拥有个人空间的归属感。

另外，个人领域的形成还与入住者个人身心健康状况、入住时间、性格、同住者关系等个人因素有关。

总之，在居室面积有限的情况下，扩充居室功能是有限度的，但必须满足个别性的基本需求，如饮食方面增设简单料理台、个人兴趣与事务空间、可变家具、收纳空间等。可利用家具、床帘、床的位置设置等措施，以确保每位老年人的私密性。另外，适当将居家功能如客厅、餐厅、清洁、与他人社交或活动等空间，分入单元共用生活空间的层次来规划，以减少居室功能的过度膨胀，形成入住者封闭于居室内的情况。

4.4.3.2 设施空间的意义与设计提示

（1）不同层级空间领域的意义

设施的各个空间领域不同的空间特性，对于老年人有不同的空间意义。居室是老年人在设施内最基本的立身之所，针对类型Ⅲ组群应多考虑床位及其周边（Ⅰ）的设计，在有限空间内满足多样需求。而居室共用空间（Ⅱ）的设计要尽可能为类型Ⅰ、Ⅱ老年人提供相对充裕的娱乐休闲空间。单元共用空间（Ⅲ）作为老年人居室外的最主要的利用空间，在考虑类型Ⅰ、Ⅱ老年人基本生活起居、娱乐社交需求的同时，也要促进类型Ⅲ老年人的利用。设施公共空间（Ⅳ）在空间位置、场所机能（活动支撑）等设计上要结合老年人属性和管理照料制度的特点，促进各组群别老年人日常生活的拓展。管理服务空间（Ⅴ）利用率低，应紧凑经济，避免浪费。类型Ⅰ、Ⅱ老年人对设施外（Ⅵ）活动有一定的需求，应增加老年人与外界交往的可能性。

因此，为了保护个人的私密性和保持稳定的社会关系，设施的空间应形成具有一定层次的领域。

首先，要建立明确的私密到公共领域的界限。特别是明确护理单元的界限有助于入住者把单元共用空间视为自己居住环境的组成部分，在居室外形成亲密和熟悉的空间，使入住者间能更好地相互了解，加强对共用空间的集体责任感，进而提高入住者对单元这个共同的"家"的认同感和归属感。

其次，各空间领域之间应该是多元的、连续的、有层次的"生活空间"。缺乏联系与过渡的空间层级设计不利于入住者在各个空间领域间的转换与利用，容易限定入住者的活动领域的拓展,而模糊的空间层级设计则使"个人的"或"集体的(单元的)"空间易被他人所侵犯、缺乏安全感。

再次,领域性不仅是空间层级的一个概念,更是一种社会化的产物,入住者在设施空间中不仅要确立各自所要求的领域,而且还通过各自的行为对设施的各空间领域条件做出自己的解释,这种解释为入住者的领域控制程度及活动范围提供相应的框架,实现适当的控制。在设施的空间层级设计时应充分考虑到入住者的属性特征、设施的护理制度等多种因素,使得空间层级的设计符合入住者的领域行为特征。

（2）居室外共用空间的意义

居室外共用空间涵盖领域层次中的中间领域和公共领域,包含半私密空间、半公共空间和公共空间。

角落空间、沙发组等,作为单元内部的半私密空间被设计,其作为老年人的个人活动及亲密活动的空间特性很强。但其利用易受空间的私密性、与动线的关系、相邻居室老年人的行为特征以及家具的设置等因素的影响。相对具有一定私密程度的半私密空间有利于进行个人、小集团亲密活动或某些个人行为。活动室(厅)、单元餐厅,作为单元内部的半公共空间被设计,是单元所有入住老年人共同活动、使用的空间。其作为计划性使用的空间被管理者控制的空间特性很强(H设施的单元餐厅),但具有多项机能、开放性的空间设计(如W设施的活动厅)有利于在非日程安排时间形成老年人的聚集、进而滋生老年人间的交互活动。设施公共的各类活动室、大餐厅、展览厅等,作为设施全体老年人共用的公共空间被设计,其作为设施集体的日程活动、会议活动及设施形象展示的空间特性很强。其利用受空间功能、可达性、管理制度等因素影响,利用率呈现很大的差异。

半私密空间、半公共空间和公共空间如果设计不当,或者管理方式不到位,会使得空间的公共性呈现不同的特性,进而领域层次发生转变。因此,为防上述领域层级混乱的使用方式,除了合理规划设计设施的空间结构、领域层级,还可以在使用过程调整日程活动的场地、时间以及有目的的布置家居等,以保证不同层次空间的合理利用。此外,设施方与入住者都应积极地管理、营造空间,创造温馨的、人性化的、特色鲜明的单元空间,这既有利于形成居家氛围,又有利于增加单元入住老年人的归属感。

首先,单元的空间设计首先适当增加多元化的、小尺度的空间场所,如下棋、看电视、编织、读书、厨艺等活动的角落空间。另外,开放餐厅与活动室,利用可拆组的家具,让空间更具有弹性使用的机能,以增加空间的多变性及灵活性,弥补机能现况的不足。以此,有效地增加老年人生活的据点以及增加老年人的生活乐趣。

其次,丰富的动线设计如应适当拓宽走廊宽度,局部布置休闲座椅,居室入口进行个性化装饰等,有利于老年人(特别是身心机能较弱)不远离居室而与外界互动,有利于偶遇行为的发生，进而形成老年人的交流互动。最后，设施应提供原有居家环境中的厨房、洗衣房等空间，并应采取开放的空间格局及管理制度，以达到充实老年人生活内容，维持老年人既有生活技能的作用。

（3）居室空间的意义

在设施的居室内，形成个人领域的媒介主要是物品和行为。功能性物品对个人领域边界的限定作用强于观赏性物品。休闲行为对领域边界的限定作用强于必需行为。居室内的个人领域以床和床头柜等固定家具为中心形成，个人领域区分较清楚，但部分个人领域之间相互重叠且易被侵占，个人领域并不完整。

居室内个人领域具有重要的意义。居室的空间领域划分得越清楚，个人领域空间越为明确，可确保老年人的个人隐私并避免同居室友的干扰。鼓励老年人携带家具，进行个人化床位空间布置等管理制度，不仅有助于保护老年人的个人隐私，更能引发老年人对居住环境的归属感及建立人际交流互动的机制。这些结论与国外的研究结果相似（Altman，1975；Brown & Werner，1985；外山，2000）

因此，本书认为应重视居室的私密性，尽量建立能够充分保证隐私的单人间。在双人间及多人间的情况，个人床位私密空间应与会客区的半私密空间有分界。居室空间设计，应从每一间居室为入住者的"家"概念出发。

首先，应满足居室的私密性，充实老年人的床位空间面积、家具设备等需求，通过空间设计、床位摆放、间隔设计等最大限度地保护老年人的隐私。

其次，在满足基本的睡眠、盥洗、家务等居室基本功能外，应尊重老年人个别化行为的功能需求，如在居室用餐、看电视、聊天、读报等行为的功能需求。

再次，老年人进行自我展示的场所，在居家生活中以客厅为主（张强，2007），而在设施生活中一般以居室为主。因此应鼓励老年人通过对生活空间的经营，如家庭化的装饰、家庭化的家具与物品、个人携带家具与物品等来宣示居住空间的拥有权及自主权，并营造个性化的居家氛围。

第5章

设施内老年人的空间需求与满意度评价

　　本章调研子课题为设施内老年人的空间需求与对设施环境的满意度。与第3、4章的研究侧重老年人的生活行为活动,及物质环境使用状况不同,本章关注的是老年人的主观评价。考察设施内老年人对空间功能的需求、空间设计的具体要求、设施环境的满意度评价等三个方面,进而归纳出不同身心机能老年人对于设施环境的功能需求与满意度评价的差异性诉求,以分析当前设施设计的问题点以及不同老年人的需求重点,为养老设施的空间规划提供参考。

　　调研目的:研究以使用者观点出发,探讨设施内老年人由身心机能属性类型Ⅰ到类型Ⅲ的空间需求、满意度,验证第3、4章行为观察的结果以及国外相关研究的结论在国内是否适用。

　　调研内容:本书采用立意取样(purposive sampling)方式,选择意识清醒、居住于不同设施环境的老年人为对象进行一对一的问卷调查,应用开放式问卷与访谈相结合的方法,探索居住设施老年人对生活空间的需求。

　　调研对象:在访谈研究中,将老年人依实际居住设施环境分为:W设施组、H设施组、Y设施组,抽样方式如下:在第3、4章的观察调查后,说明研究动机与目的,征询三家设施的受访意愿。配合老年人的隐私权及生理状况,由每家设施的护理人员询问老年人参与意愿后推荐代表,就设施所提名单中按类型Ⅰ:类型Ⅱ:类型Ⅲ约为5:3:2的比例抽出访谈对象[1],进行问卷调查。案例选取结果W设施组8人,H设施组10人,Y设施组12人,共计30位老年人;其中,类型Ⅰ15人,类型Ⅱ9人,类型Ⅲ6人[2]。

　　调研方法:问卷内容包含老年人基本数据、空间需求、满意度评价等三个主

---

[1] 因入住设施的老年人以类型Ⅰ最多,约占半数以上,且类型Ⅱ、Ⅲ老年人的身心较弱,较难配合完成问卷,因此问卷调查未按照通常1:1:1的比例选择问卷对象。

[2] 访谈问卷调查的老年人数分别占W、H、Y三家设施内,进行行为观察调查老年人人数的17.4%、16.4%、13.6%;分别占类型Ⅰ、Ⅱ、Ⅲ三类身心机能水平老年人人数的14.7%、18.8%、13.3%;该数据作为行为观察调查的辅助数据,具有一定的代表性。

题(附录C)。在问卷设计上,利用预备调查时访谈设施管理者带来的新视角,以及行为观察调查时反映的真实情况去设置问卷问题。基本数据部分采取结构式,其余部分采取半结构式为主,除让老年人勾选外,尚保留开放式作答(open ending)方式。本问卷为得到较完整信息,对于每个变项的需求评估或满意度评估均加上"请说明原因"或"为什么"等补充问题,以增加信息收集的丰富性。在资料取得上,受老年人理解和表达能力所限,采用一对一的提问方式与受访者即时互动,以促进受访者整理思路、澄清含糊的描述,进而深度挖掘得到接近真实意愿的结果。

这种结合问卷访谈的调查方法的设计不仅出于获取数据的丰富性,同时考虑了本研究对象的实际情况。本书的调查对象大多为75岁以上的老年人,其书面文字理解和表述能力受到年龄影响均有一定衰退,一对一的调查采取交谈的方法,虽然在时间、精力上并不经济,但较好地保证了数据的真实性。因此,本书并未采取大样本推断性统计的方法,而是采取小样本描述性统计的策略。需要说明的是,本书并不是完全匿名的调查,针对老年人的访问很多情况下不能排除第三方的存在,很多时候由于老年人的语言表达需要都由护理人员的协助翻译和表述,这都是利用本书调查结论时需要考虑的。

5.1　受访者基本资料分析

本书30位受访者的基本情况如图5-1所示。女性受访者70%(21人),较男性受访者多,这与入住设施的实际情况基本吻合,也与中国老龄现状相符合。老年人的平均年龄81.9岁,75岁以上老年人占绝大多数,特别是85岁以上老年人占40%(12人),人口高龄化程度明显。大多数老年人教育程度不高,以小学、初中水平居多。月收入上,大多数老年人的收入为1000～2000元之间(56.7%),整体收入水平不高,这对设施收费标准和服务项目的提供都有直接的影响。房间类型上,总体以三四人房间最多达73.3%,这也符合调查设施三四人间较多的基本情况。入住设施的时间上,呈现5年以上(10人,33.3%)及1年以下(8人,26.7%)两极化分布。

半数的受访者认为自己的健康状况很好(4人,13.3%)或好(11人,36.7%),认为自己健康状况不好的仅5人。这与受访者群体本身就是身心机能水平较高者居多有一定联系(图5-2),如类型Ⅰ老年人15人,其中9人(60.0%)的受访者自认身体好或很好;类型Ⅱ老年人9人,其中7人(77.8%)自认身体一般;类型Ⅲ老年人6人,其中4人(66.7%)自认身体不好。

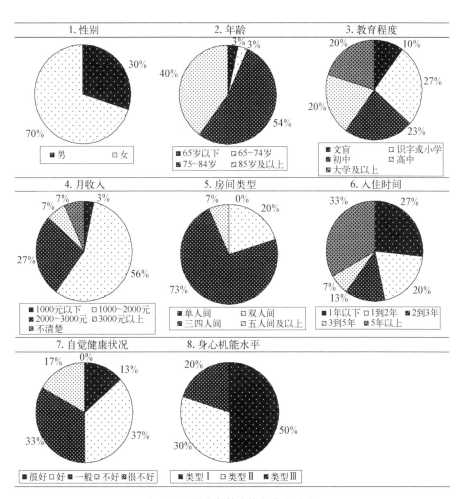

图5-1 受访者基本资料数据分析

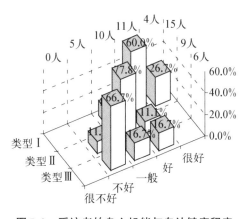

图5-2 受访者的身心机能与自认健康程度

5.2 设施各功能空间项目的需求

本书采用一系列的生活空间设施需求5级量表,评估受访者对空间需求程度;在需求程度上区分为:非常不需要、不需要、一般、需要以及非常需要五个等级,并依其需求程度进行评分的总平均(mean,分值最高5,最低1)排序,较高的得分则为较高的需求性,而反之亦然。具体空间项目的确立按照私密性到公共性程度的不同,依据三家设施的现状,分为以下4大类28项:

(1)居室部分(除床位空间)6项:娱乐空间、会客空间、卫生空间、餐厨空间、储藏空间、阳台空间;

(2)单元共用部分7项:餐厅、活动室、谈话角落、单元厨房、单元厕所、单元浴室、单元水房;

(3)设施公共部分8项:视听室(电视/电影放映)、棋牌室、健身室、阅览室、多功能厅、音体室、医疗诊室、超市卖店;

(4)室外环境部分7项:阳台平台、散步道、桌椅凉亭、草地花坛、健身器材、活动广场、宣传报栏。

本书的空间需求分析将各身心机能不同的老年人分开,依调查的设施空间的4个大类及28个分项的需求度,分别计算出平均值,并假设各组群在空间需求度上无显著差异,以进行卡方检验的适合度考验;结果的差异程度以 *($p<0.05$)为显著差异,表示不同组群对空间需求度的看法有显著差异;而差异程度不显著,则表示不同组群对空间需求度的看法比较一致。

5.2.1 各类设施空间的功能需求

5.2.1.1 居室部分

居室对老年人的重要性不言而喻,甚至目前养老设施的规范也比照居住建筑设定,因此居室的品质很大程度上会影响设施的整体满意度。居室的各个部分依需要程度的排序分别是卫生空间、储藏空间、娱乐空间、阳台空间、会客空间、餐厨空间(表5-1),其中以单因素方差分析,在不同组群老年人之间无统计学意义上的显著差异,显示对居室空间的选择不受生活身心机能差异的影响,也不受所居住设施本身布局差异的影响。定量数据和访谈资料的具体分析如下:

(1)受访者普遍认为除床位空间外,卫生、储藏空间是居室里最为重要的。这反映了老年人对居室的最主要需求即是满足睡眠、如厕、家务等基本生活必需的功能,其次则是能够保证看电视、听广播的静态娱乐需求。也有很多老年人反映"卫生间要有人护理","储物的柜子太少太矮(高)了,不方便","储藏空间要高度合适,

表5-1　居室部分各空间的需要程度

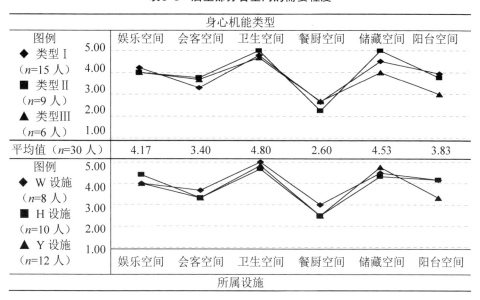

以 K O-W ANOVA检定呈现统计显著差异*（$p<0.05$）。

卫生间要大，方便轮椅的进入"，说明居室空间的设计在满足老年人基本需求的同时，一定要强调无障碍设计、细节设计，便于老年人的利用。

（2）针对会客、娱乐、阳台空间，则被认为"在活动室就可以会客了，方便"，"居室空间太小，会客区不大可能"等，需要程度较低。这与研究者起初的推测有很大不同，除去设施规章制度对老年人的影响，有可能是因为参与调查的老年人大多居住在多人间，房间面积的限制和可能的相互干扰等因素的影响。笔者推测多人间的普遍性使得老年人不得已放弃了个人空间，并对这种需求自我压抑，因为也有部分老年人反映居室缺少书桌椅以及会客空间，对于他们的娱乐休闲行为产生了不便，"想读报没有桌子，只能到外面去"，也有个别老年人明确指出"写字台等家具尽量要一人一个，各有所属"等，表达出了一定的建立居室内个人领域的要求。

另外，中国有民以食为天的古谚，对于居室内的餐厨空间，也值得进一步探讨。例如，有老年人反映"有微波炉和冰箱最好"，"设置厨房可以丰富个人兴趣"，"厨房设置在外面比较好，安全"等两种相反的答案。可见，对于类型Ⅲ的老年人因其身心的退化应该考虑居室内的餐饮空间使其能够在居室内就餐。而对于类型Ⅰ的老年人可以考虑提供相对富裕、灵活的空间，以根据不同老年人的需求提供简单冰箱、微波炉等设备满足其个性化的贮备食物需求。在调查中，也有老年人误以为笔者是设施的主管部门，抱怨设施管理者不允许自己加热饭菜，而恰好在此之前，设施的负责人员在向笔者介绍情况时，也提及老年人自己做饭引起火灾险情的情况。由于老年人避险能力较弱,因此设施采取较为严格的安全措施是可以理解的,但这也限制了自理能力较强老年人的自主生活的诉求。这正反映了目前设施入住老年人之间的身心机能差异较大仍混合居住,一刀切的管理模式需要在进一步的设施管理、运行中寻求解决之道。

5.2.1.2 单元共用部分

本研究所调查设施由居室、共用活动及服务空间构成基本生活单元,在这些单元共用部分的7项空间中,其需求程度的排序分别是单元浴室、谈话角落、单元水房、单元餐厅、活动室、单元厨房、单元厕所(表5-2)。各组群的老年人都认为单元浴室是最需要的,这与设施规定统一时间一起洗浴而不允许在居室内个人洗浴有很大关系,也符合老年人的生活现状。谈话角落位于第二位,这种小尺度的、亲切的、易于形成亲密关系的空间是最受老年人欢迎的,这也和我们第4章环境行为观察的结论一致,如老年人反映的"谈话角落方便,距离近","可以一个人独处,做自己喜欢的事情"等。而被认为是设施必备要素之一的餐厅排在第四位的原因,可能与设施的就餐制度、餐厅的位置有很大关系,如会有"不要餐厅,在屋里蛮好的"和"餐厅必不可少"两种极端的观点,表明不同设施老年人接受现有生活制度的倾向。

表5-2　单元共用部分各空间的需要程度

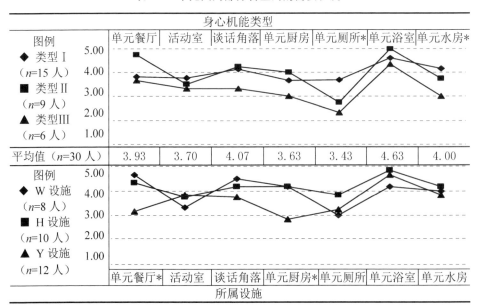

		身心机能类型						
图例		单元餐厅	活动室	谈话角落	单元厨房	单元厕所*	单元浴室	单元水房*
◆ 类型Ⅰ (n=15 人) ■ 类型Ⅱ (n=9 人) ▲ 类型Ⅲ (n=6 人)	5.00 4.00 3.00 2.00 1.00							
平均值(n=30 人)		3.93	3.70	4.07	3.63	3.43	4.63	4.00
图例 ◆ W 设施 (n=8 人) ■ H 设施 (n=10 人) ▲ Y 设施 (n=12 人)	5.00 4.00 3.00 2.00 1.00							
		单元餐厅*	活动室	谈话角落	单元厨房*	单元厕所	单元浴室	单元水房
		所属设施						

以 K O-W ANOVA检定呈现统计显著差异*(p<0.05)。

以单因素方差分析,在各类型组群老年人之间统计显著差异,显示对生活起居共用部分的选择,除了单元厕所、单元水房外,不受身心机能水平改变而影响。类型Ⅱ、Ⅲ的老年人由于身心机能所限,如厕、移动、清洁等行为一般需要护理员的帮助,对单元的厕所和水房的需求不高。而在早晚盥洗高峰时间内,因为居室内卫生间多人共用限制使用,类型Ⅰ的老年人一般会选择利用单元共享的厕所、水房,如"我身体比她(室友)好,让她用居室的""用外面的方便"等。这说明生活起居共用部分的服务功能的设置,要充分考虑到具体入住人群的实际需求,即不能盲目贪全、贪多,又不能缺乏设置而引起使用上的不便。

各设施组群老年人之间统计显著差异,显示除了单元餐厅、单元厨房外,不受所居住设施的影响。Y设施虽然有设施公共的大餐厅,但由于距离居室较远,现基本不使用,所有老年人都在居室内用餐,所以老年人也认为餐厅需要程度很低。而W、H设施在单元餐厅就餐,所以老年人认为餐厅的需要程度较高。

在现有的设施设计中,活动室一般作为设施单元空间的几何中心,但其实际的需求却远弱于浴室的需求程度,弱于或在个别设施中持平于餐厅和谈话角落,说明在所调查的设施中,其群体的联系较为分散,若干性格、爱好等属性接近的老年人组成了较为强势的人际集团,使得其他老年人就不愿与之分享公共活动室,造成了活动室需求弱于谈话角落。这说明当前单一活动室作为单元中心的布局确有可商榷之处,单元内活动空间的多元化或多层次划分是未来发展的方向之一。

5.2.1.3　设施公共部分

设施提供的室内功能差异是当前区分不同养老设施的标准之一,在公共设施室内部分的8项中,其需求程度的排序分别是医疗诊室、阅览室、棋牌室、健身室、视听室(电视电影放映)、音体室、多功能厅、超市小卖部(表5-3)。受访者认为医疗诊室为最重要的设施,说明老年人对健康的重视[1]。另外,阅览室、棋牌室分列第二、三位,这也是在上一节的环境行为观察中发现最被广泛使用的空间。值得注意的是,被认为为老年设施设计要素之一的"多功能厅"则被指出为需要程度第二低的部分,"浪费面积,只是做样子的","只有逢年过节才用得上"。现有的多功能厅一般仅在春节等重要传统节日供领导视察和其他单位前来慰问、表演使用,基本很少有设施内部自发的使用。如何使面积较大的多功能厅,在平时也能够充分地、有效地被老年人广泛地利用,是值得进一步探究的。

以单因素方差分析,在类型组群老年人之间统计显著差异,显示对公共活动部分的选择,除了视听室外,不受生活身心机能属性影响。考虑是由于类型Ⅱ、Ⅲ

[1] 有老年人在调查中,对调查员总结说老年人对设施最关注的事情有三点:健康、伙食和收费标准。

表5-3　设施公共部分各空间的需要程度

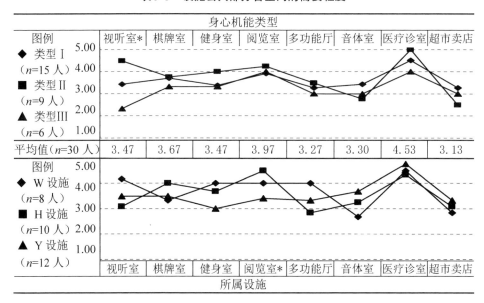

以 K O-W ANOVA 检定呈现统计显著差异＊(*p*<0.05)。

的老年人在居室内就能够满足视听需求，因此移动能力所限认为没有必要再在公共部分安排类似的活动空间；而类型Ⅰ的老年人则认为"外面看电视可以边看边交谈"，"居室里看电视影响别人休息"。这说明公共活动部分各空间的设置，要充分考虑到设施定位人群的实际需求，以提高设施空间利用率，减少环境构建成本，随着设施内部老年人年龄的变化，应该适应性地调整房间功能，而不是盲目地遵循规范或定式。

　　在设施组群别老年人之间统计显著差异，显示除了阅览室外，不受所居住设施的影响。三家设施均设有阅览室，但W设施的阅览室并不开放，而Y设施的阅览室距离老年人居住单元较远使用不便，所以与阅览室经常被使用的H设施在使用需求上有显著差别。这说明，在公共活动部分的各个功能空间设置上，不仅要考虑建筑设计规范上的需求，还应考虑设施的管理制度的因素，以使得设置的各个功能空间满足老年人需求的同时，被有效地、积极地利用。

5.2.1.4　室外环境部分

　　设施的室外部分因所在区位和设施类型的差异而有很大的不同，有些是建造时间较早、远离商业中心的设施，其户外空间有比较充分；而城市型或者别的建筑类型后来改造的设施就严重不足。中国当前设施的发展也鼓励多元化的发展，因此了解不同老年人的室外空间需求，对以后有针对性地发展多种类型的设施具有直接的参考价值。本书涉及的7项室外活动空间中,按需求程度的排序分别是草地花坛、阳台平台、散步道、活动广场、桌椅凉亭、健身器材、宣传报栏(表5-4)。外部空间的使用上,老年人多倾向于旁观性的介入,例如散散步、晒太阳等,而环境依附性的活动就比较少,很少利用器械锻炼。草地花坛被认为是最重要的空间,如"绿地对空气质量很好"、"看到花草心情好"。阳台平台因设置在楼层,方便到达又能接触大自然也广受老年人的喜欢。而健身器材则因"室内就有了,何必去那么远"、"外面没有人照看,不安全",宣传报栏因"站着看报不方便"、"晃眼睛看不见"等,不被老年人所选择。在室外部分的选择上,自然景观的面积大小、优美程度是首要因素。而其他活动空间上,老年人首要考虑的是到达的方便程度。

表5-4 室外活动部分各空间的需要程度

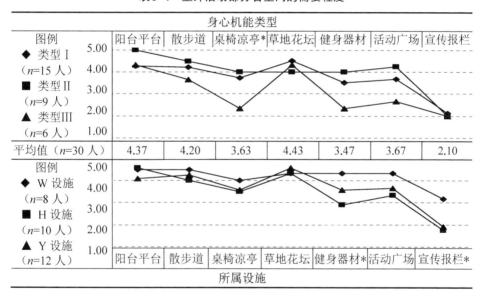

以K O-W ANOVA检定呈现统计显著差异*(p<0.05)。

以单因素方差分析,在各类型组群老年人之间统计显著差异,显示除了桌椅凉亭外,不受身心机能改变而影响。这是因为类型Ⅲ的老年人因为自身移动能力所限,对室外空间的需要度普遍偏低。

在各设施组群老年人之间统计显著差异,除了健身器材、宣传报栏外,不受所居住设施的影响。W设施缺少室外健身器材和宣传报栏,老年人理所应当认为需要;而H、Y设施均设有健身器材和宣传报栏,老年人实际使用后发现其不便性而不被选择;另外根据笔者的推测,室外设备在安装后缺乏必要的维护,造成了设备自然老化等可能危及安全的因素,可能是老年人避免选择的心理动机。

5.2.2 功能空间需求特征

在具体空间需求上,受访老年人最重视单元共用空间(3.91),其次为居室空间(3.89)、室外环境空间(3.70)、设施公共空间(3.60),整体需求度的相差并不大。而28个小项空间的需求程度排名依次是:居室卫生、单元浴室、居室储藏、医疗诊室、草地花坛、阳台平台、散步道、居室视听、谈话角落、单元水房、阅览室、餐厅、居室阳台、单元活动室、活动广场、棋牌室、单元厨房、室外桌椅凉亭、室外健身器材、健身室、视听室、单元厕所、居室会客、音体室、多功能厅、超市卖部、居室餐厨以及室外报栏(表5-1—表5-4)。

大多数受访者表示,居室所在楼层是他们一天生活起居、休闲活动的主要空间,比较关注自己所在楼层的设计。可见,"居住单元"部分是养老设施设计成败的关键。对于公共设施部分,室外的草地花坛、阳台平台最受老年人欢迎,室内最关注的是医疗康复设施,其次是图书阅览等文化方面的需求。建筑设计规范中普遍强调的一些必要因素,如多功能厅、大餐厅、音体室、健身室、视听室等各个活动室,老年人并没有表现出强烈的需要。

由老年人的需求调查与访谈中发现,老年人对设施空间的需求主要是为了满足日常生活起居所必需的基本空间,如卫浴、家务、诊疗等基本生活行为的各服务空间,以及能够满足散步、视听、交谈等简单、基本娱乐休闲行为的空间。可见,受访老年人对于空间的需求停留在较低层次的生活、安全需求上,还没有提出更高层次的舒适、审美、愉悦社交的需求上。这也从一个侧面说明了设施现状环境,对于老年人而言,较低层次的居住面积、功能等需求还没有得到基本的满足,它就成了老年人需求的重点,而较高层次的需求则很难被老年人所强调。

5.2.3 不同身心机能老年人的功能空间需求

表5-5、图5-3为不同身心机能老年人的功能空间需求比较,类型Ⅱ老年人与类型Ⅲ老年人之间是一个明确的分割点,以类型Ⅲ平均需求程度最低、其次是类型Ⅰ、

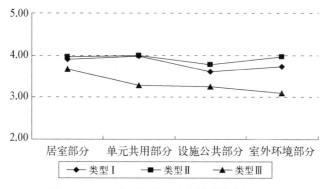

图5-3 不同身心机能受访者的功能空间需求

Ⅱ老年人,两组对整体空间需求无明显差异。

表5-5　不同身心机能老年人的空间需求比较

	类型 Ⅰ	类型 Ⅱ	类型 Ⅲ
最需求的空间	卫生间、单元浴室、医疗室、储藏空间、草地花坛、阳台平台、散步道、电视柜、单元水房、谈话角落	卫生间、储藏空间、单元浴室、医疗室、阳台平台、餐厅、视听室、散步道、谈话角落、阅读室	卫生间、单元浴室、阳台平台、草地花坛、娱乐空间、储藏空间、阅读室、医疗室、餐厅、会客区

类型Ⅰ老年人对各功能部分的需求程度依次单元共用部分(3.98)、居室部分(3.91)、室外环境部分(3.73)、设施公共部分(3.61)。各空间场所的前十位需求依次为卫生间、单元浴室、医疗室、储藏空间、草地花坛、阳台平台、散步道、电视柜、单元水房、谈话角落。通过深入访谈类型Ⅰ受访者表示:"我喜欢按照自己的方式安排生活,不会特意参加设施的活动","有些活动室组织的活动不感兴趣,就不去参加","身体好有出门证,不需要设置小卖店和健身房"等。类型Ⅰ老年人身心机能水平较高,个人活动领域范围较广,能较好地适应设施环境,因此对设施的各个空间的需求较高。

类型Ⅱ老年人对各功能部分的需求程度依次单元共用部分(4.00)、室外环境部分(3.96)、居室部分(3.96)、设施公共部分(3.78)。各空间场所的前十位需求依次为卫生间、储藏空间、单元浴室、医疗室、阳台平台、餐厅、视听室、散步道、谈话角落、阅读室。公共活动室内外部分的需求程度明显偏高,甚至比类型Ⅰ老年人要高。经过深入访谈,类型Ⅱ受访者表示:"活动活动,要活就要动","医生告诉我在可以走的时候,要多动动,还有恢复健康的希望。"类型Ⅱ的受访者在追求健康的动机下,以增加活动的方式,企图保存既有的身体功能和良好的精神状态,形成了对生活起居以外的空间需求量达到最高的状况。

类型Ⅲ老年人对各功能部分的需求程度依次是居室部分(3.67)、单元共用部分(3.29)、设施公共部分(3.25)、室外环境部分(3.10)。各空间场所的前十位需求依次为卫生间、单元浴室、阳台平台、草地花坛、娱乐空间、储藏空间、阅读室、医疗室、餐厅、会客区。空间需求程度在三个类型组群中是最少的,并且在视听室、单元厕所、单元水房、桌椅凉亭等选项上与其他两组群有显著差别。经过深入访谈,类型Ⅲ受访者表示:"我的身体情况不好,要有人陪伴才能走动,护理员比较忙,不想给别人增加负担,还是留在房间里比较安全","我腿不好走路不方便,跌倒了很麻烦,所以就留在屋里了","房间里就能看电视","桌椅凉亭都用不上,很多活动室都用不上,浪费"。自理能力较差的类型Ⅲ老年人考虑安全的因素,虽有活动的意愿但应需配合护理员或家人的时间,居室外活动的机会减少,对设施各功能空间特别是居室外功能空间的需求程度较低。

综上,随着身心机能的改变,老年人对于空间的需求是不断变化的,特别是类型Ⅲ的老年人对于空间的需求量急剧减少。而类型Ⅱ老年人因有较强追求恢复健康的意念,致使其对各项空间需求量略高于身心机能较好的类型Ⅰ老年人。在四大功能部分的需求上,"居住单元"是最为重要的空间,并且广泛受各类型老年人的重视。但身心机能最好的类型Ⅰ、类型Ⅱ老年人,偏重于单元共用空间的设计,而身心机能较弱的类型Ⅲ老年人,则偏重于居室的设计。

5.3　空间设计的具体要求

5.3.1　空间设计的具体要求

5.3.1.1　入住原因

考察受访者的选择设施养老模式的原因以及选择目前所在设施时的考虑因素,对养老设施的区域位置、功能设定等的前期策划有一定的借鉴作用。如图5-4为老年人选择养老设施养老的原因,前三位依次为"需要别人照顾"(44%)、"居住空间不足,有障碍"(23%)、"消除寂寞"(13%),由此可见生活能力下降和家庭照顾能力、空间机能的矛盾是各种社会经济状况下老年人选择在设施居住的共同基础。

图5-5为选择目前所在养老设施的原因,前三位依次为"硬件设施"(32%)、"地理位置"(25%)、"医疗水平、管理质量"(19%)。这种动机分布对建筑设计的要求就比较明显了,空间的质量、建筑的外观、环境的美化和活动空间的设置都体现了物质层面对于选择动机有较大的影响。

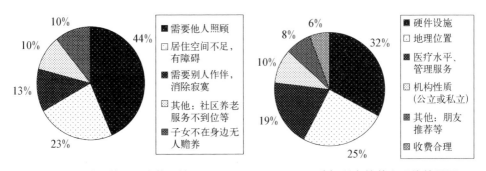

图5-4　选择养老设施养老的原因　　图5-5　选择所在的养老设施的原因

5.3.1.2　居室类型

目前入住养老设施的老年人大多是单身的老年人,仅有很少的个案是夫妻二人,因此居室的人数就显著的影响老年人住进设施后的生活习惯,国外出于对保护个人隐私的考虑,大力广泛地推行单人间。中国的情况是否也因该在新建设施中全面实行单人间呢? 本书专门就此设置了几个问题,分析这些答案将会对居室类型的选择有更为丰富的理解。

1. 居室类型的选择倾向

研究针对老年人的居室类型偏好提出这样的问题:"如果没有经济条件的限制,您会选择几人的居室?"(图5-6)。尽管访谈中大部分老年人认为单人间有更多的隐私,更加方便,如"一个人方便,不用顾忌别人眼光","总有人会拿错东西"等,但问卷中仅有27%的人选择了单人间,而大多数人(57%以上)选择了双人间。

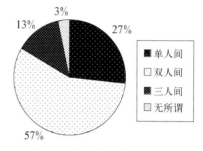

图5-6　居室类型的选择倾向

分析不同身心机能受访者对居室类型的选择倾向可以发现(图5-7),类型Ⅰ的受访者中,26.7%(4人)选择了单人间,66.7%(10人)选择了双人间,16.7%(1人)满足于现况所住的三四人间;类型Ⅱ的受访者中,22.2%(2人)选择了单人间,55.7%(5人)选择者了双人间,另有22.2%(2人)满足于现况所住的三四人间。可见,类型Ⅰ、Ⅱ老人对个人私密性比较看重,更愿意住人数较少的房间,在设施实际管理中,单人间、双人间收费较贵也从经济规律上支持这些分析。类型Ⅲ的受访者选择意向比较平均在满足现况的基础上,无显著的偏好差异,虽双人间选择比例较低,但单人间的选择比例却高于类型Ⅰ、Ⅱ老人。类型Ⅲ老人一般生活上需要护理人员帮助,因此"三四人间"和"无所谓"二者之和的比例为33.4%。不过由于这些老人身心机能的老化,难以自主躲开喧嚣环境,也更怕别人打扰,所以单人间的选择比例反而是所有老人中最高的。

现状入住居室类型情况对受访者居室类型的选择倾向的影响(图5-8),可以更直观地反映老人的现实满意度。现况住在双人间的6位受访者中,5人(82.3%)依然选择了住在双人间,另有1人(16.7%)选择了单人间,这说明双人间基本能够满足老人对居室各方面的要求,老人间的关系比较融洽,但也有更私密的要求。而现况住在三四人间的22位受访者中,4人(18.2%)满足于现况所住的三四人间,11人(50.0%)则选择者了双人间,7人(31.8%)选择了单人间,这表明三四人间的人均面积较小,老人的个人隐私得不到保护,不同的生活习惯难以适应,因此对局室更不满、改善居室环境的愿望更为强烈,对单人间的选择比例也最高。而现况住在五人间及以上的受访者中,一人身体健康、自理能力较强其比较想去双人间,而另一人身心机能为类型Ⅲ,其自述身体状况不太好,对隐私或是房间大小都不是很在乎,而持有"无所谓"的态度。可见,大多数老人最想住的是双人间,而现有居住条件较差的老年人对单人间的需求更为强烈。

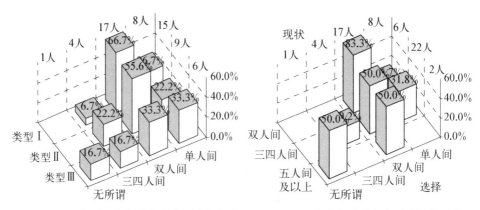

图5-7 不同类型受访者的居室类型选择倾向　　图5-8 现住居室对居室类型选择的影响

2. 不选择单人间的原因

单人间具有更好的个人隐私,目前国外的趋势也建议建立单人间保护老年人的隐私,但本研究选择单人间的人很少8人,因此针对没有选择单人间的22人进行深入访谈分析其原因(图5-9)。发现"夜里有个相互照应的人"为选择双人间最主要的原因(56%),其次"一个人恐怕太寂寞了","两个人可以交谈"等为第二位的原因(32%)。可见,与个人隐私相比,老年人更担心安全的问题,希望能够彼此照应。大部分住在养老设施中的老人都已丧偶,生活中比较寂寞,因此希望能有人一起交谈、排解单调生活。

不同身心机能受访者不选择单人间的原因如图5-10所示,虽然各类型受访者均有50%以上的人认为相互照应是不选择单人间的原因。但对于类型Ⅰ受访者,经济因素的影响也比其他类型老人更明显,而类型Ⅱ受访者,虽社交因素的影响力和类型Ⅰ较为接近,相互照顾的安全因素就要显著得多。类型Ⅲ受访者出于满足现状

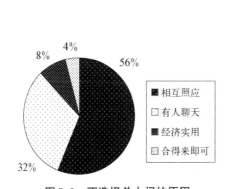

图5-9 不选择单人间的原因

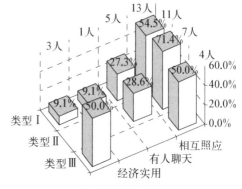

图5-10 不同类型受访者不选择单人间的原因

而不愿选择单人间的比例明显增加,和相互照顾的动机各占50%。

3. 多人间的隐私保护

基于设施发展阶段和老年人的心理偏好,既然多人间因为个人隐私等存在一些不足,研究进一步为了考察多人间具体设计的方法,为以后的设施发展提供设计依据,如图5-11、图5-12所示设置了"您与别人一起居住时希望有分隔吗? 选择有分隔(或没有分隔)的原因?"的问题。回答"没有分隔"(63%)及"无所谓"(13%)的占绝大多数,仅有23%的选择"有分隔"(图5-11)。不同身心机能受访者对于居室分隔的选择如图5-12所示。各类型受访者均有50%以上的人认为多人间内应没有分隔,不同动机的比例分布较为接近。

具体分析选择"没有分隔"的原因(图5-12),老人担心"空气不流通、没有阳光""房间本来不大,再分隔会显得更小"等物质环境方面的考虑是主要原因;其次,"说话不方便""人际交往不好";再次是"现在这样蛮好,集体生活就是这样""现在不需要,在卧床时可能会需要"等满足于现状的回答。而选择有分隔的,大多选择布帘、低矮家具这类相对灵活的分隔方式,而高的隔板和家具则选择较少。提出了顾虑,如"看电视的话,有声音拉帘子也没用""不方便交流""对人际关系不好"等。

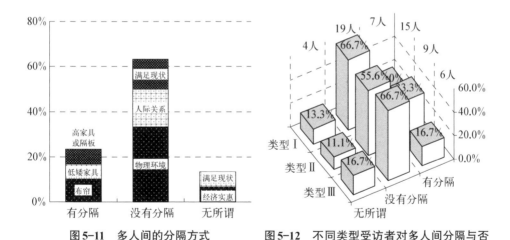

图5-11　多人间的分隔方式

图5-12　不同类型受访者对多人间分隔与否的选择

5.3.1.3　单元的规模

三家设施每个护理单元的老年人数目分别为W设施20人左右、H设施30人左右、Y设施40人以上,规模相对较大。养老设施具有生活和护理两种属性,此两类功能对老年人规模的要求并不完全一致,为了探索二者的关系,本书设置了两个问题。

1. 生活单元的规模

从生活的角度，即关于生活单元规模的提问，本书设计了问题："您觉得一个楼层里一起吃饭、一起生活的人有多少人比较好？"如图5-13、图5-14所示。现状的大多数设施都采用的30人以上的规模，对于"一起吃饭、一起生活的人数"回答，实际上仅有10%的老年人仍选择愿意30人以上的生活单元，60%的老年人选择了15人以下的规模，其中有近43%的老年人认为5人以下的就餐规模最为合理，反映出来对于老年人来说，愿意形成亲密的、熟悉的人际交往圈子，在接近家庭规模下同较为亲密的人一同吃饭、生活；30%的人认为16～30人的规模比较好，则意味着老人仍愿意拓展自己的交往范围，较大的规模能够提供更自由的交往选择。

不同身心机能受访者对于生活单元规模的选择如图5-14所示。类型Ⅰ受访者选择差别较大，46.7%的愿意小范围的5人以下的就餐氛围，认为"在居室内吃饭最好"，"人少点安静"；而33.3%则喜欢满足于现状的16～30人的就餐规模，认为可以"吃饭的时候，会与认识的人聊天交谈"，或是"人多点吃饭热闹、饭菜的选择也多"。反映了类型Ⅰ受访者由于身心机能较好，移动能力较强，对于生活单元的规模多反映了自身性格、爱好，单元规模的设计上应能够提供最大30人左右的人际交往圈，同时兼顾小范围的亲密接触。类型Ⅱ受访者身心机能较弱，"16～30人"和"30人以上"两个选项和类型Ⅰ老人差不多，但对于6～15的就餐人数规模就增加到22.2%，与之相应，"5人以下"就降低了13个百分点，体现了这些老人还是不喜欢寂寞，愿意在吃饭时和更多老人一起交流。类型Ⅲ受访者身心机能最弱，移动能力较差，则约83.3%的人选择了15人以下的就餐规模。以生活的视点出发，不论老年人的身心机能属性如何，都希望生活在比较稳定的、小规模的集团中，一般认为以5人以内较好。而身心机能较好的老年人交往需求显著，设施应该有针对性地提供更大的交往圈，但也应控制在30人以内。

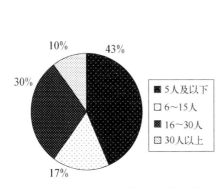

图5-13　理想的生活单元人数规模

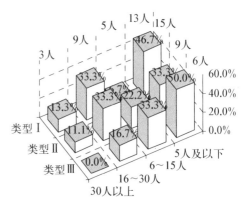

图5-14　不同类型受访者对生活单元规模的选择

2. 护理单元的规模

从护理的角度,本书设置了问题:"您觉得一个2~3人的护理小组,照顾多少名老年人比较合适?"如图5-15、图5-16所示。

在护理规模上(图5-15),仅有30%选择了10人以上,这部分老年人大多是身心机能比较健康,且对设施现状比较满意的;绝大多数老年人(70%)选择了15人以下的护理规模,特别是53%的受访者选择了6~15人的护理规模。受访者普遍认为现有需要护理的老年人数过多,有时当班的护理员人只有1人,根本忙不过来,每个护理员负责护理的老年人应该少些才好。

不同身心机能受访者对于护理单元规模的选择如图5-16所示,身体机能越弱认为护理单元应该越小,可以看出随着老年人身心机能的衰退,对于照顾护理的需求越来越高。类型Ⅰ受访者中,46.7%选择了"6~15人"的规模,40.0%选择了"16~30人"的规模;类型Ⅱ受访者身心机能稍弱,77.8%选择了6~15人,选择"5人及以下"、"16~30人"的各占11.1%;类型Ⅲ受访者身心机能最弱,因此约50.0%选择了"5人及以下",33.3%选择了"6~15人",仅有1人(16.7%)选择了"16~30人"的规模,这是因为其与妻子共同住进设施,日常生活由妻子照顾,并外聘了24小时的护工。

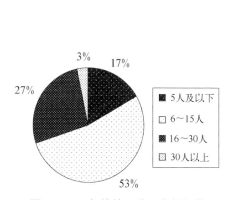

图5-15　理想的护理单元人数规模

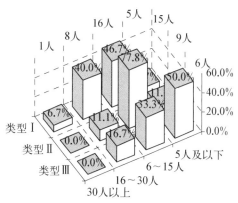

图5-16　不同类型受访者对护理单元规模的选择

5.3.1.4　公共设施的利用

对于一定行政级别的养老设施而言,相当数目的活动室是必备的硬件要求,那究竟其使用情况如何呢? 关于公共设施的利用,本书设计了两个问题以考察受访者在公共设施选择利用上的关键因素。一个问题是"您一天中使用最频繁的公共房间是什么,原因是什么?"(图5-17),"喜欢这里组织的活动"(54%)、"方便到达"

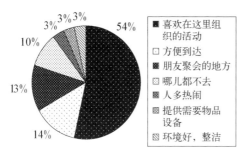

图5-17　频繁使用的某个公共空间的原因

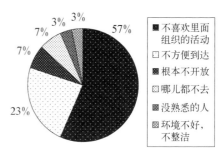

图5-18　最少使用某个公共空间的原因

（14%）、"朋友聚会"（13%）是前三位选项。另一个问题是"一天中使用最少的公共房间是什么，原因是什么？"（图5-18），"不喜欢这里组织的活动"（57%）、"不方便到达"（23%）、"根本不开放"（7%）是前三位选项。

这说明，公共设施的空间功能非常重要（功能正负评价的第一位均是活动内容），其次是空间的可达性。因此，公共空间的设计要应充分了解老年人的喜好满足其活动需求，并且应该设置在设施内交通便利之处，以方便老年人使用。

5.3.2　空间设计要求特征

关于居室类型的讨论，57%的受访者选择了双人间；56%的受访者选择多人间的居室类型是为了相互照料；63%的受访者认为多人间的设计中不需要有分隔。该讨论结果与国外相关研究的成果（外山义，2003）指出的老年人普遍希望入住单人间有很大差距，这可能与国情不同、风俗习惯不同有关。但需要指出的是，目前单人间是国外养老设施设计的主流。国外相关研究成果已经表明，单人间对保护老年人隐私、提高其自理意识、促进人际交往有很好的促进作用。虽然本书调查显示老年人对单人间的选择率较低，但是随着中国老年人独立、隐私意识的提升，在不久的将来单人间仍是必不可少的，而从安全、经济等方面的考虑，双人间在中国当前还有一定的市场。因此在新建养老设施的时候，在房间开间、组合方式等方面要留有余地，在老年人群体逐渐对私密性有更高要求时，能够方便地加以改造。

关于单元规模的讨论，从调查的结果可知，受访者希望能够缩小单元的规模。该问题结果与国外相关研究的成果类似（Gillian, 2002；外山义，2003），生活单元、护理单元小规模化已经成为国际趋势。目前中国还采用大规模的、集团的、流水线的护理模式，无法满足老年人护理的实际需求。养老设施作为提供老年人生活、照料服务的设施，在具体单元规模的设计上应综合考虑生活和照料两个视角、通过生活支援、照料护理等不同服务内容的设置，结合空间领域的层次划分手段,共同塑造适应不同设施角色的建筑使用方式。同时,考虑不同身心机能类型老年人的差异化需求,针对不同身心机能老人提供灵活的居住和生活护理服务。

　　总之,设施的空间设计要求上,双人间的居室类型,小规模的生活单元及适宜规模的护理单元更受老年人欢迎。公共空间组织的活动内容如何、方便到达与否是老年人选择利用公共设施的关键。

5.3.3　不同身心机能老年人对空间设计的要求

　　类型Ⅰ老年人在居室类型上偏重于选择双人间,也有部分老年人选择了单人间。对于居室的需求、对于生活单元要求,呈多样化的、主体的、个性化的选择倾向,个体间差异较大。普遍反映多人间老年人看电视、听收音机等相互影响,隐私得不到有效的保护。有的受访者喜欢单人间,愿意在单人间内设置简易的厨房、书桌,不喜欢集体的就餐、洗浴方式,愿意在居室内完成基本的生活。有的甚至提出只要是单人间就好,哪怕是朝北的房间。但也有很多类型Ⅰ老年人愿意有同居室友相互照料,避免寂寞、丰富生活。在单元规模上,该类型老人由于身体健康,对于护理的要求较低,一般希望既能建立亲密关系的5人以下的亲密接触范围,又能够拓展到30人左右的交往范围(图5-19)。

　　类型Ⅱ老年人在居室类型上也偏重于双人间,但是有部分老年人满足于现状所住的三四人间,主体的、个性化的需求较少。单元规模上,类型Ⅱ老人则希望能控制在亲密关系的5人以下的亲密接触范围,但对于这种诉求没有类型Ⅰ强烈;护理规模上则有77.8%希望控制在6～15人的规模。

　　类型Ⅲ老年人由于身心机能的衰退,一般满足于现实状况,对居室类型上没有明显的偏好。而对于单元规模则有强烈的缩小诉求,不论从生活视角上,还是从护理视角上,都希望能将人际规模缩小到5人以下(50%)或6～15人(33.3%)。

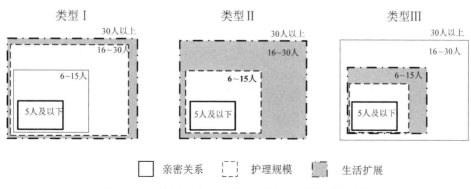

图5-19　不同身心机能老年人对单元规模的选择比较

综上,随着身心机能的改变,老年人对于居室类型、单元规模的选择是不断变化的,特别是类型Ⅰ老年人的选择具有多样化、个性化的特点,护理规模需求较大,更注重隐私的同时也注重生活拓展、社交范围的拓展。类型Ⅱ老年人希望有较小的护理单元规模和中等的生活单元规模。类型Ⅲ老年人则认为小规模是最重要的,个性化要求较少。

5.4 设施的满意度评价

本书调查了受访老年人对于所居住设施的总体满意度及五个分项的满意度,这个五个分项分别为:设施居室条件、设施建筑硬件、设施地理区位、设施室外环境、设施管理服务及氛围。量表均采用五阶段的满意度评估:非常不满意、不满意、一般、满意以及非常满意五个等级,较高的得分则为较高的满意度,而反之则代表不满意程度明显。

5.4.1 设施的满意度评价

所有受访者对设施的总体满意度为4.07,各项满意度评分从高到低依次是:室外环境3.70、地理区位3.70、建筑硬件3.67、居室条件3.47、设施服务3.40。

在三家设施组群老年人间统计差异,发现在"室外环境"满意度上呈显著性差异(图5-20),Y设施明显高于W、H设施,考虑为Y设施的绿化面积较大,且有大面积的屋顶平台的盆栽绿化,室外环境丰富、立体,因此评价较高。访谈中,有老年人表示她自己的家和女儿的家都离Y设施很远,她以往常到社区里的养老设施

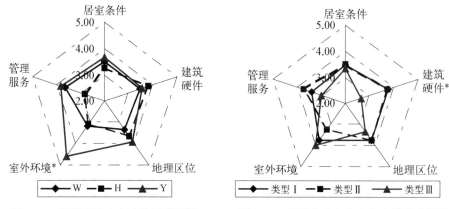

图5-20 不同设施老年人的满意评价　　图5-21 不同身心机能老年人的满意评价

以K O-W ANOVA检定呈现统计显著差异*($p<0.05$)。

接受服务和参加文化娱乐活动,但因为 Y 设施的环境很好,才特地舍近求远地住进来。设施中老年人生活比较单调,也很少与外界社会交流,完善的绿化空间能够最大程度地扩大老年人与自然生命的沟通,提高她们的生命灵性。另外,尽管本书没有跨越学科界限涉及设施管理层面的问题,但通过访谈调查员也发现老年人对服务普遍不满意,首先是护理人员的态度,其次是饮食水平。通过分项之间的满意度比较也可以发现,满意度普遍集中在设施硬件,人的因素介入越少的指标其满意度越高。

5.4.2　设施主观评价特征

在满意度上,所有受访者对设施的总体满意度评价较高,但在设施服务、居室设计、建筑设计上还希望有进一步的提高。特别是类型Ⅲ的老年人对设施环境的提高有着更强烈的愿望。

参与调查的老年人还没有很好地关注自己基本需求层次之外的文化、尊严需求,比如十分关注空间使用的经济性,不是特别主动地参加与个人兴趣相关的活动。这与社会发展现实有关,也与老年人的生活经历有关。他们的一生处在社会急剧变化的过程中,时代的印记在他们身上体现得非常明显,老年人大都倾向于必要需求的满足,并且多数满足于设施的现状水平,对于很多国家、行业规范要求设置的休闲功能并不接受,如"离得近的会使用,离得远的用不了""所有的空间都是需要付出金钱代价的""餐厅即可以吃饭也可以下棋嘛""多功能厅那么大不如改成一个个活动室"等。因此,在老年设施的进一步发展中,除了保证基本的空间品质,有针对性对待不同人群是节约资源、降低资费标准的重要举措。

5.4.3　不同身心机能入住者的满意度评价

类型Ⅰ老年人对设施的满意度评价最高(4.2),类型Ⅱ对老年人设施的满意度评价次高(4.0)。类型Ⅰ、Ⅱ老年人身心机能水平较高,能较好地适应设施环境,因此对设施的评价都较高。类型Ⅲ老年人对设施的满意度评价最低(3.0),设施的空间不能满足其特殊需求,因此满意度最低。

以单因素方差分析各个身心机能组群老年人之间统计显著差异,显示类型Ⅲ的受访者在建筑空间和总体满意度上与类型Ⅰ、Ⅱ受访者相比,满意度评价明显偏低,特别在建筑硬件评价显著降低(图5-21)。考虑这可能与当前设施的建筑空间设计、照料服务以及活动组织对类型Ⅲ老年人在使用上多有不便,如"走廊太窄,两个轮椅相遇还得躲让""轮椅进不去厕所""储物柜太高够费劲儿"等等有关。

5.5 讨　论

上述调查目的与方法得到的基本结果成列于下：

（1）在具体空间需求上，受访老年人最重视单元共用空间，其次为居室空间、室外环境部分、设施公共部分。"居住单元"部分是养老设施设计成败的关键。随着身心机能的改变，老年人对于空间的需求是不断变化的，特别是类型Ⅲ的老年人对于空间的需求量急剧减少。而类型Ⅱ老年人因由较强追求恢复健康的意念，致使其对各项空间需求量略高于身心机能较好的类型Ⅰ老年人。身心机能最好者类型Ⅰ、类型Ⅱ老年人，偏重于单元共用空间的设计，而身心机能越差者类型Ⅲ老年人，则偏重于居室的设计。

（2）生活能力下降和家庭照顾的矛盾是老年人选择在设施养老模式的原因。设施的物质空间环境是老年人选择不同设施的首要参考条件。公共空间组织的活动内容如何、方便到达与否是老年人选择利用公共设施的关键。双人间的居室类型，小规模的生活单元及适宜规模的护理单元更受老年人欢迎。类型Ⅰ老年人对居室空间有着更多元化的需求，对居室的功能、隐私等有更多的需求。随着身心机能的衰退，老年人对生活单元、护理单元要求越来越小规模化。

（3）所有受访者对设施的总体满意度评价较高，但在设施服务、居室设计、建筑设计上还希望有进一步的提高。类型Ⅲ的老年人对设施环境的提高有着更强烈的愿望。

本章的调查研究着眼于养老设施的老年人的认知评价。在当前的设施建设以及相应的决策体系中，老年人自己的意见很少被听见。作为得替代性的措施，对建成设施的使用情况作出评价，能在一定程度上将使用者的需求纳入设施的进一步发展中。尽管问卷中发现老年人对调查员表现出的生活满意度较高，但对设施的建筑布局以及使用制度均有不同程度的意见，这些观点和调查者设计问卷时估计的答案并不相同，这正说明我们对设施中老年人的生活还有很多想当然的判断和误解。下面对问卷、访谈的结果进行系统化的解读和解释，并尝试提出可能的解决方案。

5.5.1　设施的总体评价

5.5.1.1　设施各功能空间项目的需求

空间需求上，居室所在楼层是老年人一天生活起居、休闲活动的主要空间，"居住单元"部分是养老设施设计成败的关键。而建筑设计规范中普遍强调的大餐厅、

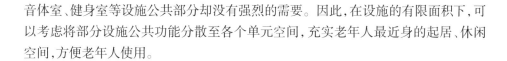

音体室、健身室等设施公共部分却没有强烈的需要。因此,在设施的有限面积下,可以考虑将部分设施公共功能分散至各个单元空间,充实老年人最近身的起居、休闲空间,方便老年人使用。

5.5.1.2　空间设计具体要求

(1)入住原因

绝大多数受访者因需要照料及居住条件差而选择设施养老,设施的硬件设施、地理位置是其选择入住哪家养老设施的主要考虑因素。可见,提高养老设施的空间硬件环境,提高全面、适宜的照料服务是养老设施发展的主要方向。

(2)居室类型

双人间是老年人最喜欢的居室类型,老年人在现有居住条件下,希望减少居室的房间人数。57%的受访者选择了双人间,主要的原因是为了能够同居室老年人相互照料。选择多人间的受访者由于通风、采光、交流等考虑认为设计中不需要有分隔。可见,与国外单人间受欢迎不同,双人间是目前中国老年人最喜欢的居室形式,考虑到未来老年人对私密性的要求会更高,提高每个床位的私密性(准单人间设计)、可灵活改造成单人间等的双人间将是未来发展趋势。

(3)单元规模

不论从生活角度还是从护理角度,大部分受访者都希望单元规模能缩小。60%的受访者选择了15人以下的生活单元规模,70%的受访者选择了15人以下的护理单元规模。可见,当前普遍的三四十人甚至以上的单元规模,完全不符合老年人的主观愿望,单元规模必须缩小,以营造近似家庭的小团体生活氛围。

(4)公共设施的利用

对于公共设施的利用,最主要的影响因素是空间的功能(活动安排)、可达性。因此,公共设施的设计要应充分了解老年人的喜好满足其活动需求,并在使用过程中调整活动安排;活动室应该设置在设施内交通便利之处,方便老年人使用。

5.5.1.3　设施的满意度评价

在满意度上,所有受访者对设施的总体满意度评价较高,但在设施服务、居室设计、建筑设计上还希望有进一步的提高。特别是类型Ⅲ的老年人对设施环境的提高有着更强烈的愿望。可见,养老设施大规划的、集团式的、缺乏针对性的照料服务必须改善。另外,建筑空间特别是居室设计亟需设计理念的创新,尊重老年人的主观认知。

总之,老年人关注居室、单元等一天生活的主要起居空间。强调居室内的设计要实用、舒适,居室外的空间设计要以方便到达、实用、共享为标准,而公共设施的设置要有选择性,以节制经营者环境建构的成本。可见,受访者多以务实的心态看待空间问题,讲求实用而不是浮华的空间设计。这种想法在使用者期待与设计者理念及设施经营成本综合考虑下值得提倡。

5.5.2 不同身心机能老年人的需求与评价

5.5.2.1 类型Ⅰ老年人

调查结果:对各功能部分的需求程度依次为:单元共用部分、居室部分、室外环境部分、设施公共部分,对设施的满意度评价最高。在居室类型上偏重于选择双人间,也有很多老年人选择了单人间。从生活的视角看,希望5人以下的亲密接触范围,又能够拓展到30人左右的交往范围;从护理的视角看,希望6~15人或15~30人的规模。

分析结论:对空间的需求量较高,偏重于单元共用空间及居室的设计,对于设施公共空间和室外环境都有一定的需求。对于单元规模需求较大,更注重隐私的同时生活拓展的范围较大。空间需求及主观评价,呈多样化的、主体的、个性化的选择倾向,个体间差异较大。

表5-6 不同身心机能老年人的空间需求及满意度评价区别

		类型Ⅰ	类型Ⅱ	类型Ⅲ
调查结果	功能需求 · 小项空间	· 卫生间、单元浴室、医疗室、储藏空间、草地花坛、阳台平台、散步道、娱乐空间、单元水房、谈话角落	· 卫生间、储藏空间、单元浴室、医疗室、阳台平台、餐厅、电影卡拉OK室、散步道、谈话角落、阅读室	· 卫生间、单元浴室、阳台平台、草地花坛、娱乐空间、储藏空间、阅读室、医疗室、餐厅、会客区
	各大类空间	类型Ⅰ 3.98 3.91 ✕3.73 ▲3.61	类型Ⅱ ■4.00 3.94 ▲3.78	类型Ⅲ ◆3.67 居室 ■3.29 单元共用 ▲3.25 设施公共 ✕3.10 室外环境
	空间设计 居室选择	· 偏重双人间,部分单人间	· 偏重双人间,满足现状	· 一般都满足于现实状况
		· 多数老年人因担心缺少相互照料、孤单寂寞而没有选择单人间		
		· 因担心居室的采光、通风问题以及室友聊天等影响,半数以上的老年人不希望多人间进行分隔。类型Ⅱ受访者认为有分隔更好的比例(33.3%)高于类型Ⅰ		

			类型Ⅰ	类型Ⅱ	类型Ⅲ
调查结果	空间设计	单元规模	● 生活：5人以下的亲密接触范围，又能够拓展到30人左右的交往范围 ● 护理：6～15人（46.7%），或15～30人（40%）的规模	● 生活：5人以下的亲密接触范围，但对于这种诉求没有类型Ⅰ强烈 ● 护理：6～15人（77.8%）的规模	● 对于单元规模则有强烈的缩小诉求，生活还是护理，都希望能将人际规模缩小到5人以下（50%），或6～15人（33.3%）
	主观评价		 4.2	 4.1	 3.0
			● 类型Ⅰ、Ⅱ老年人身心机能水平较高，能较好地适应设施环境，因此对设施的评价都较高		● 对设施的满意度评价最低，特别是建筑硬件的设计不能满足其特殊需求
分析结论	空间需求特征		● 对空间的需求量较高 ● 偏重于单元共用空间及居室的设计	● 较强追求恢复健康的愿望，使其对各项空间需求量略高于自理能力较好的类型Ⅰ老年人 ● 偏重于单元共用空间及居室的设计	● 对于空间的需求量急剧减少 ● 偏重于居室的设计
			● 选择倾向个体间差异较大	● 主体、个性化的需求较少	● 没有明显的偏好
	单元规模推荐				
			□ 亲密关系　⌐ ⌐ 护理规模　▨ 生活扩展		
	认知评价		老年人强调居室外的空间设计要以方便到达、实用、共享为标准，公共设施的设置要有选择性，以节制经营者环境建构的成本		对设施环境，特别是建筑硬件的提高有着更强烈的愿望

5.5.2.2 类型Ⅱ老年人

调查结果：对各功能部分的需求程度依次为：单元共用部分、室外环境部分、居室部分、设施公共部分，对设施的满意度评价次高。在居室类型上也偏重于双人间，希望有较小的护理单元规模和中等的生活单元规模。

分析结论：有较强追求恢复健康的意念，使其对各项空间需求量略高于自理能力较好的类型Ⅰ老年人，偏重于单元共用空间及居室的设计。相比类型Ⅰ老年人主体的、个性化的需求较少。

5.5.2.3 类型Ⅲ老年人

调查结果：对各功能部分的需求程度依次为：居室部分、单元共用部分、设施公共部分、室外环境部分，对设施的满意度评价最低。而对于单元规模则有强烈的缩小诉求，不论从生活视角上，还是从护理的视角看，都希望能将人际规模缩小到5人以下。

分析结论：对于空间的需求量急剧减少，更偏重于居室特别是床位区的设计。由于身心机能的衰退，对于居室类型上没有明显的偏好，而对单元规模有较强的缩小诉求。设施环境的设计应更加关注该类型老年人的特殊需求。总之，随着身心机能的改变，老年人对于空间的需求量逐渐减少，主观评价也偏低。类型Ⅰ、类型Ⅱ老年人，偏重于单元共用空间的设计，而类型Ⅲ老年人，则偏重于居室的设计。随着身心机能的老化，老年人对缩小单元规模的诉求越来越强烈。类型Ⅲ老年人的满意度最低，说明现有的设施空间、服务上不能满足类型Ⅲ老年人的特殊需求。因此，有必要根据不同身心健康水平、自理能力的老年人的实际需求重点，进行差别化的空间环境、管理与社会环境的综合构建。

5.5.3 老年人的评价与环境的关系

养老设施的居住环境对老年人极其重要，以老年人的需求、满意为基本出发点的设计有其迫切的需要性。

5.5.3.1 主观需求与评价的影响因素

由前几节内容的分析可知，老年人的主管需求与评价主要受到个人身心特征的限制与现状环境的制约等，主要表现在如下几个方面：

1. 个人环境因素

老年人本身人格特质、身心状况、生活经历差异等，对空间的需求度与满意度明显不同。随着老化造成的健康状况的改变，老年人对空间需求量减少，对空间质量要求明显提升。主要表现在类型Ⅲ老年人的环境需求度与满意度评价最低。对此，应关注健康衰退的老年人的认知评价，应对其特殊需求，提供其适当的、连续的环境支持与援助。

2. 现状环境的制约

在本书的调查过程中,发现一个非常重要的现象,很多老年人在被问及是否需要某些功能的空间时,第一反应是"不可能,没有空房间来做这个"。对社会大众而言,人们往往意识不到外部空间是服从我们具体需要的,反而认为建筑本身具有先在的规定性。这种限制使人们意识不到自己的很多行为并不是自己的主观动机,无意识的"空间—人"关系的理解即是福柯所指出的空间对人的规训,而这也是进一步的设计所需要克服的。

5.5.3.2　老年人主观需求与评价的意义及设计提示

在前述 3、4 章的研究中,本书通过不同的身心机能水平将老年人分为若干子群,考察了不同的老年人在既有设施内的生活行为与空间利用情况。在人和环境的相互渗透关系中,这些工作体现为作为整体环境的设施空间对不同个人属性的老年人的影响。鉴于整个课题着眼于老年人生活与养老设施的关系,若仅对现实空间使用进行描述而不分析老年人对空间的价值判断,就难以科学地评价设施的各种空间表现,无益于确立有针对性地未来发展方向。因此,了解老年人对空间的主观认识和要求,能更深入地理解设施中的生活现实,此工作从人对环境的要求和批判入手,结合环境对人生活的限定性,能够全面地协调养老设施中人与环境的关系。

另一方面,中国当前的养老设施由于存在数量少、床位紧张的现实,因此大多数老年人在考虑了支付能力、与自己或子女家庭之间的距离之后,实际上很难能够在入住前对设施内的生活品质进行判断选择。这也是调查中发现老年人对自己的需求相当漠然的原因之一,调查员需要明确地说明,老年人们才能较为主动评价自己的生活空间。由于我们当前设施发展仍然以床位数增加为主要指标,空间生活品质较差的养老设施几乎没有被淘汰的可能,这种对既有设施的评价就显得尤为重要,它能够保证很少了解老年人集体生活的建筑师放弃大量的先例复制的工作方法,有意识地摒弃那些明显不符合老年人使用的布局和设计,在设施建立之初就避免不良的空间对人晚年生活的戕害。

可见,老年人的主观需求与满意度评价非常重要。基于调查结论可以得出以下设计提示:(1)不同身心机能老年人对于设施的空间需求度与满意度差异性较大,因此设施的环境设计应综合考量不同老年人(特别是类型Ⅲ)的特征与需求,尽量满足老年人的个别化环境需求。(2)老年人普遍希望将缩小单元规模与居室同住人数,因此单元小规模化、单间与准单间的设计将是发展趋势。(3)在访谈中发现,老年人对与设施管理以及照料服务的需求及不满甚于对于设施硬件环境的需求及不满,人为因素介入越少的指标其满意度越高。这非常明显地体现了当下设施发展,不仅应该重视设施的空间环境质量,更应该提高服务质量满足使用者期望。

第**6**章

结论与设计理念

本章的内容分为三个部分：首先总结三个子课题的调查结果，对由此反映出的问题点进行分析检讨，以反映当前上海市养老设施的真实现状。并进一步判断现状行为、认知、设施环境与预期中的差距在哪里。其次，总结不同身心机能老年人在生活行为、空间利用、空间需求及评价等方面的基本特征，探讨不同身心机能老年人对养老设施的实际需求重点。再次，总结老年人与设施环境（包括设施空间、管理、社会制度）之间的相互影响、相互渗透的关系，探讨如何通过设施环境的改善来提升设施内老年人的生活品质及设施的居住环境。上述结论将作为本研究提出的规划策略内容的参考资料，以及制定设计导则及概念设计时的反思检讨的工具。

6.1 养老设施的生活实态与居住环境的特征

6.1.1 养老设施的生活实态特征

6.1.1.1 设施化的生活实态的特征小结

1. 设施化的生活模式

对于三家设施的调查分析，设施内老年人的生活模式呈现显著的"设施化"的现象，主要表现如下特征：

（1）生活行为内容设施化。在设施内入住的老年人以生活必需行为和安静休养行为较多。老年人的用餐时间与用餐方式受到设施饮食服务如用餐时间安排、环境氛围、饮食内容而影响。比较居家用餐行为主要在于排队方式、餐厅摆盘或等待拿餐、用餐时间受限等现象，个人无法自主遵循设施团体化的管理。老年人的盥洗时间除了个人健康状况、季节天气等因素影响外，设施的集体洗浴方式因缺乏个人隐私无形中使得老年人调整洗浴时间及洗澡次数。另外，设施提供的硬体设备无法因应身心老化及满足个别不同洗浴方式的需求。

（2）活动领域范围设施化。在设施内入住的老年人其基本的生活行为（必需行为、静养行为、照料行为）能够在居室内完成。但饮食、洗浴等行为还要按照设施要求在单元共用，或设施公共空间内集体进行。老年人活动领域范围局限于个人床位空间，较少向居室外空间拓展。少数拓展的案例也以单元公共空间为主，以整个设施作为活动空间的个案极少。受到自身健康水平和设施管理制度的限制，入住设施老年人极少到设施外活动，与外界几乎是隔绝的状态。这与居家老年人每天约 1.9 个小时的外出时间（张强，2008）形成了鲜明的对比。

（3）生活作息时间设施化。在设施内入住的老年人其饮食、睡眠等时间无形中都受到设施作息时间的规范。另外，老年人的休闲及社交行为的时间容易受设施作息及照料政策的影响，个人进行活动内容性质、时间安排、活动地点需要配合设施作息制度来调整。使得设施入住老年人的生活作息与活动轨迹成为机械划一的模式。身心健康程度较好的老年人能够较好地顺应设施的作息规定，较为自主地控制社交生活、个人兴趣活动等内容，但其节奏受制于设施的时间制度。而身心健康程度较弱的老年人其作息时间很难按照设施的作息规定进行。这与居家老年人自主、灵活的生活作息方式产生了很大的落差。

（4）生活类型以"生活必需型"和"床位型"居多，生活方式较低。

总的来说，设施内的老年人过着相对单调、划一的集体生活，日常生活呈现"设施化"倾向（图6-1）。大部分老年人能够根据管理制度延伸发展自己的行为，但总体而言自由度很少。没有自主性、选择权的情况下，老年人几乎完全依赖设施。行为类型上，上午和下午之间差别较大，上午一般为社交行为，下午则为睡眠和看电视等静养行为。老年人大部分行为发生在居室与单元活动空间内，由于设施普遍采取多人间居住模式，老年人无法建立自己的行为领域层次。老年人的行为类型大量集中于满足基本生存的"必需行为"，以目前国际通行的积极老化观念来看，其生活方式质量普遍不高。该结论与Gillian（2002）、外山（2002）、梁金石（1994）等学者的研

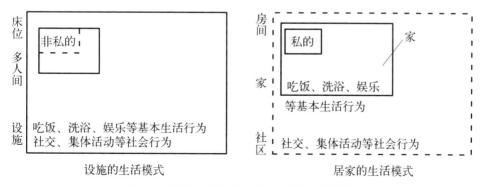

图6-1　设施生活模式与居家生活模式比较图

究认为设施入住老年人的日常生活消极行为居多、待在居室里无所事事属于居多的结果相似。

2. 集体式的照料模式

设施内老年人的生活状态除显著的"设施化"现象外，还表现出集体式的照料模式，主要表现如下特征：

（1）过大的居住单元规模。30～50人的居住模式，统一就餐、洗浴、休息、参加活动等。

（2）集体式的就餐方式。老年人普遍有待餐行为，存在排队领餐、餐厅摆盘或等待用餐（提前20分达到餐厅）、用餐时间呼唤等现象，在就餐上个人无法自主而需依循设施集体化的管理。

（3）集体式的洗浴方式。老年人的盥洗时间除因个人健康状况、季节天气等因素影响外，都采取设施限定时间，团体洗浴的方式。无形中使老年人的盥洗时间提早或调整洗浴次数。另外，设施提供的硬件设备无法因应身体老化及满足个别不同的洗浴方式需求。

总之，设施内的照料以设施的规定为主，缺乏尊重老年人的自主与需求，其中表现在饮食内容的选择安排及用餐方式、洗浴行为、作息安排等，使老年人的日常生活在家与设施有较大差异，日常照料行为存有设施化管理、效率化、规格化的现象。照料服务焦点并非"一个老年人的生活"，而是"一群老年人的生活"。

而居家养老的护理服务是根据老年人个人需求来灵活地将服务输送到老年人的生活中，服务时间、地点、内容、形式均由老年人自主决定。张强（2008）对居家养老的调查结论为"居家养老服务对于老年人生活行为的影响并不大，一切养老服务均以适应老人的生活行为为核心"、"居家养老服务的引入并没有影响到老年人生活的连贯性"。可以看出，设施的养老照料服务与居家养老照料服务的落差是极其明显的，照料模式的不同极大影响了入住设施老年人的日常生活质量（图6-2）。

6.1.1.2　老年人的空间利用的特征小结

（1）对设施公共空间的使用较少。设施的大部分入住者身心机能较强，有较强的自主性，愿意更积极地利用设施并向居室外拓展自己的生活领域。但入住者生活行为拓展受公共空间的配置方式、移动距离以及活动内容安排的影响与限制，使得向设施整体及设施外的行为拓展极少。而部分入住者，以居室内（特别是床位周边）为其主要的活动领域，较少地将自己的行为拓展到居室外。在行为拓展方面于养老设施与居家生活的落差，主要呈现为老年人个人与社区互动、生活机能的满足方式等的差异，设施入住老年人与社区互动明显少于居家老年人。

（2）对单元空间生活据点的选择。入住者喜欢聚集在单元主要活动室（厅），

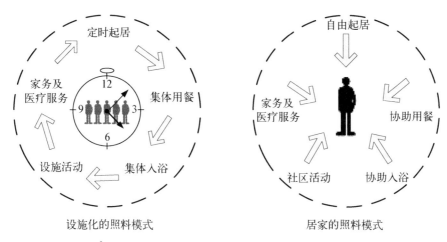

设施化的照料模式　　　　　　　　居家的照料模式

图6-2　设施的照料模式与居家的照料模式比较图

根据活动内容选择设施公共空间，主体性地、有目的性地选择并利用空间。离居室近的谈话角落、沙发、走廊等空间因可达性好，便于观察他人、小憩、亲密交流，较多地被入住者所选择。居住单元的空间形态、大小规模、空间机能与开放性、居室与主要活动空间的距离及连结方式，以及空间的经营方式等，直接影响了老年人的场所选择。

（3）对居室的利用与个人领域的形成。单双人间的入住者在居室内进行自主性休闲活动的时间比较高。居室居住人数愈多，身心机能较强的老年人其活动领域有向居室外扩展的情形。居室的利用呈现出功能过度膨胀与功能过度简单化两种极端利用方式。老年人通过物品放置与居室利用行为为媒介，以床和床头柜等固定家具为中心形成个人领域。

6.1.1.3　老年人的主观评价的特征小结

对于三家设施的调查分析，设施内老年人的主观需求与满意度评价可以看出，环境现状与使用者期望有较大差距，主要表现如下特征：

（1）不同身心机能老年人对于设施的空间需求度与满意度差异性较大，因此设施的环境设计应综合考量不同老年人（特别是类型Ⅲ）的特征与需求，尽量满足老年人的个别化环境需求。

（2）老年人普遍希望缩小单元规模与居室规模，因此单元小规模化、单间与准单间的设计将是发展趋势。

（3）养老设施老年人对设施的不满主要是由居室安排与照料服务方式不能依自己的意愿去选择所导致。照料服务、管理制度对老年人设施满意度的影响更甚于物质空间因素。少部分老年人以生活品质要求,对设施看法较为主动及表达强烈,而大部分老年人对设施看法较为消极。可见,老年人认为设施没有"家"的感觉,也有部分与老年人本身意愿、管理者的角色有关,部分老年人认为是暂时居所及"房客"的想法。

总之,从老年人的生活现状、空间使用现状、主观评价现状可以看出,尽管三家设施都努力想要带给老年人"家"的感觉,但往往却是设施特质居多,设施化的现象使得老年人们感觉"这不像家",老年人们所知觉到的设施特质与设施想告诉大家"这是一个大家庭"的愿望相差甚远。

6.1.2 养老设施的居住环境特征

6.1.2.1 设施的空间环境的特征小结

对于三家设施的调查分析,设施内空间环境现状呈现封闭性、规模过大、单调乏味、缺乏隐私等的现象,主要表现如下特征及对设计的提示:

(1)封闭的设施环境。设施的入住者外出活动时间较少、个人通过设施与社区的互动、通过设施硬件或软件服务满足生活机能等,与居家老年人呈现显著差异。一方面,老年人入住设施后,脱离了自己与原有居住环境的紧密联系,面对的是陌生的人群、不熟悉的空间状况、不同的时间日程和不同的管理规则,老年人与原有的生活脱离开来。另一方面,养老设施自身与外界环境也是隔离的状态,不仅空间上与社区之间没有联系,在生活的营造上也忽视老人与社会其他年龄层次的交际,使得老年人成为与社会隔离的特殊群体。入住者随着身心老化而行动不便,加之设施的交通方便性、安全性以及管理制度等因素,制约了老年人外出活动、参与社区互动的意愿与积极性,无形中使得老年人封闭于设施环境内。

因此,养老设施的设置区位应尽量保证在城区内、社区内,周边能够有便利的交通条件以及各种生活服务设施。同时,养老设施应通过对外开放部分功能、鼓励老年人外出等措施,促进设施内老年人与社会环境的交流。

(2)大尺度的设施化空间,过长的流线设计。三家设施的空间组织安排,大致上均相同,其空间配置主要以"功能属性"作为配置分区的设计原则。养老设施公共空间资源配置不符合老年人的生理及心理特点,空间闲置多,资源浪费现象严重。养老设施公共空间配置缺乏科学合理的设计,各种功能空间的使用频率和年均使用人数并不是基于客观的实态调查。有些公共空间长期无人使用(W、Y设施公共的大餐厅、健身房、多功能厅),而有些公共空间又严重不足(Y设施单元内活动场所)。另外,设施公共空间缺乏变化且尺度过大,对于居住和使用它的人来说具有很强的压迫性。过大的设施化空间尺度和使用人数有限的现象发生,不仅浪费了空间资源,亦无法拉近照料服务员与老年人的距离。对老年人而言公共空间的水平服务半径过大且存在竖向分区,一些公共空间甚至与老年人居室不在同一栋建筑内,交通流线过长(Y 设施)。

因此,首先要合理配置公共空间,优化资源利用。活动空间和交流空间,采取弹性设计方法。例如乒乓球室、台球室等运动空间可以采用公共模数化设计,根据使用要求布置设备。棋牌室、阅览室和茶室等活动空间也可以合并设置。这样的空间配置不仅方便老年人使用,还能够缩短流线,节约造价。其次,将设施在整体上由一个集中式的公共空间适当分散为几个公共空间,缩短服务半径,减少流线长度。如根据老人的自理情况,分级设置就餐空间,集中使用的大餐厅面积可以适当减小,专供自理老人使用。对于不能自理的老年人,可以把就餐空间设入居室。再次,在设计公共空间流线时要避免出现竖向分区,减少水平流线与竖向流线过长的问题。

(3)缺乏层次的空间领域结构。三家设施的空间领域层级皆缺乏复合品质。缺乏联系与过渡的空间层级设计不利于老年人在各个空间领域间的转换与利用,容易限定老年人活动领域的拓展;而模糊的空间层级设计则使"个人的"或"集体的(单元的)"空间易被别人所侵犯、缺乏安全感。

因此,设施应建立明确空间层级与领域,使得在居住设施中建立起一种社会结构以及相应和的空间层次,最终形成从私密到具较强公共性的过渡,兼以小空间到大空间的过渡。使设施空间具有入住老年人自己个性化的标志,满足老年人生理、认知和审美的需要,进而在养老设施中形成一种更强的安全感和归属感。居室是入住者在设施内最基本的立身之所,对所有类型的入住者都具有重要的意义。对类型Ⅲ入住者应更多考虑床位及其周边空间(Ⅰ)的设计,在有限空间内满足多样需求。居室共用空间(Ⅱ)的设计要尽可能为类型Ⅰ、Ⅱ入住者提供相对充裕的娱乐休闲空间。单元共用空间(Ⅲ)作为老年人居室外的最主要的利用空间,在考虑类型Ⅰ、Ⅱ入住者基本生活起居、娱乐社交需求的同时,也要促进类型Ⅲ老年人的利用。而设施公共空间(Ⅳ)在空间位置、场所功能(活动支撑)等设计上要结合入住者属性和管理护理制度,促进不同类型的老年人生活行为的拓展。

(4)缺乏多元化生活据点与丰富动线设计的单元空间。三家设施的单元空间缺少多元化及小尺度的生活场所,不能提供给老年人更多元化的选择。单元的动线设计过于单调,缺乏趣味节点,个人居室入口也缺少个性化的标识等,仅能提供老年人交通之目的。缺少开放的厨房、家务间等维持老年人居家劳动习惯的空间。老年人在各个空间展开的行为场景受到设施环境的综合影响,这些影响包括空间的可达性、开放性、多样性、可识别以及装饰、家具、物品的设置等空间物质条件,设施的管理社会制度等。

因此,居室外共用空间的设计应充分创造,提供各类丰富的行为场景、各种不同的生活场所选择可能性的空间形态设计方法。生活单元作为与入住者最贴近的共用空间,对于入住者与外界的联系起着重要的作用。集约的、场所选择性少的共用空间,容易导致入住者相同的生活模式。相反,分散布置空间性质不同的场所,就会具有较高的选择性,容易触发自发的聚集,形成潜在的人际关系,同时形成的集团的大小、行为内容的变化也更具多样性。具有多项功能的活动室等更易于人的聚集、交谈等社交活动的展开与进行。具有一定私密程度的谈话角落有利于进行个人、小集团亲密活动或某些个人行为,呈现出半私密的特性。

(5)缺乏隐私的、个性化的居室空间。居室空间以三四人间、五人间等多人间为主,居室内个人缺乏必要的隐私保护。老年人的个人生活与个人物品暴露于别人的目光下,没有个人隐私的保护,其领域与别人重合。居室功能也千篇一律,没有考虑到不同老年人对居室空间机能的个性化需求。老年人缺乏携带物品、家具以及进行居室个性化装饰的空间经营权。居室是入住者在设施内最基本的立身之所,清楚的居室床位领域空间的划分及赋予入住者对床位空间进行个人化布置的权利,不仅有助于个人隐私的调节,更能引发入住者对居住环境的依附感及建立人际交流互动的机制,对于减缓老年人对居住环境的不安全感有实质作用。

因此,应充分重视居室的私密性,尽量建立能够充分保证隐私的单人间。在双人间及多人间的情况下,个人床位私密空间应与会客区的半私密空间有分界。

总之,养老设施环境现状的问题,在于居住环境区位设置影响设施与社会生活隔绝问题;空间缺乏层次性与尺度缺乏人性化与亲切感(公共至私密的空间层级);居室空间缺乏私密性及功能过度膨胀;居住空间未考虑老后身心机能衰退的需求以及老年人在空间自主权的需求。设施的空间结构没有考虑老年人生活行为特征,影响了入住者生活行为的扩展、入住者生活质量的提高。

6.1.2.2 设施的管理社会环境的特征小结

(1)传送带式的集团处置。三家设施都为30~50人的居住模式,采用了刻板、机械的时间表,采用集团式的餐饮、洗浴等照料模式。老年人个人进行活动内容性质、时间安排需要配合设施作息制度来调整。而入住老年人的身心机能差异较大,特别是身心机能较弱的类型Ⅲ老年人,不能够遵守一个严格的程序性时间表。

因此,应该淘汰刻板强制性的时间表,同时设立灵活的就餐模式,从而形成一个非制度化的环境。提供一种与老年人的需要和行为相一致却并非强迫性的环境,不能强迫老年人彻底地改变长久以来的日常生活方式。

(2)垂直式的照料关系。三家设施的照料模式,仍旧维持一般传统上对下垂直式的照顾关系,换言之,照料服务员与老年人的关系呈现"照料者与被照料者"的对应关系,使得老年人无法真正拥有生活的自主权,也更让老年人无法感受到居家的情境。

因此,在未来照料服务员的角色扮演,必须屏除照料服务员自居的传统照料心态,进而以陪伴老年人生活的照料理念为主,并以生活陪伴员的角色自居,才能真正融入老年人的生活,以拉近老年人与照料服务员之间的距离。

(3)制式、单调的活动内容。三家设施对于老年人的活动内容安排,均为每周以排定课程的方式,硬性规定老年人每日参与的活动项目,造成部分老年人对于其活动的内容感到排斥。这种制式的生活方式使护理之家的老年人不但生理方面之功能退化,更加深其认知功能方面的障碍,使他们更加无法享受娱乐生活,也限制了他们响应环境偶发事件的能力。

因此,在未来进行照料环境的建构时,应创造更多的生活据点,以提供多元及生活化的活动内容,供老年人选择,以充实老年人的生活内容,让老年人能够将过去的生活经验与生活内容延续到设施里面来,进而使老年人感觉到如家庭般的设施氛围。

(4)缺少针对性的照料服务

设施方为老年人提供的服务以家务协助为主,个人护理为辅,并提供简单的药物、身体管理,并组织设施活动丰富老年人的休闲生活。但这些措施都是针对身心较为健康的老年人制定的,而针对身心机能较弱老年人的照料护理、设施活动组织明显不足。

因此,应尊重不同身心机能老年人的差异性需求,特别是关注最为弱势群体的、依赖于环境支持与援助的身心机能较重的类型Ⅲ老年人的需求。

三家设施的管理因其规模重视量(人数)而产生照料服务效率化,以团体生活来管理,缺乏个别的差异性。呈现的是传送带式的、集团式的处置照料方式,垂直式的管理社会制度环境。三家设施都采用了刻板、机械的时间表,集团式的餐饮、洗浴、照料模式。总之,设施的照料模式是以设施方的运营方便为核心的,不能满足身心机能不断老化的老年人的需求,间接剥夺了老年人自主及选择权。在这种不够宽松的管理社会制度环境下,影响了老年人的生活行为模式、空间利用方式以及主观评价等,影响到了老年人的生活品质。

6.1.3　小结

综合三个子课题的研究结果,皆指出养老设施有"设施化"的问题,在此整理出形成养老设施"设施化"问题包括入住者的生活模式与护理模式、空间利用方式与设施认知三个方面,主要受物质空间环境(居住环境与居住空间)、管理与社会制度环境(照料服务内容、管理方式)等的影响。

物质空间环境方面,设施的地理区位与社会生活隔绝(偏郊区)、空间配置无自明性及空间缺乏领域层次(宾馆式)、空间形态单调乏味、居室缺乏私密性、空间老化需求欠缺、空间营造缺乏个性与自主,使得与居家生活环境相异。管理设施制度环境方面,设施的管理者因权威角色、管理方式与措施(强调效率、团体生活),形成入住老年人生活模式、照料模式受到规范且被动性参与,缺乏个别化差异。由于设施物质环境与管理社会环境的相互影响,形成老年人的生活行为和空间利用缺乏自主权、休闲外出需求受到限制以及三餐饮食方式无选择性等,从各个层面因素无形中加剧了养老设施"设施化"程度,也使得老年人对于养老设施"家"的归属与认同感较少。

6.2 不同身心机能老年人的设施生活与环境需求的特征

6.2.1 不同身心机能老年人的设施生活特征

本书通过三个子课题的调查,分析了身心机能不同的老年人的生活行为模式特征、照料护理方式及程度、空间使用特征、空间利用方式、空间需求特征以及对设施的认知评价等方面(表6-1)。它向我们展示了随着身心机能老化,老年人在各个方面的转化过程,可以全面、细致地了解不同身心机能老年人的需求、老年人的老化过程以及由此带来的对护理及居住环境的需求变化。

表6-1 不同身心机能老年人的差异性生活特征

<table>
<tr><th colspan="2"></th><th>类型 I</th><th>类型 II</th><th>类型 III</th></tr>
<tr><td rowspan="4">生活行为分析</td><td>生活行为模式</td><td>● 能较为自主地、选择性地参与设施活动与拓展生活行为,生活作息整体比较有规律,能够较好地适应群体的、设施规律化的作息安排;生活类型较多</td><td>● 生活行为较为丰富,生活行为主要分布在单元共用空间,较能适应设施的作息安排,但在设施活动方面没有表现出特别的积极性,生活类型逐渐减少</td><td>● 生活内容单调,行为分布局限在床位区,生活作息个人差异明显,生活类型单一。无法影响制度化的、集团式的作息规定</td></tr>
<tr><td rowspan="3">照料方式或程度</td><td>● 基本自我照料
● 需要提供饮食的准备或打扫、衣物洗涤、处理垃圾、购物等家务协助
● 部分的常用药剂、量血压等简单的护理照料</td><td>● 全面、完善的家务协助
● 部分的协助穿衣、移动、洗浴、移动等个人护理
● 常用药剂、涂抹药物等的诊疗看护护理照料</td><td>● 更加全面、完善、长时间、针对性的个人护理
● 常用药剂、涂抹药物等的诊疗看护护理照料
● 部分的诊疗、检查、治疗、运动疗法等医疗照料</td></tr>
</table>

续 表

		类型 Ⅰ	类型 Ⅱ	类型 Ⅲ
空间使用分析	空间使用特点	• 居室内有饮食、个人兴趣、会客等行为空间需求 • 携入个人生活物品、家具、电器等		• 狭小的床位区集中餐饮、洗漱、视听等行为空间
		• 单元为主要的生活空间 • 目的性地、自发聚集地利用单元的主要活动空间 • 兴趣活动、下棋、聊天、就餐等 • 家务、做饭等行为较多	• 单元为主要生活空间 • 选择方便到达的、开放性的谈话角落、沙发 • 观察、小憩、聊天、视听、就餐等 • 散步、接受照料行为较多	• 单元为拓展的生活空间 • 方便到达的、有人气的场所，或个人静养的场所 • 观察、小憩等
		• 设施为拓展的生活空间 • 较多利用公共活动室 • 散步、接触大自然、接触社区等行为比较多	• 较少到设施活动，拓展行为领域的需求 • 与其他单元老年人接触、互动的需求	
	空间利用方式	• 自主地利用和比较自主地利用，设施空间为他们提供了活动展开的平台	• 由自主地选择空间向被动地使用设施空间转变	• 被动地利用空间，基于日程安排或必需性行为使用空间
需求认知分析	空间需求特征	• 对空间的需求量较高 • 偏重于单元共用空间及居室的设计	• 较强追求健康的愿望，使其对各项空间需求量略高于自理能力较好的类型 Ⅰ 老年人 • 偏重于单元共用空间及居室的设计	• 对于空间的需求量急剧减少 • 偏重于居室的设计
	单元规模推荐			
		□ 亲密关系　▢（虚线）护理规模　▨ 生活扩展		
	认知评价	老年人强调居室外的空间设计要以方便到达、实用、共享为标准，公共设施的设置要有选择性，以节制经营者环境建构的成本		对设施环境，特别是建筑硬件的提高有着更强烈的愿望
与环境的关系		自主性强 对环境的占有和改造	较强的自主性 对环境的适应和占有	被动性强 对环境的依附和适应

6.2.1.1　类型Ⅰ老年人的设施生活特征

在生活行为模式方面，类型Ⅰ老年人能较为自主地、选择性地参与设施活动与拓展生活行为，生活作息整体比较有规律，能够较好地适应群体的、设施规律化的作息安排，生活类型较多。在照料程度方面，类型Ⅰ老年人能基本自我照料，仅需设施提供饮食的准备或打扫、衣物洗涤、处理垃圾、购物等家务协助以及部分的常用药剂、量血压等简单的护理照料。

在空间使用特征方面，类型Ⅰ老年人在居室内有饮食、个人兴趣、会客等行为空间需求以及携入个人生活物品、家具、电器等强烈的要求。单元空间除了提供兴趣活动、下棋、聊天、就餐等场所外，类型Ⅰ老年人还有强烈的自我照料意识，对家务、厨房等空间利用较多。该类型老年人有较强的行为领域拓展意识，有将活动领域向设施外展开、与社区老年人互动的需求。在空间利用方式方面，类型Ⅰ老年人多能够自主地利用设施内的空间环境及活动资源，能够根据个人目的自主地选择公共空间，拓展自己的活动领域、丰富生活行为。

在空间需求与主观评价方面，类型Ⅰ老年人对空间的需求量较高，偏重于单元共用空间及居室的设计，对于设施公共空间和室外环境都有一定的需求。对于单元规模需求较大，更注重隐私的同时生活拓展的范围较大。空间需求及主观评价呈多样化的、主体的、个性化的选择倾向，个体间差异较大。

6.2.1.2　类型Ⅱ老年人的设施生活特征

在生活行为模式方面，类型Ⅱ老年人生活行为较为丰富，生活行为主要分布在单元共用空间，较能适应设施的作息安排，但在设施活动方面没有表现出特别的积极性，生活类型逐渐减少。在照料程度方面，类型Ⅱ老年人需要全面、完善的家务协助，部分地协助穿衣、洗浴、移动等个人护理以及常用药剂、涂抹药物等的诊疗看护护理照料。

在空间使用特征方面，类型Ⅱ老年人对居室空间的需求与类型Ⅰ类似。但随着个人老化，对床位区的面积、家具设备及私密性等需求增加。单元空间是类型Ⅱ老年人最为主要的居室外活动空间，空间可达性与开放性较好，便于观察他人的、半私密的角落空间最受该类型老年人的喜爱。该类型老年人生活行为适当向单元外拓展，较少到设施活动，处于此老化程度的人更希望和别人交流。在空间利用方式方面，类型Ⅱ老年人由自主地利用设施内的空间环境及活动资源，向被动使用设施转变，自主性相对减弱，对设施环境产生一定的依赖性。

在空间需求与主观评价方面，类型Ⅱ老年人有较强追求恢复健康的意念，使其对各项空间需求量略高于自理能力较好的类型Ⅰ老年人，偏重于单元共用空间及居室的设计。相比类型Ⅰ老年人主体的、个性化的需求较少。

6.2.1.3　类型Ⅲ老年人的设施生活特征

在生活行为模式方面，类型Ⅲ老年人生活内容单调，行为分布局限在床位区，生活作息个人差异明显，生活类型单一，无法适应制度化的、集团式的作息规定。在照料程度方面，类型Ⅲ老年人需要更加全面、完善、长时间、针对性的个人护理，常用药剂、涂抹药物等的诊疗看护护理照料以及部分的诊疗、检查、治疗、运动疗法等医疗照料。

在空间使用特征方面，类型Ⅲ老年人受身心机能所限，居室特别是床位区是其一天中停留时间最长（甚至24小时）的场所，在狭小的床位区集中了餐饮、洗漱、视听等行为，因此居室空间的规划深刻影响该类型老年人的生活质量。生活单元作为拓展的生活空间，老年人在这里小憩、接受照料、观察他人、聊天等，该类型老年人较少到设施公共空间或室外花园活动。在空间利用方式方面，类型Ⅲ老年人在设施内自主地展开生活非常困难，一日中几乎都是在护理员目光所及的范围内度过。受护理服务所限被动地利用空间，基于日程安排或必需性行为占据空间，受设施环境特别是管理制度、护理方式影响较大。

在空间需求与主观评价方面，类型Ⅲ老年人对于空间的需求量急剧减少，更偏重于居室特别是床位区的设计。由于身心机能的衰退，对于居室类型上没有明显的偏好，而对单元规模有较强的缩小诉求。设施环境的设计应更加关注该类型老年人的特殊需求。

总之，设施中入住的老年人，随着身心机能衰弱，不仅仅是生理、心理发生了转变，在生活的方方面面都发生了转变。主要表现在：由自主性生活模式向被动接受的生活模式的转变；由自我照料向需要全方面的照料护理模式转变；由自主选择空间向被动使用设施空间的利用方式的转变；对空间功能的需求量逐渐减少；对设施的主观评价也降低。

6.2.2　不同身心机能老年人的环境需求特征

老年人有着各自不同的过去，各异的个人阅历、身心机能水平、认知模式、行为模式、生活方式以及空间需求。因此，养老设施建筑设计既要考虑适宜老年人的整体需求，又要适应不同老年人的个体需求。

老年人按照身心机能状况可分为三个时期：自立期——生活基本能够自理（类型Ⅰ）、半自立期——生活部分能够自理、希望得到照料（类型Ⅱ）和依赖期——生活不能自理、需要依赖他人护理（类型Ⅲ）。当人的行动能力较强、控制权得到保证的时候，人与环境之间的关系更侧重于对空间的占有和改造；当人的身体机能弱化，生活在明确的空间管理制度中时，就变成对环境的适应和依附。由表6-1可知，不同身心机能水平的老年人的生活方式、空间利用、环境评价的调查结论差异明显，这表示老年人的生活自理能力改变对环境需求有相对的影响。

6.2.2.1　不同身心机能老年人的环境需求特征

一方面,不同身心机能的老年人对设施环境具有不同的需求。从类型Ⅰ老年人到类型Ⅲ老年人,呈现出明显的差异性序列:随着老化造成的身心健康水平、自理能力的改变,由自理生活到逐步依赖。在护理方式上,需要自我照料,到寻求家务协助,到后期的个人照料、护理照料,乃至医疗照料,照料服务方式和程度明显提升。在空间需求上,由私密性强到私密性弱转变,由对空间功能、面积需求多,到对空间支持性需求高(图6-3)。

因此,养老设施的设计需要针对不同老年人的特征提供具有差异性的支持与援助。以本研究所涉及的设施入住老年人为例,针对不同老年人应有适当的环境配置指标,可参考本次调查身心机能水平的三段式划分方式:

(1)将类型Ⅰ的老年人置于一般的老年人的生活环境中提供健康促进计划,并提供较为私密的居室空间、足够充分的室内外公共活动空间,以及丰富多样的设施活动安排和适当的家务协助服务。

(2)对于类型Ⅱ的老年人应提供较为私密的居室空间、促进交往的室内外公共活动空间,以及有助于身心机能康复的设施活动安排和完备的家务协助、适当的个人照料服务,以促进其对恢复健康的强烈诉求。

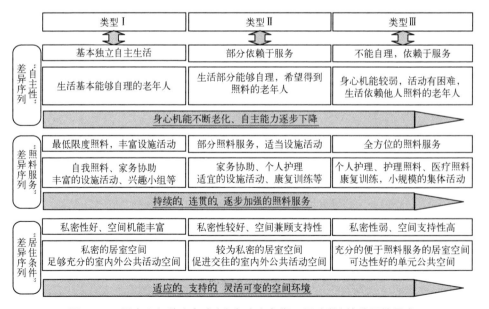

图6-3　不同身心机能老年人(老年人老年期不同阶段)的差异性需求

（3）对于类型Ⅲ的老年人应提供充分的便于照料服务的居室空间、可达性好的单元公共空间，以及完善的个人照料、护理照料和适当的医疗照料服务，以满足其基本的生活需求。

另外，由于不同身心机能的老年人能力差异显著，应增加环境设计的灵活性，力求适应每个人的需求。环境应提供多种选择，这样个体能够寻找到所需的设置或服务，恰当地满足自己的需求。

6.2.2.2　老年人老年期不同阶段的环境需求变化

另一方面，对于每个老年人个体来说，其老年期的健康状况是动态变化的。这种老化过程是缓慢的，其身体改变往往不易被发现，并且随着时间的流逝这种衰老还处在不断地变化发展之中。因此，每位老年人的设施环境需求也是动态地发展变化，养老设施的设计应适应老年人的老化过程，考虑到老年人生活模式、照料护理模式、空间利用方式、空间功能需求等的转变过程（图6-3）。

这就需要设施为老年人提供持续性的环境支持与援助，适应老年人衰老后不断变化的需求，构建适宜的设施环境，以维持老年人生活的连续性。在照料服务上，要针对老年人不同时期的特征及需求，使每一位老年人都能在老化过程中得到持续的、连贯的、逐步加强的照料服务。而居住的条件也要随着变化，这就要细化老年居住建筑的类型，提供适的、支持的、灵活可变的空间环境。

当入住老年人身心机能衰退、自理生活能力改变时：首先设施环境应有适当的环境改造（或转换）指标，可参考上述不同身心机能水平的三段式划分方式。而最为重要的，对于老年人个体来说，这种环境转换应是逐步的、避免突变的，以维持老年人生活的连续性。如何满足老年人老化后不断变化的居住条件、照料护理需求，同时又最大限度地维持老年人生活的连续性是极为关键的问题。

6.2.3　小结

综合三个子课题的研究结果，可以看出不同身心机能的老年人具有不同的生活模式与护理模式、空间利用方式与设施认知等特征。不同身心机能老年人受到设施的物质空间环境（居住环境与居住空间）、管理与社会制度环境（照料服务内容、管理方式）等的影响不同，对设施环境的需求程度更呈现出差异性的序列变化。

作为对现有设施严重同质化的回应，本书在周密的社会调查基础上，从老年人的生活行为及实际需求出发，明确了不同老年人群体的设施环境需求，进而在设计工作中针对具体条件将其作为抽象模型加以变化使用。

6.3　设施环境的意义与设计理念

6.3.1　老年人与设施环境的相互渗透关系

尽管研究所涉及的养老设施硬件、软件和入住老人之间存在不小的差异，但是作为目前典型性的养老设施，三个子课题的调研结果在诸多方面都揭示了丰富的人与环境的相互渗透信息。

6.3.1.1　设施环境深刻影响着老年人的生活质量

由第3章的分析发现，设施内老年人生活行为单调、活动领域受限等现象问题比较严峻，这不是单纯的设施活动安排不完善造成的，还与设施的照料服务体制、管理观念，以及设施的空间功能配置、空间形态设计、居室类型等等有很大关系。老年人的生活模式与照料模式受到设施环境与自身身心属性的综合影响，呈现出设施化、集团化的现象，这与居家生活产生了极大的落差，影响了入住者的生活质量。

由第4章的分析发现，在实际设施空间的利用时，老年人在设施空间中不仅要拓展各自生活行为领域，建立各自的生活场所，形成各自的个人空间。老年人其生活行为的拓展、空间使用行为与空间利用方式受到设施空间环境、设施空间管理方式的限制与影响。使得空间使用上，出现使用率过高或过低、空间被误用与异用等问题，空间环境不适宜居住者的空间利用方式与行为模式。

由第5章的分析发现，在设施空间功能需求与认知评价时，老年人的身心机能水平与设施的环境现状，影响老年人的空间需求与满意度评价。主要表现在随着身心机能老化，老年人的空间需求量减少，空间功能要求增加，满意度降低等方面。老年人自我意识偏低，空间需求与满意度的判断受设施现状所限，空间需求层次偏低，漠视自我需求与期望，自主评价较少等。

可见，设施环境深刻影响着老年人生活的方方面面。个人属性、设施的物质空间环境、管理与社会环境等是入住设施老年人的日常生活行为、行为空间分布、生活作息、空间使用状态、空间利用方式、空间认知评价等等的主要影响因素，这些因素深刻影响着老年人生活质量。其中，"个人属性"（如身心机能水平、活动喜好与健康等）是影响设施老年人在设施中日常生活、人际交往、空间利用的重要因素，特别是身心机能水平，其不只影响个人的身体动作能力，也强烈限制了老年人在设施内的生活展开，同时也影响了老年人对于设施环境的满意度。

同时，老年人与设施环境不是相互对立的二元关系，而是定义与意义的相互依存、相互渗透的整体。这主要体现在：设施环境对不同的老年人生活产生了不同程度的影响。而老年人还通过各自的行为对设施的各空间的物质条件、管理制度等做出自己的解释，并对空间、管理服务提出各种各样的要求，按照自己的方式加以利用，使设施空间、管理服务在实际使用过程中被老年人赋予了新的意义与特性。设施环境随老年人的作用而改变，老年人本身的生理、心理等状况也随着环境的改变而变化。老年人与设施环境日渐融为一体，环境成为其生活不可分割的一部分。

6.3.1.2　改善设施环境提高老年人生活质量

老年人比其他主要人群更需要辅助设备，所以外界环境对老年人的生活质量有着较大的影响。特别是随着老年人身心机能的持续老化，老年人的具体需求也有所变化。通过设施空间结构的设计创造一种适合老年人生活的空间环境，并与管理制度相结合进而实现一种与老年人相平衡的设施环境，让老年人参与设施环境中，适应和改造周围的环境，与设施环境产生积极的互动；能够提高老年人的独立性、尊严感、健康水平以及对生活的满足感，进而提高老年人的生活品质，延缓老化。反之，如果设计拙劣且繁冗，环境超越了老年人的应对能力，则会给人以监禁、混乱、缺乏归属感，催生沮丧的心情。这不利于改善老年人对于设施的适应能力，严重影响老年人的生活质量，产生消极的结果。

因此，若在养老设施导入适当的环境设计，改善老年人的居住环境，如家庭化环境的塑造、提升照料质量等，必能帮助老年人维持适当的身体机能与认知能力，提高老年人积极参与性以减弱老龄化的消极影响。这在既有的研究中也提出了相似的结论（Clark & Bowling，1990；Kayser-Jones，1991；外山，1998；Norris & Krauss，1982）。

那么应该如何改善老年人的居住环境呢？ 本书认为，设施环境的价值特征应是建立在对老年人生活意义的理解之上，只有针对老年人的多种行为及空间利用模式进行深入研究，才可能形成对老年人的居住环境等方面的进一步结论。

因此，笔者从老年人自身的需求和发展出发，以提高老年人的生活品质为目的，基于三个子课题的调查结论，得出改善养老设施的环境的两方面措施：一是解决当前养老设施"设施化"现象，构建"家庭化"设施环境，创造适宜老年人交流与居住的设施环境。二是满足不同身心机能老年人（老年人老化期不同阶段）的需求，维持老年人生活的连续性，提供适应性的、连续性的支持与援助。这需要从老年人的生活出发，由设施物质空间环境与社会管理环境两方面共同构建。

6.3.2　"居家情景"的设计理念与环境构建

如调查结果所述，目前中国社会养老设施的环境是一种设施化的、非居住性的环境。在设施内，老年人的生活状态呈现出明显的集体化特征，而并非单个老年人的自我生活世界的集合。设施内老年人的生活在管理方的规定下展开，这些措施大多缺乏对老年人自主与需求的尊重,仅从安全的角度和护理方便等管理视角出发,难以考虑不同老年人的差异化需求。就设施内的生活方式而言,老年人往往缺少自主性与选择性,不同健康状态的老年人被动地接受相同的护理服务,老年人出于已经付费的考虑也不愿意自己处理某些能力所及的事情。在这种情况下,入住的老年人几乎完全依赖于设施,越是依赖于设施就越容易受设施的限制,自主的可能性就越低。

根据很多学者的研究(Denham,1991;Tobin,1989;外山义,2003),社会中许多人对于设施式照护存有排斥且负向的看法,把设施看作"收容的场所"或"治疗的场所",认为在这种不人道、缺乏自由、无人情味、无尊严及隐私、没有个人的空间,以及无法保障个人的权益环境中容易使个人的自主性降低;而这样的环境将使个人独特个性逐渐丧失,造成"设施化"情形,在缺乏多重刺激环境之下,老年人的身心功能也会快速地退化、恶化。

就总体生活品质而言,不论是居住环境或是日常生活照护各方面,设施只能维持老年人的生存,谈不上生活的品质。因此,即便是大型的社会养老设施也应尽可能地减少收容设施化的环境,尽可能地创造"非收容设施化"的空间环境,最大限度地创造有家庭气氛的、有个人归属感的场所,使老年人生活在与居家生活相近的环境里,延续其长年一贯的居家生活模式。

那么何谓"家"呢? Harward(1975)从心理学的角度来诠释,提出"家"的定义:家是实体结构,可定义其边界;家是空间场合,可经常回去的地方,是人与世界连结的中心点,借以接受、经验世界的透视;家是自我及自我的认同,为自我的象征与再现;家为社会和文化的单元,是每日和他人互动的社会环境,社会认同的地方。Desper(1991)具体地归纳了"家"的定义,认为"家,提供安全感与控制感,反映理想与价值,并形塑个人的认同,提供连续性,是与亲友交流的活动中心、避风港,更是地位的象征,具有实质空间及伴随而来的拥有权。"

可见,"家"首先应是一个小尺度的、温馨的、熟悉的生活场所,以生活中的不同行为情景为单位来构成内在交织的"生活舞台";其次,它必须是一个温馨的、自我认同的、自主性高的场所,在这里人不必按照社会规范来行动,可以按照自己的意愿安排空间构成,以自己喜欢的方式与环境互动。换言之,我们所指的"家",是每个人长久期间适应而来的熟悉环境,最能持续支持老年人的一直以来的、持续的正常化生活。可见,去设施化、在设施内构建"家",创造设施中的家庭气氛不是简单地摆放几张桌椅,是要在根本上从老年人的生活行为特点出发,促使老年人继续保持的居家的生活方式。

由此,笔者结合国外的先进经验,提出"居家情景"的生活环境构造理念。居家情景,即在设施中营造一个具有居家性而非设施的"家"的环境。这种"居家情景"

不论是空间环境上,还是照料环境上都能反映"居家生活"的属性意象。使得居住设施的老年人对周围的环境容易适应与掌控,进而能够产生归属感。设施"居家情景"有利于维持老年人的个人尊严,促成与设施的物质环境和社会环境融合。

表6-2　收容设施化的养老设施与居家情景的养老设施的区别

			收容设施化的养老设施 (提供者中心型)	居家情景的养老设施 (利用者中心型)
内涵	服务中心	老年人	护理中心	生活中心
基本理念	集体特征	扩建扩大了的家	三十人以上的大集体 陌生、疏离 有限的交流	约十人的小集体 熟识、亲密 丰富的交流
	生活的连续性	生活方式	集团生活,与居家生活无连续性	个人的生活,与居家生活的连续性
		家具、物品	限制携带家具、割裂生活习惯	携带家具、延续生活习惯
	自立与自由的权利	老年人行为	消极的 行为被约束	积极的 行为自主性较强
		护理员	按照料理守则做事情 与利用者的关系是上下关系	能切身感受到利用者的不安 与利用者是水平关系
构建方式	居家的生活空间	地区关系	与所在地区的孤立 利用者外出,外来者进入等几乎不可能	与所在地区的融合 利用者可以限定的外出,外来者共用公共资源
		建筑构造	以护理单元为基础的平面布局,重视护理效率 多人间、没有个人隐私 大食堂、大浴室	以生活单元为基础的平面布局,重视居住生活 (准)单间、确保个人隐私 单元内的食堂、浴室
		家具装饰	同一的、 医院、宾馆式的气氛	个性的、 居家式的气氛
	管理与照料政策	护理	护理=身体护理 集团划一的护理	由护理到照料(身体、心理) 由照料到共同生活 个别照料
		组织	根据工作机能分类管理 业务类别作用分担	根据居住单元分类管理 小组织网络管理
		权责	自上而下,管理的	权限委任,组织的

表6-2的总结了"收容设施化"的养老设施与"居家情景"的养老设施的区别，"居家情景"是多方面的，其核心内涵是以什么作为设施服务的中心，即是以提供者（设计师、管理者、护理员）还是以利用者（老年人）为服务中心；前者以功能服务作为设施的组织核心，而后者则以老年人的整合的生活需要为空间的目标。居家情景的基本理念是构建"家"与"家人"的角色，维持老年人生活的连续性，促进老年人的自立与自由，使老年人在设施内的日常生活真正达到居家状态。居家情景需要下面两个基本的设计原则。第一是必须保证其物质因素即建筑空间等是居家生活的空间，而不是医院或是旅馆等其他建筑空间；第二是必须保证其管理及社会因素即管理方式、照料政策等。

6.3.2.1 "居家情景"设施环境的设计理念

1. 活用地域资源、融入社区

由调查得知，现有的养老设施大多是自我封闭的"单位"形态。实际上每位老年人往往都希望尽可能生活在原有的居住环境下，维持一直以来的生活习惯。真正意义上的社会化养老设施，应是面向普通大众的，有完善的社区服务，而不是让老年人与原有社会生活突然割裂，住进仅有老年人的"城市补丁"中。

因此，养老设施的设计应尽量增加设施与外界的融合，以促进设施内老年人与社会环境的交流。设施要在功能上融合于地域社区，最好能设立日间活动中心、对外开放的老年食堂、居家服务据点，或与幼儿日间照顾[1]设施合用。对地域的老年人与居民提供各项服务，将设施内部资源如部分公共空间及设备对外开放，与社区居民共享。这样不仅可以充实设施的经济效益，同时使入住老年人有机会接触周围社区的居民，与外界社会互动。而外部的老年人也可通过在对托老所、对外餐厅等设施资源的利用，逐步了解、适应设施的状况，一方面使这些设施更大程度地服务社区，同时也让这些老人在进一步老化之后能够更好地权衡养老方式的选择，为以后入住设施作好准备。

2. 设施内构建"扩大了的家"

养老设施内的老年人主要是基于生活无法自理等因素而结合的生活共同体，表面上看起来或许就像一个大家庭，但是设施内部老年人不管在身心机能、教育程度、生活习惯等方面皆存有差异。从调查可以发现，设施通常忽视了这种差异性，呈现出制度的、单调划一的"设施化的集体生活"。要改变这种集体生活，这就必须重整设施的生活环境，提供一个类似"家"的环境，实现人性化、个性化的"居家化的小

---

[1] Gillian（2002）提出将幼儿日间照顾空间纳入机构中，并安排绘画、说故事等活动促进老年人与幼童之互动。本书的W设施与幼儿园邻近，多数老年人都觉得看到儿童在游戏、做操觉得很开心。

家生活"。

这就必须将集团式的、四五十人的护理单元小规模化,将老年人群体控制到一个"扩大了的家庭"的规模,由传统的集团模式改为分群分组的各个"小家"模式。建构合理的人际关系,团体生活能依据不同层级的生活组群及组群规模产生正向的交流。避免以往因人群规模太大、彼此陌生疏离等,造成的集体生活意味过重,丧失建立人与人之间情感与亲密关系的问题。而护理员也分散到各个小家之中,由原来应对几十个老年人到负责十几个老年人,能具体了解情况,针对性服务,能切身感受到利用者的不安。改变以往护理员与老年人的垂直关系,而是共同生活的水平关系。

3. 维持居家的生活行为模式

一是老年人的生活行为模式依然尽量保持居家式的而非设施化的。要是在根本上从老年人的生活行为特点出发,促使老年人继续保持的居家的生活方式。老年人吃饭、洗浴、如厕等基本生活行为都在"扩大了的家"内部完成,在设施内也维持居家的生活模式(图6-4)。

图6-4　维持居家的生活模式

4. 自立与自由的权利

养老设施不仅仅是要为老年人提供"老年人一个住的地方",更是要为让老年人提供一个"重新建立社会化(resocialization)"的场所,给予老年人充分的自立与自由的权利。这种自立与自由指的是人们在所处生活活动空间内行为和思想的自由,更重要的是体现在人际关系上获得自我认同和尊重。

对于老年人来说,其生活经验应该是积极的、不断成长的,这个过程需要老年人主观努力的参与。人们都希望能够控制和按自己的意愿来塑造自己的居住环境,达到自我实现的目的。增加使用者的自我认同的方式在建筑使用中,就是尽量增加老年人对环境改变和控制的权利。

老年人的居室甚至居住单元的室内空间可以让老年人按自己意愿布置,让老年人使用自己的一些旧家具或者设施为老年人提供家庭化的家具,不必统一居室中家具的规格,并留出可以放置老年人从家中带来的物品。单元空间的布置可让老年人和护理员自行设计、个性化地装饰、布置等。居室的入口有摆放或存放物品的凹入空间,强化不同老年人的个性,形成可辨性;或是在居室门上加上使用者的名牌也可以起到这样的作用,使老年人有"家"的亲切感、归宿感。

6.3.2.2　居家情景的空间构建

1. 融合地域的建筑外部形象

养老设施建筑物的外观、规模、尺度、造型以及材质要尽量融合于所在地域。人们对家的感受来自传统住宅的印象,因为传统住宅砖、瓦等构件形成的小尺度较易引起共鸣。丰富、细腻的线脚,小尺度的分格和材质铺砌,使人们在近距离内所感受的是亲切的空间环境,容易使人产生家的认同感。建筑的外部形态设计要与地域的环境因素相结合,提供一种"社区"般的感觉,从而给居住者一种仍然居住在"家"中的心情感受。

2. 居家的、亲人的空间

以往设施空间多是沿用宾馆或医院的空间格局,空间缺乏变化且尺度过大,对于居住和使用它的人来说具有很强的压迫性。因此最好将设施在外观上分割成数个小的建筑物,内部处理也采用相同的策略,将其分成若干个小的、物理(运营的)单元,成为小规模的、能够清晰认识的、空间分割的环境构成形式。在室内空间的设计等方面,为了在设施中能够像自己家里那样保持日常生活的连续性,以保证形成家的感觉,要注意以住宅的尺度来进行空间设计,注重居住性的设计,保证个人隐私,确保个人隐私。另外,最好能保证房间与户外环境有比较直接的联系,这样能够减弱设施的整体性,塑造亲切的空间感受。

3. 个性化的装饰与家具

在以往设施的设计之中,房间往往标准化和趋同化。而在实际生活中,人们往往对个人居住环境追求差异化和个性化,老年居住环境也不例外。居住环境特色的营造可以通过多种方法获得,装饰与家具则是非常有效且易行的方法。如第4章所述,很多空间的意义是通过老年人的个性化利用所产生的,即老年人通过占有场所、利用场所、改变场所而使场所产生了意义。在这其中家具、物品、装饰等半固定特征因素(semi-fixed feature)等更容易传递意义。

因此,每楼层的地面和墙面都采用不同的材质或颜色,每房间的门采用不同的颜色,提供多种类别的居住房间等。日本某些特别养护老人之家,只是通过在走廊里设置居家化的家具,在为改变原有空间结构的有限条件下,设施的整体氛围发生了明显的改变,更像"家"的感觉了(图6-5)。这种个性化的装饰甚至可以是杂乱、无序的,却是充满家的感觉的(图6-6)。

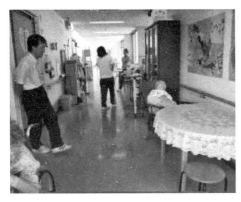

图6-5　融入居家情景的走廊改造　　图6-6　日本某设施充满家庭氛围的休闲空间

6.3.2.3　居家情景的服务建构

1. 分组分群的小规模照料

因入住老年人的身心机能差异较大，特别是身心机能较弱的类型Ⅲ老年人，护理员不能够要求他们能够遵守一个严格的程序性时间表，也不能期望他们能彻底改变日常生活方式。因此，"居家情景"的照料服务应根据入住者的身心机能属性、生活习惯等进行分组分群的，提供不同等级的照料服务及活动安排。确保生活团体的同质性，使设施生活更趋人性化，更像"家"的人数规模。

2. 陪伴式的照料模式

管理者和护理人员必须摒除过去传统"垂直式"的照料观念，反之，应该扮演着陪伴员的角色陪伴老年人生活，例如陪伴老年人活动、吃饭等。这样能够拉近照料人员与老年人的距离，让护理员更了解入住老年人的特征，进而主动关怀老年人的生活需求，实现"家"的照料环境。

3. 安排多样化的活动

鼓励老年人到共用空间，如活动厅（室）、谈话角落、棋牌室等，同时应有完善的活动安排。在进行活动计划时能参照老年人的健康状况、个性与嗜好等差异，设计符合其需求的休闲活动。多样化的活动内容与活动场所，除了能提供入住者自由选择的机会，提升参与休闲活动的意愿外。活动内容的安排摒除传送带方式的团体生活，反之，应以老年人为中心的照料模式，组织多组的小团体进行不同的活动，如烹饪、聊天、下棋、看电视、跳舞等等。让老年人自行参与感兴趣的活动内容，而非硬性地规定老年人参与某项活动。

4. 提供更多的自主选择权与接触参与社会的机会

研究发现在环境中拥有越多自主权的老年人，其自主休闲社交行为频率越高（如H、Y设施）。因此，建议应提供入住老年人日常生活活动的选择权，使其感到仍被尊重、仍拥有自主性,进而改善对设施的接受度及自我认识。对于老年人长久以来固定的生活习惯,应主动了解并尊重,不应强迫做改变来配合设施。让老年人可以独立自主地布置居住空间,并适度允许老年人从家里带来物品来布置居室,这是增进老年人对设施产生认同感与归属感的方式。从老年人日常活动领域的分析中,发现老年人的活动范围多局限于设施内,活动参加多为被动的、单向的系统。因此,建议寻求社工或爱心团体协助安排相关户外活动如购物、郊游、看展览等,让入住老年人有与社会接触及参与社会活动的机会。

5. 引导家属与老年人正确的照顾观念

"居家情景"的养老设施不是一个医疗机构,而其主要目的是让老年人来到这里可以延续原有居家的生活作息,更好地维持身心的健康。然而,目前仍有多数的家属与老年人抱着"花钱来享福"的心态,凡是要求别人服务。因此,应鼓励老年人自主的家务行为(如洗碗、洗衣服等),在借由自行动手做的过程,达到维持基本生活,避免身心机能衰退的目的。

6.3.3 "适应老化"的设计理念与环境构建

由调查分析可知,养老设施处于一种"大而全"(Y设施)或是"小而全"(W设施)的状态,希望为老人提供全方位的护理服务,提供的服务全而不精,未能未充分考虑不同身心机能老年的差异性需求。虽然设施一般会依据老年人的护理需求及经济能力进行分楼层居住及照料,但由于设施整体的空间环境、照料环境相同,所以这依然是种混合的、集中的照料模式。调查发现这种混合照料带来了很多问题:首先是不同健康程度老人混合居住所造成的巨大精神压力,老化程度较深的老人一般生理各项皆失能,健康老人长期耳濡目染,难免会担忧自己随着年龄增加导致身体每况愈下。其次,建筑空间设计也多是依据健康老年人所设置,空间机能不适应持续老化的需求,造成本处弱势的身心机能较弱入住者的诸多不便。再次,由于机构监管措施不到位,大部分设施处于营利和投入资源的考虑,更倾向于收养健康老人。换言之,设施提供生活空间与服务实际上是针对能够自理的老年人,这无疑不利于老年人自身机能的保持。

调查分析得知,由于老年人的差异性需求对居住条件、设备和护理员(或护工)的照料内容、技术水平的要求不一,养老设施现有的空间和管理模式不利于提高护理质量和老人生活品质。因此,笔者认为"满足老年人需求"的设施环境必须为老年人创造一个足够自由的生活空间,让他们做力所能及的事情,并在必要的时候得到及时的支持与援助。养老设施的空间环境必须是专门化的、针对性的无障碍环境,更应该是维持老年人生活的连续性,适应老年人的老化过程的环境。

表6-3　"适应老化"设施环境的设计理念与环境建构

设计理念			环 境 建 构
满足不同身心老年人的差异性需求	老年人分组分群	设施内部分组分群	● 根据身心机能不同进行分组分群,实现小规模、差异性的照料。 ● 各居住单元的空间、照料针对不同老年人的需求设计,通过空间机能调整、家具器械布置、活动安排设置等,构建差异性环境
		建立新的设施类型	● 细化老年居住建筑的类型与定位,根据身心机能收住不同的老年人,提供不同的援助与支持。 ● 根据设施类型不同,提供适应的管理照料服务,以及不同的空间建设标准
	满足差异性需求	类型 I	● 置于一般的老年人的生活环境中提供健康促进计划,并提供较为私密的居室空间、足够充分的室内外公共活动空间,以及丰富多样的设施活动安排和适当的家务协助服务
		类型 II	● 应提供较为私密的居室空间、促进交往的室内外公共活动空间,以及有助于身心机能康复的设施活动安排和完备的家务协助、适当的个人照料服务,以促进其对恢复健康的强烈诉求
		类型 III	● 应提供充分的便于照料服务的居室空间、可达性好的单元公共空间,以及完善的个人照料、护理照料和适当的医疗照料服务,以满足其基本的生活需求
适应老年人老年期不同阶段的需求	环境支援灵活可变	空间	● 居室空间机动,由会客、餐饮—护理;单双人室可变; ● 单元规模、空间灵活,大规模—小规模;开放—封闭; ● 活动场所的机能可变,棋牌室—视听室;健身室—复健室; ● 预留改造的空间,例如加装扶手、坡道、电梯等的空间
		管理	● 设施外成立服务据点,设施接受外送服务,延伸照料服务内容; ● 允许自雇保姆,以弥补设施照料的不足; ● 尽量实现专人照料,维持对稳定的照料关系; ● 照顾规模由大到小转变,将集中护理向分散的护理站转变
	减缓环境迁移冲击	空间	● 地理区位城市化、社区化,尽量使老年人在原有环境下生活; ● 郊区设置一些大型养老社区或设施,老化后可在社区/设施内部转移,因此大的居住环境没有改变; ● 设置居家情景的空间,维持原有的居住环境的"情景"
		管理	● 设施内部设置日间服务中心、临时入住单元,设施向居家养老提供服务外送等,使居家老年人由每日去日间服务;中心活动,或在临时入住单元居住,逐渐适应设施环境,再最后进入设施入住; ● 允许携带旧家具、居家装饰

因此，笔者提出了"适应老化"的养老设施的设计理念与环境构建原则（表6-3）。为了使老年人在设施内的日常生活真正满足老年人的需求，需要下面两个基本的设计原则：第一是需要针对不同身心机能的老年人（老年人老年期不同阶段）的老化特征，将入住者分组分群，并进行差异性环境的构建。第二是需要尽量维持老年人生活的连续性，在老年人的老化过程中提供持续性的、逐渐增加的、灵活可变的支持与援助，当现状环境无法适应老年人的需求，而老年人必须搬离时，应尽量减缓环境迁移带来的冲击。

"适宜老化"是多方面的，其核心内涵是满足老年人的需求：既要考虑适宜老年人的整体需求，又要适应不同老年人的个体需求；既要考虑适应老年人现时的个体需求，又要预期老年人老化过程的变化需求。前者关注了设施内不同老年人的个性化需求；而后者则关注了老年人个人生活的连续性需求。这种"适应老化"不论是照料环境上，还是空间环境上都应反映"适应老化"的属性意象，使得居住设施的老年人能够减缓身心机能水平衰退与提高生活品质，促成与设施的物质环境和社会环境融合。

6.3.3.1 满足不同身心老年人的差异性需求

因入住老年人的身心机能差异较大，特别是身心机能较弱的类型Ⅲ老年人，护理员不能够要求他们能够遵守一个严格的程序性时间表，也不能期望他们能彻底改变日常生活方式。因此，应根据入住者的身心机能属性、生活习惯等进行分组分群，提供不同等级的照料服务及活动安排。确保生活团体的同质性，使设施生活更趋人性化，更像"家"的人数规模。必须根据不同身心机能老年人的差异性需求对老年人进行分组，使每一类型的老年人都能得到不同程度的照料与空间条件，实现居住环境的差异性构建（图6-7）。

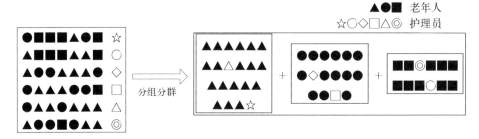

图6-7　根据老年人的身心属性等不同分组分群实现差异性照料

1.依据身心机能水平分组分群

一方面，针对不同身心属性的老年人特征创立不同的设施类型，提供差异性的空间居住条件和照料服务。就每一个养老设施而言，进行明确的功能定位，确定服务对象,提供与之适宜的服务内容,才能造就个性化的形象、显现经营管理特色。这就需要对现有单一的养老设施类型进行重新的定位与分类,构建新型的养老设施居住体系。每一类设施提供及具备某一范围的功能,在养老设施内设置相对应的服务内容,不同的设施采用不同的硬件环境设置标准。

另一方面,在同一设施内,根据老年人身心属性的不同进行分组分群,使身心机能水平相似的老年人入住相同的单元,实现小规模的、差异性的照料。由于老年人居住在同一设施内,大的区位条件、设施公共空间相同。这就需要在单元空间规划时,考虑分区或分层的差异性设计,通过对单元内各场所空间机能的机动设计、家具设备的差别使用、居室类型的不同等,为不同身心机能老年人提供最适宜的、针对性的居住环境。

2. 老年人的差异性空间构建

在设施空间上,老年人的生活自理能力改变对空间需求、空间评价有一定的改变。随着老年人由自理生活到逐步依赖,对设施空间的需求量明显减少,对设施空间的无障碍设计、空间的支持与援助性需求明显提升。

类型Ⅰ老年人大多能够自主地利用设施内的空间环境及活动资源,能够根据个人目的自主地选择共用空间,拓展自己的活动领域、丰富生活行为。其居室应能提供相应的会客、兴趣活动空间,提供更好的私密性以及入住者自主装饰居室、展示个性的权利。单元空间除了提供兴趣活动、下棋、聊天、就餐等场所外,类型Ⅰ老年人还有强烈的自我照料意识,应提供家务、厨房等空间需求。设施应提供具备不同功能、方便到达的、具有丰富多样的相应活动日程支持的设施公共空间,如图书室、棋牌室等各类公共活动室等。部分公共空间亦可向社区开放,以促进类型Ⅰ老年人有效、灵活地利用设施资源,并与外界交流以丰富生活。此外,花园等室外活动空间在调查中显示能有效促进室外活动,增加与设施外居民交流的可能性。

类型Ⅱ老年人的活动领域易因设施空间环境的不同而受到影响,丰富的单元共用空间(如W设施)更有利于类型Ⅱ老年人日常生活的拓展。在居室空间的需求与类型Ⅰ类似,但随着个人老化,对床位区的面积、家具设备及私密性等需求增加,居室内的空间功能、家具设备等应具有一定的可调节性,使得床位区有相对机动的空间功能。类型Ⅱ老人能够自主地在单元内(楼层内)移动,因此单元内共用空间的设计非常重要,最好能提供可达性的、丰富的具选择性的活动场所,并能使老人与外部环境能够交流,开放的、流动的、多样的单元共用空间有利于类型Ⅱ老年人生活由居室向居室外展开。单元内提供报纸、书、电视机等多样的共用娱乐物品,提供老年人一个人静处也能有意义度过的场所,使老人感受一日中时间的流逝也是接受度很高的选择。为了拓展该类型老年人的活动领域,应设置便捷的垂直/水平交通方式,提供适宜的活动安排等,并创造出更多的与其他单元老年人接触、人际互动的机会。

类型Ⅲ老年人在设施内自主地展开生活非常困难,一日中几乎都是在护理员目光所及的范围内度过,其生活则显示出很强的被护理、被日程活动规定的特点。该类型老年人长时间地停留在居室,居室(尤其是床位)空间的规划深刻影响该类型老年人的生活质量。要充实床位空间,确保床位区的面积,提供便利的、支持性的空间功能,如便盆椅、移动就餐桌等设备,使老年人尽可能自理地实现饮食、如厕、洗脸、家务等基本必需生活行为,并应提供护理员或小时工的护理床位。同时居室与外部的关系性应更加灵活,如居室设置半开门、对走廊开窗等柔性联系,使得老年人能较好地控制居室与外部空间的关系,增加与外部空间接触。居室内的床位、沙发等的布置最好能看到外部的景观,以方便老人感受设施的活动氛围以及室外的季节变化。单元空间与类型Ⅱ类似,还需提供复健空间、职能治疗的怀旧空间与开放厨房、方便护理的洗浴设备等。共用空间应设在便于助步器或轮椅到达的地方,并面向外部空间(单元外或室外)。另外,护理员的服务非常重要,应鼓励护理员帮助老年人移动到居室外共用空间。

表6-4 不同身心机能老年人的差异性环境建构

<table>
<tr><th colspan="2"></th><th>类型Ⅰ</th><th>类型Ⅱ</th><th>类型Ⅲ</th></tr>
<tr><td colspan="2">生活自理能力</td><td>● 生活基本能够自理</td><td>● 生活部分能够自理
● 希望得到照料</td><td>● 生活不能自理
● 需要依赖他人护理</td></tr>
<tr><td rowspan="6">物质空间环境</td><td rowspan="2">居室</td><td colspan="2">● 提供简易梳理台、用餐的空间与设备,会客、兴趣活动空间,可促进社交休闲的便利性
● 睡眠私密空间与会客、简易厨房等半私密空间领域需清楚界定
● 自主携带家具和电器,自主装饰居室、展示个性的权利</td><td>● 充实床位空间,提供便盆椅、移动就餐桌等设备
● 床位能看到外部的景观
● 设置半开门,对走廊开窗增加居室与外部的联系
● 护理员休息空间</td></tr>
<tr><td colspan="3">● 居室内的空间功能、家具设备等应具有一定的可调节性,使得床位区有相对机动的空间功能</td></tr>
<tr><td rowspan="2">单元</td><td colspan="3">● 开放的、流动的、多样的单元共用空间
● 走廊动线上设置多个活动场所(餐厅、谈话角落等),吸引老年人驻足并参与
● 室外阳台、眺望窗等,与户外互动的场所
● 提供报纸、书、电视机等多样的共用娱乐物品
● 提供老年人一个人静处也能有意义度过的场所
● 空间功能具有一定的可调节性,适应老年人的需求变化</td></tr>
<tr><td colspan="2">● 提供家务、厨房等空间需求,应避免过于封闭,可采用半穿透性隔间促进使用意愿</td><td>● 提供复健空间、职能治疗的怀旧空间与开放厨房、方便护理的洗浴设备等
● 共用空间应设在便于助步器或轮椅到达的地方,并面向外部空间(单元外或室外)</td></tr>
</table>

续 表

		类型 I	类型 II	类型 III
物质空间环境	设施	• 部分公共空间亦可向社区开放,以促进设施入住老年人与社区的互动 • 优先集中设置保健室(可合并设置健身与复健设备)、图书室、娱乐室等,活动室的设计应考虑后期经营方向,考量公共空间与居住楼层的垂直动线关系,方便服务老人并增加安全感可提高使用意愿		
		• 具备不同功能、方便到达的、具有丰富多样的相应活动日程支持的公共活动室	• 应设置便捷的垂直/水平交通方式 • 与同楼层其他单元老年人接触的公共空间	
		• 提供户外庭园种植花草的花圃空间,可促进此类型老人的自主性休闲 • 可邻近社区或街道开放部分绿地,促进与外部交流	• 着重无障碍户外庭园散步步道与造景空间 • 提供户外庭园可种植花草的花圃空间,促进此类型老人的自主性休闲	• 应尽量设于一楼或邻近主要休闲设施楼层 • 通过屋顶平台、立体花园等设计,提供方便到达的户外空间
	区位	• 邻近公园、菜市场,老人步行可到达公交站点,搭车可达热闹街区等休闲资源	• 社区巷弄、步行可到达的菜市场	• 邻近公交站点,方便亲友探视
管理社会环境	管理照料观念	• 提供基本休闲服务:电影欣赏、卡啦OK、购物专车 • 相对宽松的管理服务,满足其个性化、自主化的需求		
		• 鼓励老年人自组才艺社团、义工,使活力得以发挥 • 鼓励老年人自主地参加设施活动,参与设施管理 • 鼓励自主的家务行为(如洗衣服、洗杯子等)	• 护理员应多鼓励老年人参加设施活动,以促进其对恢复健康的强烈诉求 • 加强复健医疗服务,平日应提供护士健康咨询与检讨服务,每星期应定期提供医师驻诊服务	
	照料服务	• 以自我照料为基本,设施提供家务协助为辅 • 常用药剂、涂抹药物等的诊疗看护护理照料	• 完善的家务协助,部分的协助穿衣、移动、洗浴等个人护理 • 常用药剂、涂抹药物等的诊疗看护护理照料	• 提供充分、全面的个人照料服务 • 护理照料、医疗照料服务,以满足其生活、照料的基本需求
	设施活动安排	• 提供多样的兴趣活动,提供自主的设施氛围	• 组织适宜老年人身心特征的设施活动	• 有必要在上午时间段有针对性地开展一些活动以减少其无为、发呆行为的产生
	单元规模	• 采用开放式的、灵活可变规模的生活单元和较大规模的护理单元模式	• 在护理单元规模较类型 I 老年人略小	• 生活单元及护理单元都应小规模化

3.老年人的差异性服务构建

在设施管理上,老年人的生活自理能力改变对服务需求、服务评价有一定的改变。随着老年人由自理生活到逐步依赖,对设施服务的需求明显提升。应改变集团的、流水线的设施生活模式,针对不同身心机能老年人,构建不同规模的护理单元,以适应期不同层次的护理需求。

类型Ⅰ的老年人应提供相对宽松的管理服务,满足其个性化、自主化的需求。设施的服务以提供多样的兴趣活动,提供自主的设施氛围,鼓励老年人自主地参加设施活动,参与设施管理。在照料上以老年人的自我照料为基本,设施提供家务协助为辅,应鼓励类型Ⅰ的老年人自主的家务行为(如洗衣服、洗杯子等),达到减缓身体机能衰老的目的。采用小规模的生活单元和较大规模的护理单元模式。

类型Ⅱ的老年人应组织适宜老年人身心特征的设施活动,护理员应多鼓励老年人参加设施活动,以促进其对恢复健康的强烈诉求。在照料上,应提供更加完善的家务协助,对部分老年提供协助穿衣、移动、洗浴、移动等个人护理。在护理单元规模较类型Ⅰ老年人略小。

类型Ⅲ的老年人对照料有全天性的需求,应提供充分的个人照料服务以及护理照料、医疗照料服务,以满足其生活的基本需求。同时有必要在上午时间段有针对性地开展一些活动以减少其无为、发呆行为的产生,促进其生活的健康、丰富。由于类型Ⅲ的老年人无法适应集团式的设施作息以及较高的照料需求,其生活单元及护理单元都应小规模化。

6.3.3.2 适应老年人老年期不同阶段的需求

1.环境支援灵活可变

由调查分析可知,老年人入住养老设施的主要原因是"需要别人照顾"、"居住空间不足,有障碍",生活能力下降和家庭照顾能力的矛盾是老年人离开原有居家生活,选择设施养老的主要原因(参见5.3.1)。可见,在居住环境无法适应老年人随着身心机能的老化需求的时候,老年人不得不为了保持必要的支持与援助而搬离熟悉的居住场所,如从居家环境迁移到设施;从某一设施迁移到另一个新的设施;在同一个设施内的由介助部门迁移到介护部门。对原本控制环境就有些困难的老年人,剧烈的环境转换容易使得老年人与原有熟悉的环境、自我的生活习惯相隔离,会造成生理、心理、社会调试等的问题。因而养老设施的设计应尽量减少老年人的环境转换、重新安置的问题。

可以有两种举措来实现没有"环境迁移"的养老。首先,在空间设计上应提供一定的灵活性可变性,以适应老年人老化后对空间的需求,保留空间的可改造性。其次,照料管理服务上应及时根据老年人的身心变化,提升照料管理的层次,延伸照料的服务内容。

灵活可变的空间形式：养老设施的空间规划设计尽量地灵活、可变，以适应老年人不断变化的需求。当老年人身心机能老化时，借由所在居室、单元的部分空间功能的转变以给老年人更好的空间环境支持。在居室设计上，可以预留安装医疗仪器所需的空间、管道和电源，以便在住客病情恶化、需要强化医护级别时不必搬离居室；而健康时用来做饭、就餐、会客休闲的空间，可以在老化后转为护理员的休息空间，或是放置轮椅、坐便椅的空间。居室的类型上，通过可移动墙板或是预留门洞的设计，实现单人间与双人间的转变。在单元设计上，单元的空间规模、对外的开放程度等可以转变。如通过预留隔断或软隔断（布帘）的设置，可将20人的空间规模转变为两个10人（或三个7人）的小规模空间；由对外开放单元空间转变为相对内敛的单元空间等。另外，各空间场所的机能可变，当身心机能老化时可以根据入住者的实际活动需求布置不同的装饰、家具、设备，提供相应的活动安排以实现空间功能的转变。如由棋牌室转变为视听室，由健身房转变为复健室。另外，提供预留改造的足够空间，为加装扶手、坡道、电梯等无障碍设施以及为轮椅使用者保证回旋的余地。对于灵活可变空间的周到考虑，会为以后潜在的改造节省大笔资金。

照料规模逐渐减小：尽量使老年人在健康状况变差的时候不需要离开原来的环境（居住单元或设施），并且尽量实现专门的护理员照料，以维持相对稳定的照料关系。随着老年人的身心机能老化，护理单元可以适当缩小照料老年人的人数规模，或是增加护理人员的数目，以实现更加高等级的照料服务内容，满足增加的服务需求。可以将集中护理中心的方式，向分散的、邻近老年人居室或活动室的小型的护理站（护理台）转变。增加护理员与老年人接触的时间，让老年人能够在护理员的目光所及范围内，为老年人提供更加及时的、有效的照料服务，同时可以避免危险的发生。

接受外送服务延伸服务内容：在养老设施外部设置照料服务输送点，服务点综合、系统地提供家务协助、个人照料、护理照料等各项外送服务，可以根据不同老年人、不同设施的需求将服务外送到养老设施中。设施内的老年人通过接受照料服务点的外送照料、自雇保姆等措施，实现从低等级的照料到较高等级的照料的转变，弥补设施无法提供持续性照料服务的不足。

2. 减缓环境迁移冲击

虽然要尽量提供灵活的居住空间形式以及灵活的照料服务，仍有不可避免搬离原有熟悉生活场所的可能性。这就需要尽量避免、减缓环境迁移带来的冲击。一是通过连续性的设施服务体系设置，给予老年人对新环境以熟悉适应的过程，使老年人不脱离或扩大熟悉环境的范围，逐渐适应新的环境。另一方面，即便是搬离熟悉的生活场所，也要尽量创造老年人所熟悉及住惯的"环境"或"情景"，减小新旧环境的落差。

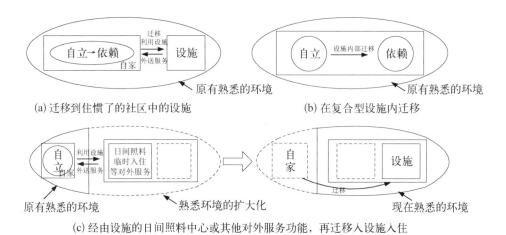

(a) 迁移到住惯了的社区中的设施　　　　　　(b) 在复合型设施内迁移

(c) 经由设施的日间照料中心或其他对外服务功能，再迁移入设施入住

图6-8　减缓环境迁移带来的冲击

提供连续性的设施服务体系：如图6-8的（a）所示，在社区内部设置小型的多机能的养老设施，提供日间照料服务及居住照料服务。使得老年人虽然入住到养老设施中但并没有脱离原有熟悉的社区生活大环境，满足老年人养老生活中不可或缺的地缘、亲缘社会关系，给老人带来社区大家庭的认同感和归宿感。如图6-8的（b）所示，在同一基地内设置不同性质的各类设施，将设施的各功能整合一体，当老年人身心机能衰退时，可在同一基地内迁移，虽然居住的房间、单元发生了变化，但仍然在原有熟悉的环境中生活。通过转换微环境，而不是中观生活场所来实现就地老化。如图6-8的（c）所示，设施内可以选择性地设立日间照料中心、对外开放的老年食堂、居家服务据点、临时入住单元等。设施对地域的老年人提供各项服务，老年人也可通过对设施的日间活动中心、老年食堂等资源的利用，逐步了解、熟悉、适应设施的状况，扩大熟悉的环境范围，为以后最终的入住设施做好准备。

减小新旧环境的落差，创造熟悉的情景：该理念即为前述提到的"居家情景"设施的设计理念，居家情景的设置不仅可以改变现有养老设施制度化、设施化的现象，为老年人提供具有归属感的"家庭化"环境，还能减少设施生活与居家生活的落差，为搬离熟悉的生活场所——家的老年人，提供一个熟悉及住惯的"环境"或"情景"。这就需要设施与外界环境的融合，活用地域资源、融入社区，在设施内部创造"居家环境与情景"，同时创造宽松的管理制度环境，为老年人提供更多的自主权。

6.3.4　小结

对老年人而言，"家"的意义不仅是个人拥有的实质生活空间，而且也是社会文化的部分反映，同时也是老年人自我个性延伸的地方。对老年人而言，家是充满意义的空间,生命中的记忆、子女的诞生成长和伴侣的扶持生活共同形成了家庭对于人的空间体认。对老年人而言,家是维持个人尊严的工具,家庭是可以暂时逃避社会规则,根据主观意愿安排生活的场所。对老年人而言,与"居家情景"养老设施的融合意味着对以上这些感受的再确认。

本书以养老设施内老年人生活行为与照料模式以及设施环境现状所反映问题的研究结论,探讨"居家情景"设施的规划设计理念。首先,"居家情景"养老设施的设计,不仅仅是一个公共设施,更重要的是老年人"生活的场所",其特点仍然保持着城市住宅的"环境"与"情景"。其次,设施的生活空间和援护服务应避免程式化和单一化,满足老年人个性化的养老生活需求是"居家情景"养老设施建设的基本原则。再次,应大力推荐新建"居家情景"的养老设施,并且加强对现有大规模养老设施改造工作。

老年人的健康状况是动态变化的,设施整体的年龄和身心机能水平都在不断发展。在实际设施中,老年人的具体情况是互相交织的,老年人老化程度的发展也并不同步,完全按照身心机能水平来照料老年人也不现实。因此,建筑师需要根据设施的定位和对老年人大致老化过程的把握来全盘考虑各种人群不断变化的需求。由于在大多设施中,老年人入住设施后,一般不会大规模地调整房间,这就需要建筑师有充分的专业智慧,不仅考虑不同老年人混合居住时的空间布局,管理服务需求。还要在时间维度上把握老年人的属性变化,适应其生命过程中对于建筑空间的因变需求。

建筑师和策划者可以以本书对不同身心机能老年人活动行为特征与环境需求的研究结论,探讨"适应老化"设施的规划设计理念。首先,可以为设施确定使用模式的长期规划,以设施空间功能布局的调整适应整个设施内部老年人群的改变。其次,强调连续的、多元的养老设施类型体系,明确不同设施类型的入居对象、照料等级、空间环境、职员配置等方面的相应规范。最后,要保证设施环境与社区环境、不同类型设施环境间的无缝连续对接。

总之,生活环境的"居家情景"帮助老年人维持独立生活的欲望,获得自我的体认和价值实现感。而对"适应老化"建筑的关注,更强化了建筑之于老年照料的适应性。上述理念之间互相支持,将老年人的居住空间放在不同的理念视角下进行超越功能的提升,共同促成了设施环境的品质优化。

第7章

养老设施的设计策略

养老设施的规划设计工作在养老设施研究中有着至关重要的地位。它不仅是养老设施研究在建筑学科的最终环节,也是解决设施养老问题的最终手段。虽然后者的解决还有赖于设施设备、社会保障、管理制度与照护服务的共同作用,但是相关的设计工作无疑发挥着重中之重的作用。

本章结合第6章的调查结论及建议,依据"居家情景"、"适应老化"设施的设计理念,提出了社会养老设施规划设计的两个方面策略:一是构建"多元有机的空间结构"、"家庭视角生活单元"、"灵活适应的空间形态"等方向的新型"生活单元式"设施空间模式。二是建立完善的设施类型以及连续的居住设施体系。这不仅针对过去设施收容规模过大、缺乏人性化、缺乏差异化等问题提出解决之道,同时也预示了国内未来老年居住环境的方向。

笔者期望对养老设施环境的梳理与界定,以创造一个维护老年人尊严、促进老年人自我实现、社会参与的、独立自主的生活环境为目标,建立基于理念层面、空间品质层面与管理制度层面的养老设施规划设计策略。希望本书结论能为社会养老设施的规划与空间设计提供科学的参考依据。

7.1 组团式生活单元养老设施

空间结构的设计应以老年人的生活方式、空间利用特点为基本视角。本书依据"居家情景"设施的设计理念及构建方式,提出生活单元式养老设施的空间结构模式。该模式提倡多元多层次的"生活空间层级",小规模家庭视角的"生活单元"设置以及"灵活适应"的空间形态设计。

7.1.1 组建家庭视角的生活单元

一直以来,养老设施都是沿用医院的"护理单元"概念,一般30～50人的老年人作为一个护理单位。调查发现这种以"护理便利性"为出发点的人数规模并非是以"老年人实际生活的适合人数规模"为视点的。

第6章已经指出要摒弃传统理念的"收容设施"观点,升格为重视个别需求的"小团体生活",在设施内构建"扩大了的家"。为了配合前述"扩大了的家",研究强调"共同生活、普通的家庭生活"的设施内生活理念,通过划分人群为一小团体,以此作为一个"家"和"家人"来构建"居家情景"的生活。为实践这一理念,研究从空间物质环境与管理社会环境两方面分别构建"生活单元"。

所谓"生活单元",即从老年人的视点出发,提供一个适宜"生活"规模的单元,依据老年人的身心属性,分群分组地规划生活中心、塑造生活据点,促进老年人之间相互关系的形成,提供个性化的、针对性的生活服务。

"生活单元"为建构合理的人际关系而产生,团体生活能依据不同层级的生活组群及组群规模产生正向的交流,避免以往那种因居住规模太大、凡事以管理效率为优先等造成的集体生活意味过重,丧失建立人与人之间情感与亲密关系问题。

7.1.1.1 生活单元空间和护理双维度建设

生活单元的构建需要从空间和护理双维度建设,分别为分群分组的标准、适当的规模和生活与护理的关系,这三点是构建物质空间环境和照料环境的关键前提。

1. 分组的原则

落实分组分群的生活模式,依照"老年人属性"作为分组的依据,其构想是将分组分群的生活模式取代过去传统的集体式生活模式,不仅能够塑造小规模居家情景的生活环境,亦可拉进服务员与老年人之间的互动关系,最主要的是能针对不同老年人的需求提供专门化、差别化的服务,提升服务质量。

分组的目的是希望生活单元的组建成员应是由老年人与护理员形成的类似家人生活关系的共同团体,故需要考量实际入住老年人的身心机能状况(例如Barthel、ADL、IADL、Berger、失智老年人日常生活自立度等评估指标)、性别、教育程度、语言习惯、生活方式、适应性、照料人力与模式等,以此作为老年人分组分群的依据,组建共同生活的单元。只有如此才能够对于不同属性的老年人提供不同支持环境的建筑空间以及安排不同的活动内容,例如自理组宜以无障碍的空间及一般性的活动为主,半自理组尽量以职能治疗为主,而失能失智的依赖组则以康复为主。

2. 合理的规模

单元的规模根据国家、时期、经济水平之差异有着不同的区分和界定。以生活的视点出发,不论老年人的身心机能属性如何,都希望生活在比较稳定的、小规模的集团中;以"扩大的家"的家族成员组成来看,一般认为以10人以内较好,例如欧美的Group home、日本的特别养护老人之家的生活单元都在10人左右,日本法令明文规定为5～9人。结合中国人口众多、资源相对紧张的现状和第6章的调查结论,笔者认为中国的居家情景化生活单元的规模可以拓展到6～15人,具体大小可以因城市经济发展水平、护理条件而异。

3. 生活与护理的关系

从单元组建的视点上看,有生活单元、护理单元、管理单元之分(图7-1)。从生活的视点出发,较小的单元规模有利于老年人之间的相互认知,形成稳定的人际关系,护理人员也能更加容易地观察到每一个老年人的生活情况,有针对性地进行护理。例如日本的特别养护老人之家规定,"护理单元=生活单元=5～9人",这是应对特别养护老人之家内以失智症老年人为对象,照料要求较高而提出的。对于身心较健康的自理老年人和半自理老年人来说,5～9人的护理小组规模则比较浪费照料资源,并不经济且容易形成束缚。例如《上海市养老设施管理和服务基本标准》规定,护理员与老年人的照料比例中,专护为2.5∶1—1.5∶1,而三级护理则为10∶1—5∶1,二者相差数倍。

首先,从生活与护理的视点来看,以一个护理小组配备2～3个护理员来说,不同身心机能老年人需要的护理人数不同,因此护理单元与生活单元的规模关系

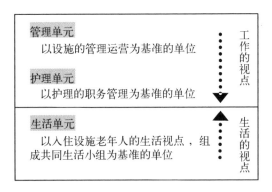

图7-1 单元的规模的组建视点

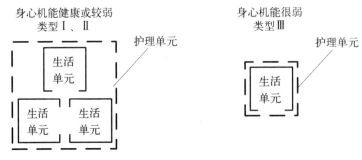

图7-2 不同身心机能老年人的护理与生活单元关系

显得尤为重要。身心机能很弱的依赖老年人单元规模则以"护理单元=生活单元=6～15人"为佳,身心机能健康或较弱老年人可适当"护理单元=N×生活单元=N×(6～15人)(N>1)"为佳(图7-2)。

其次,从管理的视点来看,许多护理单元的规模都是依据设施的管理模式、护理人员的护理模式而设计的。护理员的工作安排方式依然采取传统医学模式的护理轮班,有白班、夜班之分。工作人员的安排也有一定的规范要求,一般情况下,每生活单元安排2～3个护理员,所有生活单元安排1个总护理长。由于为了适应时间上的工作量变化及工作安排上的便利,经常可以看到这样的情景,即早晨及白班时照料比为15:1,而到了晚上则可能为30:1～60:1。因此护理单元的规模设计还要与管理模式、护理模式的周期相结合,使其白天能按照小型单元的模式运营,晚间则可以相互联合成大型的单元组合,接受中央护理站的监督管理(图7-3)。

因此,根据上述对老年人生活集团与护理集团规模关系的分析,研究认为有将护理单元与生活单元协调统一的必要性,即护理单元=N×生活单元(N≥1),如图7-4。这种方式缩小了生活单元规模,又有一定的适应性,既可以适应不同身心机能老年人对照料需求的变化,又适应照料制度的白、夜班轮转制度。在具体操作上,每

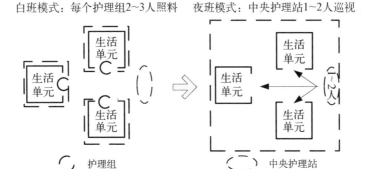

图7-3　白班与夜班的照料比变化

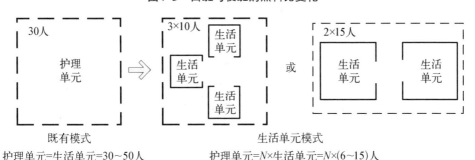

图7-4　可调整的生活与护理单元关系

个单位的规模应基于老年人的属性与状况、建筑物的空间条件、照料方式等而定,例如30人的设施可以是3个生活单元(每一单位10人),也可以是两个单位(每一单位15人),这种调整可以配合硬件条件加以设计。

7.1.1.2 生活单元的空间构建

目前中国社会养老设施的空间形态主要参照宾馆或是医院的平面来组织空间布局,将公共空间(活动室、谈话角落)和辅助区域(护理室、浴室、水房)相对集中设置于一个楼层(W、Y设施)或是居于每个单元的中央位置(H设施)。各个设施均以楼层为单位,一个楼层即为一护理单元,同时也兼作生活单元,每层居住者的数量差异也比较大,从30人到60人不等,有的大型设施还通过加床等方式允许更多数量的入住老年人。

各层的平面设计也主要是基于提高护理效率、便于管理,将护理站放在中央位置,四周环以各种活动及辅助空间(公共空间、浴室、餐厅等),抑或将休闲活动室位于走廊的尽端,各个居室通过走廊相联系。这些模式的平面形态选择反映了护理效率的要求,即从护理站或公共空间到达居室的距离尽量短,以减少工作人员的移动距离。同时简单、紧凑的平面设计方便工作人员的护理工作与对老年人的监视。但是这种大规模的、以楼层为单位的集中式空间结构显然不适合小规模6~15人的生活单元的构建需求。因此,为构建生活单元,有必要将大空间小规模化。

1. 大空间小规模化

小规模化的生活单元,其空间也应该小规模化。因此,有必要将大的空间分散到小的生活单元之中,即将几十人共用的大空间,如公共活动空间(活动室、谈话角落)和辅助空间(护理室、浴室、水房)分散成数个灵活的、少数人共用的小空间中(图7-5)。小尺度的空间规模,更易创造富有居家感的空间氛围,能够更好地减弱空间的设施感。此道理同多元有机的空间领域层级异曲同工。

2. 组团式的单元组合空间结构

笔者提倡的6~15人的小规模化的生活单元,若以整个楼层作为一个生活单

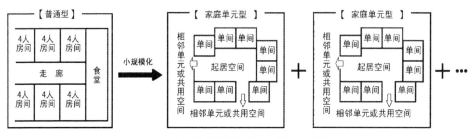

图7-5 大的空间分散到小的生活单元之中

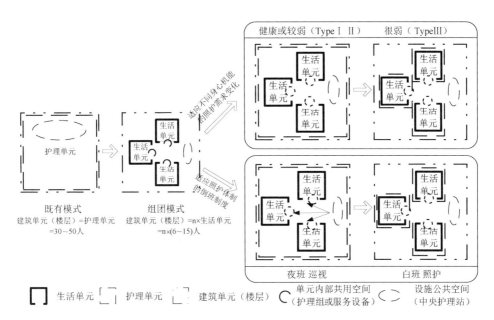

图7-6　组团式生活单元的空间结构图示

位的空间组织方式,首先是每层的建筑面积较小,相应需要的层数较多,不适宜老年建筑尽量较低层数的规范要求;其次是调查研究所发现老年人不愿离开自己所居住的楼层活动,小面积的楼层面积更容易限制老年人的活动范围;另外,人力成本和设备有些需要几个单元共用,同层会更加经济。

　　基于这些考虑,本书提出以"组团"的设计概念运用于设施空间结构的规划上,具体落实为中型、大型规模的设施将一个楼层分为数个生活单元,护理单元则根据入住老年人的身心机能水平适当调配,一般护理单元=$N \times$ 生活单元($N \geqslant 1$),实现建筑单元(楼层)、生活单元、护理单元、管理单元的融合,建筑形态表现为组团式生活单元设计模式(图7-6)。

7.1.1.3　生活单元的照料服务

　　完善的空间规划会带动良好的照料工作及照料质量,单纯地将设施区隔为小团体的方法并非"生活单元"的目的,实质的"生活单元"更着重于照料方式与过程。"生活单元"仅在形式上将老人分为数个小团体或是将照料制度改进为小组照料与责任照料的制度,并不一定就会实现"个别照料"及"陪伴照料"的目标,更重要的是照料的内涵。以更加人性化、居家化、家庭化的生活尺度实施照料,必须结合护理员的意识、服务态度、理念等软件服务(software),与生活环境即建筑空间设备等硬件建设(hardware)方面的"组团式生活单元结构"相配合。

1. 照料制度的改变——实现个人照料

现阶段中国老年人的照料追求的是效率化的"功能照料制度[1]",以节省照料的人力、时间为首要目标。一个护理员可能在一个小时之内帮数十人换尿布,为了争取工作时间很少有时间与老人交谈,或是老人排排坐等待用餐或点心等情景是经常可见的,甚至有些设施的浴室设有出入口,老人从脱衣服、冲洗到穿衣服,是由不同的护理员分段完成,照料方式犹如工厂的机械化作业,老人犹如被放在工厂输送带上的加工品一般。纵然工作效率是很重要的,但是少了体贴温馨就很难达到照料理念,陪伴老人、分享他们的喜怒哀乐是照料的基本原则,但这在过去的设施中并未受到重视。

"分组照料制度[2]"正是日本、中国香港等国家和地区从效率化照料中反省出发而来的照料理念,这种模式下护理员和老年人的关系相对稳定,老年人有一定的归属感,缺点就是对老年人仍缺乏整体、连贯的护理。欧美国家则采用更进一步"责任照料制度[3]",它使护理员责任感增强,积极性提高。老年人有"我的护理员"的归属感、安全感、满意度提高,另外加强了病人身心的整体护理,护理质量明显提高。

根据中国养老设施的发展状况及老年照料行为的自身特点,并适应"生活单元"的居住设施发展方向,养老设施应该逐渐由功能照料模式向分组照料和责任照料相结合的模式发展。对于中国目前的照料水平和护理人员的素质而言,很多养老设施已经开展了以功能照料与责任照料相结合的照料护理制度(如Y设施),建议逐步过渡到小组照料与责任照料相结合的照料护理制度,这是一种符合国情又可以体现高效人性化的理想制度。

2. 照料质量的提高——实现陪伴照料

生活单元的目的是让养老设施从"治疗、照料的场所"再次回归到"生活的场所",这就需要老年人在熟悉、放松、充满家庭氛围的环境中生活,并激发其自理生活的潜能。因此,对老年人的照料,就从原来意义的生活照料改变成"陪伴照料"。每位入住老年人和其他老年人、护理员之间建构良好的人际互动关系,塑造家庭般的气氛,并让每位老年人都发现其存在的意义与价值,扮演积极具有正面意义的角色。

"生活单元"内的护理员应认知到自己是"共同生活者"而非"服务者",从"生活协助"的立场出发来协助老人进行各项活动。护理员应扮演老人家人的角色,充

---

[1] 护理员按护理工作中的环节进行分工,不面对固定老年人。与这种护理模式相对应一个护理单元设一个护理站,由总护理长统筹安排分配工作。我国比较多见的功能护理,分管的工作较为熟练,效率高,但对老年人缺乏整体、连贯的了解,忽视心理护理,老年人没有责任护理员,护理质量不高。
[2] 即将40床位的老年人分为两个组,每组20名老年人,由3~4名护理员组成的护理组负责。
[3] 指导病人的生活、心理、社会等需求视为一个整体,连续性是指病人从入院到出院、一天24小时由一名责任护士负责全面的活动安排,并负责与其他照料人员沟通协调。

分了解老人的生活习惯及喜怒哀乐等,留意老人入住设施前后的生活连续性,充分掌握每位老人的个性、身心状况、生活历程及生活习惯等,密切支持老人的日常生活活动。

3. 照料服务的原则——实现家庭照料

家庭氛围的营造:每个"家庭"(生活单元)可有自己的名称、装饰、制度、管理方式等等,由每个家庭成员——老年人与护理员共同制定、建设,以形成自主的、个性化的家庭氛围。护理员的休息空间可以就在单元之中,甚至只是单元的一隅或与老年人共用,这样也促进了护理员作为"家庭"生活中的一员的认同感。如果护理员不穿制服,而穿居家服,就能更好地实现其"家人"的角色。

灵活的节奏和模式:每个"家庭"(生活单元)内可以有灵活的作息时间与活动安排,取代淘汰刻板强制性的时间表,同时设立灵活的就餐模式,从而形成一个非制度化的环境。居家情景的营造模式需要提供一种与老年人的需要和行为相一致却并非强迫性的环境,不能强迫老年人彻底地改变长久以来的日常生活方式。特别是失能、失智的老年人,其个人需求相差较大、适应能力较差,更应该灵活地区别对待(调查中类型Ⅲ的老年人无法遵循设施的作息时间表)。

管理与权责:应该结合不同生活单元的细化,根据生活单元的不同来安排护理人员,以此建立护理人员与老年人之间的亲密关系,形成老年人心目中"自己人"的角色以辅助老年人对生活环境的场所感确立。设施服务很多方面虽然有专业性的要求,但不宜过分强调这种专人专职的角色,对于一般的照料行为,可以通过小组织网络管理即每个家庭自主管理的方法来提供。

养老设施的组团式生活单元形态要求新的照料护理制度,从传统的大规模的、整齐划一管理的集团式"功能照料制度",转换成小规模的、以老年人为主体的、尊重老年人生活步调的"责任制照料制度"和"分组照料模式"相结合的个人照料。照料理念上老年设施内的护理工作要求关心老年人的生活、心理的整体式护理,要求护理员最大可能接近、熟悉老年人。护理员与老年人的关系从"护理者与被护理者"的垂直关系,转换成"共同一起生活者"的水平关系,真正成为设施内的"家"。

7.1.2　建立多元有机的空间层级

7.1.2.1　以"生活空间"的视点建立空间层级

设施整体的空间构成大多依照功能予以分类,然则之于入住者,此种功能性的分类难于体会到设施空间的意义,以走廊的位置为例,设于房间前面与设在大门入口前的意义就大相异趣。领域等级的建立可以使研究者以建筑学理论为出发点,明辨老年人生活的层次性,创造比传统空间更为亲密的空间体验。

1.建立空间的领域层级

建立有序的室内外空间等级体现在居住环境上,就是将居住环境中的所有地区、空间都划分为不同的空间等级层次,每个部分都有明确的服务对象,并具有明显的领域"入口"和"边界",形成不同的领域层次。不同层次的空间组合进一步形成空间序列,通过空间序列层层深入,形成多道空间防线,使居住环境的安全性得以保证和加强。

人具有要求界定其自身生活、活动空间范围的本能,可称之为领域感;建筑因私密性而能创造领域感,其存在令人可保持自我的个性而不受他人的影响。如图7-7的左侧是表述传统养老设施(调查的三家设施)的"居室与共用空间的关系"的模式图。各居室沿着直线的走廊一列并排排列的平面构成,彼此以长走廊相接,间隙空间只可作为移动空间,可推测共用居住者之间不易形成良好之相互关系,因居室外的空间贫瘠,若仅为长走廊,很难促成入住者之间的自发交流。虽然在走廊的端部或中间设置大的空间,作为开展设施活动或自由集会之所,然则每个居室均彼此封闭,其结果是陷入一种两极化的生活。若像右侧此种的空间构成,数个居室间首先共有如谈话角落、起居室等共用空间(中间领域),以此共用空间作为介质,联系公共性更高一级的公共空间。这样入住者首先容易和邻近居室的入住者形成良好的关系,并且在这样的空间里,容易培养自然发生的交流,获得可安心度过的场所。以此为基础,便可进一步在大的人际圈中形成良好的关系。

由调查得知,三家设施的空间领域层级皆缺乏复合品质(参见第4.1节)。本研究认为应在设施中明确空间层级与领域,使得在居住设施中建立起一种社会结构以及相应和的空间层次(图7-8)。最终形成从私密到具较强公共性的过渡,兼以小空间到大空间的过渡。使设施空间维护入住老年人的隐私,满足老年人生理、认知和审美的需要,进而在养老设施中形成一种更强的安全感和归属感。

设施空间的各空间领域之间应该是多元的、连续的、有层次的"生活空间",缺乏联系与过渡的空间层级设计不利于老年人在各个空间领域间的转换与利用,容易限定老年人活动领域的拓展,而模糊的空间层级设计则使"个人的"或"集体的(单

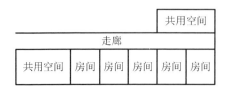

图7-7 空间领域层级的重要性[1]

---

[1] 这只是空间领域层次的概念图,实际的建筑平面布局并非如此。

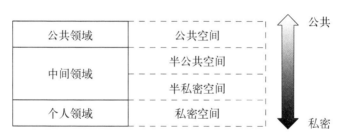

图 7-8　建立空间的领域层级

元的)"空间易被别人所侵犯、缺乏安全感。单元共用空间是老年人最近身的共用空间,是设施内重要的空间领域,适宜规模及开放度的单元空间设置,有助于老年人把单元共用空间视为自己居住环境的组成部分,在居室外形成亲密和熟悉的空间,使老年人间能更好地相互了解,加强对共用空间的集体责任感,进而提高老年人对单元这个共同的"家"的认同感和归属感。

2. 空间各领域层级的特征

设施的各个空间领域不同的空间特性,对于老年人有不同的空间意义。私密领域的居室是老年人在设施内最基本的立身之所,针对类型Ⅲ组群应多考虑床位及其周边的设计,在有限空间内满足多样需求。而居室共用空间的设计要尽可能为类型Ⅰ、Ⅱ老年人提供相对充裕的娱乐休闲空间。中间领域作为老年人居室外的最主要的利用空间,在考虑类型Ⅰ、Ⅱ老年人基本生活起居、娱乐社交需求的同时,也要促进类型Ⅲ老年人的利用。公共领域的各个活动室在空间位置、场所机能(活动支撑)等设计上要结合老年人属性和管理照料制度的特点,促进各组群别老年人日常生活的拓展。而后勤管理服务空间利用率低,应紧凑经济,避免浪费。

并且,领域性不仅是空间层级的一个概念,更是一种社会化的产物,领域空间的使用对象除有规定性的因素外,还有约定俗成的成分。入住者在设施空间中不仅要确立各自所要求的领域,而且还通过各自的行为对设施的各空间领域条件做出自己的解释,这种解释为入住者的领域控制程度及活动范围提供相应的框架,实现适当的控制。如H设施的各个活动室,虽然明确为全体设施老年人使用,但因其所处各个楼层单元内,使得很少被楼层以外的入住老年人使用。空间领域性质由公共领域变成了半公共领域,使得其他楼层的老年人无法更好地利用资源,亦即入住者是根据具体的场所来决定设施各空间的领域控制权的。

所以在设施的空间层级设计时应充分考虑到入住者的属性特征、设施的照料制度等多种因素,使得空间层级的设计符合入住者的领域行为特征。各层次的领域空间都应有明确的使用对象,一定范围内的老人在心理上会把这些场所看作是自己的,他们有权利使用,同时也有义务维护它们。环境行为学研究表明,领域空间对集体内聚力的形成至关重要,而集体内聚力又是场所得以维护、邻里关系得以和谐的基础;集体内聚力反过来加强养老设施空间领域感,能够激发入住老年人对设施空间的影响,促使入住老年人有效地参与设施设计与改造。

各空间领域层级的特征很大程度上取决于空间使用者在这一范围内的陈设和布置,更决定于人与环境互动的行为场景。赫曼·赫茨伯格认为,不论在什么地方,当个人或群体有机会按他们的兴趣,并且仅仅是间接地按照其他人的意志使用公共空间的时候,这一空间的公共性就会通过这种使用被正式地确认。居民像使用私密空间一样使用公共空间,加强了使用者对这一空间的领域主张,那么就形成了设施的领域性,增强了老年人对设施的领域感。

总之,设施内应建立多元的领域层级,具体的构建应从个人空间的保障、丰富的中间领域、开放的公共空间三个方面着手。

7.1.2.2 个人空间的保障

老年人害怕孤独,因此在不断创造机会加强老年人与他人、与社会的交往之外,还应充分尊重入住老年人生活的隐私。老年人的生活空间中应有自己的支配权,尊重老年人的个人活动,防止老年人的个人生活过分暴露在他人面前。

从选择和支配的观点来看,隐私就是具有可以按照个人意愿的选择与外界接触或是遮断的自由,私密性是指个人对环境的支配控制权。因此个人领域的保障包括两个方面,即对于个人空间的需求和个人独处空间的需要。个人空间是每个正常人所需要的,因为只有在个人空间里,不受他人干扰,人才会感到自由和轻松。因此,居室中应为老年人设计单独的休息、聚会空间,以避免合居的老年人因习惯爱好不同而引起摩擦。而个人独处最重要的特征是个人在需要时有获得它的自由,即当老年人希望与别人相处或希望个人独处时,环境能为老年人提供选择的自由。在个人空间及个人独处空间的设计上应注意如下三点:

1. 个人物品的重要作用

居室内的物品:个人物品的摆放证明了入住者对空间或者家具的占有和使用,老年人通过物品在居室内建立起个人领域,联系过去,展示自我,与居住环境进行互动。功能性物品对个人领域边界的限定作用强于观赏性物品,而观赏性物品对老年人的心理慰藉起着重要的作用,对老人的心理健康有着许多好处。居室外的物品:是入住者向他人表示周围空间被占有的宣言,同时也是向其他人传达自己的个性、促进人和人的交流、滋生对地域的自豪和爱的方式;居室外物品在某些条件下也是作为集团的归属感高的媒介物,通过它可以促进共有领域的形成(参见第4.3.3节物品的意义)。

因此,应允许老人带入原居住环境的家具和物品,在房间内放置带有个人属性的物品。在三家设施中,出于管理的需要,老人在进入设施时,不鼓励带入自己的家具和物品。在个人房间内,也不允许在墙上挂字画、时钟等物品,"家"的感觉相对减少。

以前用过的物品、喜好的装饰、生活习惯等等,这些都是老年人记忆的情感要素,特别是如照片、纪念品等物品对老年人具有特殊的意义,有利于老年人维持生活的连续性,适应设施内的生活。设施应鼓励老年人将自己的家具、物品

图7-9　日本某设施中老人从家中带入房间的家具、装饰品及照片

带入护理院,居室内部延续老年人在家中的家具布置、装修风格,减少环境转换带给老年人的冲击(图7-9)。

2. 确保个人居室空间

从选择和支配的观点来看,隐私就是具有可以按照个人意愿的选择与外界接触或是遮断的自由,即个人对环境的支配控制权。它是每个正常人所需要的,因为只有在个人领域里,人才会感到自由和轻松,不受他人干扰。居室是入住者在设施内最基本的立身之所,清楚的居室床位领域空间的划分及赋予入住者对床位空间进行个人化布置的权利,有助于个人隐私的调节。并且,老年人的生活空间中应有他们自己的支配权,尊重老年人的个人活动,防止老年人的个人生活过分暴露在他人面前,避免合居的老年人因习惯爱好不同而引起摩擦。

因此,应充分重视居室的私密性,尽量建立能够充分保证隐私的单人间。在双人间及多人间的情况,个人床位私密空间应与会客区的半私密空间有分界。最好能保证居室与户外环境有比较直接的联系,这样能够减弱设施的整体性,塑造亲切的空间感受。

3. 创造个人独处的空间

在室内空间的设计等方面,为了在设施中能够像自己家里那样保持日常生活的连续性,以保证形成家的感觉,要注意以住宅的尺度来进行空间设计,注重居住性的设计,保证个人隐私,确保个人隐私。可以采用以下几种方法来创造个人独处的空间:(1)个人独处空间首先与空间的封闭感有关,因此营造独处空间首先要给人们以一定的遮蔽,可供人安静独处。(2)建筑角落、转角等空间的处理。空间中的阴角一般使人感觉安定,是容易形成私密空间的地方,对这些地方应该精心设计和处理。适当地设置一些休息设施,就可以成为吸引人的去处。(3)空间形式的变化。个人独处空间的体现不一定是完全封闭的形式,通过地面材质的变化造成空间形式的变

化,从而分离出一块独特的"领域"。

7.1.2.3　丰富的中间领域

在老年人建筑内环境空间中,尤其要注意的是中间领域——半私密、半公共空间的营造。中间领域的设置,可以使公共空间不受私密空间的妨碍,亦不干扰私密空间,并使一些私密生活可以在中间领域空间中进行,从而使人既能保持一定的私密性又能有效地控制公共空间(参见第4.4.3节居室共用空间的意义)。

1. 个人空间与中间领域的柔性关系

可操控的门:居室与共用空间之间作为空间间隔的器具的设置,即是门。对于门,这里提出了对个人领域的可"操控"的设计思路。操控,即是表示可以主动调整与环境内各种要素之间的关系。推拉门[1]、半截门[2]、带窗门或是门帘等,采用的是可依据入住者自己的需要对居室内外的关系进行操控的设计。不仅居室内的人可以感受到室外的氛围,而且居室外的人也可以看到或听到居室内的情景,实现了在入口前进行的沟通。具有居室内的人与居室外的人可相互交流的社会意义。

暗示:暗示指入住者通过摆放在居室门前、通道旁窗台上的盆栽或小饰物,有意在居室外装饰、表现自己的一种行为(小林,1992)。在居室门前摆放盆栽或装饰物,使居室中的生活情景或气息更加浓郁,这些暗示的物品不仅表明了入住者的爱好、个性,还具有提供近邻交流的契机,促进近邻间相互交流的作用。"暗示"表现了入住者对走廊等共用空间个人领域化的一种指标。换言之,入住者在潜意识中感到

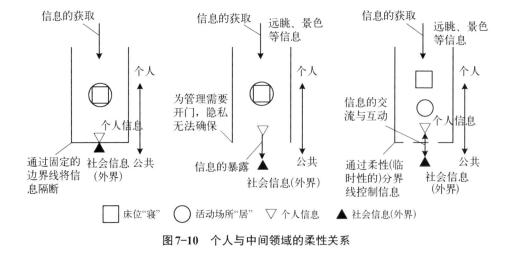

图7-10　个人与中间领域的柔性关系

[1] 推拉门,入住者可以根据自己需要来操控推拉门的开启状态,全打开、关闭或是半开。
[2] 半截门,将门扇上下分开的分体门,可以只将门的上半部分打开。

自己居室前的走廊属于个人领域,通过装饰物的暗示,可以使自己居室向外界开放的同时,也形成了一种除自己以外其他人不便随意踏入的氛围,具有控制室内与外部信息互通的作用。

如图7-10所示既有设施中,当关门时(H设施住户习惯关门),居室与外界是没有直接联系的世界;当开门时(W、Y设施管理方希望开门方便照护),居室内的隐私完全暴露于外界。而当居室与共用空间之间连结点用可操控的门、"暗示"等的设计,改变了原本的只有开或关的两种选择,而是形成了居室对共用空间的非封闭的、柔性分界线。居室中的老年人既可以在室内活动的同时感受室外的氛围、聆听室外人们的谈话声,还可以清楚地看到室外近处人的音容笑貌,可直接或间接与外部保持联系。这种柔性的联系,是在开放式的居室形式、入住者的生活行为与意识等相互渗透的关系中产生的。

2. 中间领域的营造

中间领域——是一种既非完全私密,又非完全公共的过渡区,常常能起到承转接连的作用,使人感到出入方便、自在,在公共与私密空间活动时生理上和心理上都更加轻松自如,极大地有助于人们投入或保持与公共空间生活和活动的密切接触,使人既能寻求与其他人的接触,又能在需要时退到属于自己的私密空间。中间领域丰富的设施空间可以增加老人间的相互交往,从空间上促进老人产生一定的归属感,对老人的心理,安全等方面都有益处。

多元活动空间:多元就是要考虑到老人的层次性,不同的老人群体有着不同的交往需要,从而要有不同的空间实体相对应,功能复合以同时满足多样的交往需求。将设施公共活动室的部分功能分散入单元内,形成小单元共享的活动厅。生活单元内的活动厅可以提供:为游戏、打牌或集体活动提供非正式的空间(可以仅是一套桌椅);为组团讨论、观看电视等活动准备的舒适空间;为小型聚会(生日/节日)或聚餐准备的空间(可以兼做餐厅);为入住者及家属或访客准备的私密的、安静的会见空间。

居室前空间(谈话角落):居室前空间可以采取两种方式,一种是位于居室入口附近,联系私密的居室与半私密的共用空间。如图7-11是国外某养老设施中居室门与公共走廊联系的门廊空间,它是走廊的一部分,对其他经过的老人而言该空间是可以进入的,但同时它又属于该卧室的主人。

一种是位于居室外部,沟通私密的领域与公共领域之间的交通空间或角落空间。这些半私密领域在保证居室隐私的同时,能为入住者提供个人独处的角落及小范围的亲密社交的角落场所。如图7-12为日本某设施内一个老年人在半私密角落一个人看着电视,通过扩大了化的走廊设计,形成一个较为私密、亲切的个人独处及小集体活动的空间。

图7-11 融入居家情景的走廊改造   图7-12 扩大的走廊形成角落空间

7.1.2.4 开放的公共空间

公共空间的设置致力于鼓励入住者参与各项日常活动,创造使入住者感到像在社区一样的自在,并乐于使用公共空间的氛围。养老设施应避免学校宿舍那样在过道两面排列房间,宜将一系列各有其特性和使用机能的房间相互连接,以鼓励老年人们彼此接触、融合,从而创造完整的社区,强调社区邻里亲情,减少孤独寂寞感觉。设施中的大堂、俱乐部房间、餐厅、商店、门诊等,都可以丰富空间的设计。

公共空间一般为整个设施的老人所共享,其设计应该促进功能的综合性和多样性,满足老人活动的时空重叠性要求,设置较丰富的服务活动设施。在空间的处理上,要注意对周围空间场所的吸引和渗透,还可以建立具有意向性的标志物,创造空间场所文化韵味,增强老人的地域认同感。

1. 公共空间的社会化

外部公共空间的社会化:在现代社会中在处处强调人性化的背景下,养老设施已经不能处于自我封闭的状态,经营模式、服务理念的更新已经不允许"集中营式"、"城堡型"、"封闭围合大墙式"养老设施的出现。公共空间不仅对设施内开放,而且对所在社区和社会开放。设施要在功能上融合于地域社区,最好能设立日间活动中心、对外开放的老年食堂、居家服务据点,或与幼儿日间照顾[1]设施合用。对地域的老年人与居民提供各项服务,将设施内部资源如部分公共空间及设备对外开放,与社区居民共享。

内部公共空间的社会化:设施除了要营造温馨、舒适的气氛以及提供适当的自由度外,展现一种开放的理念非常重要。设施要非常重视入口及前厅的设计,并且要强调这些空间给老人和来访者所带来的轻松、友善、欢迎的气氛。设置咨询台和相应

---

[1] Gillian(2002)提出将幼儿日间照顾空间纳入机构中,并安排绘画、说故事等活动促进老年人与幼童之互动。本书的W设施与幼儿园邻近,多数老年人都觉得看到儿童在游戏、做操很开心。

图7-13　开放、社会化的公共空间——设施内的"街道"

的接待空间,引入美发、咖啡、礼品店、书店等商业空间,这些公共服务使养老设施公共空间具有明显的社会开放性特征,形成设施内的"社区广场"或"街道"。图7-13为美国康涅狄格州新伽南的瓦夫内老年人中心里为老年人设计的"街道"内景。

2.公共空间的营造

要实现公共空间的社会化、开放化,具体设计手法上应从如下考虑:

实现功能复合:为了满足老人的活动和交往需求,公共空间的空间布局和空间尺度,以及健身运动设施和文化娱乐设施等都应该促进老人活动的聚集,满足功能复合的要求。由于交往活动具有"自我强化"的作用,复合的功能设置能诱导多样化活动的发生和相互影响启迪,对建立和睦的设施内交往关系非常重要。要合理配置公共空间,优化资源利用。活动空间和交流空间,采取弹性设计方法。例如乒乓球室、台球室等运动空间可以采用公共模数化设计,根据使用要求布置设备。棋牌室、阅览室和茶室等活动空间也可以合并设置。这样的空间配置不仅方便老年人使用,还能够缩短流线,节约造价。

可达性与方便性:将设施在整体上由一个集中式的公共空间适当分散为几个公共空间,缩短服务半径,减少流线长度。如根据老人的自理情况,分级设置就餐空间,集中使用的大餐厅面积可以适当减小,专供自理老人使用。对于不能自理的老年人,可以把就餐空间设入居室。在设计公共空间流线时要避免出现竖向分区,减少水平流线与竖向流线过长的问题。

加强公共空间的边角处理:人们倾向于在公共空间的开阔区域进行活动,但也不能忽略一些零碎的边角空间,因为这些空间往往是人们休息、聊天或者观看开阔区域人们活动的好地方,因此增加边角空间的吸引力是非常必要的,可以设置一些隐形的座凳或趣味小雕塑等,加强空间的吸引力。

具有地域特色:公共空间的设计应该具有地域性特色和文化内涵。地域性特色和文化内涵容易让老人产生认同感,能够很好地吸引人群活动,创造良好的活动氛围和促进交往行为的发生,最终形成良好的情景交往。

7.1.3　构建灵活适应的空间形态

第6章"适应老化"的设施设计理念对于设施的空间形态提出了更高的要求,它包括交往性的空间、支持性的空间、适应性的空间。这三种空间形态的设计要点在具体的社会养老设施环境设计中有着不同的应用范围,并且是相互交叉应用。

交往性的空间应该贯彻于整个建筑环境之中,为所有的老年人(特别是身心机能较强的类型Ⅰ、Ⅱ老年人)提供更好的促进交往的空间环境,以维持老年人的活力与社会性。而随着老年人身心机能的衰弱,高龄、失能、失智的老年人(类型Ⅱ、Ⅲ老年人)需要设施提供更多的支持与援助,这就需要设施提供更多的支持援助的空间,以适应老年人机体与认知等方面衰退而产生的环境需求。另外,还应该充分应用适应可变的空间,为可能出现的老年人身心机能不断老化后的需求变化做好准备。

7.1.3.1　交往性的空间

应重视养老设施中一切可以存在交往可能的空间。由调查可知,设施的空间形态影响着老年人对公共活动空间的利用频度与方式,进而影响着老年人之间的交流互动行为。可达性好、适度开放的、多样机能的空间形态,有利于老年人社交行为的发生。同时,空间的交往性不是单纯地设置娱乐、交往的空间,非娱乐性的空间如走廊、阳台等更易发生社交行为。一些老年人开始做某项活动时,别的老年人就会表现出一种明显的参与倾向,即便只是坐在一旁看别人活动也是一种积极的参与方式(参见第4.2、第4.4节)。

因此,交往性空间设计的要点是提供更多的促进交往的可能:在视觉上、动线联系上具有可达性以及开放的关系性,在空间机能上有更灵活的弹性,动线设计更加灵活有机,使得老年人可以自如地进入或离开感兴趣的空间,参与或旁观别人的活动。

1. 多元化的小空间

在三家设施的调查中发现,老人一般会形成小规模的活动团体。集约的、居住场所选择性少的单元共用空间,容易导致老年人相同的生活模式;与之相反,空间性格不同的复数场所分散配置具有较高的选择性,容易触发自发的聚集形成潜在的人际关系,同时形成的集团的大小、行为内容的变化也更具多样性。

老年人的行为具有很大的灵活性和可变性,行为及交往的发生有随机性。亲切、宜人的尺度是交往空间必备的重要条件。在交往空间中,应该动静兼备,大小空间并存。大空间往往是老年人集体活动时使用,总体而言是不适合老年人非正式交往的。而小空间是老年人平时起居经常占据的场所，小空间更能被视为老年人自己的活动场所。小空间更能让老年人倾谈，减少可能会打断他们思路和谈话的琐事。小空间意味着个人的、安静的、想象的、有诗意和有人情味的。因此，交往空间的设计中应创造各种可用来社交和私交的小空间，以及主题内容不同的、多元化的小空间组合，以满足养老设施中老年人的使用及交往需求。

2. 可达性的空间

空间的可达性是空间环境能够很好使用的先决条件之一，是空间能够吸引老年人前来使用空间的关键。活动空间的可达性直接影响了老年人对活动空间的使用率，进而影响了老年人的交往频度与质量。难以为人们观察到、难以到达的空间环境是无法被人很好使用的，可达性好的空间形态能够促进各个空间场所之间的联系，增加了老年人随时参加活动的机会。空间的可达性包括移动的可达性和视觉的可达性两方面：

首先，移动可达性由空间的位置、流线的长短曲直、空间的联系和过渡等因素决定。在空间设计上，应将主要的活动空间设置在空间的中间部位且置于动线之上，便于各个居室老年人的到达；而各个活动室之间应有便捷的空间联系与过渡，便于老年人在不同的活动室之间转移。其次，视觉的可达性由空间的引导性、开放性和入口的标识性等因素决定。活动室可以通过标志、箭头等有效的标识设计使得空间有较高的引导性与识别性，便于老年人方便地到达活动空间；具有一定视觉可见性的空间设计，也有助于老年人对空间的选择利用。

3. 开放性的空间

开放性的空间形态，可使主体性的、社交性的行为场景更容易发生。开放式设计淡化了空间的内与外的区别，提供了一个可方便进入的场景，使老年人不认为必须有某种行为目的才可以进入该空间，使得空间的利用率更高，行为场景就更加多样化。使得老年人能够自由地、随时地选择进入或离开某个空间场所，观察或参加该空间场所发生的某项活动，进而促进了老年人之间的交流互动。开放性的空间包括三个方面：

首先，主要交通动线与室内活动空间的开放性，可使行走的老年人不用进入活动空间，就可以知道里面发生什么，在室内活动空间的老人也能随时看到过往的人流，看见熟识的面孔便邀请一起参加活动。其次，活动空间之间的开放性，能够加强进行不同活动的老年人之间的交往。通过这种空间的便捷联系以及视觉的可见，老年人在活动时可以看到其他活动的状况，从而决定自己是否参加。再次，室内活动空间与户外活动空间的开放性，使在室内活动的老人了解户外的活动情况，从而受到吸引，决定自己是否去户外参与进去。另外，有的老年人只是想看见户外的活动情况，而不是想真正参与。

4. 多样化的空间

多样性包含两个方面：一是建筑及建筑构成的空间多样化，二是空间场所的人及其活动的多样性。扬·盖尔提出交往活动具有自我强化性，即有活动发生是因为有活动发生，不同的活动之间能够相互启迪与促进。功能多样的空间因具有多种用途、多目的性，增强了环境的吸引力，可以满足不同使用者对空间的需求，进而实现了交往活动的多样化聚集。多样化的空间主要可以从如下两点着手：

首先，空间使用上的时空重叠性。交往活动的空间场所往往具有时空重叠性，某一空间在不同的时段往往为不同的人群所使用。在设计中如果不调查分析人的行为活动特征，而主观地为某一空间环境指定单一的活动内容往往是不妥的。设计中如果注重空间使用的时空重叠性，进行科学合理的设计，就能最大限度发挥空间的使用效率，并满足多样化的使用需求。例如在非就餐时间安排适当的活动在餐厅，可以增强餐厅的使用效率及空间活力。

其次，不同人群活动的互渗。由于交往活动本身是一个"自我强化"的过程，即1+1大于2，有活动发生会促进成倍的其他类型活动的产生。所以空间场所的设计并不是简单地划分地块，而要求使空间的功能复合多样，满足多样化交往活动的需求。具体说就是在老年人活动空间的安排上，不同活动空间在分布上既有所区别，又不截然隔离，具有一定的空间连续性，使不同人群的活动得以相互带动。

5. 丰富的动线设计

动线（交通空间）在设施空间构成的基本单元之间承担着联系的作用。设施中空间联系方式的好坏直接影响了空间的利用率，设施的动线设计应能使老人方便、安全地到达他们经常使用的公共娱乐空间、服务空间等，同时避免老人在交通空间中迷失方向或进入设施管理区。动线设计应从如下三个方面考虑：

首先，要形成丰富、有机的动线设计。交通空间首先应是具有吸引力的生活化空间，单纯交通的作用从一尽端指向目标点的方式显然是消极，需要线状交通空间与不同形状的团状空间相配合。应尽量缩短走廊长度，拓展行走通道，扩大甚至取消其边界，设法打破单调感，使其转化为令人愉快的、供社会活动的开放公共空间。

其次，要为老年人提供更多的"偶遇"机会和场所，扩大社交机遇（图7-14）。在走廊的设计上，要借助走廊提供交往空间，使之能满足老人观赏户外景色和与其别人交往的需要，鼓励老年人从自己的房间里走出来，结交更多的朋友。同时，走廊是人流的交汇点，老年人喜好扎堆儿，并有观赏人来

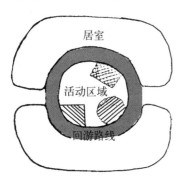

图7-14 提供"偶遇"机会的动
线设计

人往的爱好,这里能够满足老人的这种需要。另外,可以结合走廊空间设置供老年人观赏室内外景观的座椅,同时成为老人交往的角落。

再次,在动线上设置丰富的节点。动线的设计不仅要考虑适合人的行走,还应考虑行人的驻足、休息和交谈等活动的需要。在走廊这一线性空间上串联一些静态的"点"空间(如起居厅、露台等),有利于吸引人在此驻足,变换行为的节奏,从而促成小憩、交谈、游戏等活动,形成具有活力的活动场所。节点的设计宜精不宜多,应结合设施的整体定位进行设计,分别设置供观赏、休憩或游戏的小空间。

7.1.3.2 支持性的空间

由调查得知,随着老年人身心机能的老化,对于环境的依赖性愈强,环境需不断提供挑战和帮助能让老年人锻炼活动能力和独立能力,同时可以消除他们的忧虑以及面对挑战性活动时产生的胆怯。因此,"适应老化"的、支持性的空间设计应以提高老年人自立和自理能力,延长健康期,推迟护理期为目标;以提高老年人的自信心,增进老年人机体活动的愿望和保持独立生活的能力为原则。可以这样理解支持性的空间,即建筑空间环境具有支持性、援助性的同时,也为老年人创造一个具有适当挑战的环境,以维护老年人身体机能、认知能力和社交技能,使得老年人在有效而安全的支持性空间中借助必要的帮助,独立完成具有挑战性的行为,又能愉悦和激励其感官。

1. 支持机能的空间

由于老年人的身心退化,其反应能力、运动能力、判断力等都退化,容易发生意外,因此,支持机能的空间对老年人尤其重要。首先,支持机能的空间要满足建筑的无障碍规范,如中国现行的《建筑无障碍设计》以保证老年人的安全,防止身体受到伤害。同时,也应该提供适当的促进机能延续及康复的空间,使老年人发挥其最大的主动性,不会因环境过分的弥补性而使老年人较好的机能丧失。支持机能的空间可从下面三点考虑:

首先,要提供舒适性的空间环境。舒适性来自空间对老年人点点滴滴的关怀,让老年人感到精神上的宁静和身体上的舒适,适宜的尺度感是空间舒适性的前提。老年人由于代谢机能的降低,身体各部分产生相对的萎缩,最明显的是表现在身高上的矮缩、体能的下降等。如调查中老年人的储藏柜设置偏高或偏低,不利于老年人使用,应提供合适尺度的家具、设备以适应老年人机体老化的需求。如乘轮椅者及卧床者长期在居室生活,应将窗台高度降低至 600 mm,并增加窗台宽度、安装扶手,保证老年人安全需要的同时让老年人可以随意坐在窗台上,尽可能地增进老年人与外界的联系等等。

其次,要提高环境的可移动性。对于老年人尤其是高龄老年人和行动不便的老年人,存在移动障碍,因此设施应为老年人提供最大的可移动性,保证行动有困难的老年人的活动和安全。由调查可知,即便是有电梯,老年人还是愿意在同一层的房间之间走动,不愿到楼上或楼下的房间去,楼层是老年人交往的最大障碍。因此,尤其是老年人的居住单元与他们经常使用的活动空间宜在同一水平面上。活动空间应尽量设置于交通核附近或置于一二层,便于老年人的利用。

设置促进机能延续及康复的空间场所。在老年人以往的生活经验中,烹饪、洗衣、缝纫等是老年人所熟悉的生活作业场所,是居家生活的一部分。因此,有必要在单元内设置简单的厨房、洗衣房等服务间,促进老年人自主的家务行为(如洗碗、洗衣服等),在借由自行动手做的过程,达到维持基本生活,避免身心机能衰退的目的。换言之,必要的家务劳动空间的设置,有延续老年人生活的连续性、促进身体机能的延续、维持既有的生活技能的作用。

2. 支持认知的空间

对于老年人来说,老化带给他们的不仅仅是身体机能的衰退,还包括认知、交流的衰退。支持认知的环境,即环境的易识别性设计,提供多样的、适宜的知觉刺激信号。如果居住环境中没有适当的刺激性,老年人会认为环境十分单调和乏味而与环境产生隔离感。而环境缺乏变化和多样性也会减少老年人对信息质与量的接受程度,因此创造一种能刺激老年人感观和心理状态的环境,使环境更容易被感知。这是弥补老年人感官功能、认知功能受损,提高空间对老年人支持性的有效方法。支持认知的空间主要有三点需要注意:

关注空间的标志与色彩。各种标识标志的形象化、比例适当放大,以图形或动图案取代文字。同一楼层、同一单元的装修、家具色调的统一,利于分辨。老年人个人房间入口的墙面或地面用色彩或肌理变化作标记,可增加老年人对卧室空间认同感,防止他们走错房间。在楼梯及坡道的两端用色彩作明显的暗示作警告,以方便视力不好的老年人,防止他们判断失误而摔倒。

提供适当的刺激和线索信息。以促进老年人保持的认知,避免失智症。提供过去生活的线索,以促进老年人保持的认知,避免失智症。这些环境线索可能包括米饭煮熟的气味、门厅里摆设的鞋架以及表现了熟悉的地域景色的艺术品等,在设施内设置需要付费的咖啡店,对使用钱币的认知。

提供与自然交融的空间。透过多元多样不同香味、颜色花草植物及树木的栽种,能变换四季不同的视觉景观,丰富使用者的美学及生活感觉体验,为入住老年人带来生命成长的刺激与感动。对于不便外出的老年人也可以设计低矮的景观窗,从室内即可眺望到外界景观变化。同时活用屋顶空间,创造一个与大自然连结的屋顶平台,对于身心机能衰退、外出及移动不方便的入住老年人来说是非常可贵的（Y 设施的屋顶平台）。还可以设置温室，即使在恶劣的天气条件下，也能与花草、小鸟、小动物亲密接触。与自然环境的接触有利于老年人身体机能的维持，减轻精神压力。

3. 支持照料的空间

老年人特殊的生理和病理要求以及复杂而特殊的护理特性，对护理员的护理工作提出了更高的要求。特别是对于身心机能较弱的类型 III 老年人，对设施照料的需求更多，对空间环境、照料服务的需求更高，直接影响着老年人的生活质量及对设施的满意度（参见 5.5.2）。支持照料的设施空间对于居住设施的老年人来说，养老设施是其生活的场所。同时，对于护理人员及管理人员来说，养老设施是其 24 小时工作的场所。有必要考虑双方的状况，合理取舍以求得最佳使用效果。支持照料的空间设计主要从如下两点着手：

首先，提供高效的照料空间，将工作人员的工作效率发挥到极致。这主要需要从创造设施紧凑、高效的平面形态，提高护理员的巡行效率，适应设施内倒班制的护理制度等几个方面考虑。例如，同层内设置一个中央护理室以及多个次级的护理站，并将辅助空间（浴室、储藏室）分散在各个次级护理站旁，将护理员的步行距离减至最短。同时，与护理制度相结合，白班按照次级的护理站模式运营，而到夜间则相互联合形成大的护理单元，接受中央护理室的监督管理，等等。

其次，提供开放的护理空间。护理空间不应是与老年人隔绝的、封闭的、绝对不可进入的（Y 设施），而是整合在每个单元公共区域内的居家环境之中（W 设施），布置在单元入口或中间，通过开敞式厨房过渡与老年人活动的餐厅灵活相隔。将护理台作为居住空间的一部分而设计，削弱了老年人被监视的感觉，便于护理员在视线上照顾老年人，增加了老年人和护理员沟通的机会并方便每日活动的参与。同时，减轻护理员因照料需求经常往返护理室的负担。

7.1.3.3　适应性的空间

由调查可知，老年人的生活特征与环境需求随着老年人的身心机能衰退是不断变化的，养老设施的设计应贯穿"适应老化"的理念（参见第 6.2、第 6.3.3 节）。适应性的空间是一种具有自适应性能力的空间，应具有针对性、包容性与可变性，其既能适应现有的外界条件下，不同身心机能老年人的特殊需求，同时也能适应身心机能动态变化的老年人（即由健康老年人到身心衰退的卧床老年人），适应经济、社会、服务等外界条件不断变化的需求。

因此，适应性的空间包括两个方面：一是适应不同身心机能老年人日常生活和环境利用特性、适应老年人不断衰退的身心特征、不断变化的需求。二是适应时代推移导致的需求变化。

1. 满足个体需求的适应性

首先是要适应不同的服务对象。一个设施内接收不同人群,并满足所有人的需求,几乎是不可能的。前节已经叙述了设施宜明确定位,老年人分群而居。因此这种功能定位更应该对应设施具体的空间形态上。针对不同的居住对象,平面布局和设备材料要有适当的选择性;各个不同类型的设施,在功能定位、空间形态上也应有相应的分级措施,以便提供更为实用的空间与服务。

其次要适应身心的衰退变化。在一定的设施类型定位基础上,入住设施老年人还是不可逆转的老化,并且这种老化不是所有老年人同步的,这时就要保证老年人在住惯的设施继续居住,就需要设施的空间具有一定的自适应能力。对应于这样的变化,在设施策划建设初期,就要考虑并明确应对方针。考虑老年人身心衰退过程中的不同需求,利用潜伏设计原理,灵活可变的布局、房间的功能可变,使建筑具有可改造和加设相应设备的可能性,满足老年人随着年龄增长而要求的功能变更,适应居住者身心退化后在居住方式上的变化。特别要指出的是,没有确定用途的空间具有非常的含义。

2. 满足时代推移适应性设计

首先,是设施空间构成要有超前意识,特别是建成后不易更改的老年人居室。目前老年人的经济承受能力普遍较低,加上养老设施供需矛盾突出,所以现实中的一些设施的3人间、4人间、6人间甚至7人间都供不应求。但是随着社会和经济的发展,随着老年人经济承受能力、文化层次的提高,对城市养老设施的要求会逐步提高,特别是在空间独立性、私密性、娱乐性和交往性方面的要求会越来越强烈。参照国外的实践经验,今后养老设施的居室单元应重点发展单人间与双人间。但是考虑到目前老年人的经济状况,近阶段应该发展适合中等收入老年人需求的城市养老设施,所以设施的卧室空间以单人间化的2~4人间(准单人间)为主,适当地配备单人间,适应不同经济和文化层次的老年人的需要,也使老年人有了选择的自由。

其次是要有增建和扩建、改建的可能性,设施空间应像细胞一样具有"可生长性",灵活可变性的布局,适应未来老年人生活方式的发展变化。随着时代的变迁,新一代老年人的文化层次增高、需求多样、个性鲜明,相应地会对设施所能提供的设备、活动的内容和范围以及相应服务有更高的要求。因此新建的养老设施应注意远期发展,留出未来设施发展的余地,要留有预备空以应付将来使用上的变化,为多样化行为预留空间。但决不能如同调查中所看到的(H设施),以阻碍老年人环境行为为代价,将台球室、公共厨房等改造为老年人卧室,那无疑极大地损害了老年人的合法利益。

3. 适应性的设计

养老设施的空间规划设计尽量地灵活、可变,以适应老年人不断变化的需求。

当老年人身心机能老化时,借由所在居室、单元部分空间功能的转变给老年人更好的空间环境支持。

在居室设计上,可以预留安装医疗仪器所需的空间、管道和电源,以便在住客病情恶化、需要强化医护级别时不必搬离居室。而健康时用来做饭、就餐、会客休闲的空间,可以在老化后转为护理员的休息空间或是放置轮椅、坐便椅的空间。居室的类型上,通过可移动墙板或是预留门洞的设计,实现单人间与双人间的转变。

在单元设计上,单元的空间规模、对外的开放程度等可以转变。如通过预留隔断或软隔断(布帘)的设置,可将20人的空间规模转变为两个10人(或三个7人)的小规模空间,由对外开放单元空间转变为相对内敛的单元空间等。另外,各空间场所的机能可变,当身心机能老化时可以根据入住者的实际活动需求布置不同的装饰、家具、设备,提供相应的活动安排以实现空间功能的转变。如由棋牌室转变为视听室,由健身房转变为复健室。

在设施总体功能分区配置上,随着入住老年人身心机能的衰退,公共娱乐的部分活动室可以通过功能转换,改造成为诊疗室、观察室、复健室、理疗室等保健医疗空间。另外,提供预留改造的足够空间,为加装扶手、坡道、电梯等无障碍设施,以及为轮椅使用者保证回旋的余地。

总之,对于灵活可变空间的周到考虑,会为以后潜在的改造节省大笔资金。适应型设施可以避免老年人的环境迁移,将是未来设施发展的主要方向。

7.1.4　"居家情景"与"适应老化"的新型养老设施的设计策略

综合国外先进经验与现状调查可知,笔者认为中国应大力发展组团式生活单元空间结构的养老设施,主要从多元领域层次的空间结构、小规模生活单元的组合、单间(准单间)的居室三个方面构建,实现"居家情景"与"适应老化"的设计理念(表7-1)。这里还将结合笔者的具体设计实践(附件E)进行说明,探讨如何将"组团式新型养老设施"设计理念落实到具体设计实践中。

表7-1　组团式生活单元养老设施的空间模式

行为模式与空间结构模式的比较	既往的养老设施		生活单元的养老设施	
	设施老年人行为模式	以护理单元为基础的空间结构模式	居家老年人行为模式	以生活单元为基础的空间结构模式

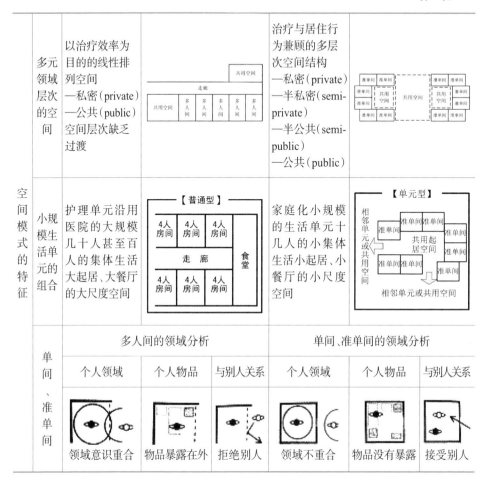

7.1.4.1　多元有机的空间层级

组团式生活单元养老设施的领域层级建立,首先要确保老年人拥有"可控制的个体空间",亦即私密空间;其次为"生活单元入住者所共有的空间",半私密空间;再次是"数个生活单元所共用的组团空间",半公共空间;最后是"设施全体"的公共空间(表7-2)。

养老设施中合理的空间层次组织,能在客观上促进老年人私密性的形成,塑造设施使之具有家庭气氛。个人空间与公共空间的连接采用分级设计,创造多样化、多层次的空间结构。单间、准单间(个人领域)连接房间外的小空间为单元内部老人的进餐娱乐空间,再连接与相邻单元的共用活动空间(中间领域),再拓展为养老设施公共活动部分(公共领域)。

表7-2　组团式生活单元养老设施的领域层级

领域层级		空间场所	使用或控制权	领域行为
个人领域	私密空间	保证私密性的居室（单间、准单间）	老年人个人可自行控制	居室内生活行为：如睡眠、小憩、个人兴趣、视听、排泄等私密性、个人行为
中间领域	半私密空间	每生活单元内的谈话角落、餐厅、活动厅等	各生活单元入住者（6~15人）所共同使用与控制	基本的日常生活行为在单元内均可满足：如餐饮、起居、阅读、视听、下棋、聊天等生活基本行为
	半公共空间	每一楼层内几个单元共用的活动室、走廊等	每一楼层老年人（20~30人）共有使用	超越生活单元的行为拓展：如聊天、交流、复健、会客、接触自然等拓展生活行为与社交行为
公共领域	公共空间	设施公共的餐厅、交谊厅等	全体老年人、职员、访客，乃至社区老年人共同使用	向整个设施、社区拓展行为：如兴趣小组活动、教育培训、购物、社区交流、外出活动等社会性行为

Ⅰ.个人空间：居室是私密性最强的空间，也是老年人的基本生活场所。老年人在这里进行最为私密的睡眠、小憩、排泄等个人行为，可以不必介意他人干扰地进行个人兴趣、视听娱乐等自主性休闲生活。为了保证老年人的隐私，居室应尽量设计为单人间或准单人间。

Ⅱ.半私密空间：居室外的小空间为相邻居室老年人私密聊天的场所，而单元内的餐厅、活动室为生活单元内所有老年人的进餐娱乐空间共用活动空间。老年人在生活单元内可以满足餐饮、起居、娱乐、聊天等基本的日常生活行为。6~15人的小规模家庭营造可使入住者具有某种程度的认同感、创造出亲密的人际关系。

Ⅲ.半公共空间：数个生活单元所共用的组团空间，它为老年人提供了超越生活单元的行为拓展空间。特别是为身心机能较弱、移动吃力的老年人提供了复健、接触自然、交流、会客等拓展生活行为与社交行为的可能性。

Ⅳ.公共空间：设施的公共活动部分以及管理服务部分，它为身心机能较强的老年人提供了更加广阔的行为拓展空间。这里是兴趣爱好相同的老年人一起活动的空间、身心舒适的运动场所、老年大学培训教室、和社区内居民交流活动的场所，这些空间可以对社区开放，让居住于设施的老年人没有封闭感，与社区老年人进行交流。

以上，私密行为—基本生活行为（居家行为）—社交娱乐、社会性行为等形成了老年人的生活行为拓展模式。以老年人的"生活行为"为出发点，以"生活空间"为视角，建立了养老设施内从私密空间—半私密空间—半公共空间—公共空间的空间层次。建筑空间通过分级设计和边界处理，使个人领域和公共领域之间形成舒缓的过渡，形成多种层次。确保了老年人的个人领域，有利于老年人产生"家"的归属感,同时为老年人多样的生活行为的发生提供了更多的可能性。

7.1.4.2 小规模生活单元的组合

在总体功能布局上,采取家庭化小规模生活单元的组合布局方式。用公共走廊将各个生活单元串联起来,同时,沿公共走廊的东侧布置各公共服务功能。这种规划布局在使各个单元获得私密性的同时,也最大化地丰富了公共空间。同时,避免了行列式布局建筑形象单调的弊病,也避免了分散式布局缺乏活跃的公共空间以及流畅的后勤服务流线的缺点。公共部分既是各个单元的联系、服务交通,又是失智症老年人日常生活的拓展空间。设计上创造"社区情景"的室外环境意象,以"街道"(走廊)连接各个服务功能:如社区活动中心(多功能厅)、大餐厅、温室、阅览室、日托中心、康健中心、茶室、娱乐活动室等,再现居家社区生活所包含的各个记忆场景,维持老年人与过去社区生活的连续性。

每个单元收住6～15人的老年人,形成小规模的、家庭氛围的生活环境。每一个生活单元由单间、准单间围绕一个起居厅、餐厅、公共厨房和浴室组成。每两个生活单元又通过单元间的共用空间连接,围合形成院落。再通过公共走廊、电梯与公共空间及管理部门连接。这样的单元组合形式,使每个单元内的居室都有较好的私密性和朝向。而两个单元间的组合设计能够适应不同身心机能老年人对于生活单元规模的变化需求,也能满足照料体制日夜倒班制度的需求;同时两单元间的公共活动空间、游走路径的设计加强了不同彼此的联系与活力,空间和景观节奏变化有序(图7-15)。

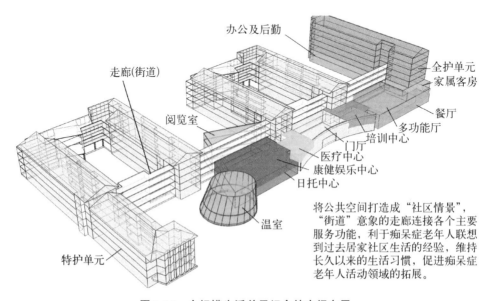

将公共空间打造成"社区情景","街道"意象的走廊连接各个主要服务功能,利于痴呆症老年人联想到过去居家社区生活的经验,维持长久以来的生活习惯,促进痴呆症老年人活动领域的拓展。

图7-15 小规模生活单元组合的空间布局

生活单元的内部细节设计(图7-16)应参照普通住宅的连接方式,由相互关联的活动场所(如吃饭、起居、休闲、盥洗)等多个小尺度的空间连接而成,并且在个人房间前设计如进门入口、走廊端头的休闲空间等半私密空间,确保个人空间的私密性而又不隔断与他人的接触,使每个人都能够自由随意地选择独处或交流。老年人看到一项活动或一个空间,他们就会选择是否参与其中。因此,各个小空间以玻璃或栅栏等柔性分隔,视线上可通透。老年人在单元内,能嗅到餐厅里饭菜香味,听到厨房里锅碗碰撞的声音,听到起居室里闲谈交流的话语等,多样的视觉、听觉、嗅觉刺激利于失智症老年人对空间的认知和使用。通过设计有意义的游走路径,能够有效减少老年人无目的的行为。如把游走限制在相邻两个单元内的走廊之中,使老年人始终在护理员的监控范围之内;巧妙地将不同的活动空间(如起居厅、露台等)穿插在游走路径之中,利于老人辨别方向。走廊尽头设置拥有良好景观的坐席区,一个休息、交流的场所有利于引起游走中老年人的兴趣而停止游走。

(1)玄关——安全与归宿感:提供家庭入口的意象,增强归属感。护理员办公处紧邻玄关,安全、便于管理。

(2)居室——隐私的尊重:准单间的设计,保证老年人的隐私和个人独处的时间。鼓励家具和个人物品的带入,自由布置房间,维持生活的连续性。

(3)起居空间——交流与照料的双向保证:适宜的居家尺度,摆设家庭感强的沙发、茶几、电视等家具电器。与护理站、餐厅柔软连接、视线可达,保证护理员有效的监护。

(4)餐厅——家庭气氛的就餐环境:小规模(6~15人)的就餐环境,并配备更好的居家环境,提供更加亲切的就餐体验。引入小规模的、开敞式的就餐空间以及居家风格的就餐服务。提供紧邻就餐区的开敞式厨房,用以护理员进行简单、安全的电饭锅煲饭、分餐服务,借由煲饭外溢的香气刺激入住者的食欲,增加设施内的生活感。

(5)厨房——简单、安全的配餐:虽有集中厨房送餐到单元内,但在简易的敞开式厨房里进行简单的配餐以及餐前准备,为老年人提供从事简单家务劳动,进行回忆式治疗的机会。

(6)休闲空间——小集团、来访者的亲密接触:作为游走路径的目的地,与游走路径保持视觉的联系,通过家具、艺术品等提供辨认的提示,引导老年人进入区域休息或交流行为。

(7)谈话角落——观察与交流:居室前的谈话角落空间,是私密的居室与公共的走廊的过渡,通过个性化、标志化的装饰来强化个人所属领域,而开放的设计又促进老年人与他人的接触与交流。

■ 生活空间的设计

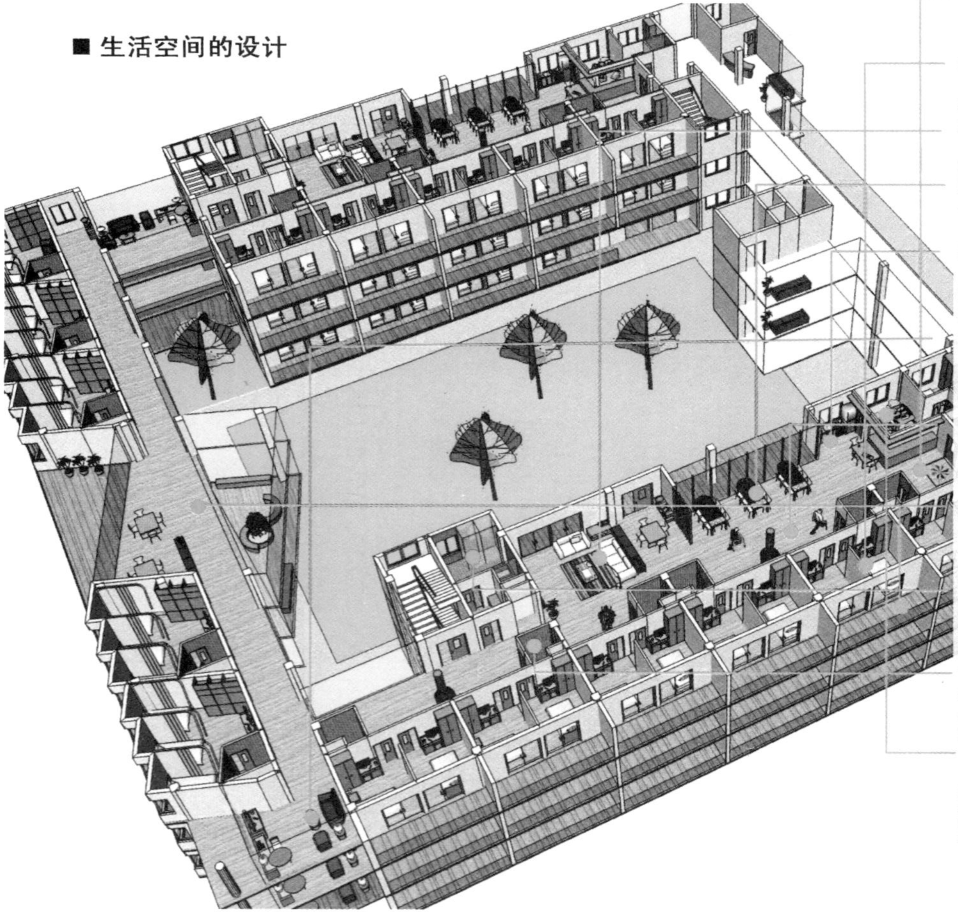

1. 玄关——安全与归宿感

护理员办公处紧邻玄关，安全、便于管理。玄关形成了“家”的入口，有“家”的归宿感。

2. 单人间、单人化房间——隐私的尊重

居室保证了老年人的隐私和个人独处的时间。个人物品的带入，确保了生活的连续性。

3. 起居空间——照料与交流的双向保证

家庭式的起居空间，使老年人的活动在护理员的视线范围内，保证了有效的监护。同时，轻松的环境有利于老人之间、老人与护理员间的交流。

4. 餐厅——家庭氛围的就餐

小尺度的就餐环境，有利于形成亲密的关系。

5. 厨房——简单、安全的配餐

虽有集中厨房送餐到单元内，但在简易的开敞式厨房里进行简单的配餐以及餐前准备，为老年人提供从事简单家务劳动，融入家庭社交活动的机会。

6. 休闲空间——小集团、来访者的亲密接触

家庭式的起居空间，使老年人的活动在护理员的视线范围内，保证了有效的监护。同时，轻松的环境有利于老人间、老人与护理员间的交流。

7. 居室前空间——观察与交流

居室前的半私密空间，是私密的居室与公共的走廊的过渡空间，有利于促进老年人与他人的接触与交流，展开窃密的小范围的交流。

8. 景观平台——与大自然的亲密接触

望向河景的景观大平台，让居于楼上的老年人也能感受一日之中的时间、一年之中的季节变化，与大自然亲密接触。

9. 浴室——可介助的洗浴

小尺度的浴室，尽可能避免多人的集体洗浴，保证老年人的隐私。浴缸两侧留有护理员活动的空间，便于护理、保证安全。

10. 卫生间——容易找到、方便介助

老年人身心衰退中，失禁是护理中最重的负担。卫生间容易被老年人识别、方便到达，有利于维持老年人自立如厕的机能。

11. 护理站——不明显的监视

护理站与老年人起居空间柔软的连接，有利于视线上的照顾。护理员的休息室紧邻护理站，提供护理员休息、私密的会话、社交的场所。同时，也促进了护理员作为“家庭”生活中的一员的认同感。

图7-16　生活单元的设计示例

（8）景观平台——与大自然的亲密接触：适宜的栏杆高度与设计,确保安全。望向河流的景观大平台,让居于楼上的老年人也能感受一日之中的时间、一年之中的季节变化,与大自然亲密接触。

（9）浴室——尊重人格、方便照料：小尺度的浴室,避免多人的集体洗浴,保证老年人的隐私。浴缸两侧留有护理员活动的空间,便于护理、保证安全。

（10）卫生间——容易找到、方便护理：失智症的症状中,失禁是护理负担最重的。卫生间容易被老年人识别、方便到达,利于维持老年人自立如厕的机能。

（11）护理站——不明显的监视：护理站融入住家环境之中,与老年人活动空间保持视线上的联系。护理员的休息室紧邻护理站,提供护理员休息、私密的会话、社交的场所。

7.1.4.3　居室的设计

在设施内拥有个人物品、个人空间,对老年人的自立、自主非常重要。尊重老年人的隐私就要从居室的细节设计入手。多人间老年人的个人生活与个人物品暴露于他人的目光下,没有个人隐私的保护,其领域与他人重合,与他人的关系是拒绝的。而问卷调查也得知老年人渴望个人隐私受到保护,但又怕独自居住的安全性而希望与人同居、彼此关照,绝大多数人选择双人间。因此在老年人可以相互照料的同时,保证老年人的生活空间避免他人穿行与干扰,具有一定私密性的个人化的多人间(即准单人间)设计显得尤为重要。

中国某些设施已经开始借鉴国外的先进经验,设置保护老年人私密性的有形障碍,如床帘、活动隔板、屏风或是改变床的位置等,从某种程度上保证了入住者的隐私。但这种方法只是床位的隐私,并不能完全确保拥有完整的个人空间。同一居室内的不同床位有不同的日照、采光或通风条件等,如靠窗的床位更受欢迎。这就需要在规划设计时尽量落实公平性,维护同类型居室入住者的权益,让每个床位的条件差距不要太大。

单人间、准单人间的设计原则(图7-17)如下：首先,确保拥有个人的床位、衣柜、床头柜等,拥有完整的个人空间,保证老年人的隐私和个人独处的时间。每个人的空间尽可能地均质,窗户、面积、通风等,鼓励家具和个人物品的带入,自由布置房间,维持生活的连续性。其次,要便于护理。护理员巡视时,不开门通过门上的磨砂窗户,就能方便地观察到每个人的情况。再次,尽量地节约面积,减小单人化的多人间与普通多人间的面积差距,使其在经济上具有可行性。最后,灵活可变,有单人间与多人间相互改造的可能性。随着经济水平的变化和老人数目的变化可以将同样的建筑空间适应不同的需求。

采用单间或准单间的设计可确保老年人的私密性和自我尊严,提供不受他人打

南向阳台，观赏景观。

个人隐私的确保，根据护理需求、自身喜好布置家具。

两个共用的无障碍厕所。

居室前的半私密空间，个性化的装饰将便于识别自己的房间，沙发、桌椅的布置便于与他人的交流。

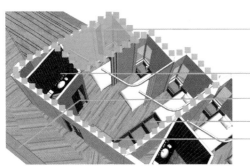

通过隔帘的设置，确保个人隐私。

三人共用的无障碍卫生间。

居室前的靠椅，观察他人，与他人亲密地接触。

足够的储藏空间。

共用的休闲、娱乐空间。

图7-17　单间、准单间的设计示例

扰、属于个人的空间，为自立的生活行为提供必要的空间支持。老年人有了个人所属的空间以后，可以带进自己的家具和物品，自己管理属于自己的一块小环境，从而保持自立的生活方式。

总的来说，准单人间保护个人隐私又方便交流，有一定的经济性和适应性。国外广泛推进的单人间并不适应中国的当前国情和国民性，因此中国当前应大力推荐准单人间的建设，首先是通过家具、床帘等保护隐私，沿着"单人化的准单人间—可改造的准单人间—单人间"的脉络推进。

7.2　连续性的设施类型与体系

7.2.1　定位新型空间模式的设施类型

7.2.1.1　养老设施的类型定位

依据"适宜老化"的养老设施理念，必须对中国的养老设施建筑进行分类与分级。清晰的分类标准，便于明确养老设施的范围，可以更好地对养老设施建筑设计进行定位。养老设施的类型定位可根据老年人的身心机能水平，明确各类设施中需要支持与援助环境的程度,提供差异性的空间居住条件和照料服务。

在前面的调查中,笔者参照调查研究中老年人身心机能水平的划分标准,将养老设施的入住人群分为三类不同的对象:自理老年人、半自理老年人、依赖老年人三个等级。并针对不同的老年人群体的生活行为模式、照料模式、空间使用方式以及空间主观认知等的特征探讨(参见表6-1),可得之不同身心机能老年人的物质空间环境以及管理社会环境的构建需求(参见图6-4)。由调查可知,老年人的身心机能水平影响着自理能力,而自理能力的程度决定着老年人居住空间环境的私密和支持程度,以及向老年人提供服务的方式和程度。

参照第6章的结论和国外的分类标准,对养老设施的分类参考如下三个主要变量:(1)老年人自理能力的差异,(2)老年居住环境空间需求差异,(3)向老年人提供服务方式和程度。如图7-18所示,按照三个变量的差异序列,将养老设施各种类型的差异定位提供比较模型。

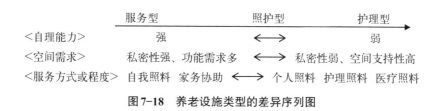

图7-18　养老设施类型的差异序列图

依据上述设施类型的差异性序列,现将三个类型养老设施的服务对象与功能定位如表7-3所示:

表7-3　三个类型养老设施的服务对象与功能

	设施名称	主要服务对象	主要功能组成	备注
1	服务型	生活基本能够自理,健康而有活力的老年人	居住空间(强调生活功能)、生活公共娱乐空间、医护空间、管理空间、服务空间	类型 I
2	照料型	无法独立维持自立的生活需个人照料服务,但尚未到需要持续性医疗、看护服务的老年人	居住空间(融合生活照料)、娱乐康复空间、医护空间、管理空间、服务空间	类型 II
3	护理型	生理或心理有障碍的,需要完备的个人照料服务,以及持续性医疗、看护服务的老年人	居住空间(强调护理功能)、康复活动空间、医护空间、管理空间、服务空间	类型 III

（1）服务型：以自理老年人（类型Ⅰ）为对象，为能够过独立自主的生活的老年人，提供文化娱乐、医疗保健等方面服务的养老设施。

（2）照料型：以半自理老年人（类型Ⅱ）为对象，为无法独立维持自立的生活，需要个人照料服务，但尚未需要持续性医疗、看护服务的老年人，提供生活照料、文化娱乐、医疗保健等方面服务的养老设施。

（3）护理型：以依赖老年人（类型Ⅲ）为对象，为生理或心理有障碍的老年人，提供生活照料、保健康复和精神慰藉等方面服务的专业养护设施。

7.2.1.2　不同类型养老设施的空间模式

根据不同类型养老设施的服务对象与功能定位，下面将对三个类型养老设施的空间模式进行探讨。设施空间由不同空间基本功能分区构成，在不同空间模式中，空间基本功能分区之间位置关系不同。这三类设施空间模式的差别主要体现为空间上各个功能分区的联系方式、各个功能分区的功能用房设置以及设施环境的构建细则三个方面。

在功能分区的联系上（图7-19），服务型设施强调公共娱乐与生活单元的紧密、直接联系，服务空间的部分功能可以分散到生活单元中；医务空间、管理空间、服务空间与生活单元有间接联系；设计的重点是生活单元和公共娱乐空间以及可以诱发老年人相互交往行为的过渡空间。护理型设施的医疗空间与生活单元紧密相连，能够为老年人提供及时的医疗服务；为防止入居老年人在日常活动中发生意外，管理空间与生活单元有直接联系。照料型设施则介于两者之间，生活单元与公共娱乐、保健医疗都有较为直接的联系。

在各个功能分区的用房设置上（表7-4），服务型设施强调公共娱乐空间各个活动室的充实配置满足老年人的休闲娱乐需求，以及生活单元的服务房间设置满足其家务劳动的需要。护理型设施强调医疗空间用房的充实配置，以及生活单元的护理

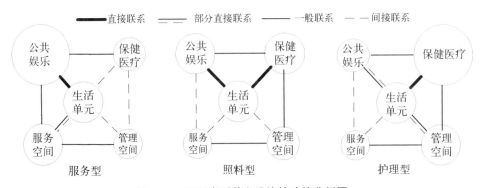

图7-19　不同类型养老设施的功能分析图

功能,对公共娱乐空间的需求则较少。而照料型设施则介于两者之间。

表 7-4　不同类型养老设施的功能用房配置

功 能 房 间			服务型	照料型	护理型	备　　注
生活单元	居室	类型 单人间	◎	○		• 双人间、四人间应保证私密性,并可以灵活分隔
		类型 双人间	●	●	◎	
		类型 四人间内			●	
		起居空间	●	●	●	• 护理型床位可调整
		娱乐空间	●	◎	○	• 灵活、可调整
		会客空间	◎	○		
		卫生/洗浴	●/◎	●/○	●	• 服务型与单元浴室选一
		餐厨空间	◎	○		• 设备宜简易、安全
		储藏空间	●	●	●	
		阳台空间	◎	●	●	
	单元活动空间	餐厅	●	●	●	• 宜开放,可兼活动空间
		活动室(厅)	●	●	●	• 开放、可达性好
		谈话角落	●	●	●	• 分散多个,多样机能
		单元厨房	●	◎	○	• 开放布置,临近餐厅
		单元厕所	●	●	●	• 宜分散布置多个
		单元浴室	◎	●	●	• 特殊浴盆,含更衣室
		单元水房	●	◎	◎	
		护理台	○	◎	●	• 置于一隅,紧邻活动厅
		单元平台	◎	◎	●	
公共娱乐空间	活动室	视听室	●	●	●	• 受欢迎的活动室,可将功能分散到每个单元中,或两三个单元合并设置
		棋牌室	●	●	◎	
		阅读室	●	●	◎	
		手工室	◎	◎	○	
		书画室	◎	◎	○	• 利用较少的,可选择向社区开放 • 活动室功能应在实际使用中灵活调整
		网络室	◎	◎	○	
		音体室	◎	○		

续　表

功能房间		服务型	照料型	护理型	备　注
公共娱乐空间	多功能厅	●/◎	●/◎	●/◎	● 大型、特大型为● ● 可兼作餐厅对外开放
	四季厅	○	◎/○	○	● 严寒、寒冷区为◎
保健医疗空间	健身室	◎	○		● 照料型、护理型可两三个单元合并设置
	复健室		◎	●	
	医务室	◎	●	●	● 基本健康咨询、管理
	理疗室		○	●	
	心理咨询室	◎	◎	◎	● 可与社区医疗合设 ● 可对社区老年人开放 ● 可外包由医疗机构提供
	诊疗室		○	◎	
	观察室		○	◎	
管理空间	门卫	●	●	●	
	值班室	○	○	◎	● 含监控
	办公室	●	●	●	
	会议室	◎/○	◎/○	◎/○	● 大型、特大型为◎
	其他				● 根据需要设置
服务空间	公共厨房	●	●	●	
	洗衣房	◎	●	●	● 含消毒、甩干、烘干等
	其他				● 根据需要设置

注：●为应设置；◎为宜设置；○为可设置。

在设施环境的构建细则上（表7-5），服务型设施提供保持健康促进交往的设施环境，提供较为私密的居室空间、足够充分的室内外公共活动空间，以及丰富多样的设施活动安排和适当的家务协助服务。照料型应提供较为私密的居室空间、促进交往的室内外公共活动空间，以及有助于身心机能康复的设施活动安排和完备的家务协助、适当的个人照料服务。护理型设施提供充分的便于照料服务的居室空间、可达性好的单元公共空间，以及完善的个人照料、护理照料和适当的医疗照料服务，以满足其基本的生活需求。

表7-5　不同类型设施的差异性环境建构

		服 务 型	照 料 型	护 理 型
服务对象		• 生活基本能够自理	• 生活部分能够自理 • 希望得到照料	• 生活不能自理 • 需要依赖他人护理
物质空间环境	居室	• 提供简易梳理台、用餐的空间与设备,会客、兴趣活动空间,可促进社交休闲的便利性 • 睡眠私密空间与会客、简易厨房等半私密空间领域需清楚界定 • 自主携带家具和电器,自主装饰居室、展示个性的权利		• 充实床位空间,提供便盆椅、移动就餐桌等设备 • 床位能看到外部的景观 • 设置半开门、对走廊开窗增加居室与外部的联系 • 护理员休息空间
		• 居室内的空间功能、家具设备等应具有一定的可调节性,使得床位区有相对机动的空间功能		
	单元	• 开放的、流动的、多样的单元共用空间 • 走廊动线上设置多个活动场所(餐厅、谈话角落等),吸引老年人驻足并参与 • 室外阳台、眺望窗等,与户外互动的场所 • 提供报纸、书、电视机等多样的共用娱乐物品 • 提供老年人一个人静处也能有意义度过的场所 • 空间功能具有一定的可调节性,适应老年人的需求变化		
		• 提供家务、厨房等空间需求,应避免过于封闭,可采半穿透性隔间促进使用意愿	• 提供复健空间、职能治疗的怀旧空间与开放厨房、方便护理的洗浴设备等 • 共用空间应设在便于助步器或轮椅到达的地方,并面向外部空间(单元外或室外)	
	设施	• 部分公共空间亦可向社区开放,以促进设施入住老年人与社区的互动 • 优先集中设置保健室(可合并设置健身与复健设备)、图书室、娱乐室等,活动室的设计应考虑后期经营方向,考量公共空间与居住楼层的垂直动线关系,方便服务老人并增加安全感可提高使用意愿		
		• 具备不同功能、方便到达的、具有丰富多样的相应活动日程支持的公共活动室	• 应设置便捷的垂直/水平交通方式 • 与同楼层其他单元老年人接触的公共空间	
		• 提供户外庭园种植花草的花圃空间,可促进此类型老人的自主性休闲 • 可邻近社区或街道开放部分绿地,促进与外部交流	• 着重无障碍户外庭园散步步道与造景空间 • 提供户外庭园可种植花草的花圃空间,促进此类型老人的自主性休闲	• 应尽量设于一楼或邻近主要休闲设施楼层 • 通过屋顶平台、立体花园等设计,提供方便到达的户外空间
	区位	• 邻近公园、菜市场,老人步行可到达公交站点,搭车可达热闹街区等休闲资源	• 社区巷弄、步行可到达的菜市场	• 邻近公交站点,方便亲友探视

		服　务　型	照　料　型	护　理　型
管理社会环境	管理照料观念	• 提供基本休闲服务：电影欣赏、卡啦 OK、购物专车 • 相对宽松的管理服务，满足其个性化、自主化的需求		
		• 鼓励老年人自组才艺社团、义工，使活力得以发挥 • 鼓励老年人自主地参加设施活动，参与设施管理 • 鼓励自主的家务行为（如洗衣服、洗杯子等）	• 护理员应多鼓励老年人参加设施活动，以促进其对恢复健康的强烈诉求 • 加强复健医疗服务，平日应提供护士健康咨询与检讨服务，每星期应定期提供医师驻诊服务	
	照料服务	• 以自我照料为基本，设施提供家务协助为辅 • 常用药剂、涂抹药物等的诊疗看护护理照料	• 完善的家务协助，部分地协助穿衣、移动、洗浴，移动等个人护理 • 常用药剂、涂抹药物等的诊疗看护护理照料	• 提供充分、全面的个人照料服务 • 护理照料、医疗照料服务，以满足其生活、照料的基本需求
	设施活动安排	• 提供多样的兴趣活动，提供自主的设施氛围	• 组织适宜老年人身心特征的设施活动	• 有必要在上午时间段有针对性地开展一些活动以减少其无为、发呆行为的产生
	单元规模	• 采用开放式的、灵活可变规模的生活单元和较大规模的护理单元模式	• 在护理单元规模较类型 I 老年人略小	• 生活单元及护理单元都应小规模化

7.2.2　建立多元功能模式的设施体系

7.2.2.1　养老设施的功能模式

老年人身心机能衰退后，能不能在已经住习惯的生活据点居住下去，主要取决于居住场所的物质空间环境以及所提供的照料服务内容能否满足老年人各阶段的身心老化衰退时的需求。因此，本书将"物质空间环境"及"照料服务方式"两大部分组合来分析归纳出如下几种养老设施的功能模式类型（图 7-20）。分析上述养老设施的功能模式图，可将养老设施的功能模式分为分化单一功能模式以及整合适应功能模式两个主要构架（图 7-22、图 7-23）。

7.2.2.2　单一设施体系与分化单一功能模式

模式一：设施空间单一，空间与服务分离。不同身心机能的老年人生活在同质化的建筑空间中，设施内部提供家务协助、个人护理、护理照料多种服务。该模式是中国最为多见的模式，调查的 W、H、Y 三家设施都是此种模式（图 7-21）。中国现在

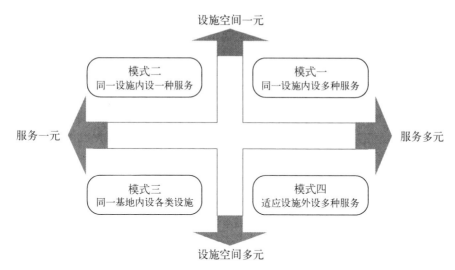

图 7-20　养老设施的功能模式类型

养老设施 {
老年公寓、养老院、社会福利院(自我照料+家务协助+个人照料护理照料)
老年护理院(个人照料+护理照料)
老年医院*(医疗照料)
}

*老年医院隶属于医疗设施系,但这里综合比较。

图 7-21　中国入住设施的类型及提供服务

的大多数养老设施,当入住设施的老年人身心机能老化时,设施空间已不能满足老年人的特殊需要。服务上也只是在原有服务基础上增加更上一层次的服务,导致设施内从自理老人到完全依赖老人共处同一环境中,空间、服务都不够专业。这会带来刚到的老人精神压力大、不利于现有机能保持以及照料技术、资源的管理不善等问题。

即便是设施想提供更多的服务以弥补空间上的缺点,但仍然无法真正地做到"适应老化",老年人不可避免要迁移到其他设施。如中国部分养老院当老年人患上失智症后就要求家属将老年人接回家或送到其他设施(W 设施);或是老年人需个人聘用小时工或保姆来填补设施服务的空缺(H 设施);或是即便设施提供了个人护理、照料护理等多种服务,但设施空间却无法适应老化后的种种需求(Y 设施)。

模式二:设施空间单一,空间与服务结合。这是目前国外大多数国家所提供的老年居住模式。在上一节中对养老设施进行的三个类型的分类也是基于该模式。如在服务型设施提供家务协助服务,在照料型设施提供各种照料服务,在护理型设施提供护理照料服务等。该种模式的关键特征是每一类设施仅提供及具备某一范围的功能,在养老设施内设置相对应的服务内容,不同的设施采用不同的硬件环境设置标准。

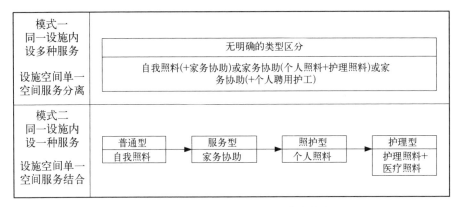

图7-22 养老设施分化单一的功能模式

该类设施的优点是硬件及软件服务相对应,由于管理和护理人员具有非常专门的经验,空间环境、设施服务特别适合该身心机能属性的老年人。弊端是设施空间功能因为仅能提供某一范围的支持,当老年人身心机能变化,原来的居住场所无法满足其需求时,无法避免地设施空间功能与老年身心机能、设施服务等产生冲突。

可见,以上这两种模式(图7-22)都不能实现真正意义的"适应老化"理念,老年人无可避免地要从刚刚熟悉的设施再次迁入另一新的设施。这两种模式建立起的设施体系必然是单一的、隔离的,不能够为老年人提供持续性的支持与援助,不利于维持老年人生活的连续性。因此,新型的养老设施体系建设,必须对设施的功能模式进行进一步的探索。

7.2.2.3 连续设施体系与整合适应功能模式

模式三:设施空间适应,空间与服务分离。即在养老设施外部设置服务点,服务点综合、系统地提供家务协助、个人照料、护理照料等各项外送服务到各个类型的设施中,即第6章提供环境支援灵活可变。同时,各个类型设施的空间规划设计应尽量地灵活、可变,以适应不同老年人个性化的需求。当老年人身心机能老化时,借由所在居室、单元的部分空间功能的转变以给老年人更好的空间环境支持。而外部专业服务点则提供适合的养老服务,整合设施功能。通过该种方式,将"服务型"设施的功能延伸到"照料型"乃至"护理型"设施。该种模式当老年人身心机能衰退老化时,则可在同一设施内就地老化。

模式四:设施空间多元,空间与服务结合。类似国外的老年人持续性照料社区(如美国的CCRC)大多为此类型,即在同一基地内设置不同性质的各类设施,将设施的各功能整合一体,如大型老年社区采取"老年住宅+照料型+护理型"模式,或大型养老设施采取"服务型+照料型+护理型"模式。该种模式当老年人身心机能衰退时,可在同一基地内迁移,虽然居住的房间、单元发生了变化,但仍然在熟悉的"社区—基地"环境中生活。通过转换微环境来实现就地老化,这种思路能够为当下中国兴起的高档老人社区、大型养老设施提供借鉴。但此种模式,对设施的占地规模和投资的要求较高,一般布置在郊区的可能性较大。

模式三是由美国持续性照料社区(CCRC)衍生而来,而模式四则是由日本、瑞典、丹麦等国服务外设的理念发展,以及调查研究的讨论,笔者进一步提出"适应老化"设施设计理念的总结得出(图7-23)。相对分化单一式的设施功能,整合多元式的设施功能能够提供持续性的照料,因应不同身心机能状况对空间及服务需求,可以减少老年人必须在家庭与设施间、设施与设施间迁移及重新适应环境的问题。

从"适应老化"的理念来看,整合多元功能模式能够让老年人在已经住习惯的地方居住下去。但这对设施建筑空间的布局,以及生活服务的设计建立在对不同老年人生活深入了解的基础之上。例如,很多老年人会出现不同程度的失智情况,此种情况在模式一、二中就只能采取限制老人自由的方式来对待。但在多元空间设施中,就能够通过设施内部的转换或是空间调整保证各类老人更好的空间条件及专属护理模式。需要指出的是,由于当今平均寿命的增长,此类设施应该充分考虑不同健康状态老年人的比例,否则容易随着时间推移造成设施利用不平衡。还需要注意的是,此类设施需要建立规范的老年人机能判断标准,现有的护理等级管理并不能为此提供软件支持。

依据整合多元功能模式建立起的设施体系将是多元的、连续性的,能够为不断老化的老年人提供持续性的支持与援助,有利于维持老年人生活的连续性。本研究

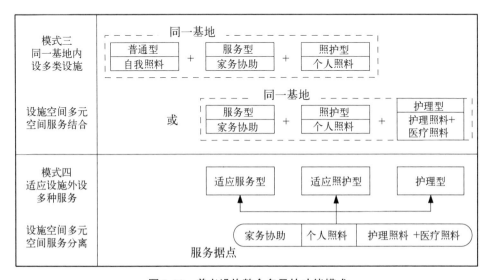

图7-23　养老设施整合多元的功能模式

认为,基于"适应老化"的理念,需大力推广并实践整合多元功能模式的设施建设,并以此为依据,探索中国新型的、连续性的、"适应老化"的养老居住设施体系建设。

7.2.3 "适应老化"的居住设施体系的规划原则

综合国外先进经验,结合中国国情,笔者认为中国应大力发展整合适应功能的设施,建立提供持续性服务的、减少老年人迁移的服务体系和设施系统,实现"适应老化"的设计理念,具体的构建方法如下所示。

7.2.3.1 大力发展的新型设施

1. 社区小规模多机能设施

社区小规模多机能设施是当前国际上由大型集中式养老设施逐渐转换到以原居安老为重点所提出的设施类型。这种转变,相对于以往大型设施远离"社区"所造成的居住孤岛,能够较好地融入社会。由于此模式下的设施都比较小,能够方便地根据周边老年人的具体情况调整服务项目,具有良好的适应性。相对而言,由于设施的分布扩散到城市的不同部位,传统的对设施进行管理的方式就未必合适了,服务人员的培训、服务质量的管理和不同设施之间的相互支持就需要更为细密的管理技巧。

2. 护理型设施

护理型设施包括失智症老年人的特别护理、肢体活动障碍的老人护理和其他提供非正式照料无法实现足够服务的专门护理设施。中国未来高龄化、失能失智老年人将持续增多,此类老人所需要的照料服务比较专业且需要全天服务,一般家庭除了很难具备服务质量,人力物力上也很难负担。因此,护理型养老设施能提供专门化的照料服务,最大程度地满足该类老年人的生活需求与人格尊严;同时护理型养老设施能发挥护理专业人员的价值,为家庭减轻负担解放社会劳动力。根据笔者的观察和对老人的访谈,中国目前应切实保护老年人的合法权益,而不是停留在简单的生活层面服务。护理型设施是目前中国急需的设施类型,亟待大力发展的。

3. 适应型设施

适应型设施是笔者依据"适应老化"设施的设计理念提出,包括适应服务型、适应照料型。考虑节约社会资源,本研究不提倡在城市中发展单一功能的服务型设施,应尽量让健康、低龄、有活力的老年人在社区养老、旅游养老、郊区休闲养老。而适应型设施的设立理念是充分应对老年人身心机能衰退时的变化需求,提供多元可适应的空间环境,减少不必要的环境迁移。适应型设施偏向于生活品质的提高,强调娱乐等精神服务的提供,此类设施提供面向全体老年人的服务。

适应型设施的建筑设计的关键,在于"适应老化"应对到何种程度。因此,在建筑设计时,应明确划分使用需求,由满足最初设定的功能需求,是应对到"需协助才能自理的生活",还是延伸到"身体老化后经常使用轮椅等辅助器材",甚至是"卧床后仍能保持有尊严的生活"的使用需要。因为,建筑空间适应性越强,延伸的可能性越高,对建筑的人均面积、建筑的灵活可变性、建筑设备的对应水准等要求越高,造价等也越高。

4. 郊区大型、特大型养老设施

不同于上述设施类型中的社区、市区面向,郊区大型、特大型养老设施强调的是对以往大型设施、对郊区土地资源利用的优化。这种设施具有其他类型所不具备的优势,首先是服务技术力量强大,一般能够提供从生活、医疗到娱乐等需求的全套服务。其次是由于地处城郊,其空间质量也比较好,土地、环境资源丰富。另外,入住的老年人一般都是长期的,其资金来源比较稳定,能够实现设施的自我良性发展。目前中国地产企业大量关注此种类型设施的发展,试图在商业居住地产的发展之外找到新的投资方向。针对这种动向,民政等与老年人权益密切的行政管理部门需要强化护理人员的培训,建立有效的服务质量管理体系。

7.2.3.2　相互补充的两套养老体系

设施养老体系(图7-24):(1)市区服务网。考虑到不同老年人的个性需要、老年人身心机能老化的需求,该设施养老体系包括设施适应服务型、适应照料型、护理型三个类型。因市区内用地紧张,一般建设中小型的养老设施,为了避免老年人迁移。这就需要养老设施能够提供灵活可变的空间,结合外送服务,延伸设施服务内容。集中性服务据点一般结合大型养老设施,通过社区内的小规模多机能设施点与社区连接。同时,将各类服务外送至邻近的各个中小型设施内。集中性服务据点的设置,要考虑到高龄、失能、失智老年人照料中需要的专业人员介入问题,使专业人员的介入不影响老年人的生活,不影响设施的正常运行。同时也要考虑到设施与社区的联系问题,在设施养老和居家养老之间建立良好的过渡。(2)郊区发展大型的、特大型的连续照料的老年设施。根据设施定位合理设置服务型、照料型、护理型等的组合方式、规模等,提供综合性的养老服务。

居家养老体系(图7-24):(1)社区服务网。强化一般住宅的功能,适当发展老年住宅,结合服务据点的外送服务体制,尽量延长老年人在住宅内养老的时间,延缓老年人入住设施的时间。建立养老的社区服务网络,大力发展社区化、小规模、多机能的设施,并以此作为次一级的服务据点,为社区内老年人提供从家务协助到医疗照料的一系列服务。中国目前此类设施还处于提供餐饮、上门医疗等基本服务等层面,相关部门如街道、民政部门等应该逐渐加强如老年人到设施内的日间照料、兴趣活动以及短时间寄宿服务的提供。(2)郊区发展大型的连续照料的老年社区

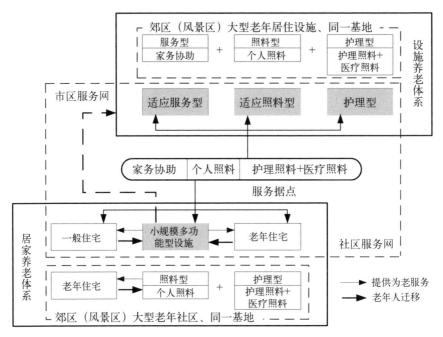

图7-24 新型"适应老化"的养老居住体系的建立

（CCRC)。建设高质量的老年住宅,满足健康、有活力的老年人希望更好地接近、回归自然,体验旅游养老、休闲养老等生活方式的愿望。同时,社区内设置照料型、护理型设施,也可考虑设置老年医院,完善整个社区的养老服务。

　　总之,新型养老居住体系的设计以"适应老化"为基本理念,其目的在于实现居住设施间的无缝连续。无缝连续的价值在于能够更精准地应对老年人的需求,满足老年人身心老化过程中不断变化的需求,实现老年人生活的连续性。如果能结合设施服务的菜单化管理,则能提供针对老年人度身定制的照料服务。研究着力推动设施网络的建设,帮助老年人促进社会参与,通过设施与人的生活交织保证人的尊严。

7.3 落实实践的探讨

　　在中国组团式生活单元养老设施的实践还极少,依据本书的设计理念及设计策略,对上海市浦东新区老年人特别护理福利院进行了方案设计(参见附录E)。

7.3.1 应用范围的考虑

　　在欧美及日本,以"生活单元"理念在推动养老设施建筑设计及改造,初期主要是以照料失智症老年人为主,但是近年来已发展成为"单元型特别养护老年人之家",成为老年人养老制度的一环。而现在,在日本内,"生活单元"的应用范围不只限于失智症老年人的设施,也被应用到一般的老年人的设施上。而且,不仅是新建的设施,原有的设施也在2002年开始推广改造,组团式单元的空间构成方式已经通过建筑立法,迅速地推广至日本全国各地,成为普遍的照料型养老设施的形态。其应用范围不再局限于失能、失智的老年人,不局限于护理型设施。

但是,由于"生活单元"的硬体设计改造及照料人力等等皆需负担较高的运营成本,应用于高难度的失智症照料是比较符合运营成本的。因此,中国现阶段的新型养老设施的设计策略应用,还应定位于针对中、重度依赖的失能、失智老年人照料上,而后随着经济的发展,推广到更多的健康老年人的居住环境设计上。

7.3.2 适用对象的评估

"生活单元"适用对象的评估也是设施所应确实掌握的。首先是老年人健康状况的评估,也就是每一个单元中的老年人的健康状况应该是比较一致的还是略有参差的较为适当,应该进一步加以考虑。

其次,由于"生活单元"讲求的是"共同生活"的理念,所以是具备"共同生活"能力或是具备适合过"共同生活"个性的人才能住进去,还是无法接受"共同生活"概念的人也能以"生活单元"的方式入住设施。老年人的个性也是决定"生活单元"实施成功与否的关键。因此建议建立国内对应老年人的评估指标,以利于实质工作的推动。

另外,"家"对每个人的意义应该也是有所差异的。每一生活单元中的"家"的营造应该都是不同的。再者,在个人主义意识逐渐高涨的社会中,人们需求的亲密关系或许有多样化的形态与内涵。而"共同生活"中特意营造"似家"情境,如此紧密的人际关系是否曾经造成适应不良的个案出现,目前这些都尚未有进一步的实证资料提出,是值得关注的课题。

7.3.3 落实实践的条件

空间品质要求更高的新型设施的设计与新建、落后既有设施的改造以及高比例照料人员的配置,这些硬件改造及高比例照料服务人员配置导致的营运成本提高是国内实施"生活单元式"养老设施实践的最现实挑战。

在硬件上,如何控制单双人间的比例?如何兼顾设施空间形态与老年居室南向朝向的设计规范?如何将城市中已有的大规模养老设施转换成对重度丧失生活自立能力的老年人的关怀场所以及作为社区养老居住设施援护人员援护技能的培训基地?如何落实新型组团式生活单元养老设施的建筑设计规范,切实满足老年人更高层次的居住需求而非简单的收容场所？如何形成城市网络化的居住设施体系？如何控制适应型设施的可变性及适应范围？这些问题都是未来面临的重要课题。

在软件上，只有高比例的人员配置，但是劳动条件恶劣、薪资给付不佳或是研修学习制度不完备，将会降低照料服务人员的留任意愿，导致流动率过高。因此，必须改善调整合理的薪资给付，建立完整的研习制度，以提高照料服务人员的留任意愿与照料能力，才能落实"生活单元"的实施与理念。

总之，国内如何能达到"生活单元"式养老设施模型的目标与理想，目前尚在初期发展阶段，依赖勇于尝试的先驱的投入与参与，并加入行动研究的思考与实践，建立详细的记录数据库，从实践中累积经验，并修正建构适合中国国情的"生活单元式养老设施"模型。

参 考 文 献

英文文献：

[1] Altman I. Environment and Social Behavior.Monterey. Ca：Brooks / Cole, 1975.

[2] Altman I and Rogoff B. World views in psychology：trait, interactional, organismic, and transactional perspectives. In Stokols, D. and Altman, I.(Eds.), Handbook of environmental psychology. New York：John Wiley & Sons, 1987: 7–40.

[3] Anne E M, et al. The family metaphor applied to nursing home life, Int. J. Nurs. Stud, 1996, 33：237–248.

[4] Assael H. Consumer Behavior and Marketing Action, Boston, Massachusetts：PWS-Kent Publishing Company, 1987.

[5] Baltes M M. Environmental factors in dependency among nursing home residents：a social ecology analysis.In：Wills, T. A.(Ed.), Basic Process in Helping Relationships. Academic Press, New York, 1982.

[6] Barker R G. Theory of Behavior Settings. In R. G. Barker(Ed.), Habitats, Environments, and Human Behavior: Studies in Eco-Behavioral Science From the Midwest Psychological Field Station. Stanford, CA: Stanford University Press, 1978.

[7] Rapoport A. Meaning of the Built Environment: A Non-Verbal Communication Approach, 1982.

[8] Bechtel R B, Marans R W, et al. Eds. Methods in Environmental and Behavioral Research. New York, Van Nostrand, 1987.

[9] Becker F D & Coniglio C. "Environmental messages: Personalization and territory". Humanities, 1975, 11: 55–74.

[10] Bin L. Living Environment of Elderly Facilities in Shanghai, 13th Osaka City University International Symposium, Osaka, 2005: 63–71.

[11] Canter D. Applying psychology. In augural lecture at the University of Surrey, 1985.

[12] Clark P and Bowling A. Quality of everyday life in long stay institutions for the elderly.

An observational study of long stay hospital and nursing care, Social Sci, Med, 1990, 30: 1201-1210.

[13] Cohen U, Day K. Contemporary Environment for People with Dementia, The Johns Hopkins University Press, 1993.

[14] Cohen U, Weisman G. Holding on to Home. The Johns Hopkins University Press, 1991.

[15] Csikszentmihalyi, Mihaly & Rocherg Haltln. Meaning of the things. Cambridge University Press, 1981.

[16] Day K, Calkins M. Design and Dementia. In Handbook of Environmental Psychology, John Wiley & Sons, 2002.

[17] Denham M J. Care of the Long-Stay Elderly Patient. Condon: Chapman & Hall, 1991.

[18] Despres C. The meaning of home: Literature review and directions for future research and theoretical development. The Journal of Architectural and Planning Research, 1991.

[19] Geoffrey S. Caring environments for frail elderly people. New York: Singapore, 1993.

[20] Gillian H I. Daily life in a nursing home has it changed in 25 years? Journal of ging Studieds, 2002, 16: 345-359.

[21] Gottesman L E, Bourestom N C. Why nursing homes do what they do. Gerontologist, 1974, 14: 501-506.

[22] Haber G M. Territorial invasion in the classroom: Invadee response.Environment, 1980.

[23] Harward. Home as an environmental and psychological concept. Landscape, 1975, 20: 2-9.

[24] Hooyman K. Social gerontology: a multidisciplinary perspective. Alyn and Bacon, 1993.

[25] Ittelson W H, Rivlin L G, et al. The use of behavioral maps in environmental psychology. Environmental Psychology: Man and his physical setting.H.M.Proshansky, W. H. Ittelson and L. G. ivlin. New York, Holt, Rinehart and Winston, 1970: 658-668.

[26] Kaya N & Erkip F. "Satisfaction in a dormitory building: The effect of floor height on the perception of room size and crowding". Environment and Behavior, 2001, 33: 35-53.

[27] Kayser-Jones J S. The impact of the environment on the Quality of care in nursing homes: a social-psychological perspective, Holist. Nurs. Pract, 1991, 5: 29-38.

[28] Lawton M P. Sensory Deprivation and the Effect of the Environment on Management of the Patient with Senile Dementia, Clinical Aspects of Alzheimer's Disease and Senile Dementia, 15, Raven Press, 1981.

[29] Mauro et al., 2001, "The leisure time and the third age: the experience of a geriatric day hospital". Archives of Gerontology and Geriatrics, 1998, 33: 141-150.

[30] Miller, et al. "Social density and affiliative tendency as determinants of dormitory residential outcomes". Journal of Applied Social Psychology, 1981, 11: 356-365.

［31］ Moore G T. New directions for environment-behavior research in architecture. In J. C. Snyder(Ed.),Architectural research. New York： Van Nostrand Reinhold, 1984.

［32］ Moore G T, Tuttle D P & Howell S C. Environmental design research directions：Process and prospects. New York：Praeger Publishers, 1985.

［33］ Moore G T. Environment and behavior research in North America: History, development, and unresolved issues. In Stokols, D. and Altman, I. (Eds.), Handbook of environmental psychology. New York: John Wiley and Sons, 1987：1539－1410.

［34］ Moos R H, Lemke S. Multiphasic Environmental Assessment Procedure： Preliminary Manual. Social Ecology Laboratory, VA, Stanford University Medical Center, Palo Alto, Ca, p.r., 1980.

［35］ Moos R H, Lemke S. Evaluating Residential Facilities. Sage Publishers. Thousand Oaks, 1996.

［36］ Newman O. Defensible Space： Creating Defensible Space. Washington, D.C.： U.S. Government Printing Office, 1972.

［37］ Newman O. Design Guidelines for Creating Defensible Space. Washington, D.C.： U. S. Government Printing Office, 1975.

［38］ Norris K A, Krauss I K. Spatial abilities and environmental knowledge and use in institutionalized elderly. American Psychological Association, Washington, D.C., 1982.

［39］ Pastalan L A. Privacy as an Expression of Human Territoriality. In L. A. Pastalan & D. H. Carson Spatial Behavior of Older People. Ann Arbor： University of Michigan Press, 1970.

［40］ Rocio Fernandez-Ballesteros R, Izal M, Montorio I, et al. Sistema de Evaluacion de residencies de ancianos(SERA). INSERSO, Madrid, 1996.

［41］ Rocio Fernandez-Ballesteros, et al. Sistema de Evaluacion de residencies de ancianos (SERA). INSERSO,Madrid, 1998.

［42］ Sobel M E. Lifestyle and Social Structure-Concepts, Definition, Analyses. New York： Academic Press, 1981.

［43］ Smyer M A, Cohn M D and Brannon D. Mental health consultation in nursing homes, New York University Press, 1988.

［44］ Tarlor R B. Human Territorial Functioning. NY Cambridge University, 1988.

［45］ Tobin S S. The Effects of Instutionalization. In K. S. Markides and C. L. Cooper(Eds), Aging Stress and Health. Chichester. John Wiley & Sons, 1989：139－163.

［46］ Untermann R & Small R. Site Planning for Cluster Housing.Van Nostrand Reinhold Company, New York, 1977.

［47］ Wolk S and Telleen S. Psychological and social correlates of life satisfaction as a function of residential constraint, Journal of Gerontology, 1976,31: 89–98.

［48］ Werner C M, Brown B B and Altman I. Transactional oriented research： examples and strategies / BECHTEL R B,CHURCHMANA. Handbook of environmental psychology. New York：John Wiley & Sons, 2002: 203–221.

［49］ WHO. Healthy Aging. World Health Organization,Copenhagen, 1990.

［50］ Zeisel J. Inquiry by Design：Tools for environment-behavior research Monterey，CA，Brooks/Cole Publishing Company, 1981.

日文文献：

［1］ 高橋誠一, 柴崎祐美, 三浦研. 個室・ユニットケアで介護が変わる. 外山義監修. 日本：中央法規出版株式会社,2003.

［2］ 高橋鷹志. 人間―環境系研究における理論の諸相. 日本建築会編. 人間―環境系のデザイン. 彰国社,1997.

［3］ 古賀紀江等. 環境移行における「もの」の意味に関する研究：高齢者居住施設入居者が所有する「もの」の実態とその意味. 日本建築学会計画系論文集, 2002,551：123-127.

［4］ 金井正次等. 余暇的生活行為から見た長期療養生活者の類型化と生活要求. 日本建築学会計画系論文集, 1996, 479：107-115.

［5］ 井上由起子等. 高齢者居住施設における入居者の個人的領域形成に関する考察：住まいとしての特別養護老人ホームのあり方に関する研究 その1. 日本建築学会計画系論文集,1997, 501：109-115.

［6］ 井上由起子等. 高齢者居住施設における個別的介護に関する考察：住まいとしての特別養護老人ホームのあり方に関する研究 その2. 日本建築学会計画系論文集, 1998, 508：83-89.

［7］ 橘弘志等. 個室型特別養護老人ホームにおける個室内の個人的領域形成に関する研究. 日本建築学会計画系論文集, 1997, 500：133-136.

［8］ 橘弘志等. 特別養護老人ホームの共用空間に展開される生活行動の場-個室型特別養護老人ホームの空間構成に関する研究その1. 日本建築学会計画系論文集, 1998, 512：115-122.

［9］ 橘弘志等. 特別養護老人ホームの個人的領域形成と施設空間構成-個室型特別養護老人ホームの空間構成に関する研究その2. 日本建築学会計画系論文集, 1999, 523：163-169.

［10］ 橘弘志等. 特別養護老人ホームのケア環境と入居者の生活展開の比較－個室型特別養護老人ホームの空間構成に関する研究その3. 日本建築学会計画系論文集, 2001,

548：134-144.

［11］橘弘志等.特別養護老人ホーム共用空間におけるセミプライベート・セミパブリック領域の再考－個室型特別養護老人ホームの空間構成に関する研究その4.日本建築学会計画系論文集,2002,557：157-164.

［12］李斌等.近隣交際からみた領域意識の実態調査研究－上海市の里弄・「新村」を事例として.日本建築学会大会学術講梗概集, 1999,5528：1055-1056.

［13］李斌等.上海市の里弄・新村における屋外空間の利用実態からみた領域意識の研究.MERA Journal 第11号,2000a：43.

［14］李斌等.上海市の里弄・新村における居住領域意識に関する研究.日本建築学会計画系論文集,2000b,532：163-170.

［15］梁金石,調恒治,上野淳.療養生活をおくる高齢者の一日の生活實態とその類型化─高齢者の療養環境の適正化に関する研究.日本建築學會計画系論文集,1994,466：37-46.

［16］鈴木健二,友清貴和.住民主体による廃校から高齢者施設へ の転用に関する事例的考察.日本建築学会計画系論文集,2006,607：17-24.

［17］芦沢由紀等.個室型特別養護老人ホームにおける入居者による居室の住みこなしに関する考察.日本建築学会計画系論文集,2002,554：123-130.

［18］芦沢由紀等.個室型特別養護老人ホームにおける入居者の生活様態とその変容に関する考察.日本建築学会計画系論文集,2003,568：25-31.

［19］斎藤純一.公共性.岩波書店,2000.

［20］日本建築学会.人間-環境系のデザイン.彰国社,1997.

［21］山田明子等.個室型特別養護老人院共用空間入所者生活行動考察.日本建築学会計画系論文,第546号,2001：105-112.

［22］石井敏,長澤泰.生活行動に影響を与える環境構成要素-痴呆性高齢者のためのグループホームに関する研究 (その2),日本建築学会計画系論文集,2002,553：123-129.

［23］石井敏等.先進事例に見る共用空間の構成と生活の関わり-痴呆性高齢者のためのグループホームへ適応に関する研究.日本建築学会計画系論文集,1999,524：109-115.

［24］外山義.クリッパンの老年人たち-スウェーデンの高齢者エア,東京：ドメス出版,1990.

［25］外山義.自宅でない在宅─高齢者の生活空間論.東京：医学書院,2003.

［26］外山義,辻哲夫,大熊由紀子,武田和典,高橋誠一，泉田照雄.ユニットケアのすすめ.筒井書房,2000.

［27］武田和典,池田昌弘編.ユニットケア最前線.日本：医歯薬出版株式会社,特養・老

健・医療施設ユニットケア研究会,2002.

[28] 西野達也,石井敏,長澤泰. 入所者の定位様態からみた共用空間のあり方に関する研究-個室型特別養護老人ホームにおける解析的考察. 日本建築学会計画系論文集, 2001,550:151-156.

[29] 小原博之,松本啓俊,外山義. 痴呆性老人施設の建築計画に関する基礎的研究:住環境変化を視点とした事例的考察. 日本建築学会計画系論文集,1994,459:47-57.

[30] 舟橋國男. Wayfindingを中心とする建築・都市空間の環境行動的研究. 大阪大学博士学位論,1990.

[31] 舟橋國男. 痴呆性高齢者の環境行動からみた住環境整備に関する社会・文化的比較研究-日・米・スウエーデンの住環境比較を通して. 痴呆性高齢者の生活環境国際学術研究会,2000a.

[32] 舟橋國男. 建築決定論と相互浸透論. すまいろん第63号,2000b:34-38.

[33] 足立啓等. 特別養護老人ホームの段階的建替えによる入居者の環境移行と性格が行動に及ぼす影響. 日本建築学会計画系論文集,2001,545:143-149.

中文文献:

[1] 安军等.西安地区机构养老现状及建筑的适应性初探.华中建筑,2011/8.

[2] 白宁.浅析西安城市老年养老模式及居住环境体系.建筑与文化,2011/9.

[3] 曹新红等.基于快速老龄化的城市养老设施的整合与优化.华中建筑,2011/8.

[4] 陈华宁.养老建筑的基本特征及设计.建筑学报,2000/8:27-32.

[5] 陈铁夫.老年人福利设施中的领域特征研究.同济大学.硕士论文,2007.

[6] 戴维等.北京养老服务机构建设布局及使用状况的初探——关于合理布局建设养老服务机构.城市规划,2011/9.

[7] 傅琰煜等.养老建筑的室内外空间环境营造.华中建筑,2011/8.

[8] 龚泽.寒地城市社会养老设施空间构成的环境行为学研究.哈尔滨工业大学.硕士论文,2002.

[9] 贺佳.建成社区居家养老生活环境研究.同济大学.硕士论文,2008.

[10] 贺文.对老龄设施在城市和村镇规划设计中的思考——老龄设施体系和内容的探讨.城市发展研究,2005/1.

[11] 胡仁禄等.构筑新世纪我国老龄居的探索.建筑学报,2000/8:33-35.

[12] 胡四晓.美国老年居住建筑的设计和发展趋势介绍.建筑学报,2009/8.

[13] 黄力.养老设施类型体系及设计标准研究.同济大学.硕士论文,2011.

[14] 黄耀荣,杨汗泉.护理之家建筑规划设计指引.行政院卫生署委托研究.台北,1996.

[15] 李斌.空间的文化.中国建筑工业出版社,2007.

［16］ 李斌.环境行为学的环境行为理论及其拓.建筑学报,2008/02：30-33.

［17］ 李斌,黄力.养老设施类型体系及设计标准研究.建筑学报,2011/12.

［18］ 李斌,李庆丽.老年人特别护理福利院家庭化生活单元的构建.建筑学报,2010/03.

［19］ 李斌,李庆丽.养老设施空间结构与生活行为扩展的比较研究.建筑学报,2011/S1.

［20］ 李涵良等.养老设施的生活单位的集中和分散与公共空间的滞留行为.日本建筑学会计画系论文集第572号,2003：25-32.

［21］ 李和平,李浩.城市规划社会调查方法.中国建筑工业出版社,2004.

［22］ 李乐茹.大连城市地区家庭式养老院空间构成研究.大连理工大学.硕士论文,2008.

［23］ 李铁丽.机构式养老院交往空间特性研究.大连理工大学.硕士论文,2011.

［24］ 林文洁.老年夫妇居住样式的特征及其对住宅设计的启示.建筑学报,2009/08.

［25］ 刘慧.北方机构养老设施空间构成模式.大连理工大学.硕士论文,2010.

［26］ 刘敏等.适合老年人与残疾人的环境设计探讨.华中建筑,2000/3：120-121.

［27］ 刘敏等.老龄化社会住宅设计探略.住宅科技,2000/7：30-33.

［28］ 刘炎,张文山.我国养老设施分类整合探讨.河北建筑工程学院学报,2009/2.

［29］ 陆明等.适应我国养老模式的养老设施分级规划研究.华中建筑,2011/8.

［30］ 陆伟等.机构养老设施空间构成特征——以大连、沈阳市机构养老院为例.建筑学报,2010/S2.

［31］ 陆伟等.机构养老设施公共空间形态探索——以大连、沈阳市机构养老院为例（2）.建筑学报,2011/S1.

［32］ 吕志鹏.浅论美国老人护理建筑的设计理论与原则.城市建筑,2010/7.

［33］ 马以兵,刘志杰.我国老年居住环境的现状与发展.中外建筑,2008/10.

［34］ 孟建民,唐大为.深圳市社会养老建筑研究.建筑学报,2007/1.

［35］ 孟杰等.我国养老设施建筑与规划设计探析.华中建筑,2011/8.

［36］ 蒲从容.老年人居住环境设计探讨.室内设计,1998/4.

［37］ 朴振淑等.日本特别养护老人之家护理单位的空间构成.浙江建筑,2008/12：8-10.

［38］ 桑春晓,程世丹.当代老年居住建筑类型浅析.华中建筑,2009/5.

［39］ 孙伟,杨小萍.我国养老设施的分类特征及发展趋势探讨.山西建筑,2011/5.

［40］ 万邦伟.老年人行为活动特征之研究.新建筑,1994/4.

［41］ 汪均如等.居家养老居住环境探索.住宅科技,1998/8.

［42］ 王伶芳,曾思瑜.护理之家老年人日常生活行为与活动领域之研究——以南部地区两家医院附设护理之家为例.建筑学报（台湾）,No.57,2006/9：25-53.

［43］ 王伶芳,曾思瑜.护理之家老年人日常生活行为与活动领域之研究（Ⅱ）——老年人交流互动行为模式分析.建筑学报（台湾）,No.60,2007/6：47-70.

［44］ 王墨林,李健红.海西地区养老设施公共空间设计初探.华中建筑,2011/8.

［45］吴达润等.议老龄化社会的居住问题.建筑科学,2005/2.

［46］吴茜.武汉市老年公寓公共空间中老年人社交行为研究.华中科技大学.硕士论文,2006.

［47］夏飞廷,李健红.浅谈老年公寓居住环境设计.华中建筑,2011/8.

［48］徐涵.无障碍的老年人人居环境的实现.规划师,2001/4.

［49］徐怡珊等.城市社区老年健康保障设施规划设计浅析——西安老年使用者实态调查.城市规划,2011/9.

［50］姚栋.当代国际城市老人居住问题研究.东南大学出版社,2007.

［51］叶耀先.适应老龄社会的住宅.建筑学报,1997.

［52］袁泉,张炯.苏州新建老年公寓设计简析.华中建筑,2008/7.

［53］袁逸倩,洪再生.建筑符合老人心理,生活特点的老人建筑.建筑学报,1998/12.

［54］张强.居家养老模式下老年人居住环境及生活行为的调查研究.同济大学.硕士论文,2007.

［55］曾琳等.福州市鼓楼区养老机构调查分析.福建建筑,2009/2.

［56］曾思瑜.日本福祉空间笔记.台北:田园城市,2001.

［57］曾思瑜.高龄者居住空间规划与设计.台北:市华都文化,2009.

［58］周博等.大连家庭式养老院居住空间的基本特征.建筑学报学术专刊,2009/S1:69-73.

［59］周博等.关于机构养老设施空间要素与行为类型关系的探讨——以大连市机构养老院为例.建筑学报学术专刊,2009/S1:20-23.

［60］周典,周若祁.构建"社区化"城市养老居住设施方法研究.建筑学报,2009/S1.

［61］周燕珉,陈庆华.中国城市养老设施调研及设计建议.住宅科技,2003/11:24-29.

［62］周燕珉,林婧怡.我国养老社区的发展现状与规划原则探析.城市规划,2012/1.

［63］周燕珉,王富青,柴建伟.中国养老居住对策及建设方向探讨.城市建筑,2011/01.

［64］周燕珉.日本集合住宅及老人居住设施设计新动向.世界建筑,2002/8.

［65］庄秀美.长期照护的新趋势——日本的"小团体单位照护".社区发展季刊,2004,106:345-357.

附录 A 行为地图观察法的调查表

		312-1	312-2	312-3	310-1	310-2	308-1	308-2	306-1	306-2	304-1	304-2	302-1	302-2
调查时间														
调查楼层	H3													
调查人员		对象												
		行为												
		场所												

行为编码　　　场所编码

A1. 饮食　　　a. 床
A2. 如厕　　　b. 床边椅子
A3. 美容　　　c. 屋内
A4. 家务　　　d. 屋内厕所
A5. 睡眠　　　e. 他人床位
B1. 发呆　　　f. 他人房间
B2. 眺望观察　g. 走廊
B3. 小憩　　　h. 餐厅
C1. 个人兴趣　i. 谈话角落
C2. 阅读　　　j. 阳台1
C3. 视听　　　k. 阳台2
C4. 锻炼　　　l. 图书室
C5. 宗教　　　m. 棋牌室
D1. 交谈　　　n. 电梯厅
D2. 集体娱乐　o. 厨房
D3. 社会作用　p. 浴室
D4. 家人来访　q. 水房
D5. 设施活动　r. WC
E1. 家务协助　s. 其他楼层
E2. 个人照顾　t. 花园
E3. 护理照料　u. 设施外
E4. 医疗照料　*图中同时标
F1. 移动　　　　出所在位置
F2. 其他

注：该表格记录是在某一时间点，每位老年人的行为、场所、姿态等，通过将行为、场所进行编码，方便调查人员较快地录入相关信息，并通过照片、描述性语言进行进一步的说明。

附录B　养老设施基本情况访谈提纲

问卷架构	内　　容
一、基本资料	1. 设立时间 2. 运营主体 3. 床位规模 4. 入住条件
二、硬件建筑环境	1. 建筑面积 2. 建筑形态、平面图（各类用房配置情况） 3. 建筑增改建情况
三、软体服务环境	1. 日常生活作息安排：三餐时间、就寝时间
	2. 活动计划：团体活动内容、活动计划人员
	3. 照料方式：就餐、洗浴、如厕等照料方式

附录C 养老设施建筑利用状况调查问卷

一、日常生活

在_____设施中，主要的公共房间类型包括：_____

在以上列出的公共房间中：

1.1 您一天中使用最频繁的公共房间，原因是：

(1) 方便到达　　　　(2) 人多热闹　　　　(3) 朋友聚会聊天的地方

(4) 提供需要的物品设备(桌椅、家具等足够)　　(5) 环境很好、房间整洁

(6) 喜欢这里组织的活动　　　　(7) 其他：_____

1.2 您一天中使用最少的公共房间，原因是：

(1) 不方便到达　　　　(2) 根本不开放　　　　(3) 没有熟悉的人

(4) 没有足够的沙发、座椅　　　　(5) 环境不好，不整洁

(6) 不喜欢里面组织的活动　　　　(7) 其他：_____

1.3 选择养老院的原因：

(1) 子女不在身边无人赡养　　　　(2) 身体衰弱需要他人照料

(3) 需要别人作伴、消除寂寞　　　　(4) 居住空间不足，有障碍

(5) 其他：_____

1.4 选择本养老院的原因：

(1) 地理位置　　　　(2) 硬件设施　　　　(3) 医疗水平、管理服务

(4) 设施性质(公立或者私立)　　　　(5) 收费合理

(6) 其他：_____

1.5　您对所居住的养老设施的总体来说,满意吗?

（1）很不满意　　　（2）不满意　　　　　（3）一般

（4）满意　　　　　（5）非常满意

二、居室篇

2.1　您对自己的居室满意吗?

（1）很不满意　　　（2）不满意　　　　　（3）一般

（4）满意　　　　　（5）非常满意

为什么满意?或不满意?（指导词:住的人太多,面积太小,太简陋,没有阳台,没有分割,其他）_____

2.2　如果没有经济上限制,会选择住什么样的房间?

（1）单人间　　　（2）两人间　　　（3）三人间　　　（4）无所谓

为什么?_____

2.3　与他人一起居住希望有分隔吗?

（1）有——A.布帘　B.家具　C.高点的家具

（2）没有——为什么?_____

（3）无所谓

2.4　个人居室空间需求（除就寝空间以外）

	1. 非常不需要	2. 不需要	3. 一般	4. 需要	5. 非常需要
1. 娱乐空间					
2. 会客空间					
3. 卫生空间					
4. 餐厨空间					
5. 储藏空间					
6. 阳台空间					

除此以外,我认为还应该有:_____

三、公共室内篇

3.1　觉得目前养老院的建筑空间满意吗?

（1）很不满意　　　（2）不满意　　　　　（3）一般

（4）满意　　　　　（5）非常满意

为什么满意？或不满意？（指导词：无障碍做得不好、活动室太少或多、房子太老、走廊太窄、屋顶平台很好等）

_____

3.2　你觉得一个楼层一起居住、一起生活吃饭的人有多少人比较好？

（1）5人以下　　　　（2）6～15人　　　　（3）15～30人　　　　（4）30人以上

3.3　您觉得一个2、3人的护理小组，照顾多少名老年人比较合适？

（1）5人以下　　　　（2）6～15人　　　　（3）15～30人　　　　（4）30人以上

3.4　所在楼层室内活动空间需求

	1.非常不需要	2.不需要	3.一般	4.需要	5.非常需要
1.单元餐厅					
2.活动室					
3.谈话角落					
4.单元厨房					
5.单元厕所					
6.单元浴室					
7.单元水房					

除此以外，我认为还应该有：_____

3.5　公共室内活动空间需求

	1.非常不需要	2.不需要	3.一般	4.需要	5.非常需要
1.视听室（电视/电影放映）					
2.棋牌室					
3.健身室					
4.阅览室					
5.多功能厅					

	1.非常不需要	2.不需要	3.一般	4.需要	5.非常需要
6.音体室					
7.医疗诊室					
8.超市卖店					

除此以外,我认为还应该有: _____

四、地理位置及户外空间

4.1 对目前养老院的位置满意吗?

(1) 很不满意　　　　(2) 不满意　　　　　(3) 一般

(4) 满意　　　　　(5) 非常满意

为什么满意? 或不满意? (指导词:靠近街道太吵,太偏僻不热闹,离家远)

4.2 您喜欢养老院目前的户外环境吗?

(1) 很不满意　　　　(2) 不满意　　　　　(3) 一般

(4) 满意　　　　　(5) 非常满意

为什么满意? 或不满意? (指导词:面积大,面积小,绿化少,没有活动场地)

4.3 公共户外活动空间需求

	1.非常不需要	2.不需要	3.一般	4.需要	5.非常需要
1.阳台平台					
2.散步道					
3.桌椅凉亭					
4.草地花坛					
5.健身器材					
6.活动广场					
7.宣传报栏					

我认为还应该有: _____

4.4　您对养老设施的护理服务与整体氛围满意吗?

（1）很不满意　　　　　（2）不满意　　　　　　　　（3）一般

（4）满意　　　　　　　（5）非常满意

为什么满意? 或不满意?（指导词: 服务态度好, 医疗好, 老年人好相处, 价格便宜, 管理太严格）

您的基本资料

1. 性别：　　　　　　（1）男　　　　　（2）女

2. 年龄：　　　　　　（1）65岁以下　　（2）65～75岁　　　（3）76～85岁

　　　　　　　　　　（4）85岁以上

3. 教育程度：　　　　（1）文盲　　　　（2）识字、小学　　（3）初中

　　　　　　　　　　（4）高中　　　　（5）大学及以上

4. 入住时间：　　　　（1）1年以下　　（2）1～2年　　　　（3）2～3年

　　　　　　　　　　（4）3～5年　　　（5）5年以上

5. 房间类型：　　　　（1）单人间　　　（2）两人间　　　　（3）三四人间

　　　　　　　　　　（4）五人及以上

6. 月收入：　　　　　（1）0～999元　　（2）1000～1999元　（3）2000～2999元

　　　　　　　　　　（4）3000元以上

7. 自觉健康状况：（1）很不好　　　（2）不好　　　　　　（3）普通

　　　　　　　　　　（4）很好　　　　（5）非常好

8. Barthel指数记分表（评分结果: ＿＿＿＿＿＿＿＿＿＿＿＿）

日常生活项目	自　理	稍依赖	较大依赖	完全依赖
进食	10	5	0	0
洗澡	5	0	0	0
饰容（洗脸、梳头、刷牙、刮脸）	5	0	0	0
穿衣（包括系鞋带等）	10	5	0	0
控制大便	10	5（偶能控制）	0	0
控制小便	10	5	0	0
用厕所（包括擦、穿衣、冲洗）	10	5	0	0

日常生活项目	自　理	稍依赖	较大依赖	完全依赖
床椅转移	15	10	5	0
平地走45 m	15	10	5 （用轮椅）	0
上下楼梯	10	5	0	

是否愿意接受进一步的深入访谈：是　否，设施：＿＿＿＿＿　房间：＿＿＿＿＿　床位：＿＿＿＿＿

问卷完成，感谢您的回答。

附录D 日本K新型特别养护老年之家的调查研究报告[1]

从老年人身心机能特性分析对"多元的空间构成"对老年人生活的影响

The analysis about function influence on daily life of elders from their physical & mental characters

摘要: 本研究目的在于阐明不同身心机能特性的老年人的日常生活展开与建筑空间构成的相互关系。为此,研究以一个具有多样性空间构成的养老服务设施为例,运用访谈法和行为观察法,每隔5分钟记录设施内7:00—19:30一日中的行为地图。研究得出如下结论:(1)空间的物理环境对入居者的活动领域及交互行为有很大的影响。特别是对Type 1、2的滞在场所、活动范围的影响非常大。而Tpye 3、4的入居者的生活则显示出很强的被护理、被program活动规定的特点。多样的建筑空间有利于入居者活动领域的拓展及交互行为的产生。(2)入居者对场所的利用方式与场所的物理环境共同赋予设施内的各个场所以不同的空间特性。同时,各个场所的主要利用者的行为,也影响了其他入居者对该场所的利用状况。(3)养老服务设施的空间设计上,提倡"护理单位小规模化"及"多元的生活空间层级"的理念,具体应从丰富多样的semi-public、semi-private领域的场所设计、场所在视觉上、动线上的柔软的联系性、空间机能、家具设置的多样化、家庭化等方面考虑。

关键词: 老年人、养老服务设施、空间构成、利用行为状态

1 研究目的和背景

随着中国社会的快速老龄化,养老服务设施的需求日益增加。但与数量上的

---

[1] Li Qingli, Li Bin, Matsubara Shigeki, Mori Kazuhiko, Miura Ken, Oku Toshinobu. The Relationship between Elderly Daily Behavior and Spatial Structure of Unit-Care Facilities. Proceedings of 8th International Symposium for Environment-Behavior Studies, 16–18 Oct., 2008, Beijing: 631–638.

整备相对的是,养老服务设施的空间设计还停留在对宾馆、医院等的简单模仿上,其居住环境还远没有针对性地满足老年人这一特殊群体日常生活和交流的需求,造成了有限社会资源的浪费[1]。另一方面,与中国养老文化相近的日本,于2001年开始推行"护理单位小规模化"及"多元的生活空间层级"的养老服务设施建筑空间设计理念,希望以此理念构建设施内老年人的日常生活居住环境、促进老年人间的交流互动。这一设计理念在中国还没有相关的研究进行检验,因此,本研究以日本具有代表性的新型单元式空间构成的特别养护老年之家为调查对象,探讨以下方面:(1)空间的物理环境对入居者的活动领域及交互行为的影响;(2)入居者身心机能特性与入居场所选择及行为状态的关系;(3)探讨高质量的居住环境的空间设计方法,为中国未来的养老服务设施的空间设计提供参考。

2 研究概要

2.1 调查对象概要

为了更深入地捕捉入居者与设施环境的相互关系,本书采用case study的方法,选择以"多元的生活空间层级"为设计理念的日本兵库县K新型的小规模护理单元特别养护老年之家(以下简称K特养)为深入调查的对象。K特养的3层是由两个相互能够往来的生活单元A、B组成。A单元由起居室、食堂、机能训练室,以及数个分散设置的居室前空间、谈话角落等组成。除单元内尽头的食堂以外,各个场所都被置于走廊动线旁的、开放性较强的街道式单元。B单元由几个居室围合起居室而成的独立性较高的独立式单元。在空间分析上借鉴外山义教授对老年人福利设施的空间领域划分方法,将设施空间分为private—public等4个领域层级(图1)。

A、B单元的入居者分别为15人(01—15号)、10人(16—25号)。根据入居者的移动能力及失智程度,入居者可分为4个类型,如表1所示可知:A单元的入居者,以移动能力较强的Type 1及Type 2居多;B单元的入居者,则移动能力及认知能力都较强的Type 1与两方面都较差的Type 4成两极化分布。

2.2 调查与分析方法

本研究进行如下三方面调查:① 入居者的年龄、性别、adl度、失智程度等的基础资料收集。② 管理者及护理员的访谈调查。③ 入居者的环境行为观察。观察方法为在6月17日、20日每日的7:00—19:30的12.5个小时间中,每隔5分钟将各入

---

[1] Bin LI (invited speech): Living Environment of Elderly Facilities in Shanghai, 13th Osaka City University International Symposium, 2005, Osaka, pp. 63–71.

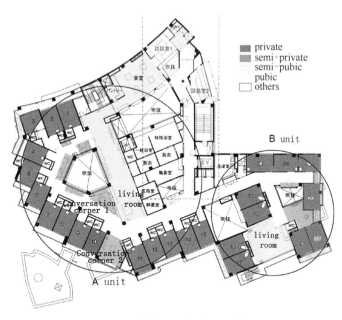

图1　K特养3层空间级层分类

居者的所在场所、个人的行为状态等记录在建筑平面图上。数据的整理方法为,每5分钟观察到的回数合计为"频度",各个项目的"频度"除以全部观察到的回数所得的值为"频率"。即一日中的调查观察频度为60(分)×12.5(小时)/5(分)+1=151回/人,两日合计被观察的频度为302回/人。

为了考察各个场所的空间利用特征以及入居者的交流互动行为特征,依据入居者个人的行为状态(个人、集团),与他人有无交流互动关系(护理、独立、间接关系、直接关系),将入居者个人的行为状态分为图2所示的4个模式:个人无交互、个人有交互、集团无交互、集团有交互。

表1　入居者身心机能特性分类

		轻度←认知障碍度→重度						
		自立	I	IIa	IIb	IIIa	IIIb	IV
介助←移动能力→自立	步行自立	Type 1 9	20	22	7, 23 8, 24	3	Type 2	15
	轮椅自立	1	4	14	6, 13	10, 11 25		
	步行介助		5		12		19	18
	轮椅介助	Type 3				2, 17	Type 4	16, 21

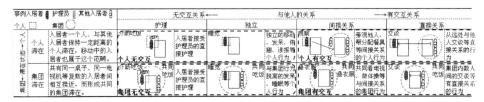

图2 入居者的行为状态模式图

3 调查内容

3.1 入居者利用场所的比较

为了探讨物理环境对入居者活动领域及行为状态的影响,首先考察入居者空间利用的倾向。图3为A、B两单元入居者在各个领域的利用频率(柱)及各个领域的面积比例(折线)。A单元为居室(42%)、共用空间(42%)两方利用,而B单元则以居室(66%)为中心利用。这与A、B单元内共用空间的面积比例、可选择场所的多少有一定的对应关系,还与不同身心机能入居者的利用状况有关。可以看出B单元Type 1、2的入居者在居室内的时间明显多于A单元Type 1、2的入居者。可以看出,空间构成等物理环境对入居者的场所选择具有一定的影响,而入居者的身心机能特性也是左右场所选择的重要原因。

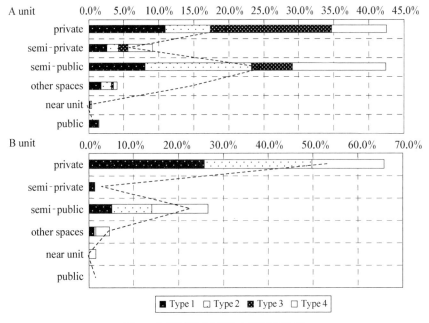

图3 各领域的利用频率及面积比例

3.2 不同身心机能特性入居者的空间利用特征

前项已经明示了建筑空间构成对入居者的场所选择有一定的影响,现进一步考察各个 Type 入居者的日常活动领域与行为状态特征。入居者在设施内的日常活动行为不仅仅显示了入居者对不同场所的利用方式,更表明了对于不同的入居者来说各个空间场所具有的意义。表 2 为各个 Type 入居者的空间利用特征,可以大致看出在同一个设施甚至同一个生活单元内,活动领域和交流方式因个人身心条件的差别而呈现出显著不同。

总的来说,失智度较轻的 Type 1、3 入居者以自室利用为主,失智程度较重的 Tpye 2、4 入居者以自室外利用为主。但是,因物理环境的影响,身心机能相近的入居者的日常生活质量却明显地差别。移动能力较强的(特别是 Type 1)入居者的日常生活受物理环境的影响较大,多样的建筑空间有利于这类入居者活动领域的拓展及交互行为的产生。移动能力较弱的 Tpye 3、4 的入居者的日常生活则显示出很强的被动性,交互行为与场所选择有一定的矛盾性。

3.3 由入居者利用方式来看各个场所的意义

前面两项已经表明了 A、B 单元的空间构成等物理环境对入居者的场所选择具有一定的影响,不同身心属性入居者在空间利用上有不同特征。现在进一步考察物理环境及入居者的利用方式的共同作用下,各个场所具有的特性,探讨与老年人身心机能特性相适应的设施空间设计手法(图 4)。

作为 semi-public 领域的 A 单元的起居室没有直接隔断、位于去食堂的动线上、正对护理员室,空间开放又便于管理。大桌子、长凳、电视、厨房的设置更使其空间机能具有可居性。因此,在作为 Tpye 4 入居者主要护理场所的同时,也被 Type 1、2 主体性地利用。大桌子的设置,不同 Type 的入居者在观看电视、叠衣服过程中易滋生小范围的会话等直接交流。而 A 单元的食堂因其位置在单元尽头且空间机能单一,只在就餐时间段被利用(频率 72%),空间的管理性最强。机能训练室因其与起居室一体又与大桌子保持一定距离,因此除了体操活动之外,个人的移动及观察他人等的行为也较多。同为 semi-public 的 B 单元起居室作为就餐等 program 活动及 Type 4 入居者的护理场所被利用较多。因此,其空间的管理性及排他性很强,限制了 Type 1、2 入居者的活动,较难生成主体性的行为。

semi-private 的利用上因与动线的位置关系的差别,同为居室前空间的 4、5 因为其位于两单元联系走廊一侧,往来移动较为频繁很少被利用。而属于单元内部动线的居室前空间则因相邻居室入居者的身心机能、个人喜好表现出很强的差异性:如居室前 1、2、3 常被 Tpye 1-01、04、07, Type 4-03, Tpye 3-05 所利用,利用行为也多为个人活动或是小规模亲密交谈;但居室前 4、6 却因其相邻居室入居者的失智症状、

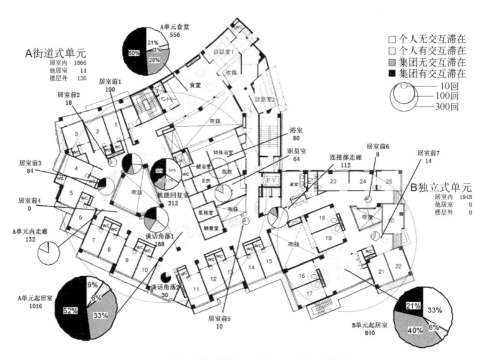

图4　各场所的选择率及被利用的行为状态

所在单元环境、生活习惯等因素影响而很少被使用。而物理环境相近的谈话角落1、2则因利用者及护理员的利用方式影响显示出不同的性格：谈话角落1常被作为需要护理相对较多的Type 1-06、Type 4-02入居者的护理场所并显示出很强的管理性，而很少被其他入居者利用；谈话角落2则相对更易促成Type 1、Type 2入居者自主地利用及自发地两三人规模的亲密结集。

从上面的分析可知，一个场所的意义与性格是物理环境与利用者利用方式两方共同赋予的。semi-public空间作为program空间被管理者控制的空间特性很强（A单元食堂），但具有多项机能、开放性的空间设计（如A单元起居室）有利于在非program时间形成人的聚集、进而滋生入居者间的交互活动。而semi-private空间作为自主性较强入居者的个人活动及亲密活动的空间特性很强（居室前1、2、3、4，谈话角落2），但其利用易受空间的私密性、与动线的关系、相邻居室入居者的行为特征等影响。

3.4　高质量的居住环境的空间设计方法：

共用空间的构成：具有多项机能的semi-public空间更易于人的聚集以及交谈等某些类型的活动的展开与进行。相对具有一定私密程度的semi-private空间有利于进行个人、小集团亲密活动或某些个人行为。集约的、居住场所选择性少的共用

表 2　不同身心机能类型入居者的空间利用特征

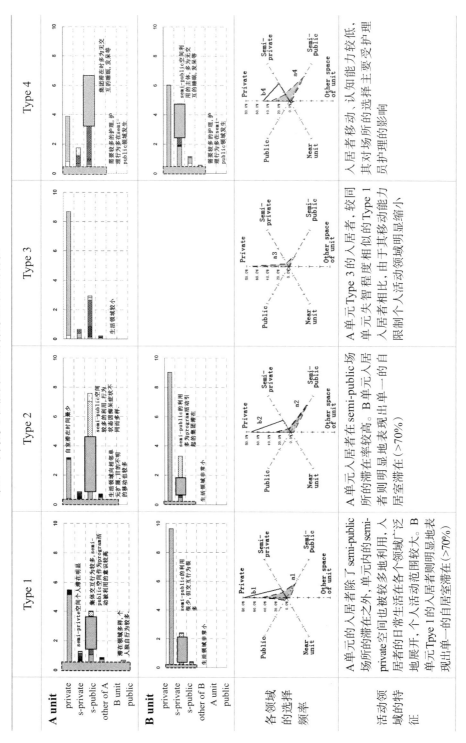

	Type 1	Type 2	Type 3	Type 4
各领域的选择频率	A 单元的入居者除了 semi-public 场所的滞在之外,单元内的 semi-private 空间也被较多地利用,人居者的日常生活在各个领域广泛地展开,个人活动范围较大。B 单元 Tpye 1 的入居者则明显地表现出单一的自居室滞在(>70%)	A 单元入居者在 semi-public 场所的滞在率较高。B 单元入居者则明显地表现出单一的自居室滞在(>70%)	A 单元 Type 3 的入居者,较同单元失智程度相似的 Type 1 入居者相比,由于其移动能力限制个人活动领域缩小	人居者移动、认知能力较低,其对场所的选择主要受护理员护理的影响

— 347 —

续表

	Type 1	Type 2	Type 3	Type 4
自室外利用行为的频率				
居室外的行为状态的特征	能够主体性地有区分地使用空间,但其生活场所的展开易受外界环境的限制	因失智症状不同,各入居者的行为状态有较大差异。在中间领域的集团滞在时,产生的交互行为较为明显	受移动能力现在生活领域小,但自室外滞在时,其交互行为的频率较高	在中间领域的集团滞在时,与他人无关的行为较多
日常生活与物理环境的关系	A单元:主体性适应环境 B单元:交互行为受物理环境限制	A单元:行为状态多样(因失智症状不同),开放的物理环境滋生了交互行为 B单元:交互行为受环境限制	A单元:交互行为受护理限制	A单元:交互行为少、场所选择受护理限制 B单元:交互行为少、场所选择受护理限制

表3 中间领域的空间特征

semi-public	A unit		B unit	
	Living room	食 堂	机能恢复室	Living room
物理环境 1) 空间关系性与居室的平均距离（最短/最长） 2) 动线设计 3) 面积与配置	1) 与机能恢复室一体，与谈话角落木栅栏分割，32 m²(2.1 m²/人) 2) 两单元接处，去食堂的动线穿过 10 m (4 m～33 m) 3) 八人桌，长凳，厨房，电视机，冰箱	1) 单独房间，一道玻璃门与外界相隔，66 m²(4.4 m²/人)头 2) 单元内最里面，A 单元内部走廊尽端，21 m (10 m～38 m) 3) 4 套桌椅组合、服务人员用厨房	1) 与起居室一体，43 m² (2.9 m²/人) 2) 单元内略靠里，去食堂动线穿过，10 m (6 m～23 m) 3) 钢琴、凳子、4 把椅子、电视机、机能回复器具	1) 几个居室三面围合而成，20 m²(2.8 m²/人) 2) 单元最内部，6 m (0 m～16 m) 3) 3 套桌椅组合、长凳、电冰箱、电视机房
利用行为 × 全天利用行为（黑实线） × program 行为（灰底虚线） （两日内观察到的行为合计）				
使用实例	 After lunch, 01,12 talking when typing closes; 10 attend them	 After lunch, 01,12 taking when typing closes; 10 attend them	 After exercises, 03, 12 go on watch TV, waiting	 Stuff send 19 is sent to living room and go to room 17

semi-public	A unit		B unit	
	Living room	食 堂	机能恢复室	Living room
利用实态 1) 利用人群 2) 利用的多样性（program时间） 3) 利用行为状态	1) A单元 Type 1,2，及 B单元 Type 4 2) program以外的利用较多（15:00—15:30下午茶） 3) 集团交互行为较多，同时认知能力较低者则较多地独自发呆采等	1) A单元全员 2) program时间外几乎不被利用（11:30—12:30，17:30—18:30就餐） 3) 就餐时引起的间接关系最多，等待就餐则较多，等待介助行为也很多	1) 参加体操活动的入居者，移动者，主要为A单元 Type 1,2 2) program时间外较少被利用（10:30—11:00体操） 3) program引起的社团交互行为较多，单人的移动及观察较多	1) B单元全员，A单元08号 2) program时间外几乎不被利用（11:30—12:30，17:30—18:30就餐） 3) 作为护理场所被利用的行为较多
公共性 1) 共同性 2) 管理性 3) 开放性	1) 自然的结集（持续的需在） 2) 弱（强） 3) 多样性的容许，广泛的关系	1) 强制的结集 2) 强 3) 单元内的限制	1) 限定的结集（通过） 2) 弱（强） 3) 自由地参加与脱离	1) 限定的结集 2) 强（弱） 3) 单元内限制

semi-public	A unit				B unit	
	居室前1,2,3,4	居室前5	谈话角落1	谈话角落2	居室前6	居室前7
物理环境 1) 空间关系性 2) 动线设计 3) 面积与配置	1) 单元内部走廊靠窗设置（01—08居室前） 2) 单元内部环状动线一侧通过 3) 桌椅组合，长，电视机，洗手池	1) 单元入口走廊靠窗设置（12—14居室前） 2) 两单元入口处，动线经过非常频繁 3) 一套桌椅组合及桌凳上布满花盆，洗手池	1) 三角形，与living room相隔木栅栏（14—15居室前） 2) 单元内部环状动线一侧通过 3) 一套桌椅组合，桌子，凳子，电视机，洗手池	1) 三面围合而成，一侧临走廊，与living room相对（15,16居室一侧） 2) A单元入口处 3) 入居者作品展示，桌子，书柜，电视机，洗手池	1) 可眺望外景（25,25居室前） 2) 两单元走廊尽头 3) 一个桌子	1) 与living room相对 2) 单元内部 3) 数盆花

续　表

	A unit				B unit	
semi-public	居室前 1,2,3,4	居室前 5	谈话角落 1	谈话角落 2	居室前 6	居室前 7
使用实例	After breakfast, 01is reading newspaper, 07 is resting	10 is walking, and seeing flowers	02, 06 are nursed by stuffs	09, 14 is talking and stuff take part in the conversation too	10 move to the window and look far	20 typing the flowers and talking to the stuffs in living room
利用实态 1）利用人群 2）利用的多样性 3）利用行为状态	1）01、03、04、05、07 等 2）每个人按照自己的生活习惯而利用 3）独自的兴趣的行为,亲密的会话	1）无固定利用者 2）移动过程中的随机利用 3）赏花、相遇时的交谈	1）02,06 等 2）staff 的诱导及持续的滞在 3）staff 的护理,个人发呆或看电视	1）09,15,10 等 2）09,15 的早餐场所、随机的利用 3）亲密的会话	1）无固定利用者 2）散步时的停留点 3）独自的远眺	1）20 2）外出经过时随机的利用 3）独自的兴趣行为
公共性 1）共同性 2）管理性 3）开放性	1）共同利用,自律 2）弱 3）多样性的容许	1）自然的发生（通过） 2）弱 3）所属弱,开放	1）限定的集结 2）强（弱） 3）限定的参加	1）共同利用,自律 2）弱（强） 3）多样性的容许	1）自然的发生（通过） 2）弱 3）所属弱,开放	1）自律 2）弱 3）所属强,排他

空间容易导致入居者相同的生活模式。相反,空间性格不同的复数场所分散配置具有较高的选择性,容易触发自发的结集形成潜在的人际关系,同时形成的集团的大小、行为内容的变化也更具多样性。

空间的关系性及动线的设计:各个场所的空间设计应在视觉上、动线联系上具有柔软的关系性。便于入居者在不同空间特性场所间自由地出入、随时地转换。

多样家具、设备的设置:椅子、沙发、长凳等能够提供多种起居方式的家具设计形成多样的选择。而厨房、冰箱、电视机在共用空间的设置更有利于营造设施内的家庭氛围,满足入居者使用上的需求。

4 结论

本稿以"多元的生活空间层级"空间构成的K特养为对象,针对不同身心机能特性入居者生活的详细比较、考察,得到如下几点结论:

(1)空间的物理环境对入居者的活动领域及交互行为有很大的影响。特别是对Type 1、2的滞在场所、活动范围的影响非常大。而Tpye 3、4的入居者的生活则显示出很强的被护理、被program活动规定的特点。多样的建筑空间有利于这类入居者活动领域的拓展及交互行为的产生。

(2)入居者对场所的利用方式与场所的物理环境共同赋予设施内的各个场所以不同的空间特性。同时,各个场所的主要利用者的行为,也影响了其他入居者对该场所的利用状况。

(3)空间的物理环境设计上,提倡小规模的"多元的生活空间层级"。具体手法上,应从丰富多样的semi-public、semi-private领域的场所设计、场所在视觉上、动线上的柔软的联系性、空间机能、家具设置的多样化、家庭化等方面考虑。

附录E 单元式特别护理院的设计实践[1]

老年人特别护理福利院家庭化生活单元的构建
Family-centered living unit for nursing home[1]

摘要：以上海市浦东新区老年人特别护理福利院的方案设计为例，以环境行为学的相互渗透论等为理论基础，从环境特征、空间结构、空间形态、设计细则以及护理管理策略等方面，构建适合痴呆症老年人生活方式和护理方式的家庭化生活单元，提出老年人特别护理福利院空间环境的综合设计方法和策略，为中国老年人福利设施尤其是老年人特别护理福利院的设计提供借鉴。

Abstract: In the design of Nursing Home of Pudong District of Shanghai, basing on transactionalism of Environment-Behavior Studies, we tried to construct family-centered living unit for lifestyles and care of dementia elderly and raise comprehensive design method and strategy for nursing home, from environment characteristics, spatial structure, spatial form, design regulation and care strategy, in order to provide reference for the design of elderly facilities, especially nursing home of our country.

关键词：老年人特别护理福利院、老年痴呆症、家庭化生活单元、空间结构

Key words：nursing home, senile dementia, family-centered living unit, spatial structure

1 项目背景与意义

当前，中国老龄化程度进一步加剧，部分省市接近甚至超过发达国家和地区。伴随着老龄化问题，患有痴呆症的老年人也在逐年增加。以上海市为例，若以老年

---

[1] 李斌，李庆丽.老年人特别护理福利院家庭化生活单元的构建.建筑学报,2010/3: 46-51.

痴呆症患者为65岁以上老年人6%的比例概算，现约有12.7万名痴呆症老年人。推算到2030年，上海市的痴呆症老年人将达到40万人。若按50%的痴呆症老年人需入住专门的护理设施这一国际惯例，届时需要收治痴呆症老年人的老年人特别护理福利院的床位20万床[1]。尽管有着严峻的社会需求，中国的老年人福利设施(尤其是老年人特别护理福利院)还没有形成符合老年人生活及护理特点的系统规划设计原则和方法，存在着片面追求"宾馆化"、"医院化"的倾向。

上海市浦东新区老年人特别护理福利院正是在此背景下筹建的。基地位于上海市浦东新区川沙新镇，占地面积约23 680 m²。基地东、北两侧为规划城市道路，西、南两侧为小河，自然环境优越。规划建筑面积约28 000 m²，护理床位600张，其中特别护理床位390张，全护理老人床位210张。由于目前老年人特别护理福利院尚未形成系统完整的设计准则，该项目将对上海乃至全国的特别护理福利院的设计具有一定的示范作用。

本书以上海市浦东新区老年人特别护理福利院的方案设计为例，以环境行为学的相互渗透论等为理论基础，从环境特征、空间结构、空间形态、设计细则以及护理管理策略等方面，构建适合痴呆症老年人生活方式和护理方式的家庭化生活单元，提出老年人特别护理福利院空间环境的综合设计方法和策略，为中国老年人福利设施尤其是老年人特别护理福利院的设计提供借鉴。

2 理论依据

2.1 相互渗透的人与环境关系

环境行为学的相互渗透论认为：人与环境不是独立的两极，而是定义和意义相互依存的不可分割的一个整体，相互渗透论不是用二元论的观点考察人与环境；人对环境具有的能动作用既包含物质、功能性的作用，也包含价值赋予和再解释的作用；随着时间的变化，人与环境所形成的整个系统也随之发生变化，这种变化是系统固有的本质特征，而变化的最终目标不是固定的而是弹性可变的，因此，不受先验观念束缚的时间因素、变化过程将是人与环境关系的主题[2]。

老年人在长期的生活中与居住环境形成了水乳交融的相互渗透的整体系统。老年人入住福利设施，移动到新的生活环境，脱离了自己与居住环境的紧密联系，脱离了熟悉的居住空间、邻里关系；面对的是陌生的人群、不熟悉的空间状况、不同的

[1] 福田真希，森一彦，三浦研，李庆丽，李斌.《上海における高齢者の居住環境の整備動向と課題》.大阪市立大学大学生活科学研究誌，2008，7: 57-70
[2] Altman I, Rogoff B. World views in psychology: trait, interactional, organismic, and transactional perspectives [M] // Stokols D, Altman I. Handbook of environmental psychology. New York: John Wiley & Sons, 1987: 7-40.

时间日程和不同的管理规则,人与环境的系统发生了巨大变化。在这种状况下,老年人容易产生对自身、对环境、对人际关系的不安,往往陷于自我封闭中。痴呆症老年人的生活适应能力和能动作用更是大大下降,无法面对环境变化所带来强烈的环境刺激,不能适应急剧变化的生活环境,导致人与环境的系统失衡。因此,尽量减轻环境的刺激,保持生活方式的连续性,构建起痴呆症老年人所熟悉的家庭化生活环境非常重要。

2.2　单间和单元式空间环境能减轻痴呆症状

老年痴呆症,又称阿尔茨海默病(Alzheimer's Disease, AD),是发生在老年期及老年前期的一种原发性、退行性脑病,指的是一种持续性高级神经功能活动障碍,即在没有意识障碍的状态下,记忆、思维、分析判断、视空间辨认、情绪等方面的障碍。据目前的研究表明,老年痴呆症尚无根本性治愈的可能性,只能通过治疗延缓其症状的恶化。药物治疗仅对处于早期及中期的痴呆症老年人的病情有一定的控制功效,而护理治疗才是延缓病情和提高其生活质量的主要手段。护理治疗的方法主要包括:认知训练、现实导向、多感官刺激及其他心理行为治疗等,均能有效地改善痴呆症老年人的情绪和行为。

近年来,一些建筑学者以此为理论依据,研究老年人特别护理福利院的建筑空间环境的改善对痴呆症老年人的影响。例如日本财团法人医疗经济研究机构,花费长达两年的时间,比较了六人间纵列式布局的"既存型特别护理老人之家"与改建后的单人间"新型单元式特别护理老人之家"的入住痴呆症老年人的前后行为变化。改建后痴呆症老年人饭量增加,而且反映身体健康程度的ADL[1]指标得分也明显提高,显示了老年人的生活功能大为改善[2]。另外,外山义也指出通过把空间改成单间和单元式护理方式,能够有效地延缓痴呆症老年人入住特别护理老人之家后所导致的空间、时间及规范认知等功能的退化,其治疗功效包括老年痴呆症相关症状的减轻、沟通的增加、表达及参与意愿的提升等[3]。

2.3　设计理念

基于以上理论依据,本次浦东新区老年人特别护理福利院项目的核心理念,即

---

[1] ADL 即日常生活活动(activities of daily living),是指人们独立生活而每天必须进行的、最基本的、具有共同性的动作群(包括衣、食、住、行和个人卫生等)。它是衡量老年人身体健康程度的重要指标。

[2] 日本医疗经济研究机构.《介護保険施設における個室化とユニットケアに関する研究》,2001. 摘自 2009.07.18: http://www.ihep.jp/publish/report/past/h12/h12-3.htm

[3] 高桥诚一,三浦研,柴崎祐美编.外山义监修.《個室・ユニットケアで介護が変わる》.日本: 中央法规出版株式会社.(2003): 16-29

为创造适合痴呆症老年人生活方式、护理方式的家庭化生活单元。

老年痴呆症的病理特征以及痴呆老年人的实际要求决定了其治疗目标是尽可能地"保持以前的健康身体、心理状态和生活习惯"。因此,空间环境最基本的治疗目标是创造与老年人以前居家生活相近的生活空间,也就是构建家庭化的生活单元。进而,针对老年痴呆症的痴呆症状、护理特点,在空间结构、空间形态、设计细则以及护理管理策略上,逐一予以对应(表1)。

表1　治疗目标和设计理念

病理症状及护理要求		空间环境的治疗目标	空间环境的设计要点	具体的设计准则与手法	设计理念
总体病理特征	生活自理能力、思想意识的逐步丧失,不可治愈性	保持以前的健康身体、心理状态与生活环境	非收容设施化,创造与老年人居家生活相近的空间环境,即家庭化的环境,维持生活的连续性	小尺度的家庭化环境,20人以下的"生活单元=护理单元=建筑单元",单元组合的空间结构模式	环境特征 家庭化生活单元 生活的连续性 无障碍的环境空间结构模式 小规模生活单元组合 多层次的空间结构
				生活单元内部的空间功能、家具、装饰的"居家情景"化布置	
				起居厅、餐厅、浴室分散设置在各单元内部,娱乐、就餐、洗浴等基本生活行为在生活单元内完成	
				公共设施"社区情景"化,设多功能厅、大餐厅、温室、阅览室、日托中心、康健中心、娱乐活动室等,与外界接触	
				设温室、院落、露台,与自然环境接触	
				可带入居家生活的家具和个人物品	空间形态 私密的单间、准单间 多样的小尺度空间 有意义的游走路径 围合的院落空间 与自然环境的交融
总体趋势	症状逐步严重、恶化	适时对应不断变化的需求	灵活、可变的建筑空间	相邻的两个生活单元相连接,以适应护理的变化	
				单间、准单间内,根据身体机能变化,灵活调整床位与家具的布置	
具体症状	自我迷失	自我认识	保障个人隐私	单间、准单间	
	基本生活能力退化	促进残余能力的维持	提供无障碍的机能恢复场所	卫生间易于识别、方便到达,维持老年人自立如厕的机能	
				设开放式厨房,提供简单家务活动空间	

续　表

病理症状及护理要求		空间环境的治疗目标	空间环境的设计要点	具体的设计准则与手法	设计理念
具体症状	发呆,无为行为	提供多元化活动,充实生活	交流的无障碍促进交往	空间层次丰富,提供个人的、小群体的、大群体的活动场所	设计细则生活单元设计细则 护理管理策略护理理念护理规模护理内容
				布置多个会客、视听、娱乐、赏景等多样功能的日常活动空间	
	无目的的游走	减少游走,适度引导	有意义的游走路径	设计有意义的游走路径,作为老年人自由参与的身体机能康复手段	
	身体障碍,易受伤	安全的确保	身体机能的无障碍	满足老年建筑的无障碍设计要求	
	认知障碍,易迷失	加强对环境的认知力和方向感	认知的无障碍,增加环境的易识别性	同一生活单元色调统一、便于识别	
				楼层、房间的标识文字放大处理	
				个人房间入口明显个性化,辅助房间入口弱化	
		及时的引导和监控	可监控的室外环境	围合的院落空间,视线可达	
			护理员视线可达,可监控的室内环境	护理站设在单元入口,控制外出	
				室内空间柔性隔断,视线通达	
				楼梯、电梯设置监控	
护理要求	繁重的护理工作	适当规模的、个性化的护理	单元护理分组分群	依照老年人的健康程度、认知能力分组护理,10～19人为一个护理单元,即生活单元	
	精神慰藉	平等与尊重心理的慰藉	交流的无障碍	开放的、居家化的护理站,拉近护理员与老人距离,视线通达	
	24小时的护理	促进护理员的工作热情与团队归属感	护理员在单元工作休息,与老人同吃同住	护理员休息室紧邻护理站,位于单元内部,提供休息、员工交往的私密空间,增加团队的归属感	

3　环境特征

3.1　构建家庭化生活单元

痴呆症老年人需要生活在与居家生活相近的环境里,即便是大型的福利院也应尽可能地创造"居家情景"的空间环境,最大限度地创造有家庭气氛的、有个人归属感的场所。"居家情景"的空间环境不是简单地摆放几张桌椅,要在根本上从老年人的生活行为特点出发,促使老年人继续保持居家的生活方式。

目前的福利院往往以医疗效率为目的,沿用了医院的几十人乃至上百人的护理单元规模,老年人以护理单元为单位,进行单调、划一的集体生活。要改变这种收容设施化的护理模式,首先要将老年人群体小规模化,即护理单元小型化及整个福利设施的小型化和社区化。护理单元也是生活单元,这样既有利于使用者之间的相互认知,形成稳定的人际关系,护理人员也能更加容易地观察到每一个居住者的生活情况,有针对性地进行护理。欧美的group home、日本的特别护理老人之家的生活单元多为10人左右。由于中国人口众多、资源相对紧张,本项目的家庭化生活单元的规模控制在10~19人。老年人吃饭、娱乐、洗浴、排泄等基本生活行为都在"家"(生活单元)的内部完成,生活方式与居家生活相近。

3.2 维持生活的连续性

痴呆症老年人容易忘记最近发生的事情,但对很久以前的记忆,特别是有深刻情感的记忆,即便是患病的后期阶段也能有所印象。因此,为了在设施中能够像自己家里那样保持日常生活的连续性,形成家的感觉,本项目以住宅的手法来进行起居厅、餐厅和个人房间的空间设计,并设置了多样的"社区情景"的公共活动设施以及温室、院落、露台等与大自然接触的空间。同时,以前用过的物品、喜好的装饰、生活习惯等等,这些情感的记忆媒介,有利于老年人维持生活的连续性,更好地适应福利院的生活。福利院将鼓励老年人将自己的家具、物品带入,布置自己的房间,延续老年人在家中的家具布置、装修风格,减少环境变化带给老年人的刺激负荷。

3.3 构建无障碍的环境

本项目所指的无障碍设计,不单纯指身体移动的无障碍,还包含着认知无障碍、心理无障碍。在确保老年人生活安全的同时,还将起到维持痴呆症老年人身体机能的作用。

认知无障碍方面:加强环境易识别性设计,提供多样的、适宜的知觉刺激信号,如各种标识的形象化、比例适当放大;同一楼层、同一单元装修色调的统一;个人房间入口的家庭化装饰;辅助用房入口的弱化等等。心理无障碍方面:从空间构建及护理管理策略两方面着手,在空间设计上提供层次丰富的、开放的、易识别的活动场所,如护理站与餐厅、起居厅通过开放式厨房的柔性连接,拉近老年人与护理员之间的距离的同时，也削弱了老年人被监视的感觉；另一方面，在护理政策上，护理员应与老年人建立平等与尊重的关系，而不是单纯的护理和被护理关系。

4　构建方法

以上环境的三个特征通过空间结构、空间形态、设计细则以及护理管理策略等四方面的设计予以实现。

4.1　空间结构模式

方案的总体布局打破了以往福利院的线性排列模式，规划了以生活单元为基本结构单元的家庭化小规模生活单元组合、多层次的空间结构（表2）。以生活单元为核心，保证个人的使用习惯，并为老年人提供不同领域层次、多种形式及内容的公共空间，促进老年人之间、与护理员之间的交流，以达到形成稳定的人际关系、营造自律的日常生活的目的。

表 2　空间结构模式比较

入住老年人行为模式比较	空间结构模式	
	单元的构成	空间的层次
医疗设施的空间	护理单元＝建筑单元 护理单元沿用医院的规模 几十人甚至上百人的集体生活	以治疗效率为目的的线性排列空间 私密—公共之间缺乏过渡
家庭化生活单元的空间	生活单元＝护理单元＝建筑单元 家庭化小规模生活单元 十几人的小集体生活	治疗与居住行为兼顾的多层次空间结构 私密—半私密—半公共—公共

359

1）小规模生活单元的组合

在总体功能布局上,在分析行列式布局、分散式布局的优劣基础上,采取游走式单元组合的空间结构(图1—图4)。公共走廊将拥有优质景观的特护部分与交通便捷的全护部分南北串联起来,同时,沿公共走廊的东侧布置各公共服务功能。这种规划布局在使各个单元获得私密性的同时,也最大化地丰富了公共空间。同时,避免了行列式布局建筑形象单调的弊病,也避免了分散式布局缺乏活跃的公共空间以及流畅的后勤服务流线的缺点(图6)。经日照分析测算,主要用房冬至日满窗日照有效时间均不少于3小时。

特护部分分为24个生活单元,每个单元有痴呆症老年人10～19人,共390人。每一个生活单元由南向、东向的单间、准单间围绕一个起居厅、餐厅、公共厨房和浴室组成。每两个生活单元又通过单元间的共用空间连接,围合形成院落。再通过公共走廊、电梯与公共空间及管理部门连接。这样的单元组合形式,使每个单元内的居室都有较好的私密性和朝向,而单元间的游走路径设计加强了不同彼此的联系与活力,空间和景观节奏变化有序。

全护部分位于基地最北侧建筑的三层以上部分,共215人。考虑到老年人多为卧床、护理要求较高的特点,生活单元为全部南向的六人间纵列组合而成,为大多数卧床老人提供了较好的南向景观,又满足了护理效率上的要求。

公共部分既是各个单元的联系、服务交通,又是痴呆症老年人日常生活的拓展空间。设计上创造"社区情景"的室外环境意象,以"街道"(走廊)连接各个服务功能:如社区活动中心(多功能厅)、大餐厅、温室、阅览室、日托中心、康健中心、茶室、娱乐活动室等,再现居家社区生活所包含的各个记忆场景,维持老年人与过去社区生活的连续性(图5—图7)。

2）多层次的空间结构

个人空间与公共空间的连接采用分级设计,创造多样化、多层次的空间结构。单间、准单间(个人领域)连接房间外的小空间为单元内部老人的进餐娱乐空间(半私密领域),再连接与相邻单元的共用活动空间(半公共领域),再拓展为福利院的公共活动部分(公共领域)。建筑空间通过分级设计和边界处理,使个人领域和公共领域之间形成舒缓的过渡,形成多种层次,确保了老年人的个人领域,有利于老年人产生"家"的归属感;同时为老年人多样的生活行为的发生提供了更多的可能性。

4.2　空间形态

1）私密的单间、准单间

采用单间或准单间(图8),确保老年人的私密性和自我尊严,提供不受他人打扰、属于个人的空间，为自立的生活行为提供必要的空间支持。痴呆症老年人有了个人所属的空间以后，可以带进自己的家具和物品，自己管理属于自己的一块小环境，从而保持自立的生活方式。单间、准单间与一般酒店客房标准间的面积也相差不多，经济上具有可行性。

2）多样的小尺度空间

按照普通住宅的连接方式，生活单元的内部空间由相互关联的活动场所（如吃饭、起居、休闲、盥洗）等多个小尺度的空间连接而成，并且在个人房间前设计如进门入口、走廊端头的休闲空间等半私密空间，确保个人空间的私密性而又不隔断与他人的接触，使每个人都能够自由随意地选择独处或交流（图9）。痴呆症老年人看到一项活动或一个空间，他们就会选择是否参与其中。因此，各个小空间以玻璃或栅栏等柔性分隔、视线上可通透。老年人在单元内，能嗅到餐厅里饭菜香味，听到厨房里锅碗碰撞的声音，听到起居室里闲谈交流的话语等，多样的视觉、听觉、嗅觉刺激利于痴呆症老年人对空间的认知和使用。

3）有意义的游走路径

痴呆症老年人常见的游走行为是对于自己的行为没有明确的认识，没有目的的或是迷失方向的移动。通过设计有意义的游走路径，能够有效减少老年人无目的的行为。如把游走限制在相邻两个单元内的走廊之中，使老年人始终在护理员的监控范围之内；巧妙地将不同的活动空间（如起居厅、露台等）穿插在游走路径之中，利于老人辨别方向；走廊尽头设置拥有良好景观的坐席区，一个休息、交流的场所有利于引起游走中老年人的兴趣而停止游走（参见图12）。

4）安全的围合院落

痴呆症老年人常常容易对时间的感觉产生混乱，也容易在空间中丧失方向。因此，痴呆症老年人在室外的活动应尽量确保其安全，避免其走失。两个单元围合而成的庭院，提供了安全、专属的室外空间，便于护理员的照料。内庭院铺设连续的、导向性的散步小路；布置自然材质的桌椅，形成促进交流的场所；通过连廊及树木组成遮荫区域（图10）。

5）与自然环境的交融

与自然环境的接触有利于痴呆症老年人身体机能的维持，减轻精神压力。既有可进入活动的自然环境，又有远眺外景的场所，通过庭院、露台、屋顶平台等多种手法与自然交融。设置温室，即使在恶劣的天气条件下，也能与花草、小鸟、小动物亲密接触（图11）。

4.3　生活单元的设计细则

生活单元的设计细则如图12和表3所示。

表3　生活单元的设计细则

功能空间	设计要点	设 计 细 则
① 玄关	安全与归宿感	提供家庭入口的意象,增强归属感。护理员办公处紧邻玄关,安全、便于管理
② 居室	隐私的尊重	准单间的设计,保证老年人的隐私和个人独处的时间。鼓励家具和个人物品的带入,自由布置房间,维持生活的连续性
③ 起居空间	交流与照顾的双向保证	适宜的居家尺度,摆设家庭感强的沙发、茶几、电视等家具电器。与护理站、餐厅柔软连接、视线可达,保证护理员有效的监护
④ 餐厅	家庭气氛的就餐	紧邻开敞式厨房,为单元内进餐、饮茶或团聚的小尺度空间。也可作为单元内集体娱乐、护理员开会等的活动场所
⑤ 厨房	简单、安全的配餐	虽有集中厨房送餐到单元内,但在简易的开敞式厨房里进行简单的配餐以及餐前准备,为老年人提供从事简单家务劳动,进行回忆式治疗的机会
⑥ 休闲空间	小集团、来访者的亲密接触	作为游走路径的目的地,与游走路径保持视觉的联系,通过家具、艺术品等提供辨认的提示,引导老年人进入区域休息或交流行为
⑦ 居室前空间	观察与交流	私密的居室与公共的走廊的过渡,通过个性化、标志化的装饰来强化个人所属领域,而开放的设计又促进老年人与他人的接触与交流
⑧ 景观平台	与大自然的亲密接触	适宜的栏杆高度与设计,确保安全。望向河流的景观大平台,让居于楼上的老年人也能感受一日之中的时间、一年之中的季节变化,与大自然亲密接触
⑨ 浴室	方便护理的洗浴	小尺度的浴室,避免多人的集体洗浴,保证老年人的隐私。浴缸两侧留有护理员活动的空间,便于护理、保证安全
⑩ 卫生间	容易找到方便护理	痴呆症的症状中,失禁是护理负担最重的。卫生间容易被老年人识别、方便到达,利于维持老年人自立如厕的机能
⑪ 护理站	不明显的监视	护理站融入居家环境之中,与老年人活动空间保持视线上的联系。护理员的休息室紧邻护理站,提供护理员休息、私密的会话、社交的场所
⑫ 两单元间共用空间	交流的平台	为单元间老年人的健身、交流、集体活动提供了宽敞的空间场所

4.4　护理管理策略

一个良好的痴呆症老年人生活环境的构建,还需要良好的护理管理策略。本项目的建筑设计方案,并不意味着已达成理想的护理环境,还应该进一步针对护理人员进行正确的护理观念教育,才能够使老年人真正感受到温馨而家庭化的生活单元的空间环境,因此本项目针对护理管理策略提出如下建议:

1)护理理念:以个体化服务体现对老年人的平等和尊重

护理模式与空间模式相对应,由集体的统一护理到个人的个别护理,由身体护理到生活照料、心灵慰藉,再由生活照料到共同生活。护理员应摒弃自上而下的护理观念,而应该以陪护员的角色陪伴老年人生活,例如陪伴老年人散步、吃饭。

2)护理规模:每个生活单元配备护理员4~6人

贯彻"护理单元=生活单元"的概念,各个护理小组负责各自的生活单元,这样利于护理员与老年人形成稳定的人际关系。

3)护理内容:以老年人为中心的生活安排

因痴呆症老年人病状的特殊性,护理员不能够要求他们能够遵守一个严格的程序性时间表,也不能期望他们能彻底改变日常生活方式。因此,生活内容的安排必须摒除如军队中"按表操课"的传送带方式的集体生活,应该以老年人为中心,让老年人自行参与感兴趣的活动内容,否则硬性的规定或限制老年人参与某项活动,对于老年人来说反而会增加精神压力。另外,应该正确认识老年人进入护理院是为了更好地维持身体的健康,而不是简单的"来享福的"。因此,应鼓励老年人自主的家务行为(如洗衣服、洗杯子等),达到身体机能恢复的目的,避免痴呆症状的加速恶化。

5　小结

目前,中国老年痴呆症患病人数正不断增加,设立收治老年痴呆症患者的老年人特别护理福利院,具有强烈的迫切需求和极为重要的社会意义。而痴呆症老年人常常在适应改变和转换的时候发生困难,所以提供一种与他们的需要和行为相一致,非强制性的建筑空间环境是建筑设计的一个重要课题。

上海市浦东新区老年人特别护理福利院的方案设计实践,以环境行为学为理论指导,探讨了痴呆症老年人的行为特征及环境需求,提出了适合痴呆症老年人的生活及护理特点的家庭化生活单元的设计理念,制定了一系列设计方法和细则,将为以后老年人特别护理福利院的设计和管理提供参考。

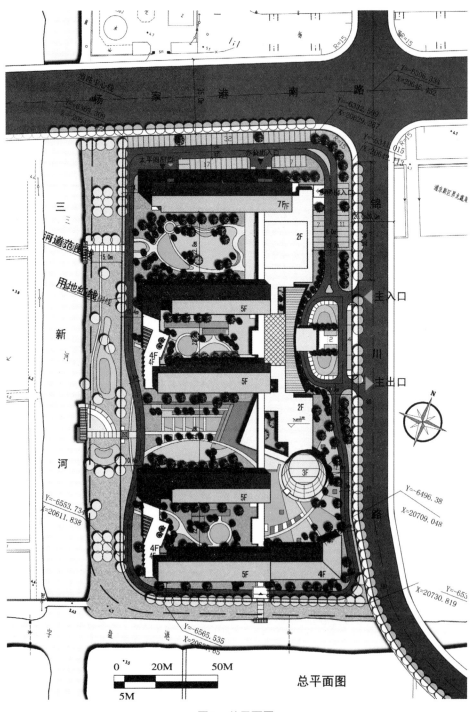

图1　总平面图

图 2　沿街透视图

图 3　沿河透视图

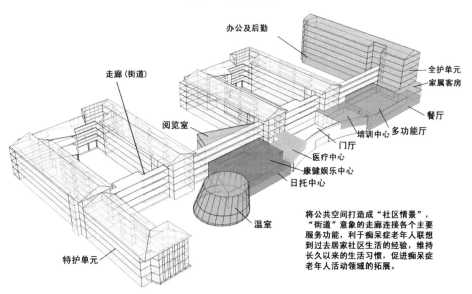

图 4　功能布局图

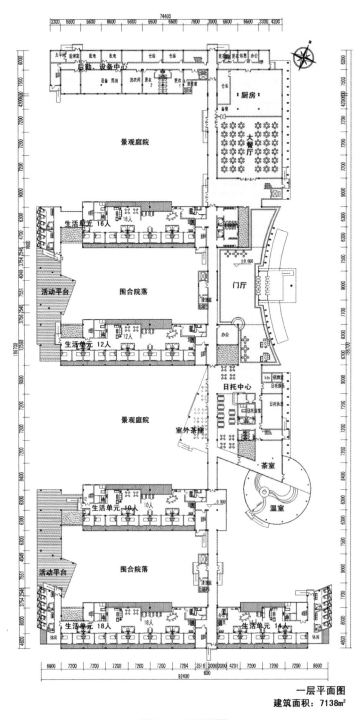

一层平面图
建筑面积：7138m²

图5　一层平面图

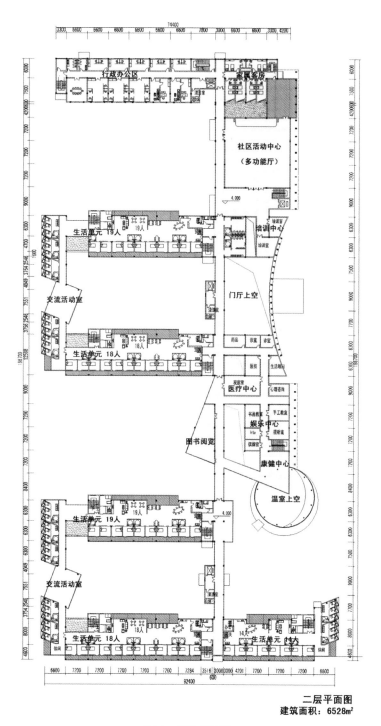

二层平面图
建筑面积：6528m²

图6　二层平面图

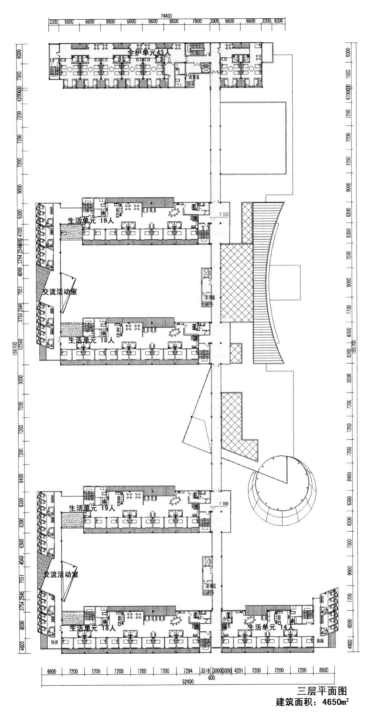

三层平面图
建筑面积：4650m²

图7 三层平面图

南向阳台，观赏景观

个人隐私的确保，根据
护理需求、喜好布置
两人共用的无障碍厕所

居室前的半私密空间，
个性化的装饰将便于识
别自己的房间，桌椅的
布置促进与他人的交流

单间

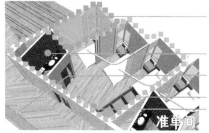

通过隔帘的设置，确保
个人隐私

三人共用的无障碍卫生
间
居室前的靠椅，观察他
人，亲密的接触
足够的储藏空间
共用的休闲空间

准单间

图8　单间、准单间剖视图

图9　生活单元内透视图

图10　内院透视图

图11 温室透视图

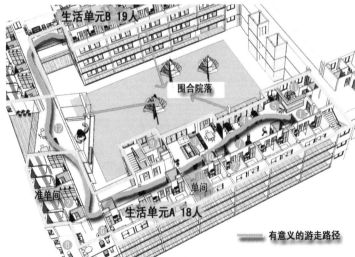

生活单元的设计细则

1. 玄关—安全与归宿感
2. 居室—隐私的尊重
3. 起居空间—交流与照顾双向保证
4. 餐厅—家庭气氛的就餐
5. 厨房—简单、安全的配餐
6. 休闲空间—小集团、来访者的亲密接触
7. 居室前空间—观察与交流
8. 景观平台—与大自然的亲密接触
9. 浴室—可护理的洗浴
10. 卫生间—容易找到、方便护理
11. 护理站—不明显的监视
12. 两单元共用的交流空间

图12 生活单元的设计细则图

后 记

　　实地调查是本书研究的出发点，也是认识、分析问题的基础，更是建筑设计、规划设计的依据。在实地调查的过程中，随着调查深入，与老年人交流的增加，研究脉络才逐渐清晰，发现了许多原来没有想到的方面。确定研究问题之后，选择合适的研究方法以及数据分析方法尤为重要。在本书的写作过程中，怎样分析调查数据，如何把调查结果和研究问题结合起来都是困扰我很长时间的问题。与师长和学友的交流与探讨使我获益良多，逐渐清晰了思路、明确了方向。

　　养老问题涉及社会的许多层面，社会保障制度、政府政策、医疗保险、补助金……建筑只是其中的一个方面，并不能解决所有的问题。建筑提供了空间的保证，但不能保证行为的发生。只有行为的发生，才能说明使用者对空间的利用。如何促进行为的发生，要求使用者、管理者、设计者多方面地协调与合作。

　　老年人的设施生活是动态的、不断变化的，笔者希望借此研究推动对老年人空间生活的理论性关注，使政府、民间投资者和建筑师关注规范所提供的枯燥数字背后所蕴含的多样生活，这些都能够帮助社会提高老年人的生活质量。更进一步地，这种质量的提高不仅仅是简单的、语言表述出来的愿望的满足，还能发掘老人自己或许尚没有明确感知到的空间生活愿望。

　　对养老设施的研究，仍然需要对许多方面的问题进行深入的调查研究，本书只是其中的一小步。

李庆丽

致　谢

本书的顺利完成得到来自各方面的帮助,在此本人谨表示最真诚的感谢!

首先感谢我的导师李斌教授。博士研究五年来,导师为我创造了很多宝贵的学习、实践和交流的机会,李老师深厚的学术造诣、严谨的治学风格、严肃的科学态度和过人的才智启迪了我,在研究中给予我极大的帮助。他不仅是我学术道路上的领路人,更是我感悟人生的引路人,先生言传身教令我受益终生!

还要感谢硕士期间的导师陈易教授。正是他的学术造诣和无私胸怀,助我获得提前攻博的机会并找到更适合的研究定位。感谢日本大阪大学的奥俊信教授、铃木毅副教授、松原茂树老师,日本大阪市立大学的森一彦教授、三浦研教授,清华大学的周燕珉教授,同济大学的徐磊青教授。诸位先生都是老年人环境行为及建筑设计研究领域的专家,他们对于本研究提出了中肯的学术建议与评价,使最后成果更加扎实与严谨。感谢我的同门学友王依明、陈铁夫、王涛、郭卫东、陈晓维、范佳纯、贾世晓、徐歆彦等。他们在研究的调查和写作过程中给予以我很多的意见和帮助!

更要感谢同济大学。同济八年的教育不仅给予我致力于建筑研究的理想,更为完成本篇论文奠定了坚实的学术素养基础。还要感谢日本大阪大学,留学日本的一年时光让我受益匪浅。得益于大阪大学广泛的学术资源以及浓厚的学术研究气氛,本研究才可能在国际化的视野里得到夯实。

本书涉及大量的社会工作,在此过程中得到了诸多单位和个人的鼎力帮助。感谢本研究走访的上海、日本30余家养老设施,特别是主要调查的W、H、Y三家养老设施的诸位管理者、护理员和老年人们,感谢你们在调查中给予本研究的理解、支持与帮助。

最后感谢我的家人,没有你们的大力支持我不可能完成艰苦而漫长的研究工作,也正是父母的爱坚定了我完成老年居住环境研究的信念。

李庆丽